高等学校"十三五"规划教材

"十三五"江苏省高等学校重点教材【编号2018-2-124】

中级有机化学

陈 艳 主 编

吴 琼 冯 惠 石春玲 副主编

化学工业出版社

·北京·

《中级有机化学》共 9 章内容，分别是有机化合物的结构解析、周环反应、立体化学、有机化合物的取代基效应、有机反应活性中间体、有机反应机理及研究方法、分子重排反应、有机合成设计及有机物的定量构效关系，本书是对基础有机化学的补充、归纳、总结和提高，更加强调有机化学基本原理和反应机理，方便学生更系统、深刻地掌握有机化学知识。

《中级有机化学》可供化学类专业、化工类专业、材料类专业的本科生使用。

图书在版编目（CIP）数据

中级有机化学/陈艳主编. —北京：化学工业出版社，2019.8
高等学校"十三五"规划教材　江苏省高等学校重点教材
ISBN 978-7-122-34765-7

Ⅰ.①中… Ⅱ.①陈… Ⅲ.①有机化学-高等学校-教材　Ⅳ.①O62

中国版本图书馆 CIP 数据核字（2019）第 127135 号

责任编辑：宋林青　　　　　　　　　　　　文字编辑：刘志茹
责任校对：宋　玮　　　　　　　　　　　　装帧设计：刘丽华

出版发行：化学工业出版社（北京市东城区青年湖南街 13 号　邮政编码 100011）
印　　装：三河市延风印装有限公司
787mm×1092mm　1/16　印张 18½　字数 456 千字　2019 年 11 月北京第 1 版第 1 次印刷

购书咨询：010-64518888　　　　　　　　售后服务：010-64518899
网　　址：http://www.cip.com.cn
凡购买本书，如有缺损质量问题，本社销售中心负责调换。

定　　价：50.00 元

　　有机化学是高等学校化学化工类、药学类和材料类等专业开设的一门专业核心课程，但由于有机化学一般开在低年级，且学时较少，很难在知识的系统性、覆盖面和深度上达到要求，使学生对许多有机化学基本原理及有机反应的机理不能深刻地理解、掌握和运用，为了弥补这一不足，我们根据多年的教学经验编写了这本《中级有机化学》教材，期望通过本教材的使用，使学生基础有机化学中比较薄弱的部分得到提高，能更系统更深刻地理解、掌握有机化学知识。

　　全书共分9章，分别是有机化合物的结构解析、周环反应、立体化学、有机化合物的取代基效应、有机反应活性中间体、有机反应机理及研究方法、分子重排反应、有机合成设计及有机物的定量构效关系。其中，第1章和第2章是对基础有机化学的补充；第3章到第8章是对基础有机化学的归纳、总结、提高，突出有机化学的基本原理和反应机理，使学生能更系统、更深刻地掌握有机化学知识。第9章有机物的定量构效关系属于有机化学和计算机科学的交叉学科，是编写团队多年来的研究方向，以定量构效关系原理为指导，建立具有准确预测能力的有机物的定量结构-性质（活性）模型，可为有机物的分子合成设计提供理论依据，为创新农药和医药研发打下良好的基础。

　　"中级有机化学"是基础有机化学的延伸、深化和提高，我们在多年使用的《中级有机化学》讲义基础上，查阅近几年国内外科技文献和相关教材撰写了这本书。

　　参加《中级有机化学》教材编写工作的均是长期从事"有机化学""中级有机化学""有机合成设计"和"有机化学实验"教学工作的教师。陈艳（第1、4、5、9章）为主编，吴琼（第6、7章）、冯惠（第2、3章）和石春玲（第8章）为副主编，史小琴、张戈等在资料收集和后期校对方面做了很多工作。全书由陈艳组织、统稿和定稿。

　　本书的编写和出版得到了徐州工程学院化学化工学院领导及同事们的支持和鼓励，在此表示诚挚的感谢！

　　由于编者学识水平及时间有限，本书难免存在不妥之处，恳请读者批评指正。

编者

2019 年 5 月

目录

▶▶▶

有机化合物的结构解析

▶ **知识目标**

了解吸收光谱产生的基础知识。

理解红外光谱、核磁共振谱的基本原理。

掌握有机化合物重要官能团的红外特征吸收峰的位置，核磁共振谱的化学位移及因自旋偶合导致的峰的裂分规律。

掌握紫外光谱、红外光谱、核磁共振谱及质谱的解析方法。

▶ **能力目标**

能运用分子式及紫外光谱、红外光谱、核磁共振谱、质谱推测有机化合物的分子结构。

确定有机化合物的结构是研究有机化合物的首要任务。早期有机化合物结构的分析基本上是化学方法，即以化学反应为手段，利用特征反应确定官能团。例如用溴的 CCl_4 溶液或 $KMnO_4$ 溶液可以推测碳碳双键或碳碳三键的存在；用 $FeCl_3$ 溶液或溴水推测酚羟基的存在；用银氨溶液推测醛基的存在等等。但化学方法样品用量大，费时费力，而且也仅仅能够推测某一官能团的存在，测定完整的结构仍然是十分困难的。

近几年来，各种仪器分析方法迅速发展，它们以分析速度快、所需样品少等优势使化学分析方法退居为辅助手段。常用的仪器分析技术为紫外吸收光谱、红外光谱、核磁共振谱和质谱，简称"四谱"。这四种仪器分析技术从不同角度提供有机化合物的结构信息，这些信息相互补充，相互印证，在解决有机物结构，尤其是复杂有机物结构时，发挥至关重要的作用。目前，"四谱"分析已成为有机合成、材料化学、生物化学、药物化学等众多领域不可缺少的工具。

1.1 电磁波与分子吸收光谱

1.1.1 电磁波

电磁波是一种高速通过空间传播的光子流，具有波粒二象性。波动性表现为其运动特征，用波长 λ、频率 ν、光速 c 等参数描述：

$$\nu = c/\lambda \tag{1-1}$$

式中 ν——振动频率，Hz；

c——光速，$c=3\times10^{10}\,cm\cdot s^{-1}$；

λ——波长，cm；

$$\sigma=1/\lambda=\nu/c \qquad (1\text{-}2)$$

式中，σ——波数。

粒子性表现为其具有一定的能量 E。各参数之间的关系为：

$$E=h\nu=hc/\lambda \qquad (1\text{-}3)$$

式中 h——普朗克常数，$h=6.626\times10^{-34}\,J\cdot s$。

图 1-1 为电磁波的区域图。

图 1-1 电磁波的区域

1.1.2 分子吸收光谱

当电磁波照射化合物时，分子就获得能量，获得的能量多少取决于辐射的频率，频率越高，获得的能量越大。分子获得能量后可以增加原子的振动或转动，或者激发价电子到较高能级。由于分子吸收辐射光的能量是量子化的，只有当光子的能量恰等于两个能级之间的能量差时，才能被分子吸收。分子的吸收光谱就是表示分子中各粒子能级的跃迁与电辐射频率之间的对应关系。分子的结构不同，由低能级向高能级跃迁所吸收光的能量不同，因而可形成各自特征的分子吸收光谱。

紫外线的波长较短（一般是 10～400nm），能量较高，当它照射到分子上时，会引起分子中价电子能级的跃迁，产生紫外光谱。

红外线的波长较长（一般为 2.5～25μm），能量稍低，它只能引起分子中成键原子振动和转动能级的跃迁，产生红外光谱。

核磁共振波波长更长（约为 10^5 cm），能量更低，它引起的是原子核自旋能级的跃迁，产生核磁共振谱。

紫外光谱、红外光谱和核磁共振谱等都是分子吸收光谱。质谱不是吸收光谱。

1.2 紫外吸收光谱

紫外吸收光谱（ultraviolet absorption spectroscopy）简写为 UV。

1.2.1 紫外吸收光谱的基本原理

紫外线的波长范围为 10～400nm，其中 10～200nm 的一段为远紫外区，200～400nm 的一段为近紫外区。由于波长较短的紫外线容易被空气中的氧、CO_2 及杂质所吸收，所以很难研究远紫外区的吸收光谱，一般的紫外光谱都是近紫外区的吸收光谱。

紫外线的波长较短，能量较高，分子吸收紫外线，能引起价电子能级的跃迁，即能使某些处在基态的价电子跃迁到较高能级的激发态。有机化合物分子中主要有三种价电子：形成

单键的 σ 电子、形成双键的 π 电子和未成键的孤对电子（n 电子）。基态时，σ 电子和 π 电子分别处在 σ 成键轨道和 π 成键轨道上，n 电子处于非键轨道上。处于低能态的电子吸收合适的能量后，可以跃迁到较高能级的反键轨道上，跃迁情况如图 1-2 所示。

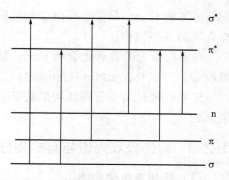

图 1-2　各种电子跃迁的能量示意图

各种跃迁的能量大小顺序为：

$$n \to \pi^* < \pi \to \pi^* < n \to \sigma^* < \pi \to \sigma^* < \sigma \to \pi^* < \sigma \to \sigma^*$$

(1) $\sigma \to \sigma^*$ 跃迁

σ 电子是结合最牢固的价电子，基态时，在成键轨道能级最低，在反键轨道能级最高，因此 $\sigma \to \sigma^*$ 跃迁所需能量最大，仅在远紫外区（200nm 以下）产生吸收，烷烃的成键电子均为 σ 电子，烷烃的紫外吸收在远紫外区，即在一般紫外光谱仪的工作范围之外。

(2) $\pi \to \pi^*$ 跃迁

含有单个 C＝C 或 C≡C 的不饱和化合物存在 $\pi \to \pi^*$ 跃迁，紫外吸收在 200nm 以下，仍然在远紫外区，当分子中存在两个或两个以上的双键（或三键）形成的共轭体系时，吸收向长波方向位移进入近紫外区，该跃迁在紫外光谱的应用上占重要地位。

(3) n 电子的跃迁

n 电子是指氮、氧、卤素等原子上未共用的电子对，它的跃迁有两种方式：

第一种方式是 $n \to \sigma^*$ 的跃迁，这种跃迁所需的能量仍然较多，所以醇、醚等的紫外吸收均在远紫外区。第二种方式是 $n \to \pi^*$ 的跃迁，这种跃迁所需能量较小，在近紫外区产生吸收。例如，醛酮分子中的羰基在 275～295nm 处的吸收带即是这种跃迁产生的。

1.2.2　紫外吸收光谱图

紫外吸收光谱提供两个重要的数据：吸收峰的位置和吸收的强度。这两个数据从紫外光谱的横坐标和纵坐标读取。横坐标为波长 λ（nm）。纵坐标为吸光度 A 或摩尔吸光系数 k（很大时取 $\lg k$）。其中：

$$A_{\text{吸光度}} = \lg(I_0/I) = kcl \tag{1-4}$$

式中　I_0——入射光的强度；

I——透过光的强度；

c——浓度，mol·L^{-1}；

l——吸收池的长度（光在溶液中经过的距离），cm。

图 1-3 是丙酮的紫外吸收光谱。

在紫外吸收光谱图中常常用 R、K、B、E 表示不同的吸收带。

R 吸收带为 $n \to \pi^*$ 跃迁引起的吸收带，例如，—CHO、—NO_2 等。其特点是吸收强度弱（$\lg k < 2$），吸收波长较长（一般大于 270nm）。

K 吸收带为共轭双键 $\pi \to \pi^*$ 跃迁引起的吸收带，例如，丁二烯、丙烯醛等。该吸收带的特点是吸收峰很强（$\lg k > 4$），当共轭链增加时，$\lambda_{\max}$

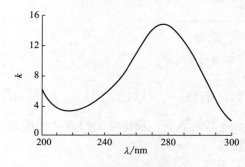

图 1-3　丙酮的紫外吸收光谱

向长波方向移动，k_{max} 也随之增加。K 吸收带是紫外光谱中应用较多的吸收带，多用于判断化合物的共轭结构。

B 吸收带为芳香族化合物 $\pi \rightarrow \pi^*$ 跃迁引起的特征吸收带，为包含多重峰或精细结构的宽吸收带，其波长在 230~270nm 之间。

E 吸收带也属于芳香结构的特征吸收，是三个双键环状共轭的苯型体系中的 $\pi \rightarrow \pi^*$ 跃迁引起的。

1.2.3 紫外吸收光谱与有机物分子的关系

(1) 饱和有机化合物

烷烃分子中只有 C—C 键和 C—H 键，只能发生 $\sigma \rightarrow \sigma^*$ 跃迁，该跃迁所需能量较大，所以必须在较短紫外光的照射下才能发生。例如，CH_4 分子的 $\sigma \rightarrow \sigma^*$ 的跃迁在 125nm，C_2H_6 分子的 $\sigma \rightarrow \sigma^*$ 跃迁在 135nm，其他饱和烃的紫外吸收一般在 150nm 左右，均在远紫外区。

当分子中的氢被—OH、—NH_2、—X 等取代后，可发生 $n \rightarrow \sigma^*$ 跃迁，产生紫外吸收。例如，醇、醚中的 C—O 键 $n \rightarrow \sigma^*$ 跃迁在 180nm 左右，C—Cl 键 $n \rightarrow \sigma^*$ 跃迁在 172nm。这些吸收光的波长小于 200nm，在远紫外区。溴代烷、碘代烷、胺的 $n \rightarrow \sigma^*$ 跃迁大于 200nm，但吸收强度很弱，所以 $\sigma \rightarrow \sigma^*$ 跃迁和 $n \rightarrow \sigma^*$ 跃迁在紫外光谱中并不重要。

(2) 不饱和烃类化合物

C=C 双键的 π 电子受原子核的控制不如 σ 电子牢固，发生 $\pi \rightarrow \pi^*$ 跃迁所需的能量比 σ 电子小，因此其跃迁概率大，k 值为 5000~100000。一个 C=C 双键的 π 电子跃迁出现在 170~200nm 处，在近紫外区，一般检测不到，单个 C≡C 和 C≡N 的 π 电子跃迁也小于 200nm。如果分子中存在两个或两个以上的双键形成的共轭体系，π 电子发生离域，成键轨道的最高占有轨道与反键轨道的最低空轨道之间的能级差减小（图1-4），发生 $\pi \rightarrow \pi^*$ 跃迁所需的能量减少，吸收向长波方向移动，k 值也增大。随着共轭体系的逐渐增长，$\pi \rightarrow \pi^*$ 跃迁的能级差逐渐变小，吸收越向长波方向位移。

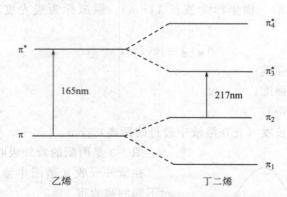

图 1-4 乙烯和丁二烯中 π 电子轨道的能级图

在共轭链的一端引入含有未共用电子对的基团，例如，—$\ddot{O}H$、—$\ddot{O}R$、—$\dot{N}H_2$、—$\ddot{X}$ 等，这些基团的未共用电子对与共轭体系发生 p-π 共轭效应，使得电子的流动性增强，化合物吸收波段向长波方向移动，这些基团又叫助色团。

（3）芳香族化合物

芳香族化合物具有环状的共轭体系，一般它们都有三个吸收带，例如，苯的三个吸收带分别为吸收带Ⅰ：$\lambda_{max}=184\text{nm}$（$k=47000$），该吸收在远紫外区；吸收带Ⅱ：$\lambda_{max}=204\text{nm}$（$k=6900$）；吸收带Ⅲ：$\lambda_{max}=255\text{nm}$（$k=230$）。因为电子跃迁时伴随振动能级的跃迁，因此将吸收带Ⅲ弱的吸收峰分裂成一系列的小峰。图 1-5 为苯的吸收带Ⅲ在 255nm 处的吸收，图中最高处为系列尖峰的中心，波长为 255nm，k 值为 230。这是芳香化合物的特征吸收。

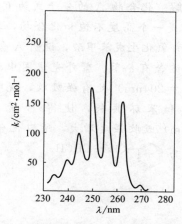

图 1-5　苯的紫外吸收光谱（255nm 处吸收带Ⅲ的吸收）

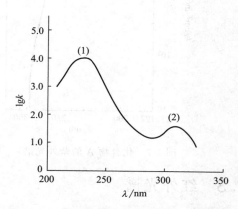

图 1-6　3-甲基-3-戊烯-2-酮的紫外吸收光谱

（4）羰基化合物

羰基 C=O 中存在双键和孤对电子，除了有较强吸收的 $\pi\rightarrow\pi^*$ 跃迁外，还可以进行 $n\rightarrow\pi^*$ 跃迁，不过这种跃迁所需能量较小，所以产生的吸收波长较长，在近紫外区或可见光区，但强度较弱，k 值只有几十到几百。

如果不饱和羰基化合物中 C=O 和 C=C 共轭，形成 π-π 共轭体系，则与 1,3-丁二烯中的 C=C—C=C 类似，可以形成新的成键轨道和反键轨道，使 $\pi\rightarrow\pi^*$ 和 $n\rightarrow\pi^*$ 跃迁的能级差减小，吸收向长波方向位移。图 1-6 为 3-甲基-3-戊烯-2-酮的紫外吸收光谱。

1.2.4　紫外吸收光谱图的解析

第一，在 200～800nm 没有吸收，则可以推断被测有机物中不存在共轭双键、苯环、羰基、硝基、溴和碘。

第二，在 200～300nm 有强吸收（$k\geqslant10000$），则可以推测分子中存在两个双键组成的共轭体系。

第三，在 260～300nm 有强吸收（$k>10000$），则可以推测分子中存在两个以上双键组成的共轭体系，依据吸收带的具体位置可判断共轭双键的个数。

第四，在 270～300nm 有弱吸收（$k<100$），表示存在羰基，如果在 300nm 以上有吸收带，强度也略微增加，有可能羰基的 α、β 位存在双键与之形成了共轭体系。

第五，在 250～300nm 有中等强度的吸收（k 为 100～10000），并显示不同程度的精细结构，则说明有苯环存在；假如吸收带在 300nm 以上，并有明显的精细结构，则说明存在稠环芳烃、稠环杂芳烃和它们的衍生物。

总之，紫外光谱主要适合于分子中含有不饱和键的有机化合物，可以根据紫外光谱确定双键的位置，是否为共轭体系以及共轭体系的大小等，但单靠紫外光谱，无法判断未知物的确切结构，还要借助红外光谱、核磁共振谱等。

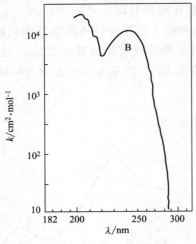

图 1-7 化合物 A 的紫外光谱

【例 1-1】 化合物 A 的分子式是 C_9H_{10}，其紫外光谱如图 1-7 所示，已知 A 可被高锰酸钾氧化生成苯甲酸，试确定化合物的结构。

解 化合物 A 的分子式为 C_9H_{10}，可知 A 是一个高度不饱和化合物，其可被高锰酸钾氧化生成苯甲酸，说明 A 含有苯环，且侧链含有 α-氢。紫外光谱图中近紫外区（$\lambda_{max} = 204nm$）处有强吸收，说明有一个双键和苯环共轭，使得 B 带（$\lambda_{max} = 250nm$）吸收强度增大，所以化合物 A 的结构为

。

1.3 红外光谱

红外光谱（infrared spectroscopy）简称为 IR。

1.3.1 红外光谱的基本原理

红外光谱是由分子中成键原子的振动能级跃迁而产生的吸收光谱。分子中原子的振动包括键的伸缩振动和键的弯曲振动。

伸缩振动：原子沿键轴伸长与缩短。这种振动方式是键长发生改变而键角不变（图 1-8）。

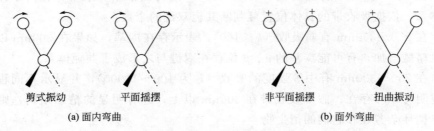

图 1-8 共价键的伸缩振动

弯曲振动：成键两原子之一在键轴前后或左右弯曲，这种振动键长不变而键角发生改变（图 1-9）。

剪式振动　平面摇摆　　非平面摇摆　扭曲振动

(a) 面内弯曲　　　　　　(b) 面外弯曲

图 1-9 共价键的弯曲振动

实验结果和理论分析证明：只有偶极矩大小和方向有一定的改变，即有瞬间偶极矩变化的振动才能吸收红外光而发生振动能级的跃迁。

对于分子的振动应该用量子力学来说明，但为了便于理解，也可用经典力学来说明。一般用不同质量的小球代表原子，以不同硬度的弹簧代表各种化学键。

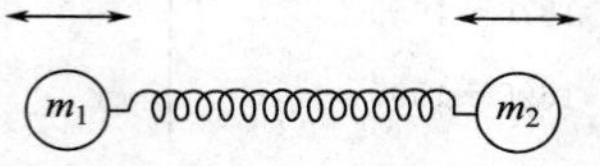

分子中两个原子之间的伸缩振动可以看作是一种简谐振动，见图 1-10。

图 1-10　双原子分子伸缩振动示意图

其振动频率（ν）是化学键的力常数（k）与原子质量（m_1 和 m_2）的函数：

$$\nu = \frac{1}{2\pi}\sqrt{\frac{k}{\mu}} \tag{1-5}$$

$$\mu = \frac{m_1 m_2}{m_1 + m_2} \text{（折合质量）} \tag{1-6}$$

红外光谱图通常用波数（σ）来表示吸收频率：

$$\sigma = \frac{1}{2\pi c}\sqrt{\frac{k}{\mu}} = \frac{1}{2\pi c}\sqrt{k\left(\frac{1}{m_1} + \frac{1}{m_2}\right)} \tag{1-7}$$

式中，c 为光速，$3\times10^{10}\,\text{cm·s}^{-1}$。

由上式可知，影响 σ 大小的因素：

① 与质量成反比，原子质量越小，振动频率越高，σ 越大；

② 与 k 成正比，键能越大，频率越高，σ 越大。

1.3.2　红外光谱的表示方法和组成

红外光谱图中横坐标为红外光的波长（μm）或波数（cm^{-1}），纵坐标为透射率 T 或吸光度 A。横坐标用于表示吸收峰的位置，纵坐标常用透射率表示吸收强度，光被吸收越多，透射率就越低。

红外光谱由官能团区和指纹区组成。其中 $4000\sim1350\,\text{cm}^{-1}$ 是由伸缩振动产生的吸收带，这个区域内的光谱比较简单，但具有很强的特征性，称为官能团区。官能团区的吸收带对于官能团的鉴定非常有用，是红外光谱分析的主要依据。$1350\sim650\,\text{cm}^{-1}$ 区域的吸收峰主要是 C—C、C—O 等单键的伸缩振动和各种弯曲振动，该区域的光谱比较复杂，各峰的吸收位置受整体分子结构影响较大，分子结构稍微有不同，吸收就有细微的差异，它与每个人都具有特征指纹的情况相似，不同化合物在此区域的吸收峰也是不同的，这个区域被称为指纹区。指纹区在确认有机物的结构，或者由已知物来鉴别未知物时非常重要。

红外光谱还可以进一步细分为八大重要区段，见表 1-1。

表 1-1　红外光谱的八大重要区段

波数/cm^{-1}	化学键的振动类型
$3650\sim2500$	O—H，N—H（伸缩振动）
$3300\sim3000$	C—H（—C≡C—H，C=C—H，Ar—H）（伸缩振动）
$3000\sim2700$	C—H（—CH$_3$，—CH$_2$—，$\overset{\displaystyle}{-}\!\!\!\!\!\underset{}{C}\!\!-\!H$，$-\overset{\text{O}}{\underset{\text{H}}{C}}$）（伸缩振动）

续表

波数/cm^{-1}	化学键的振动类型
2275~2100	C≡C，C≡N（伸缩振动）
1870~1650	C=O（醛、酮、酸、酸酐、酯、酰胺）（伸缩振动）
1690~1590	C=C（脂肪族及芳香族）（伸缩振动），C=N（伸缩振动）
1475~1300	—C—H（面内弯曲振动）
1000~670	C=C（H）,Ar—H（面外弯曲振动）

一些主要基团的特征吸收频率（伸缩振动）见表 1-2。

表 1-2　一些主要基团的特征吸收频率（伸缩振动）

键的类型	化合物类型	波数/cm^{-1}
Y—H 伸缩振动		
C—H		3000~2850
=C—H	烯烃	3100~3010
≡C—H	炔烃	3350~3200
O—H	醇、羧酸	3650~3100
N—H	胺、酰胺	3550~3100
Y=Z 和 Y≡Z 的伸缩振动		
C=C	烯烃	1680~1600
C=O	醛、酮、羧酸及其衍生物	1850~1650
 ⬡	芳烃	1600~1450（四个峰）
C≡C	炔烃	2260~2100
C≡N	腈	2260~2240
Y—Z 伸缩振动		
C—C		1200~750
C—O	醇、醚	1300~1080
C—N	胺、酰胺	1360~1180

1.3.3　红外光谱图与有机化合物结构的关系

（1）烷烃的红外光谱

烷烃的红外光谱相对比较简单，C—H 键的伸缩振动在 3000~2850cm^{-1}，C—H 键弯曲振动的吸收峰在 1475~1300cm^{-1}，C—H 键的弯曲振动对分子的检测十分有用，甲基在 1375cm^{-1} 处有一特征吸收峰；异丙基在 1370cm^{-1} 和 1385cm^{-1} 处出现等强度的两个峰；叔丁基在 1370cm^{-1} 和 1395cm^{-1} 处出现不等强度的两个峰，前者强于后者，这些峰可以用来判断分子中结构分支的情况；亚甲基在 1465cm^{-1} 处有特征吸收峰，若多个亚甲基成直链相连时，吸收峰极大地向低波数方向移动，例如，—CH$_2$CH$_2$— 在 743~734cm^{-1} 处出现吸收峰，若 4 个或 4 个以上 CH_2 成直链时，在 $724\sim722cm^{-1}$ 处出现吸收峰，这些吸收峰可以判断分子中是否有直链以及链的长短情况。正辛烷的红外光谱见图 1-11。

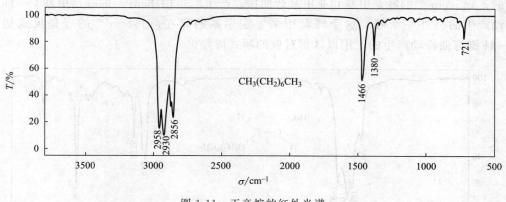

图 1-11　正辛烷的红外光谱

(2) 烯烃的红外光谱

烯烃的红外光谱比烷烃要复杂一些，$=C-H$ 的伸缩振动在 $3100\sim3010cm^{-1}$ 有一中等强度的吸收峰，与烷烃 $C-H$ 伸缩振动吸收峰相比波数增加，原因是双键的碳原子是 sp^2 杂化，和单键碳原子的 sp^3 杂化相比，$C-H$ 键的强度增加，从而使伸缩振动频率增加。官能团 $C=C$ 键的伸缩振动吸收峰在 $1680\sim1600cm^{-1}$ 处，峰的位置和强度取决于双键碳上的取代基的数目、性质以及和双键的共轭情况。如果取代基多对称性强，峰则较弱，有 4 个取代烷基时，常常看不到它的吸收峰，因为对称的烯烃振动时偶极矩不发生改变，因此没有 $C=C$ 相应的吸收，如存在共轭则峰增强但波数略低。$=C-H$ 键的弯曲振动在 $980\sim650cm^{-1}$，该吸收对于判断取代基的数目、性质以及顺反异构情况非常有用。各类烯烃弯曲振动的特征见表 1-3。

表 1-3　各类烯烃弯曲振动的特征

烯烃类型	波数/cm⁻¹	峰的强度
R、H / C=C / H、H	$910\sim905$	强
	$995\sim985$	强
R、R / C=C / H、H	$895\sim885$	强
R、R / C=C / H、H	$730\sim650$	弱且宽
R、H / C=C / H、R	$980\sim965$	强
R、H / C=C / R、R	$840\sim790$	强

图 1-12 是反-2-辛烯的红外光谱图，比正辛烷的红外光谱图要复杂得多。3023cm^{-1} 的峰是 =C—H 键伸缩振动产生的；3000～2800cm^{-1} 的峰是甲基和亚甲基的 C—H 键伸缩振动产生的；1456cm^{-1} 的峰是甲基和亚甲基弯曲振动产生的；1378cm^{-1} 的峰是甲基 C—H 键弯曲振动产生的另外一个峰，这个峰常用来鉴定甲基的存在；964cm^{-1} 的峰是反式烯烃中 =C—H 键弯曲振动产生的，用以区别对应的顺式烯烃。

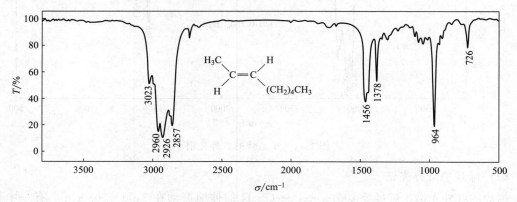

图 1-12　反-2-辛烯的红外光谱

(3) 炔烃的红外光谱

≡C—H 的伸缩振动在 3350～3200cm^{-1} 有强而尖的吸收峰。碳碳三键的键力常数比碳碳双键大得多，所以 C≡C 的伸缩振动和 C=C 相比在高波数区，2260～2100cm^{-1}，乙炔或对称二取代乙炔，因分子对称在红外光谱中没有吸收峰。因此在光谱中没有 2260～2100cm^{-1} 的吸收，也不能排除 C≡C 的存在。1-己炔的红外光谱见图 1-13。

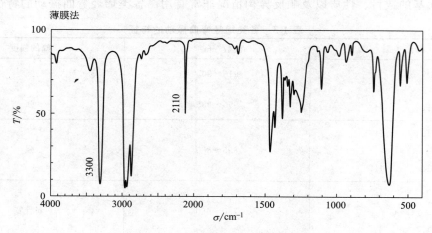

图 1-13　1-己炔的红外光谱

(4) 芳烃的红外光谱

芳烃的骨架振动在 1600cm^{-1}、1580cm^{-1}、1500cm^{-1}、1450cm^{-1} 附近有 4 条吸收带。1450cm^{-1} 处的吸收带常常观察不到，其余三个吸收带，1500cm^{-1} 处最强，1600cm^{-1} 处次之，这两个吸收带对于确定芳环的结构非常有效。

芳环的 C—H 伸缩振动在 3030cm^{-1} 处有中等强度的吸收，C—H 的面外弯曲振动在

$900\sim690cm^{-1}$ 区域，从该吸收峰可判断芳环上取代基的情况。取代苯环上 C—H 键的面外弯曲振动见表 1-4。

表 1-4　取代苯环上 C—H 键的面外弯曲振动

芳香烃	波数/cm^{-1}	峰的强度
Ar—H	670	强
一取代	$710\sim690$	强
	$770\sim730$	强
邻二取代	$770\sim735$	强
间二取代	$710\sim690$	强
	$810\sim750$	强
对二取代物	$833\sim810$	强

图 1-14 为甲苯的红外光谱，其中 $3030cm^{-1}$ 和 $1603cm^{-1}$、$1460cm^{-1}$ 处的峰说明有苯环存在，其中 $3030cm^{-1}$ 处的吸收峰为苯环上 C—H 键的伸缩振动，后两个峰为苯环碳骨架伸缩振动的特征吸收峰，$2960\sim2870cm^{-1}$ 处的吸收峰是烷基 C—H 键的伸缩振动，$1380cm^{-1}$ 为甲基的特征峰。$725cm^{-1}$ 和 $694cm^{-1}$ 处的两个强吸收峰为一取代苯环的 Ar—H 键的面外弯曲振动。

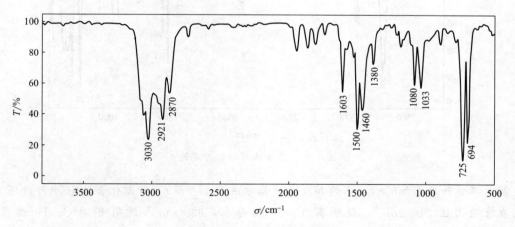

图 1-14　甲苯的红外光谱

（5）羰基化合物的红外光谱

羰基的红外光谱在 $1750\sim1680cm^{-1}$ 处有一非常强的伸缩振动吸收峰，当羰基和苯环共轭时，吸收峰向低波数移动。如果有醛基存在，—CHO 中的 C—H 键在 $2720cm^{-1}$ 处有伸缩振动吸收峰，该吸收用来判断是否有醛基的存在。

图 1-15 中，$3063\sim3006cm^{-1}$ 为苯环的 C—H 伸缩振动；$2967\sim2867cm^{-1}$ 为甲基的 C—H 伸缩振动；$1686cm^{-1}$ 为 C=O 的伸缩振动（由于共轭效应，吸收向较低波数移动）；$1599cm^{-1}$、$1583cm^{-1}$ 和 $1450cm^{-1}$ 为苯环的骨架伸缩振动；$1360cm^{-1}$ 为甲基的 C—H 弯曲振动；$761cm^{-1}$ 和 $691cm^{-1}$ 为苯环的 C—H 弯曲振动。

1.3.4　红外光谱图的解析举例

在 $4000\sim1350cm^{-1}$ 的官能团区找出特征吸收峰，确定存在哪种官能团；在 $1350\sim$

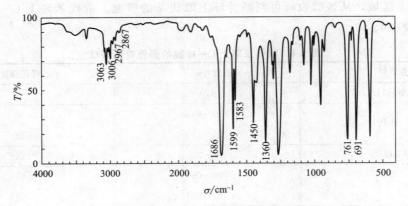

图 1-15　苯乙酮的红外光谱

$650cm^{-1}$ 的指纹区，确定化合物的结构类型。

【例 1-2】　化合物 E，分子式为 C_8H_6，可使溴的四氯化碳溶液褪色，用硝酸银氨溶液处理，有白色沉淀生成，E 的红外光谱如图 1-16 所示。试推测化合物 E 的结构。

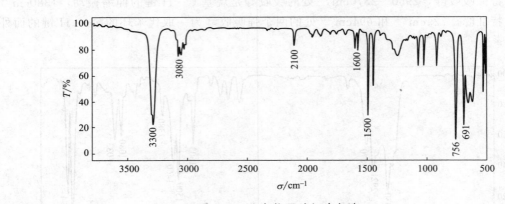

图 1-16　化合物 E 的红外光谱

解　不饱和度 $\Omega = 6 > 4$（不饱和度的计算方法见 1.6 节），所以化合物 E 中可能还有苯环。在官能团区 $2100cm^{-1}$，说明有 $C\equiv C$ 键存在，$3300cm^{-1}$ 说明有 $\equiv C-H$ 键存在，$3080cm^{-1}$、$1600cm^{-1}$、$1500cm^{-1}$ 说明有苯环。在指纹区中 $756cm^{-1}$ 和 $691cm^{-1}$ 吸收峰说明苯环上是单取代。结合题中化合物性质进一步推测化合物 E 中含有三键，且三键在链端，综上，可推得化合物 E 的结构是 ⌬—C≡CH 。

1.4　核磁共振谱

核磁共振（nuclear magnetic resonance）简称为 NMR。

核磁共振谱是由具有磁矩的原子核受电磁波辐射而发生跃迁所形成的吸收光谱。从原则上讲，凡是核自旋量子数 I 不等于零的原子核，如 ^1H、^{13}C、^{15}N、^{19}F、^{35}Cl、^{37}Cl 等，都可以发生核磁共振，但目前应用最多也最有实用价值的只有氢谱和碳谱，分别用 ^1H NMR，^{13}C NMR 表示。

1.4.1　基本原理

由于氢原子是带电体，当自旋时，可产生一个磁场，因此，可以把一个自旋的原子核看作一块小磁铁。自旋的核在外磁场中有 $2I+1$ 种自旋取向，H 核的自旋量子数 $I=1/2$，在外磁场中有 $2\times1/2+1=2$ 种自旋取向。图 1-17 表示质子的两种自旋状态，自旋产生磁矩的方向可用右手定则确定。

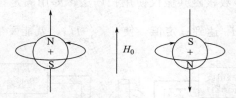

图 1-17　在外加磁场 H_0 作用下质子的两种自旋状态

在没有外加磁场的作用下，两种自旋状态的能量是相同的，但在外加磁场 H_0 的作用下，两种自旋状态的能量就不再相同。当 $m_s=+1/2$ 时，磁矩方向与外磁场方向相同，会形成一个低能级（低能态）；当 $m_s=-1/2$ 时，磁矩方向与外磁场方向相反，就形成一个高能级（高能态）。也就是说，在外加磁场的作用下，把两个本来简并的能级分裂开来，使一个能级降低，而另一个能级升高（图 1-18）。

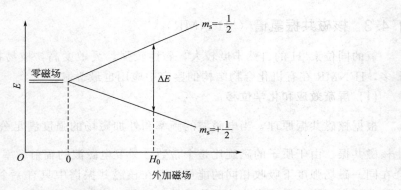

图 1-18　外加磁场作用下质子自旋能级的裂分示意

两个能级之差为 ΔE：

$$\Delta E = \gamma \frac{h}{2\pi} H_0 \tag{1-8}$$

式中　γ——磁旋比，质子的磁旋比 γ 为 $2.675\times10^8 \mathrm{A\cdot m^2\cdot J^{-1}\cdot s^{-1}}$；

　　　h——普朗克常数。

如果用电磁波照射磁场中的质子，当电磁辐射的能量与这两个自旋能级的能量差相等时，处于低能级的质子就可以跃迁到高能级中去，氢原子核与电磁辐射发生共振，产生核磁共振吸收。

$$\Delta E = h\nu = \gamma \frac{h}{2\pi} H_0 \tag{1-9}$$

$$\nu = \frac{\gamma}{2\pi} H_0 \tag{1-10}$$

1.4.2 核磁共振仪

用来测定核磁共振的仪器叫作核磁共振仪（图 1-19），按公式 $\nu = \frac{\gamma}{2\pi} H_0$，改变外加磁场强度或改变电磁波的辐射频率（$\nu$）均可以符合上述关系，所以核磁共振的测定方法有两种，一种是扫频法（固定磁场改变频率），另一种叫扫场法（固定电磁波的频率改变磁场强度）。后者操作比较简单，所以多数核磁共振仪使用扫场法，即用固定频率的电磁波照射样品，调节磁场强度，当磁场强度 H_0 达到一定值，使 $\nu = \frac{\gamma}{2\pi} H_0$，就能发生核磁共振吸收。

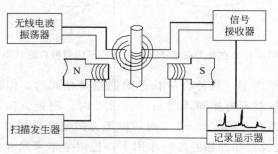

图 1-19　核磁共振仪

1.4.3 核磁共振氢谱（^{1}H NMR）

氢的同位素 ^{1}H 的自然丰度较大，磁性较强，灵敏度高，极易检测，所以对氢谱的研究最多，^{1}H NMR 在有机化合物结构的鉴定中应用也最普遍。

（1）屏蔽效应和化学位移

根据核磁共振原理，当电磁波的频率和外加磁场的强度满足公式 $\nu = \frac{\gamma}{2\pi} H_0$ 时，即可产生核磁共振。由于质子的磁旋比是个常数，只要电磁波的辐射频率固定，似乎所有的质子都会在同一磁场强度下吸收相同的能量，即在核磁共振谱中只有一个信号，但事实并非如此，有机分子中不同的质子吸收峰的位置是不同的，例如 CH_3CH_2Cl 分子中有两种不同的质子，对氯乙烷分子进行磁场强度由低到高的扫描，出现两个吸收峰（图 1-20），在低场的 CH_2 中 H 的信号和在高场的 CH_3 中 H 的信号不同。这是因为在有机物分子中，质子周围还有电子，而不同类型的质子周围的电子云密度是不同的，在外加磁场的作用下，电子引起环流而产生感应磁场，该磁场与外加磁场的方向相反，因此质子实际感受到的磁场强度要比外加磁场的强度 H_0 稍弱一点，这样为了发生核磁共振，必须提高外加磁场的强度才能发生共振，即吸收峰出现在磁场强度较高的位置。质子的核外电子对抗外加磁场所起的作用称为屏蔽效应，所以，质子周围的电子云密度越大，屏蔽效应也越强，在更高的磁场强度中（高场）才能发生共振。以 CH_3CH_2Cl 分子为例，Cl 原子是吸电子的，和 Cl 相邻

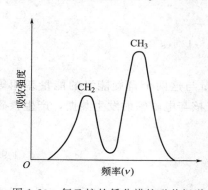

图 1-20　氯乙烷的低分辨核磁共振谱

的 CH_2 中 H 的电子云密度下降，CH_3 中的 H 的电子云密度就比 CH_2 中 H 的电子云密度要大，即 CH_3 的屏蔽效应比 CH_2 的强，其结果是 CH_3 中的 H 的吸收峰出现在高场，CH_2 中 H 的吸收峰出现在低场。

屏蔽效应造成了不同的质子在核磁共振谱的不同位置上出现吸收峰，但这种由于屏蔽效应所造成的位置上的差异是很小的，难以精确地测出其绝对值，因而需要一个标准物来作对比。常用的标准物是四甲基硅烷 $(CH_3)_4Si$（简称 TMS，该物质中 12 个质子均是等同的，所以只有一个吸收峰，且该质子周围的电子云密度高，屏蔽效应大，吸收峰在高场），人为地将其吸收峰出现的位置定为 0，某一质子吸收峰的位置与标准物质子吸收峰之间的距离称为该质子的化学位移，一般用 δ 表示。常见基团中质子的化学位移见表 1-5。

$$\delta = \left(\frac{\nu_{样品} - \nu_{TMS}}{\nu_0} \right) \times 10^6 \tag{1-11}$$

式中　$\nu_{样品}$——样品吸收峰的频率；

　　　ν_{TMS}——TMS 吸收峰的频率；

　　　ν_0——核磁共振仪所用频率。

表 1-5　常见基团中质子的化学位移

质子类别	化学位移	质子类别	化学位移
$R{-}CH_3$	0.9	RCH_2X	3～4
$R_2{-}CH_2$	1.3	$O{-}CH_3$	3.6 ± 0.3
$R_3{-}CH$	1.5	$-OH$	0.5～5.5
$={=}CH{-}CH_3$	1.7 ± 0.1	$-COCH_3$	2.2 ± 0.2
$\equiv C{-}CH_3$	1.8 ± 0.1	$RCHO$	9.8 ± 0.3
$Ar{-}CH_3$	2.3 ± 0.1	$R{-}COOH$	11 ± 1
$={=}CH_2$	4.5～6	RNH_2	0.5～4.0
$\equiv CH$	2～3	$RCONH_2$	8.0 ± 0.1
$Ar{-}H$	7.3 ± 1.0	RSO_3H	11.9 ± 0.30

（2）影响化学位移的因素

① 诱导效应

a. δ 值随着邻近原子或原子团电负性的增加而增加：

$$CH_3{-}F \qquad CH_3{-}Cl \qquad CH_3{-}Br \qquad CH_3{-}I$$
$$4.26 \qquad\quad 3.05 \qquad\qquad 2.68 \qquad\qquad 2.16$$

b. δ 值随着 H 原子与电负性基团距离的增大而减小：

$$CH_3{-}Br \qquad CH_3CH_2Br \qquad CH_3CH_2CH_2Br$$
$$2.68 \qquad\qquad 1.65 \qquad\qquad 1.0$$

② 各向异性效应　当分子中某些基团的电子云排布不呈球形对称时，如在含双键或三键的体系中，在外磁场作用下，其环电流有一定的取向，因此产生的感应磁场使某些空间位置的氢核受屏蔽，而另一些空间位置的氢核去屏蔽，这种屏蔽作用的方向性，称为磁各向异性效应。

例如：苯环中的电子在外加磁场作用下产生环流，使环上 H 原子周围产生感应磁场，其方向与外加磁场方向相同，即增加了外加磁场，所以在外加磁场的磁感应强度还没有达到 H_0 时，就发生能级的跃迁，即在低场产生吸收，因而它的 δ 值很大（7.3 ± 1.0），这称为去屏蔽效应。双键上的质子也有去屏蔽效应，所以 δ 值也较大（$4.5\sim6$）。乙炔也有电子环流，但乙炔中质子的位置在屏蔽区，所以 δ 值相对较小（$2\sim3$）。

（3）峰的裂分和自旋偶合

① 峰的裂分　在核磁共振谱中，有些质子的吸收峰不是单峰，而是二重峰、三重峰、四重峰或多重峰。这种同一类质子吸收峰增多的现象称为裂分。例如 CH_3CH_2Cl 分子中 CH_3 和 CH_2 中 H 的吸收峰都不是单峰，而是分别裂分为三重峰和四重峰（图 1-21）。

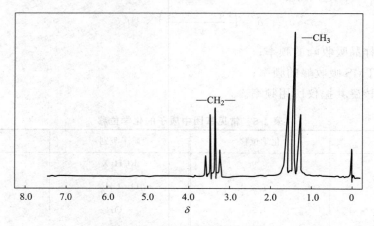

图 1-21　氯乙烷的核磁共振谱

② 自旋偶合　吸收峰的裂分是由邻近质子的自旋相互干扰引起的，这种相互干扰称为自旋偶合。例如在 CH_3CH_2Cl 的分子中，CH_3 上的三个 H 相等（用 H_a 表示），CH_2 上的两个 H 相等（用 H_b 表示），CH_3 上的质子除受外加磁场的作用外还受相邻 CH_2 质子自旋的影响。CH_2 上的每个 H_b 都可以有两种自旋取向，即自旋量子数为 $+1/2$ 或 $-1/2$，两个质子在外加磁场中的自旋排列方式有四种：两个 H_b 的自旋量子数都是 $+1/2$；一个 H_b 的自旋量子数为 $+1/2$，另一个自旋量子数为 $-1/2$；一个 H_b 的自旋量子数为 $-1/2$，另一个自旋量子数为 $+1/2$；两个 H_b 的自旋量子数为 $-1/2$。第一种方式等于在 H_a 的周围增加两个和外磁场方向一致的小磁场，这样扫描时在略低于外加磁场的磁场强度 H_0 时即能发生能级的跃迁，产生一个低场的吸收峰。第二种方式和第三种方式两个 H_b 质子产生的附加磁场方向相反，强度相等，对 H_a 周围的磁场强度没有影响。因此，H_a 能级的跃迁仍在 H_0 时发生。第四种方式相等于增加两个方向与外加磁场相反的小磁场，因此要在略高于外加磁场的磁场强度 H_0 时，H_a 才发生能级的跃迁，产生一个高场的吸收峰。由此可知，CH_3CH_2Cl 分子中 CH_3 的吸收峰裂分成三重峰，裂分峰的相对强度与 CH_2 质子自旋排列的几种可能方式相对应，为 $1:2:1$。

以此类推，氯乙烷分子中亚甲基上 H_b 由于受到 H_a 的影响裂分为四重峰，强度比为 $1:3:3:1$。

裂分峰数的计算：

a. $n+1$ 规则　自旋偶合的邻近质子如果是同类质子，吸收峰裂分为 $n+1$。例如，

$CH_3CH_2OCH_2CH_3$ 的 CH_3 中质子的共振峰为三重峰（2＋1＝3），CH_2 中质子的共振峰为四重峰（3＋1＝4）。

　　b. $(n+1)(n'+1)(n''+1)$　　自旋偶合的邻近质子如果不相同时，吸收峰裂分的数目为 $(n+1)(n'+1)(n''+1)$。例如，$\underset{H_a}{ClCH_2}\underset{H_b}{CH_2}\underset{H_c}{CH_2Br}$ 中，H_b 的共振峰为（2＋1）×（2＋1）＝9。

（4）积分曲线和峰面积

　　在核磁共振谱中，共振峰所包含的面积和产生峰的质子数成正比，因此峰面积之比即为不同类型质子的数目之比。各共振峰的面积大小可由核磁共振仪自带的电子积分仪来测量。测量的方法是在谱图上从低场到高场生成连续阶梯积分曲线，积分曲线的总高度与分子中总质子数目成正比，各个峰的阶梯曲线高度与该峰面积成正比。积分曲线示意图见图 1-22。

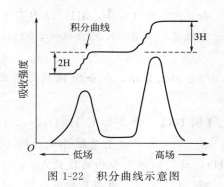

图 1-22　积分曲线示意图

　　目前应用比较广泛的是各个峰面积的相对积分值用数字直接在谱图中表示出来。指定分子中含一个质子的峰面积为 1，则图谱上数字与质子的数目相符。例如，图 1-23 为苯乙酮的核磁共振谱图。

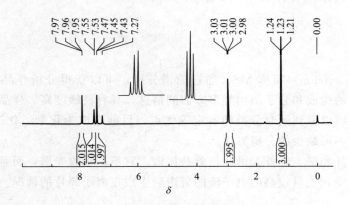

图 1-23　苯乙酮的核磁共振谱图

1.4.4　核磁共振谱解析

　　从核磁共振谱图中可获得如下信息：

　　① 由吸收峰数可知分子中氢原子的种类。

　　② 由化学位移可了解各类氢的化学环境。

　　③ 由裂分峰数目大致可知各种氢的数目。

　　④ 由各种峰的面积比可知各种氢的数目。

　　【例 1-3】　分子式为 $C_4H_8O_2$ 的化合物 A，溶于 $CDCl_3$ 中，测得 ^1H NMR 谱，$\delta=1.35$（双峰，3H），$\delta=2.15$（单峰，3H），$\delta=3.75$（单峰，1H），$\delta=4.25$（四重峰，1H）。如溶在 D_2O 中测 ^1H NMR 谱，其谱图相同，但在 3.75 外的峰消失。此化合物的 IR 在 $1720cm^{-1}$ 处有强吸收峰。请写出此化合物 A 的结构式。

解 （1）计算分子的不饱和度：

由分子式推出 $\Omega = (2+2\times4+0-8)/2 = 1$（不饱和度的计算方法详见 1.6）。

（2）根据 IR 信号推断此化合物 A 可能含有 $\diagup\!\!\!\!\overset{\diagdown}{C}\!\!=\!\!O$。

（3）根据 ^1H NMR 信号分析：

由 $\delta=2.15$（单峰，3H）推出有甲基；由 $\delta=3.75$（单峰，1H），但在 D_2O 中该峰消失推出有羟基；由 $\delta=1.35$（双峰，3H），$\delta=4.25$（四重峰，1H）推出有 CH_3CH—。

综合以上分析，化合物 A 的结构式为：$CH_3\!-\!\overset{\displaystyle O}{\underset{\displaystyle OH}{CH\!-\!C}}\!-\!CH_3$。

【例 1-4】 化合物 $C_6H_{12}O_2$，在 $1740cm^{-1}$、$1250cm^{-1}$、$1060cm^{-1}$ 处有强的红外吸收峰。在 $2950cm^{-1}$ 以上无红外吸收峰。核磁共振谱图上有两个单峰 $\delta=3.4$（3H），$\delta=1.0$（9H），请写出该化合物的结构式。

解 $1740cm^{-1}$ 为羰基的吸收峰，$1250cm^{-1}$、$1060cm^{-1}$ 证明其为酯羰基，在 $2950cm^{-1}$ 以上无红外吸收峰，说明无不饱和键。核磁共振谱图上有两个单峰，说明有两种氢原子。综上，化合物的结构式为：$(CH_3)_3\overset{\displaystyle O}{C\!C}\!-\!OCH_3$。

1.5 质谱

质谱（mass spectrum）简称 MS。通过质谱分析，可以获得分析样品的分子量、分子式、分子中同位素的构成和分子结构等多方面的信息，具有灵敏度高、样品用量少、分析速度快、和色谱连用可以做到同时分类和鉴定等优点，目前已成为化学、化工、材料、环境、药物等各个领域中不可缺少的分析方法。

质谱不同于紫外光谱、红外光谱和核磁共振谱，它不是吸收光谱，而是记录有机物分子的蒸气在高真空下受到能量较高的电子流的轰击后生成正离子碎片的情况。

1.5.1 质谱仪和质谱的基本原理

质谱仪一般包括三个主要的组成部分：离子源（离子化室）、分析系统和离子收集检定系统（图 1-24）。

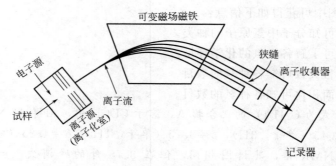

图 1-24 质谱仪示意图

有机化合物分子在高真空下受到能量较高的电子束的轰击，失去一个外层电子而变成分子离子，即自由基正离子。

$$M + e^- \longrightarrow M^{\ddot{+}} + 2e^-$$

由于电子流的能量很高，会传递给分子离子，使分子离子进一步断裂成阳离子、阴离子、自由基或中性分子等碎片，其中正离子碎片经过电场加速后进入分析系统，然后这些碎片在强磁场的作用下，沿着弧形轨道前进，其行进的曲率半径取决于正离子的质量与电荷比（m/z，又称质荷比）。质荷比大的正离子，其轨道的弯曲程度小，质荷比小的正离子，其轨道的弯曲程度大。这个不同质荷比的正离子就被分离开，并依次到达收集器，并经过电子放大器放大成电流以后，用记录装置记录下来。由于质谱仪产生的阳离子主要是带一个单位正电荷的，所以分离开的是不同质量的碎片，在质谱图上就显示出各个不同的峰。

1.5.2 质谱图

质谱图中，横坐标为质荷比（m/z），纵坐标为各峰的丰度（用％表示）。丰度最大的基峰的丰度规定为 100％。峰为线状，线的高度与离子数目成比例。

（1）分子离子峰及分子离子峰的确定

在质谱中，由分子离子所形成的峰，即为分子离子峰。在通常情况下，失去一个电子的分子离子，其荷质比是质量数被 1 除，即 $m/1$。因而，分子离子峰的荷质比就是样品的分子量。所以，可应用质谱测定有机化合物的分子量。

判断分子离子峰的方法如下：一般位于荷质比比较高的一端，其丰度与分子离子峰的稳定性有关，分子离子越稳定，则分子离子峰越强。但是如果分子离子不稳定，在质谱上就不出现。

（2）同位素离子峰

组成有机化合物的大多数元素都有同位素，例如在有机物中 ^{12}C 的含量实际上只有98.92％，其余的 1.08％是 ^{13}C。如甲烷除了质量为 16 的分子离子峰（$M^{\ddot{+}}$）外，还出现质量为 17 的信号，其相对丰度约 1.1％。这个丰度较小的峰称作同位素峰，即（M＋1）峰，是由 1.08％的 $^{13}CH_4$ 或 CH_3D 引起的。

（3）碎片离子峰和重排离子峰

分子失去一个电子形成分子离子后，电子流多余的能量还会使分子离子的化学键发生断裂形成离子，这些离子可以进一步裂解成更小的离子。这种不发生原子转移和骨架的改变，仅因键的简单断裂而形成的离子称为碎片离子。同时还可以通过分子内原子和基团的重排而形成重排离子。各类有机物的分子离子进一步裂解成碎片离子峰和重排离子峰都是有一定规律的，所以根据这些规律可以推测有机物的结构。

1.6 四谱综合解析的方法

以上介绍了有机化合物结构分析中紫外光谱、红外光谱、核磁共振谱和质谱各自所提供的信息和特点，一般说来，除紫外光谱外，其余三种方法均可以独立用于简单有机物的结构分析，但对于稍微复杂的有机物，单靠某一种谱来解析分子的结构是困难的，往往需要几种方法结合起来，互相补充，当然不是说要"四谱俱全"，而是根据具体情况选择适当的方法，以达到简便、准确解析分子结构的目的。

下面介绍谱图综合解析时的一般步骤，但并无定则，在具体应用时根据具体情况进行取舍。

（1）确定分子量

质谱是测定有机化合物分子量的最好方法，质谱中的分子离子峰的质荷比就是分子的分子量。对于分子量不是很大、热稳定性较好、易气化的样品，可采用电子轰击电离的方法，这样除了得到分子量的信息外，还可以得到结构碎片的信息；一些热稳定性较差或难气化的样品，其电子轰击质谱中分子离子峰根本不出现或强度非常低，必须采用"软电离"技术才能得到有用的质谱数据。

（2）确定化合物的分子式

确定化合物的分子式大致有两种方法。其一是用高分辨质谱做精密质量测定，即可得到分子式（即分子离子的元素组成），同时还能得到重要碎片离子的元素组成，有利于进一步的结构分析。其二是数据分析法，即从元素分析数据及各种谱提供的信息中推测分子中所含的碳、氢及其他杂原子数目，将得到的所有原子的原子量之和与其分子量进行比较，若正好相等，推出的所有原子即构成分子式；若有质量差额，则按差额的具体数值进行调整或补充。

（3）计算不饱和度

不饱和度（degree of unsaturation）又称缺氢指数或者环加双键指数，是有机物分子不饱和程度的量化标志，用希腊字母 Ω 表示，在推断有机化合物结构时很有用。从不饱和度可以确定化合物有多少个环、双键和三键，但不能给出各自的确切数目，而是环和双键以及三键（三键算 2 个不饱和度）的数目总和。最终结构需要借助于核磁共振谱（NMR）、质谱和红外光谱（IR）以及其他的信息来确认。

单键对不饱和度不产生影响，因此烷烃的不饱和度是 0（所有原子均已饱和）。

一个双键（烯烃、羰基化合物等）不饱和度为 1。一个三键（炔烃、腈等）不饱和度为 2。一个环（如环烷烃）不饱和度为 1。环烯烃不饱和度为 2。一个苯环不饱和度为 4。

从分子式计算不饱和度的公式为：

$$\Omega = 1 + \frac{1}{2}\sum N_i(V_i - 2)$$

式中，V_i 代表某元素的化合价，N_i 代表该种元素原子的数目。

该公式为通用公式，可以简化为：

$$\Omega = 1 + X - \frac{Y}{2} + \frac{Z}{2}$$

式中，X 为分子中碳及其他四价元素的原子数目；Y 为氢及卤素等一价元素的原子数目；Z 为氮等三价元素的原子数目。

（4）确定化合物的结构单元

从红外数据可以推测出化合物中可能的官能团。分子中不含氮时，红外光谱特别容易确定 OH、C═O、C—O 中任何一个基团的存在。对于含氮化合物，红外光谱很容易确定出 N—H、C≡N、NO_2 等基团的存在。利用 $3000cm^{-1}$ 左右的特征吸收峰等，可以确定未知物是属于饱和的、不饱和的或者是芳香族的化合物，如果是不饱和的化合物可以进一步确定是烯烃还是炔烃，并可判断双键的类型，如果是芳香族化合物，可以进一步确定其取代类型。当得到部分基团的信息后，就可以参照核磁共振谱、质谱数据写出未知物的部分结构式。

（5）列出结构片段并组成可能的分子结构

当结构单元确定以后，下面要做的就是把小的结构单元组成较大的结构片段，最后列出可能的分子结构，在这方面，核磁共振谱的化学位移和自旋偶合裂分，以及质谱中碎片离子质量非常有用。

（6）对可能的结构进行最后的确认

比较复杂的化合物常常会列出不止一个可能的结构，因此，需对每一种可能的结构进行指认。

所谓指认就是从分子结构出发，根据原理去推测各谱，并与实测的谱图进行对照。通过指认排除明显不合理的结构，如果对各谱的指认均比较满意，说明该结构式合理。

【例 1-5】　未知物 A，其 IR 谱在 1730cm^{-1} 处有强吸收，其 MS 谱（图 1-25）和 ^{1}H NMR 谱（图 1-26）如下，推测未知物 A 的结构。

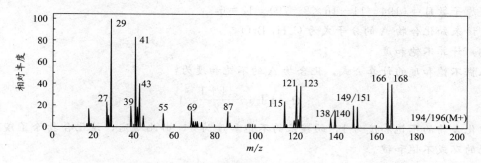

图 1-25　未知物 A 的 MS 谱

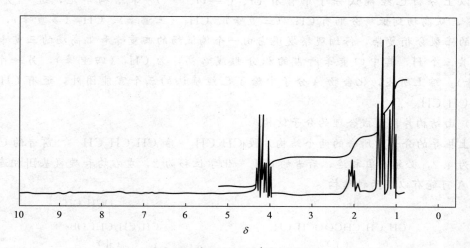

图 1-26　未知物 A 的 ^{1}H NMR 谱

解　一般步骤：

（1）确定化合物的分子量

从质谱中分子离子峰的 m/z 为 194 可以确定该化合物 A 的分子量为 194。

（2）确定化合物的分子式

IR 谱中 1730cm^{-1} 处的强吸收说明分子中含有羰基，即含有一个氧原子。

质谱中 m/z 194，m/z 196 的相对丰度几乎相等，说明分子中含一个溴原子。

^{1}H NMR 谱中，从低场到高场的积分线的高度比为 3∶2∶3∶3，所以分子中氢原子的数目为 11 或 11 的整数倍。

碳原子的数目可用下式计算：

$$碳原子数＝(分子量－H原子数×1－杂原子量总和)/12$$
$$＝(194－11－16－79)/12＝7 余 4$$

不能整除，所以需要进行调整。从上式结果分析，余数 4 加上 12 等于 16，因此可能另外还有一个氧原子。

继续观察各谱发现，^{1}H NMR 中化学位移 4 的低场附近有一簇峰裂分峰形较复杂，估计含有两种或更多种氢原子，两个 Br 原子不能造成两种 H 的化学位移在低场，羰基也不能使邻近的 H 的化学位移移到 4，因此存在另外一个氧原子的判断是合理的。重新计算碳原子数：

$$碳原子数目＝(194－11－16×2－79)÷12＝6$$

所以，该未知化合物 A 的分子式为 $C_6H_{11}BrO_2$。

(3) 计算不饱和度

根据不饱和度的计算公式，化合物 A 的不饱和度为：

$$\Omega = 1 + 6 - \frac{11+1}{2} = 1$$

该化合物的不饱和度为 1，而羰基的不饱和度为 1，由此断定，该化合物除了羰基外没有其他的环或不饱和键。

(4) 确定化合物的结构单元

由以上分析已经确认分子中含有 Br、C＝O、—O— 等结构单元，进一步分析 ^{1}H NMR 谱，从高场到低场分别有 CH_3（三重峰）、CH_3（三重峰）、CH_2（多重峰），化学位移 4 处的峰裂分稍复杂，仔细观察发现它由一个偏低场的四重峰和偏高场的三重峰重叠而成，一共三个 H，其中四重峰所占的积分曲线略高，为 CH_2（四重峰），另一个为 CH（三重峰）。综上所述，化合物 A 分子中除了已经确认的三个官能团外，还有 CH_3CH_2— 和 CH_3CH_2CH—。

(5) 由结构片段组成合理的分子结构

由上推导的分子中所含的两个结构片段 CH_3CH_2— 和 CH_3CH_2CH—，前者的 CH_2— 化学位移为 4.2，必须与氧相连，后者的 CH_2— 化学位移为 2，左右均和碳氢基团相连，所以化合物 A 可能有以下两种结构

$$\underset{(Ⅰ)}{CH_3CH_2\overset{\overset{Br}{|}}{C}HCOOCH_2CH_3} \qquad \underset{(Ⅱ)}{CH_3CH_2\overset{\overset{OCH_2CH_3}{|}}{C}HCOBr}$$

从质谱中看，结构（Ⅱ）中羰基 α 断裂很容易失去 Br，但实际上在高质量端有很多丰度可观含溴的碎片离子，所以确认化合物 A 的结构为 $CH_3CH_2\overset{\overset{Br}{|}}{C}HCOOCH_2CH_3$。

【例 1-6】 某无色有机液体化合物，具有类似茉莉清甜的香气，在一些口香糖中也使用。MS 分析得到离子峰 m/z 为 164，基峰 m/z 为 91；元素分析结果如下：C（73.15%），H（7.37%），O（19.48%）。其 IR 谱中在约 3080cm^{-1} 处有中等强度的吸收，在约 1740cm^{-1} 处及约 1230cm^{-1} 处有强的吸收。^{1}H NMR 数据如下：δ 为 7.20（5H，多重峰），5.34（2H，单峰），2.29（2H，四重峰，J 7.1Hz），1.14（3H，三重峰，J 7.1Hz），该化合物的水解产物与 $FeCl_3$ 水溶液不显色。请根据上述有关数据推导该有机物的结构，并对 IR 的

主要吸收峰及^{1}H NMR的化学位移进行归属。

解　(1) 确定该化合物的分子量

离子峰 m/z 为164，推测该化合物的分子量为164。

(2) 确定该化合物的分子式

根据元素分析数据，计算C、H、O的个数比：

$$C:H:O=\frac{73.15\%\times164}{12.01}:\frac{7.37\%\times164}{1.008}:\frac{19.48\%\times164}{16.00}=10:12:2$$

所以，该化合物的分子式为$C_{10}H_{12}O_2$。

(3) 计算该化合物的不饱和度

根据不饱和度的计算公式$\Omega=1+X-\frac{Y}{2}+\frac{Z}{2}$，化合物A的不饱和度为：

$$\Omega=1+10-\frac{12}{2}=5$$

由于该化合物的不饱和度大于4，考虑可能有苯环存在。

(4) 确定化合物的结构单元

IR谱主要吸收峰的归属：

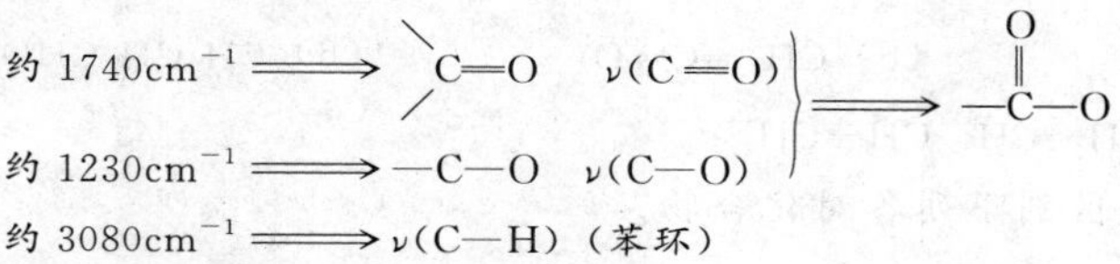

约1740cm⁻¹ ⟹ C═O ν(C═O)
约1230cm⁻¹ ⟹ —C—O ν(C—O)
—C—O
O
约3080cm⁻¹ ⟹ ν(C—H)（苯环）

^{1}H NMR谱主要吸收峰的归属：

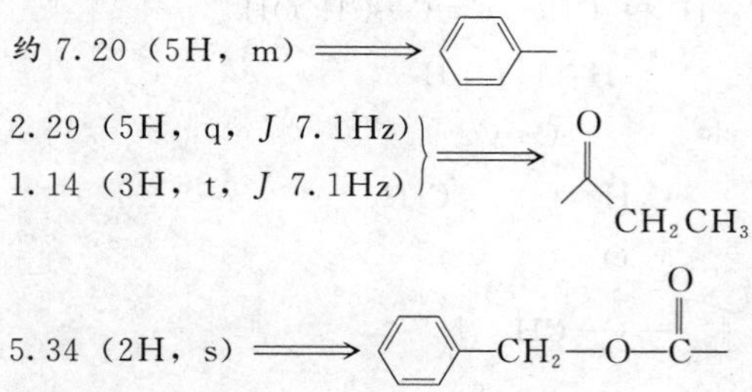

约7.20 (5H, m)
2.29 (5H, q, J 7.1Hz)
1.14 (3H, t, J 7.1Hz)
O
CH₂CH₃
5.34 (2H, s)
CH₂—O—C—

$m/z=91$的基峰归属于$C_6H_5CH_2^+$。

因此，未知物的结构为：

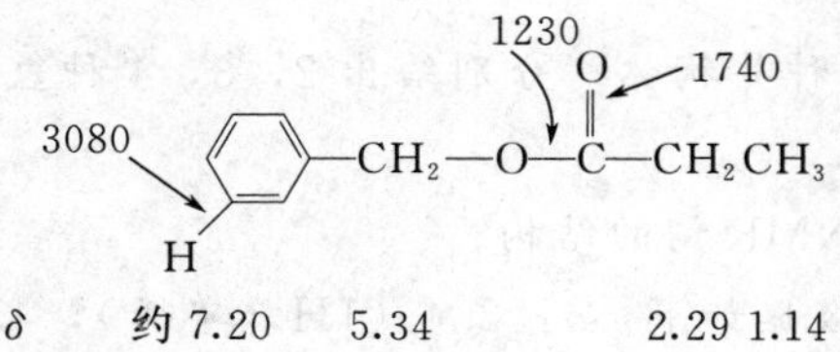

1230
1740
3080
CH₂—O—C—CH₂CH₃
H
δ　约7.20　5.34　2.29 1.14

习　题

▶基本训练

1-1　指出下列化合物能量最低的电子跃迁的类型。

(1) $CH_3CH_2CH_3$　　(2) CH_3CH_2Cl　　(3) $CH_3CH_2CH(OH)CH_2CH_3$

(4) $CH_3CH_2\overset{\overset{\displaystyle O}{\|}}{C}CH_3$ (5) $CH_3CH_2OCH_2CH_3$ (6) $CH_3CH{=\!=}CH_2$

(7) $CH_2{=\!=}CH{-}CH{=\!=}O$

1-2 按紫外吸收波长的长短顺序排列下列各组化合物。

(1)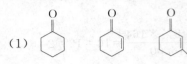

(2) $CH_2{=\!=}CH{-}CH{=\!=}CH_2$ $CH_3{-}CH{=\!=}CH{-}CH{=\!=}CH_2$ $CH_2{=\!=}CH_2$

(3) CH_3Br CH_3I CH_3Cl

(4)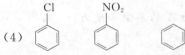

(5) $CH_2{=\!=}CHCH_2CH{=\!=}CHOCH_3$ $CH_2{=\!=}CHCH{=\!=}CHOCH_3$ $CH_3CH_2CH{=\!=}CH_2CH_2CH_2OCH_3$

(6)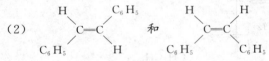

1-3 判断下列哪些化合物可在近紫外区产生吸收。

(1) $CH_3CH_2CH_3$ (2) $CH_3CH_2OCH_2CH_3$ (3) $CH_3CH{=\!=}CH_2$

(4) $CH_3C{\equiv}CH$ (5) $CH_2{=\!=}C{=\!=}O$ (6) CH_3CH_2CHO

(7) $CH_2{=\!=}CH{-}CH{=\!=}CH{-}CH{=\!=}CH_2$

1-4 用红外光谱区别下列各对化合物。

(1) $CH_3{-}CH{=\!=}CH{-}\overset{\overset{\displaystyle O}{\|}}{C}{-}H$ 和 $CH_3{-}C{\equiv}C{-}CH_2OH$

(2)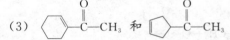

(3) 环己烯基${-}\overset{\overset{\displaystyle O}{\|}}{C}{-}CH_3$ 和 环戊基${-}\overset{\overset{\displaystyle O}{\|}}{C}{-}CH_3$

(4) $CH_3C{\equiv}CCH_3$ 和 $CH_3CH_2C{\equiv}CH$

(5) 环己烷 和 $CH_3CH_2CH_2CH_2CH{=\!=}CH_2$

1-5 二甲基环丙烷有三种异构体，分别给出 2，3，4 种氢核磁共振信号，试给出这三种异构体的构型式。

1-6 给出符合下列 ^1H NMR 谱的结构。

(1) C_7H_8O，^1H NMR 数据如下：δ：2.4（1H，单峰），4.6（2H，单峰），7.4（5H，单峰）。

(2) C_2H_5Br，^1H NMR 数据如下：δ：1.6（3H，三重峰），3.4（2H，四重峰）。

(3) $C_4H_8Br_2$，^1H NMR 数据如下：δ：1.9（6H，单峰），3.8（2H，单峰）。

(4) $C_8H_{11}N$，^1H NMR 数据如下：δ：2.2（3H，单峰），2.4（2H，单峰），3.7（1H，单峰），7.3（5H，单峰）。

(5) C_9H_{10}，^1H NMR 数据如下：δ：2.2（2H，多重峰），2.8（4H，三重峰），7.3

（4H，单峰）。

> **拓展训练**

1-7　化合物分子式为 $C_9H_{11}ON$，其 IR 谱图中，$1680cm^{-1}$ 处有强吸收峰；^1H NMR 谱中，δ_H 为 2.8（3H，单峰），2.9（3H，单峰），6.7～7.7（4H，多重峰），9.7（1H，单峰）；此化合物与 D_2O 一起振荡后，$\delta 9.7$ 消失。此化合物经强氧化剂氧化后水解，得到对苯二甲酸。试推测此化合物结构，并对 IR 和 ^1H NMR 数据进行归属。

1-8　化合物 A 分子式为 $C_{10}H_{14}O$，能溶于 NaOH，不溶于 $NaHCO_3$ 溶液，与 Br_2/H_2O 反应得到化合物 B（分子式为 $C_{10}H_{12}Br_2O$）。化合物 A 的 IR 和 ^1H NMR 谱数据如下

IR：$3250cm^{-1}$ 有宽峰，$830cm^{-1}$ 有吸收峰

^1H NMR：$\delta=1.3$（9H，单峰），4.9（1H，单峰），7.0（4H，多重峰）

试推测出化合物 A、B 的结构，并指出 IR 和 ^1H NMR 谱中各峰的相应归属。

1-9　化合物 A 分子式为 $C_9H_{10}O$，不发生碘仿反应，其 IR 谱在 $1690cm^{-1}$ 处有一强吸收峰。^1H NMR 谱数据为 $\delta=1.2$（三重峰）；$\delta=3.0$（四重峰）；$\delta=7.7$（多重峰）。B 是 A 的同分异构体，B 能发生碘仿反应，IR 谱在 $1705cm^{-1}$ 处有一强吸收峰。B 的 ^1H NMR 谱中 $\delta=2.3$（单峰）；$\delta=3.5$（单峰）；$\delta=7.1$（多重峰）。写出 A 和 B 的结构式，并表明各氢原子的 ^1H NMR 的归属。

1-10　化合物 A（C_9H_{10}）其 ^1H NMR 中 δ 为 2.3（3H，单峰），5.0（3H，多重峰），7.0（4H，多重峰）。A 经臭氧化后再用 H_2O_2 处理，得到化合物 B，B 的 ^1H NMR 中 δ 为 2.3（3H，单峰），7.2（4H，多重峰），10.0（1H，单峰）。B 经氧化后得 C，其 ^1H NMR 中 δ 为 7.4（4H，多重峰），12.0（2H，单峰）。C 经 P_2O_5 作用后，得到邻苯二甲酸酐。试推测 A、B、C 的结构，并指出各个峰的位置。

第 **2** 章 ▶▶▶

周环反应

学习目标

▶ **知识目标**

了解周环反应的反应机理。

理解并掌握分子轨道对称守恒原理、前线轨道理论；理解能级相关理论和芳香过渡态理论。

掌握电环化反应、环加成反应和 σ 迁移反应的定义、分类、反应机理和立体化学选择规律等。

▶ **能力目标**

能运用分子轨道对称守恒原理、前线轨道理论来分析周环反应的反应类型、反应条件、反应机理及反应产物的立体结构。

在 20 世纪 60 年代，化学家总结并研究了一类无法用离子型机理和自由基机理解释的反应——周环反应（pericyclic reaction）。

2.1 周环反应

周环反应一般是指在化学反应过程中，能形成环状过渡态（cyclic transition state）的协同反应（synergistic reaction）。协同反应是一种基元反应（elementary reaction）。协同反应是指在反应过程中，若有两个或两个以上的化学键破裂和形成时，都必须相互协调地在同一步骤中完成。例如，在下面的反应中，1,3-丁二烯的两个 π 键和乙烯的 π 键将断裂，而产物环己烯的 π 键和两个 σ 键将形成，三个新键的形成是经过一个六元环状过渡态，互相协调地在同一步骤中完成的。

环状过渡态

周环反应具有如下特点：

① 反应过程中没有自由基或离子这一类活性中间体产生，只经过环状过渡态。

② 反应进行的动力是加热或光照，反应速率极少受溶剂极性影响，不被酸碱所催化，

不受任何引发剂和抑制剂的影响。

　　③ 反应具有突出的立体选择性，在加热条件下和在光照条件下得到的产物具有不同的立体选择性（stereoselectivity），是高度空间定向反应。

　　许多重要的化学反应，如 Claisen 重排、Cope 重排、Diels-Alder 反应、1,3-偶极环加成（1,3-dipole cycloaddition）反应以及 1960 年前后发现的电环化反应（electrocyclic reaction）等都具有上述特点。例如，1961 年荷兰莱登（Leiden）大学的学者哈文加（Havinga）等在研究维生素 D 时发现，预钙化甾醇的光照关环产物和加热关环产物的立体选择性不同，这从下面的反应式可以看出：

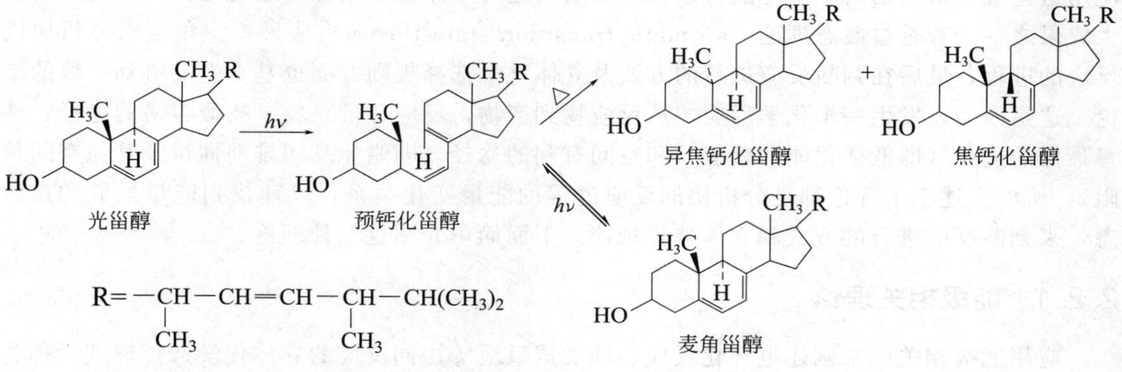

$$R = -CH-CH=CH-CH-CH(CH_3)_2$$
$$\qquad\ \ CH_3 \qquad\qquad\quad\ CH_3$$

　　按照反应的特点进行分类，常见的周环反应有三种类型：
① 电环化反应（electrocyclic reaction），例如：

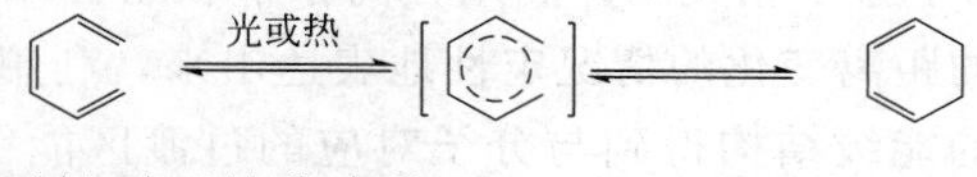

在反应中发生了环合而得到环状化合物。
② 环加成反应（cycloaddition reaction），例如：

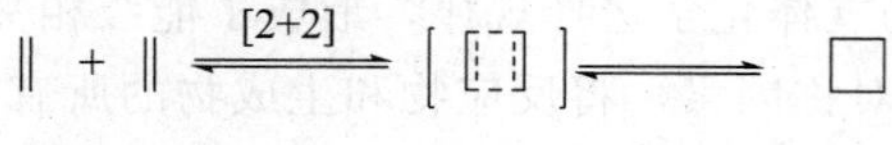

③ σ 迁移反应（sigmatropic reaction），例如：

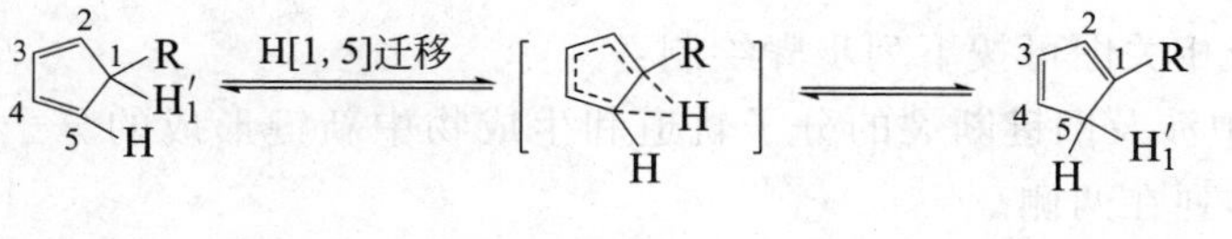

2.2　分子轨道对称守恒原理

　　美国著名的有机化学家 R. B. Woodward（伍德沃德）在进行维生素 B_{12} 的合成研究中，意外地发现了电环化反应在加热和光照的条件下具有不同的立体选择性。这引起了他极大的兴趣和关注，他和量子化学家 R. Hofmann（霍夫曼）一起，携手合作，以大量的实验事实为依据，从实践和理论两个方面去探索这些反应的规律，终于发现：分子轨道对称性是控制这类反应进程的关键因素。1965 年，他们在美国化学会志上发表了题为"分子轨道对称守恒原理"（conservation principle of the molecular orbital symmetry）的文章。1970 年，又出版了《分子对称守恒》一书。

分子轨道对称守恒原理认为：化学反应是分子轨道进行重新组合的过程，在一个协同反应中，分子轨道的对称性是守恒的，即由原料到产物，轨道的对称性始终不变，因为只有这样，才能用最低的能量形成反应中的过渡态。因此分子轨道的对称性控制着整个反应的进程。

分子轨道对称守恒原理运用前线轨道理论（frontier orbital theory）和能级相关理论（energy level correlation theory）来分析周环反应，总结出周环反应的立体选择性规则，并应用这些规则来判别周环反应能否进行，以及反应的立体化学进程，这是近代有机化学的最大成果之一。芳香过渡态理论（aromatic transition state theory）从另一个角度来分析协同反应的进程，最后在判断反应进行的方式及立体化学选择规则方面也基本上能得到一致的结论。这是因为，发生一个化学反应，从反应物到产物，反应分子总要寻找最容易的途径：能量最低的途径（即低活化能的反应）和空间有利的途径（即避免基团排列拥挤及其他空间位阻）。所以上述三个理论都是分析协同反应过程的能量变化关系，以期找到能量最低的过渡态，来判断反应进行的方式和立体选择规律。下面简单介绍这三种理论。

2.2.1　能级相关理论

应用能级相关图来阐述电环化反应、环加成反应等协同反应的立体化学选择规则，称为能级相关理论。这种方法和前线轨道理论相比，考虑了所有参加反应的分子轨道，因而非常严密。

20 世纪 30 年代初提出了原子相关图，利用分离原子和联合原子两种极限情况把分子轨道的性质随着原子核之间的距离变化的情况定性地表达出来，利用原子相关图，科学家可以根据分离原子和联合原子的能级结构得到与分子对应的过渡区能级结构的有关信息。20 世纪 60 年代，R. B. Woodward 和 R. Hofmann 将建立原子相关图的方法加以推广，画出了电环化反应和环加成反应的能级相关图，并成功地应用能级相关图（energy level correlation diagram）阐明了这些反应的立体化学选择规律，形成了能级相关理论。

该理论根据分子中某一对称因素，将反应物和生成物的所有分子轨道进行分类，对称轨道用 S 表示，反对称轨道用 A 表示。根据化学反应中轨道对称守恒建立起来的反应物转变成生成物的分子轨道能级之间相互转化的关系图，称为轨道能级相关图。

分子轨道能级相关图可按下列步骤绘制：

① 将反应物中涉及旧键断裂的分子轨道和生成物中新键形成的分子轨道按能级高低顺序由上到下分别排列在两侧。

② 选择在整个反应过程中始终有效的对称因素，用此对称因素对①中所画轨道按对称和反对称予以分类。

③ 将对称性一致的反应物分子轨道和生成物分子轨道用一直线连接起来，连接的直线称为关联线，画关联线时必须遵循"一一对应原则"（即反应物体系的一个分子轨道只能与产物体系的一个分子轨道相关联）、能量相近原则（即尽量使能量接近的分子轨道相关联）、不相交原则（即对称性相同的两条关联线不能互相交叉）。对于一个协同反应的相关图来讲，按照上述原则画出的关联线是唯一的。

根据相关图，就可以判断反应是在什么条件以什么方式进行的。判断的方法很简单，在成键轨道和反键轨道之间画一条分界线，如果在相关图中，除了成键轨道和反键轨道外，还有非键轨道，则在 HOMO 和 LUMO 之间划分界线。若相关图中所有的关联线都不超越分界线，说明反应活化能较低，在加热情况下反应物就能转化为产物，称这样的反应在基态时是对称允许（symmetry allowed）的。若相关图中有的关联线超越了分界线，说明反应活化能较高，反应物必须处在激发态才能转化为产物的基态，因此反应只有在光照条件下才能进行，称这类反应在基态时是对称禁阻（symmetry forbidden）的，在光照时是对称允许的。

现结合 1,3-丁二烯的电环化反应来看能量相关理论的应用。1,3-丁二烯的电环化反应：

从反应式可知，在 1,3-丁二烯环化成环丁烯的过程中，反应物中断裂的旧键是两个共轭的 π 键，即涉及 4 个 π 型分子轨道 ψ_1、ψ_2、ψ_3、ψ_4，生成物在 C^1 与 C^4 之间形成新的 σ 键和 C^2 与 C^3 之间形成新的 π 键，涉及的分子轨道是 σ、$\sigma*$、π、$\pi*$，因此在该反应的相关图（图 2-1 和图 2-2）中，将它们按照能级高低分列在左右两侧。

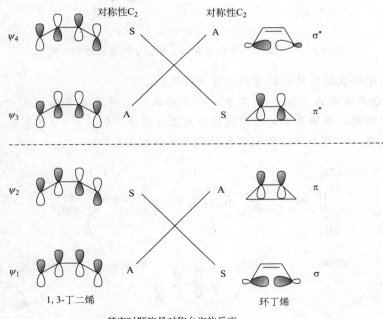

基态时顺旋是对称允许的反应

图 2-1　顺旋时 1,3-丁二烯和环丁烯分子轨道能级相关图

电环化反应是通过旋转来完成的，在顺旋关环时，只有 C_2 对称轴是始终保持有效的对称因素，在对旋关环时，只有镜面 m_2 是始终保持的对称因素。因此，顺旋时选择 C_2 旋转轴作为对称因素来判断轨道的对称性，对旋时选择镜面 m_2 作为对称因素来判断轨道的对称性。相关图中，S 表示对称（symmetry），A 表示反对称（asymmetry）。虚线是成键轨道和反键轨道的分界线，实线是关联线。图 2-1 是顺旋时的相关图，从图可知，关联线没有超越分界线，因此在加热条件下，1,3-丁二烯的顺旋关环是对称允许的。图 2-2 是对旋时的相关图，从图可知，关联线超越了分界线，因此在加热条件下，1,3-丁二烯的对旋关环是对称禁阻的，在光照条件下，1,3-丁二烯的对旋关环是对称允许的。由能量相关理论分析电环化反

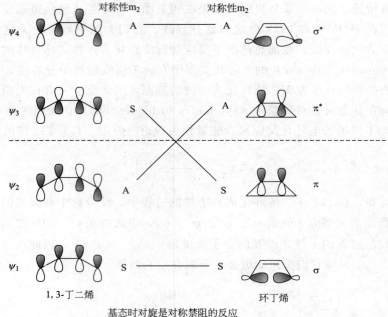

图 2-2 对旋时 1,3-丁二烯和环丁烯分子轨道能级相关图

应得到的结论与电环化反应的选择规则是完全一致的。

【例 2-1】 分别写出内消旋-3,4-二甲基环丁烯在基态及在激发态发生开环反应的反应式、相应的反应机理，画出开环反应的能级相关图并作出分析。

解 内消旋-3,4-二甲基环丁烯顺旋和对旋开环能级图：

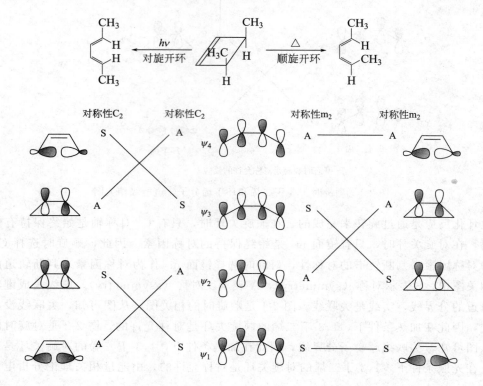

结论：基态时顺旋开环是对称允许的，对旋开环是对称禁阻的。激发态时顺旋开环是对称禁阻的，对旋开环是对称允许的。

2.2.2 芳香过渡态理论

1966 年，Dewar（杜瓦）和 Zimmerman（齐默尔曼）在综合了量子力学的微扰理论和芳香体系理论后提出了芳香过渡态理论，该理论不涉及分子轨道的对称性问题，而是从化学变化的过渡态中可能的结构变化来判断反应的难易。我们知道，协同反应是经过环状过渡态进行的，因此，环状过渡态的稳定性即能量的高低必然对控制反应进程起关键的作用。一个单环平面共轭多烯的稳定性可应用 Hückel 的 $4n+2$ 规则来判别，通过研究经过环状过渡态的反应发现，环状过渡态的稳定性也能应用类似的规则来加以判断，并总结出一些规律，这就是芳香过渡态理论。

芳香过渡态理论首先提出了 Möbius（莫比乌斯）体系和 Hückel（休克尔）体系的概念。在一个环状的过渡态中，如果相邻原子的轨道间出现波相改变的次数为零或偶数次，称为 Hückel（休克尔）体系；若出现波相改变的次数为奇数次，称为 Möbius（莫比乌斯）体系，如图 2-3 所示。

 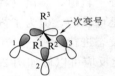

(a) 相邻原子轨道间的波相　　　　(b) 相邻原子轨道间的波相
改变次数为零(Hückel体系)　　　改变次数为一(Möbius体系)

图 2-3　C[1,3]σ 迁移的两种过渡态

接着该理论提出了判别过渡态是否具有芳香性的办法，指出具有 $4n+2$ 个 π 电子的 Hückel 体系和具有 $4n$ 个 π 电子的 Möbius 体系是芳香性的，而具有 $4n+2$ 个 π 电子的 Möbius 体系和具有 $4n$ 个 π 电子的 Hückel 体系是反芳香性（antiaromaticity）的。芳香过渡态理论认为：在加热条件下，协同反应都是通过芳香过渡态进行的，在光照条件下，协同反应都是通过反芳香过渡态进行的。上述内容归结到表 2-1 中。

表 2-1　芳香过渡态理论判别协同反应的选择规则

过渡态电子数	过渡态结构及反应条件	
	Hückel 体系	Möbius 体系
$4n+2$	过渡态是芳香性的 协同反应在加热条件下进行	过渡态是反芳香性的 协同反应在光照条件下进行
$4n$	过渡态是反芳香性的 协同反应在光照条件下进行	过渡态是芳香性的 协同反应在加热条件下进行

下面结合实际例子来看芳香过渡态理论的应用。一个烷基由 C^1 迁移到 C^3 上去，并且是同面迁移，这时有两种可能：一种是迁移碳的构型保持不变（i），这时过渡态是 Hückel 体系，因为过渡态有 4 个电子，所以是反芳香性的，热反应是禁阻的；另一种是迁移碳的构型发生翻转（ii），这时是 Möbius 体系，具有 4 个电子的 Möbius 体系是芳香性的，热反应是对称允许的。因此可以写出下面的反应式：

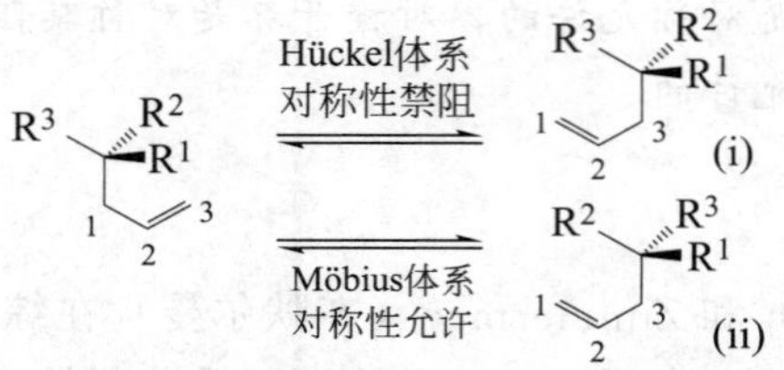

 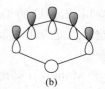

$H[i,j]\,\sigma$ 迁移用芳香过渡态理论进行分析，所得规则与前面（表 2-1）的选择规则完全一致，见图 2-4。

H[1,3]同面迁移，4 个电子，波相改变次数为零 Hückel 体系，反芳香性的，因此基态时反应是对称禁阻

H[1,5]同面迁移，6 个电子，波相改变次数为零 Hückel 体系，芳香性的，因此基态时反应是对称允许

(a)　　　　　　　(b)

图 2-4　H[1,j] 同面迁移的过渡态

从上面两个例子可以看出，应用芳香过渡态理论来处理协同反应实际上有两个步骤。①从反应物中选择一个分子轨道，画出这些轨道在反应时的过渡状态。从原则上讲，选择反应物的任何一个轨道都是可以的，但为了方便分析，一般选择节面最少的轨道。②应用芳香过渡态理论对画好的过渡态进行分析。

1,3-丁二烯的电环化反应可以做如图 2-5 的处理：

(a) 1,3-丁二烯的 ψ_1 轨道

(b) 顺旋时的过渡态 （分析：波相改变次数为 1， Möbius 体系，4 个 π 电子， 芳香性的，热反应是对称允许）

(c) 对旋时的过渡态 （分析：波相改变次数为 0， Hückel 体系，4 个 π 电子， 反芳香性的，热反应是对称禁阻）

图 2-5　1,3-丁二烯电环化反应的过渡态分析

这种理论分析方法也同样适用于环加成反应。如乙烯的同面-同面环加成反应，图 2-6(a) 是最简单的基本轨道排列方式，它的波相变换次数为零，是 Hückel 体系，同时有 4 个电子，所以是反芳香性的，对热反应不利；图 2-6(b) 中，一个乙烯分子选择了一个 ψ_1 轨道，另一个乙烯分子选择了 ψ_2 轨道，过渡态时，波相的转变次数是两次（偶数），所以还是 Hückel 体系，是反芳香性的。对比图 2-6(a)、(b) 的分析说明：应用芳香过渡态理论进行分析，选择基本轨道是任意的。

 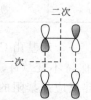 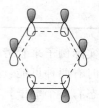

(a) 波相改变次数为零　　(b) 波相改变次数为 2

图 2-6　乙烯同面-同面环加成反应的过渡态分析

图 2-7　乙烯和丁二烯的同面-同面环加成
反应的过渡态分析

把这个规则利用在双烯合成的 6 个电子的体系中，同样也得到正确的结论。图 2-7 是一个 6 电子体系，波相改变为零，所以是 Hückel 体系，在加热条件下这个反应是容易进行的。

【例 2-2】　完成下面的方程式，并用芳香过渡态理论解释反应过程。

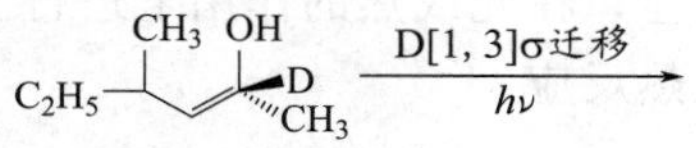

解

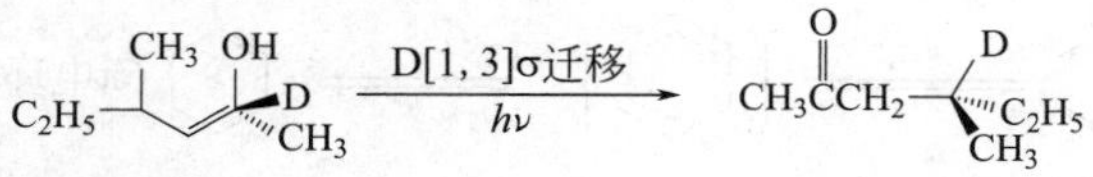

应用芳香过渡态理论解释为：

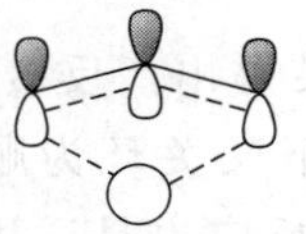

D[1,3] σ 同面迁移，波相改变次数为 0，属于 Hückel 体系

反应在光照条件下进行。芳香过渡态要求：光照条件下进行的反应，过渡态必须是反芳香性的。D[1,3] σ 迁移属于 $4n$ 电子数，$4n$ 电子数在 Hückel 体系中是反芳香性的，所以光照条件下 D[1,3] σ 同面迁移是对称允许的。

2.2.3　前线轨道理论

1952 年，日本化学家福井谦一将量子力学和分子轨道理论用于反应机理的研究，提出了前线电子（frontier electron）和前线分子轨道（frontier molecular orbital）的概念，并由此发展成为前线轨道理论。

他将已占有电子的能量级别最高的轨道称为最高占有轨道，用 HOMO 表示；未占有电子的能量级别最低的轨道称为最低占有轨道用 LUMO 表示。有的共轭体系中含有奇数个电子，它的已占有电子的能级最高的轨道中只有一个电子，这样的轨道称为单占轨道（single occupied molecular orbital），用 SOMO 表示。单占轨道既是 HOMO，又是 LUMO。HOMO 和 LUMO 统称为前线轨道，用 FOMO 表示，处在前线轨道上的电子称为前线电子。

原子之间发生化学反应，起关键作用的电子是价电子，这一点已是人们的共识。前线轨道理论认为：分子中也有类似于单个原子的价电子的电子存在，分子的价电子就是前线电子。这是因为，分子的 HOMO 对其电子的束缚较为松弛，具有电子给予体的性质；而 LUMO 则对电子的亲和力较强，具有电子接受体的性质，这两种轨道最易相互作用。因此，在化学反应过程中，对分子中旧化学键的断裂和新化学键的形成起决定作用的是分子的最外层轨道，即前线轨道。前线轨道是最活跃的分子轨道。

本章主要学习前线轨道理论，对能级相关理论和芳香过渡态理论只做了简单介绍。下面，按照周环反应常见反应类型详细讲述前线轨道理论在其中的应用。

2.3　电环化反应

电环化反应发生在 π 体系的两端，π 体系两个端基碳原子形成新的 σ 键，得到关环产物，称为电环化关环产物（electrocyclic ring closure，ERC）。电环化反应是可逆的，逆反应称为电环化开环反应（electrocyclic ring opening，ERO）。反应的方向取决于共轭多烯和环烯烃的热力学稳定性。常见的电环化反应为 4π 电环化和 6π 电环化。电环化反应是分子内的周环反应，属于单分子周环反应，在光或热的作用下进行。电环化反应产物的立体专一性取决于反应的条件，即光反应或热反应。

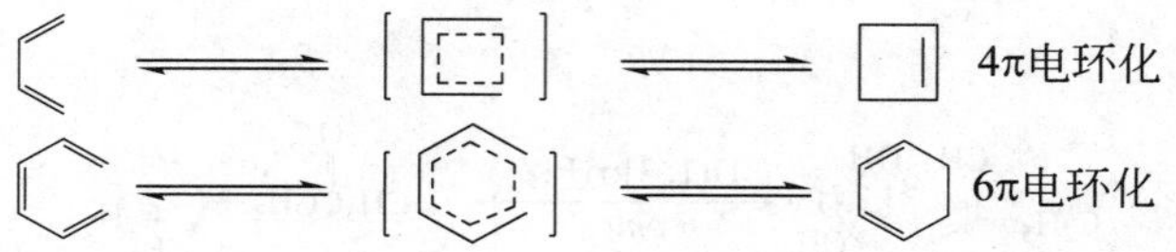

2.3.1　具有 $4n$ 个 π 电子体系的电环化反应

Woodward-Hofmann 根据实验结果得出：反-3,4-二甲基环丁烯在加热条件下开环为 (E,E)-2,4-己二烯，后者在光的作用下又关环为顺-3,4-二甲基环丁烯。这一 Woodward-Hofmann 规律对其他 $4n$ 体系的电环化反应也是适用的，反应具有立体专一性，加热顺旋，光照对旋。

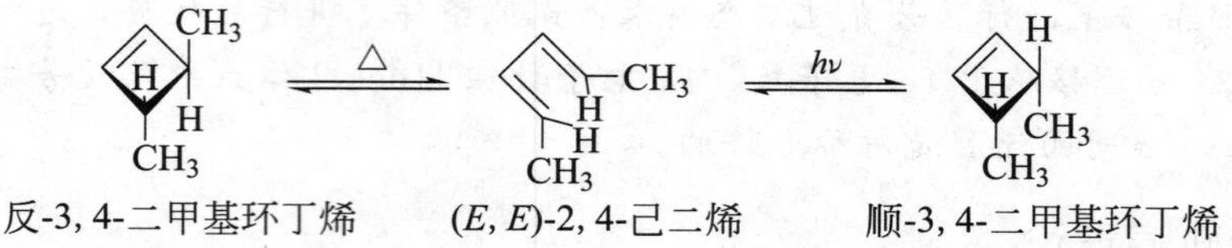

反-3,4-二甲基环丁烯　　(E,E)-2,4-己二烯　　顺-3,4-二甲基环丁烯

π 键是由轨道经侧面重叠形成的，而 σ 键是轨道经轴向重叠而形成的，因此在发生电环化反应时，末端碳原子的键必须旋转。(E,E)-2,4-己二烯的电环化反应发生在 π 体系的两端，即 C^2 和 C^5。这两个碳原子分别绕 C^2—C^3 和 C^4—C^5 键轴顺时针旋转或逆时针旋转 $90°$，方可形成新的 σ 键，生成二甲基环丁烯。C^2—C^3 和 C^4—C^5 键轴同时顺时针或逆时针旋转，即两个键朝同一个方向旋转，称为顺旋（conrotatory）；若它们各自向相反的方向旋转，称为对旋（disconrotatory）。

前线轨道理论认为：一个共轭多烯分子在发生电环化反应时，起决定作用的分子轨道是共轭多烯的 HOMO，为了使共轭多烯两端的碳原子的 p 轨道旋转关环生成 σ 键时经过一个能量最低的过渡态，这两个 p 轨道必须发生同位相的重叠（即重叠轨道的波相相同），因此，电环化反应的立体选择性主要取决于 HOMO 的对称性。现用前线轨道理论来分析 $(2Z,4E)$-2,4-己二烯的关环反应。$(2Z,4E)$-2,4-己二烯关环反应实验结果如下：

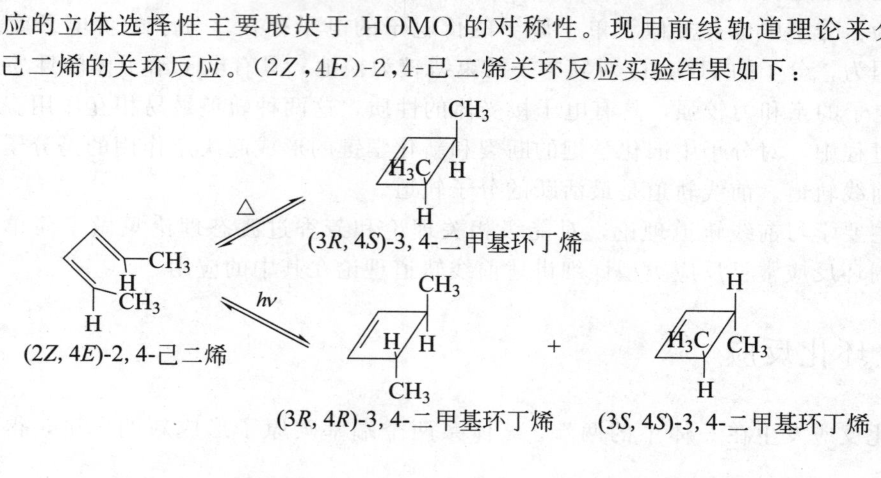

$(2Z,4E)$-2,4-己二烯　　$(3R,4S)$-3,4-二甲基环丁烯
$(3R,4R)$-3,4-二甲基环丁烯　　+　　$(3S,4S)$-3,4-二甲基环丁烯

从上面的反应式可以看出，在加热条件下和在光照条件下得到的产物有不同的立体选择性。前线轨道理论对该关环反应结果分析如图 2-8 和图 2-9 所示。

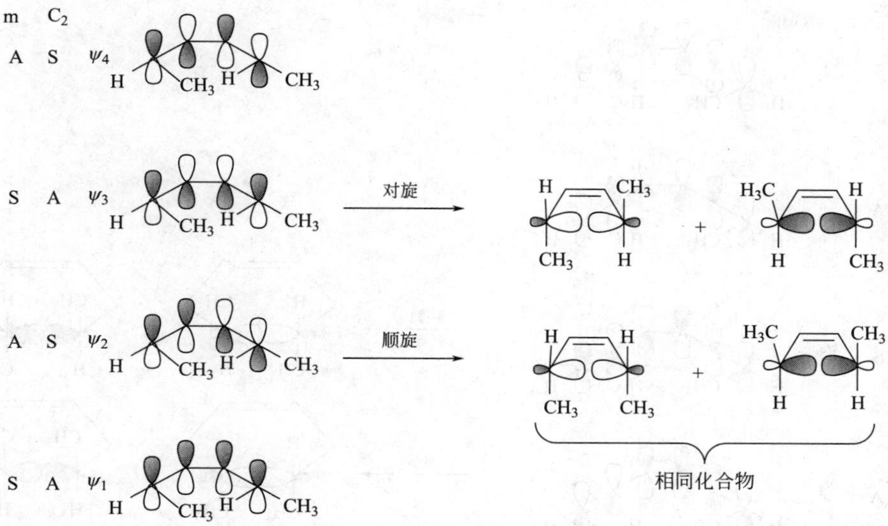

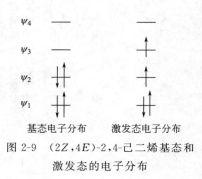

图 2-8 (2Z,4E)-2,4-己二烯的分子轨道对称性和其与旋转关环方式的关系

图 2-8 和图 2-9 表明：(2Z,4E)-2,4-己二烯有 4 个 π 分子轨道和 4 个 π 电子，基态 (ground state) 时 4 个 π 电子占据 ψ_1、ψ_2，所以 ψ_2 是 HOMO，从 ψ_2 的对称性可知，要使关环时发生同位相重叠，必须采取顺旋关环方式，结果只得到一种关环产物 (3R,4S)-3,4-二甲基环丁烯，与实验结果相符。光照时，ψ_2 上的一个电子跃迁到 ψ_3，此时，ψ_3 是 HOMO，从 ψ_3 的对称性可以看出，为了使关环时发生同位相重叠，必须采取对旋关环，结果得到两个产物 (3S,4S)-3,4-二甲基环丁烯和 (3R,4R)-3,4-二甲基环丁烯，这也与实验结果相符合。

图 2-9 (2Z,4E)-2,4-己二烯基态和激发态的电子分布

2.3.2 具有 4n+2 个 π 电子体系的电环化反应

在加热或光照下，(2Z,4Z,6Z)-2,4,6-辛三烯关环生成 5,6-二甲基-1,3-环己烯，这是典型的 [4n+2] 体系电环化反应。该反应的实验结果如下：

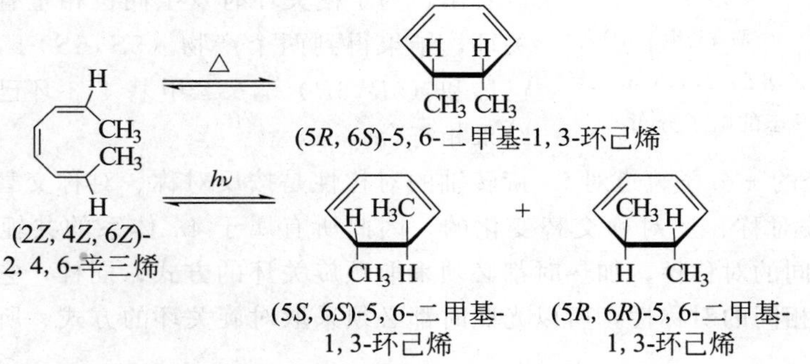

(2Z, 4Z, 6Z)-2, 4, 6-辛三烯

(5R, 6S)-5, 6-二甲基-1, 3-环己烯

(5S, 6S)-5, 6-二甲基-1, 3-环己烯

(5R, 6R)-5, 6-二甲基-1, 3-环己烯

　　从上面的反应式可以看出，在加热条件下和在光照条件下得到的产物有不同的立体选择性。前线轨道理论对该关环反应结果分析如图 2-10 和图 2-11 所示。

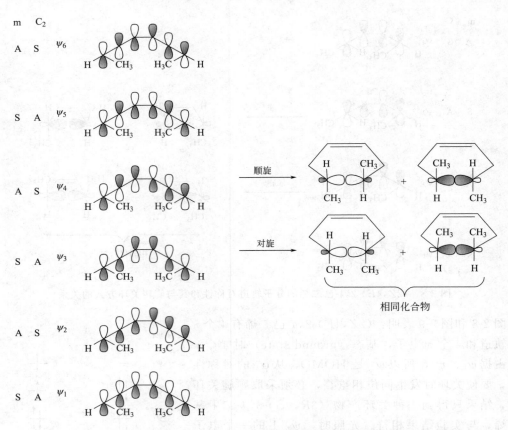

图 2-10　(2Z,4Z,6Z)-2,4,6-辛三烯的分子轨道对称性和其与旋转关环方式的关系

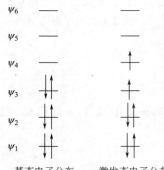

图 2-11　(2Z,4Z,6Z)-2,4,6-辛三烯
基态和激发态的电子分布

　　图 2-10 和图 2-11 表明：(2Z,4Z,6Z)-2,4,6-辛三烯有 6 个 π 分子轨道和 6 个 π 电子，基态时 6 个 π 电子占据 ψ_1、ψ_2、ψ_3，所以 ψ_3 是 HOMO，从 ψ_3 的对称性可知，要使关环时发生同位相重叠，必须采取对旋关环方式，结果得到内消旋的关环产物（5R,6S)-5,6-二甲基-1,3-环己烯，与实验结果相符。光照时，ψ_3 上的一个电子跃迁到 ψ_4，此时，ψ_4 是 HOMO，从 ψ_4 的对称性可以看出，为了使关环时发生同位相重叠，必须采取顺旋关环，结果得到两个产物（5S,6S)-5,6-二甲基-1,3-环己烯和（5R,6R）5,6-二甲基-1,3-环己烯，这也与实验结果相符合。

　　共轭多烯烃的 π 分子轨道对 C_2 旋转轴的对称性是按反对称、对称交替变化的，对镜面 m 的对称性是按对称、反对称交替变化的，因此所有属于 4n 体系的共轭多烯在基态时的 HOMO 都有相同的对称性，加热时都必须采取顺旋关环的方式；同样，它们在激发态时的 HOMO 也都有相同的对称性，所以光照时都必须采取对旋关环的方式。所有属于 4n＋2 体系的共轭多烯在基态时的 HOMO 都有相同的对称性，加热时都必须采取对旋关环的方式；同样，它们在激发态时的 HOMO 也都有相同的对称性，所以光照时都必须采取顺旋关环的方式。

将电环化反应的立体选择性进行总结归纳，可以得到表 2-2 的电环化反应选择规律。

表 2-2　电环化反应的选择规律

π 电子数	加热	光照
$4n$	顺旋	对旋
$4n+2$	对旋	顺旋

应用此表需要注意的是：无论是链状共轭烯烃转变为环烯烃还是环烯烃转变为链状共轭烯烃，表中的 π 电子数均指链状共轭烯烃的 π 电子数。

2.3.3　Nazarov 环化反应

二烯基酮在质子酸、Lewis 酸或光照下环化生成 2-环戊烯酮的反应称为 Nazarov 环化反应。能够形成戊二烯碳正离子的底物都可发生 Nazarov 环化反应。全取代的二烯基酮生成 2-亚甲基戊酮，且在光照和热反应条件下反应的立体选择性不同。

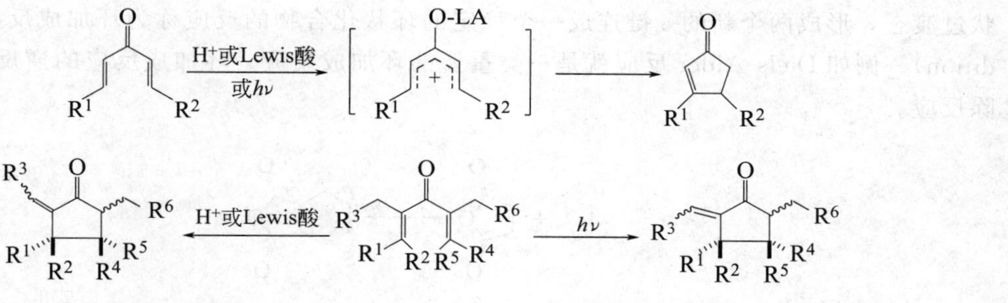

这个反应属于 4π 电环化反应。在加热条件下（基态），戊二烯正碳离子 HOMO 轨道上两端的 p 轨道位相是不同的，反应时 β-C 和 β'-C 发生顺旋；相反，在光照（激发态）下发生对旋。

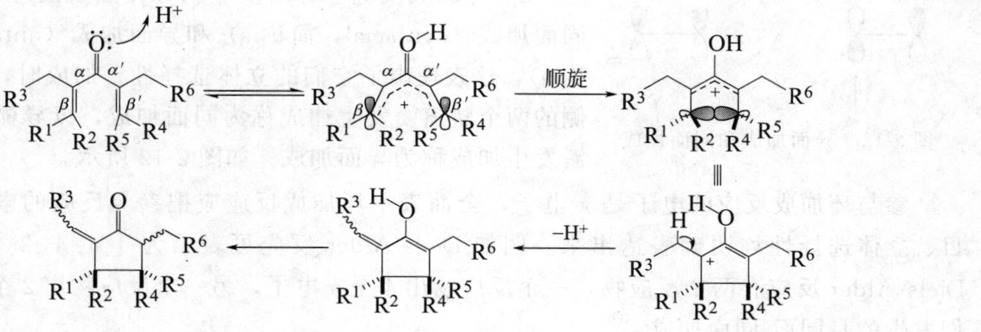

【例 2-3】　为下面的电环化反应设计合理的反应机理：

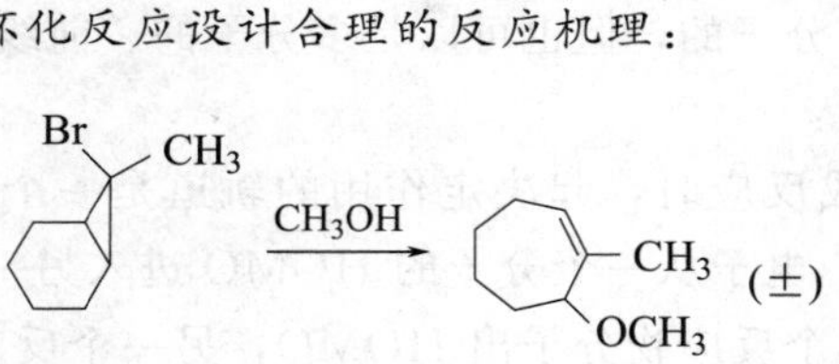

解

第一步反应说明：由于溴的电负性比碳大，所以碳溴键的一对成键电子偏向于溴，碳略带正电性。三元环经内向对旋开环，断裂键的一对电子经 S_N2 反应协同完成，最后得到烯丙基型碳正离子。

2.4 环加成反应

在光或热作用下，两个或多个带有双键、共轭双键或孤对电子的分子相互作用，通过环状过渡态，形成两个新的 σ 键连成一个稳定的环状化合物的反应称为环加成反应（cycloaddition）。例如 Diels-Alder 反应就是一类重要的环加成反应。环加成反应的逆反应称为环消除反应。

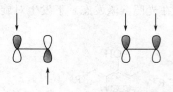

图 2-12　异面加成和同面加成

环加成反应可以根据每一个反应物分子所提供的反应电子数来分类，Diels-Alder 反应就是［4＋2］环加成反应，两分子乙烯的环加成反应属于［2＋2］环加成反应。针对反应物，环加成反应有两种取向，同面加成（synfacial，简称 s）和异面加成（antarafaical，简称 a），这表现出了它们的立体选择性。加成时，π 键以同一侧的两个轨道瓣发生加成称为同面加成，以异侧的两个轨道瓣发生加成称为异面加成。如图 2-12 所示。

参与环加成反应的电子是 π 电子，全面表示环加成反应应把参与反应的电子类别、数目、立体选择性均明确表达出来。例如 Diels-Alder 反应可表示为 $[_\pi 4_s +_\pi 2_s]$，该式意为 Diels-Alder 反应有两个反应物，一个反应物出 4 个 π 电子，另一个反应物出 2 个 π 电子，它们发生的是同面-同面加成。

大多数环加成反应是双分子的，但也可以是多分子的。前线轨道理论认为：两个分子间的环加成反应符合下面几点：

① 两个分子发生环加成反应时，起决定作用的轨道是一个分子的 HOMO 和另一个分子的 LUMO，反应过程中，电子从一个分子的 HOMO 进入另一个分子的 LUMO。

这里需要注意的是：一个反应物分子出 HOMO，另一个反应物分子出 LUMO，因为两个分子轨道相互作用将产生两个新的分子轨道，新形成的成键分子轨道的能量比作用前能量低的分子轨道的能量还要低 ΔE，新形成的反键分子轨道的能量比作用前能量高的分子轨道的能量还要高 ΔE^*，由于反键效应，ΔE^* 稍大于 ΔE。如果两个充满电子的 HOMO 相互作用，则形成新的成键和反键分子轨道都将被电子占满，总的结果会使体系能量升高，所以两个充满电子的 HOMO 之间的作用是排斥作用。而如果一个反应物分子充满电子的 HOMO 和另一个反应物分子空的 LUMO 相互作用，由于体系只有两个电子，相互作用后两个电子必然占据新形成的能量低的成键轨道，总的结果是体系能量降低，即体系趋于稳定，所以一个分子充满电子的 HOMO 和一个分子空的 LUMO 的相互作用是吸引作用，如图 2-13 所示。

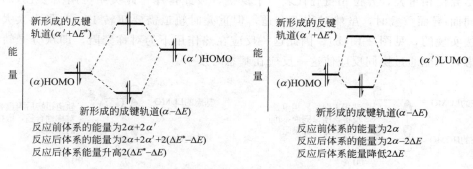

图 2-13　两个分子轨道相互作用后的能量变化

② 当两个分子相互作用形成 σ 键时，两个起决定作用的轨道必须发生同位相重叠。因为同位相重叠使体系能量降低，所以相互吸引，而异位相重叠（即重叠轨道位相相反）使体系能量升高，产生排斥作用。

③ 相互作用的两个轨道，能量必须接近，能量越接近，反应就越容易进行。因为相互作用的分子轨道能量差越小，新形成的成键轨道的能级就越低，ΔE 就越大，即互相作用后体系能量降低得多，体系就越稳定。

2.4.1　[2+2] 环加成反应

[2+2] 环加成反应仅在光反应条件下发生，热反应条件下不发生。最简单的 [2+2] 环加成反应是两分子乙烯在光照下反应生成环丁烷，加成时，对两个烯烃而言均为同面，可描述为 $[_{\pi}2_s + _{\pi}2_s]$。

$$\|\overset{\curvearrowleft}{}\| \xrightarrow{h\nu} \square$$

该反应可以用前线分子轨道理论进行解释。乙烯分子有两个 π 分子轨道，一个是成键轨道，另一个是反键轨道，当分子处于基态时，两个电子占据成键轨道。当分子受到光的作用后，有一个电子被激发到反键轨道上，分子处于激发态，此时两个轨道各占有一个电子，如图 2-14 所示。

根据前线轨道理论的要求，欲使两分子乙烯发生环加成反应，必须由一个乙烯分子的 HOMO 和另一个乙烯分子的 LUMO 重叠，这样在能量上才是有利的。在热作用下，一个乙烯分子的 HOMO 与另一个乙烯分子的 LUMO 发生同面-同面重叠时，一端同位相重叠，

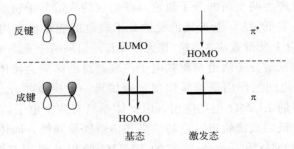

图 2-14　乙烯的 π 分子轨道及在基态和激发态时 π 电子的分布

另一端是异位相重叠，异位相重叠代表一个反键，彼此排斥，此关系可用图 2-15(a) 表示。而发生同面-异面重叠时，虽然对称性合适，但重叠时轨道需要扭转 180°，张力太大，实际也是无法实现的，见图 2-15(b)。因此这一反应在热作用下为对称禁阻，即从分子轨道的对称性考虑，不能通过协同反应使这一反应在基态时发生。

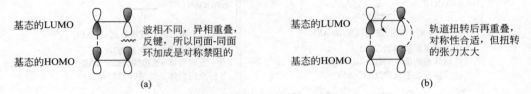

图 2-15　乙烯在基态时的环加成

再来讨论激发态的情形，带有价电子的激发态的 HOMO 和另一个基态的 LUMO 发生协同反应，从图 2-16 可以看出同面-同面重叠时，两端均为同位相重叠，即波相是符合的，可以成键，因此光激发的乙烯环加成反应是对称允许的。

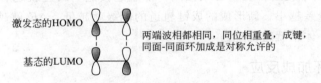

图 2-16　乙烯在激发态时的环加成

2.4.2　[4+2] 环加成反应

双烯体（4π 体系）与亲双烯体（2π 体系）在加热时发生 [$_\pi 4_s + _\pi 2_s$] 环加成反应，生成环己烯，这个反应称为 Diels-Alder 反应。Diels-Alder 反应通常是在惰性溶剂中加热进行的，反应是可逆的。如果双烯体上连有给电子基团，亲双烯体上连有吸电子基团，反应容易进行。亲双烯体也可以是炔烃。

$$\text{图示}$$

在 1,3-丁二烯和乙烯的环加成反应中，分子轨道的重叠有两种可能，一种是丁二烯基态的 HOMO 和乙烯基态的 LUMO 重叠；另一种是丁二烯基态的 LUMO 和乙烯基态的 HOMO 重叠，从图 2-17 中可以看出，无论采取哪一种方式，基态时同面-同面加成波相都是相同的，都是对称允许的。

图 2-17　丁二烯和乙烯加热条件下的环加成

显然从分子轨道的对称性考虑，光激发的 Diels-Alder 反应同面-同面加成是对称禁阻的（图 2-18）。

图 2-18　丁二烯和乙烯光照条件下的环加成

正因为分子轨道有两种重叠的可能，所以 Diels-Alder 反应分为三类。电子从双烯体的 HOMO 流入亲双烯体的 LUMO，属于正常电子需求（normal electron demanded）的反应，称为正常的 Diels-Alder 反应；电子从亲双烯体的 HOMO 流入双烯体的 LUMO，属于反电子需求（inverse electron demanded）的反应，称为反常的 Diels-Alder 反应；而电子的双向流动反应称为中间的 Diels-Alder 反应。

乙烯二聚属于 $4n$ 体系，1,3-丁二烯和乙烯的环加成属于 $4n+2$ 体系。由于直链共轭多烯 π 分子轨道对 C_2 旋转轴或镜面的对称性是交替变化的，所以前线轨道理论对于其他 $4n$ 体系分析后得出的结论与乙烯二聚是一致的；同理，其他 $4n+2$ 体系分析后得出的结论应与 1,3-丁二烯和乙烯环加成的结论一致。将环加成反应的立体选择性进行归纳总结，可以得到表 2-3 的结论。

表 2-3　环加成反应的 Woodward-Hofmann 规律

参与反应的 π 电子数	$4n+2$		$4n$	
同面-同面	加热	光照	加热	光照
	允许	禁阻	禁阻	允许
同面-异面	加热	光照	加热	光照
	禁阻	允许	允许	禁阻

表 2-3 中所列参与反应的 π 电子数是所有反应物参与反应的 π 电子数之和，表中的允许是指对称允许，禁阻是指对称禁阻，即反应按协同机理进行活化能很高，但并不排除反应按其他机理进行。例如，按反应规则，[2+2] 环加成反应在加热时是对称禁阻的，但二氟二氯乙烯在 200℃ 时形成四氟四氯环丁烷似乎与反应规则矛盾，实际上，该反应是经过一个双自由基中间体完成的，并不是按协同机理完成的。

【例 2-4】　写出下列环加成反应的反应条件及全面表达各反应的反应类别。

（ⅰ）

（ⅱ）

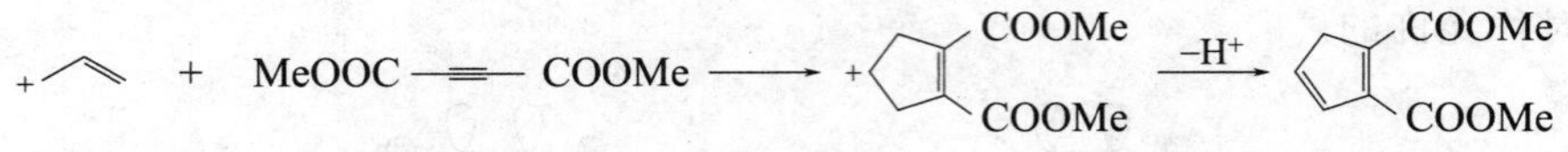

（ⅲ）

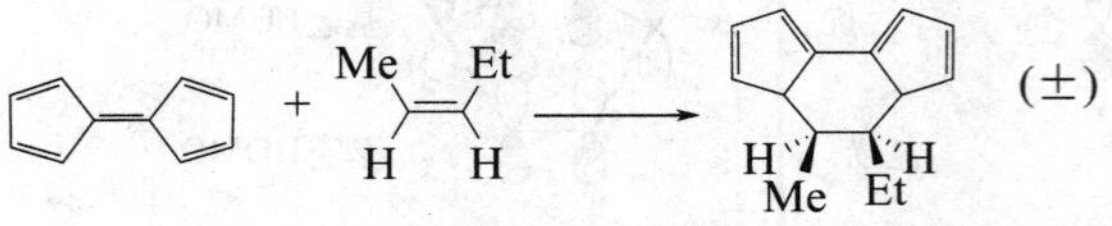

（ⅳ）

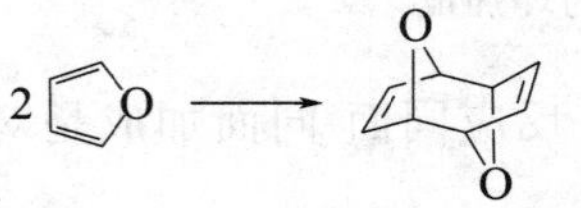

解 （ⅰ）反应条件：加热；反应类别：$[_{\pi}2_s+_{\pi}4_s]$。

（ⅱ）反应条件：光照；反应类别：$[_{\pi}2_s+_{\pi}2_s]$。

（ⅲ）反应条件：光照；反应类别：$[_{\pi}2_s+_{\pi}10_s]$。

（ⅳ）反应条件：光照；反应类别：$[_{\pi}4_s+_{\pi}4_s]$。

2.4.3 Diels-Alder 环加成反应的应用实例

能发生环加成反应的体系很多，除碳原子体系外，含有杂原子的不饱和体系也能发生环加成反应，例如下列体系均能作为 [4+2] 环加成反应中的双烯体和亲双烯体。

双烯体：

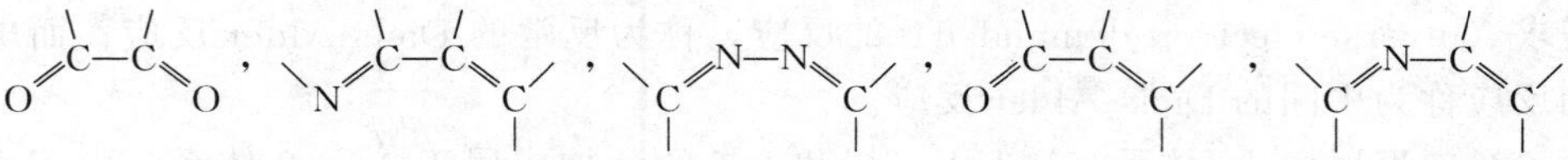

亲双烯体：

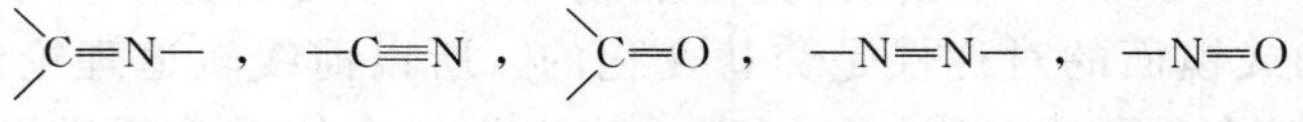

以下是一些含杂原子体系的环加成反应实例，从中可以看出这类反应在应用方面的多样性。

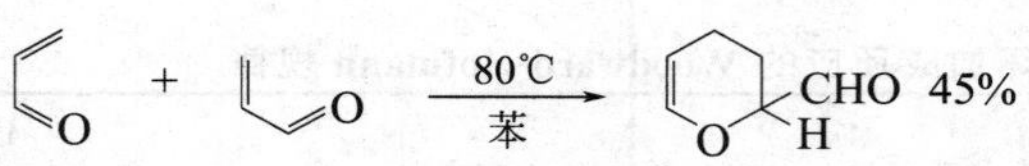

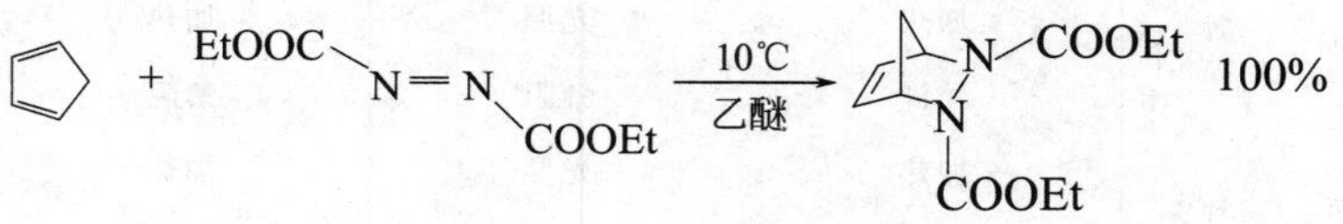

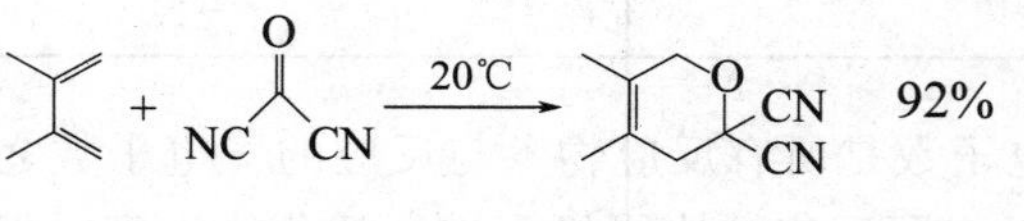

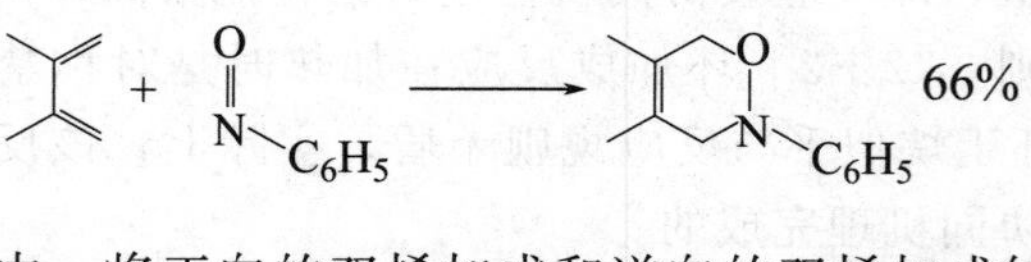

在有机合成中，将正向的双烯加成和逆向的双烯加成结合起来是十分有用的，例如：

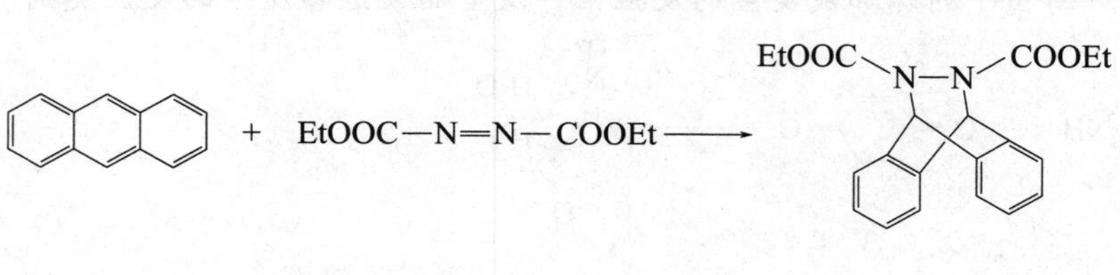

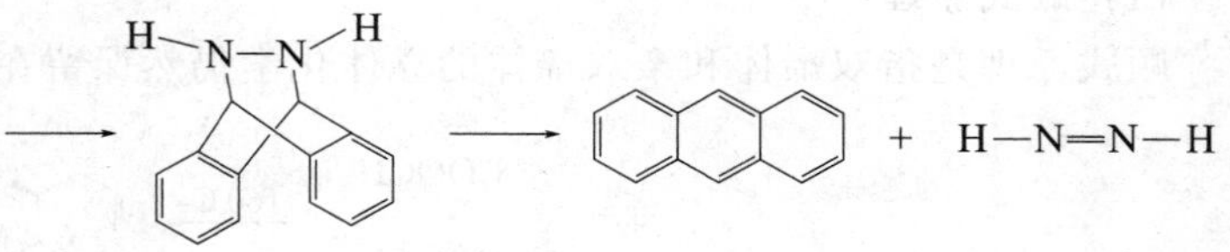

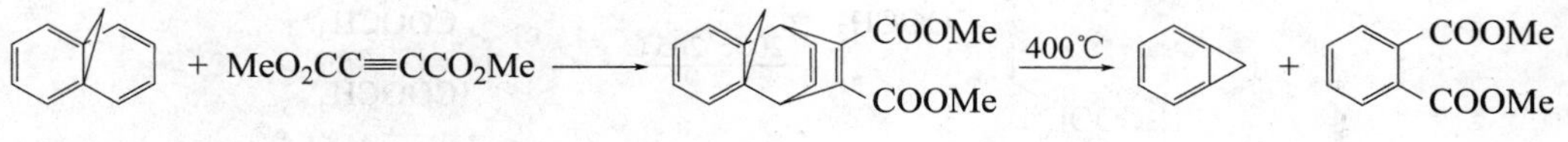

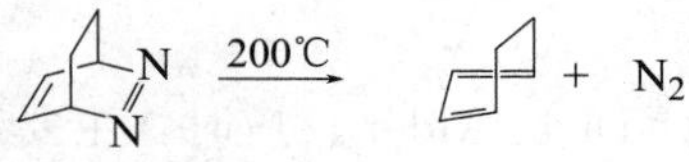

在双烯合成中，双烯体的 4 个 π 电子是分配在 4 个原子上的，这个体系的 HOMO 两头两个原子轨道的波相是相反的。在烯丙型负离子中，同样也有 4 个 π 电子，它的 HOMO 的对称性和普通的双烯体是一样的，由此可以推论，烯丙型负离子也应当能与烯烃型化合物发生双烯型的环加成反应。可是到目前为止，还没有发现一个简单烯丙型负离子和烯烃加成的反应，但在相应含氮的烯丙型负离子体系中，已经找到和炔烃加成的实例。

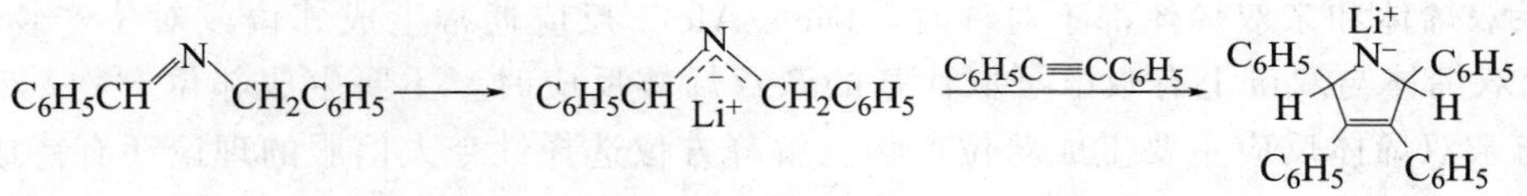

烯丙型正离子有两个 π 电子，它也可以作为亲双烯体参与环加成反应。

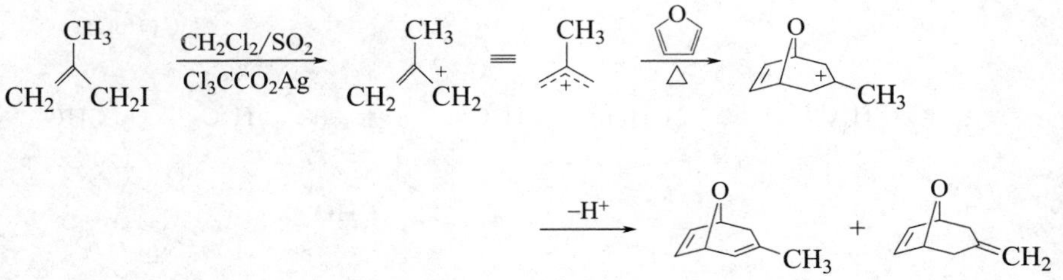

【例 2-5】 下列化合物可与 1,3-丁二烯发生正常的 Diels-Alder 反应，请按反应难易程度排列成序。

（ⅰ） 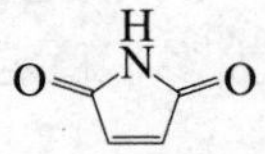 （ⅱ）  （ⅲ） 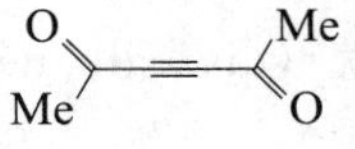 （ⅳ）

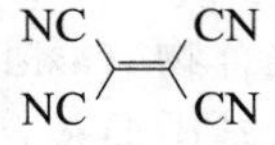

解 （ⅳ）＞（ⅱ）＞（ⅲ）＞（ⅰ）

在正常的 Diels-Alder 反应中，亲双烯体上的吸电子基团使反应易于进行，给电子基团使反应难于进行。

2.4.4 Diels-Alder 反应的立体化学

Diels-Alder 反应具有良好的立体选择性，Diels-Alder 反应的立体化学包括顺式原理、内向加成规则和方位选择性。

(1) 顺式原理

顺式原理是指双烯体和亲双烯体的立体化学仍然保留在加成产物中。

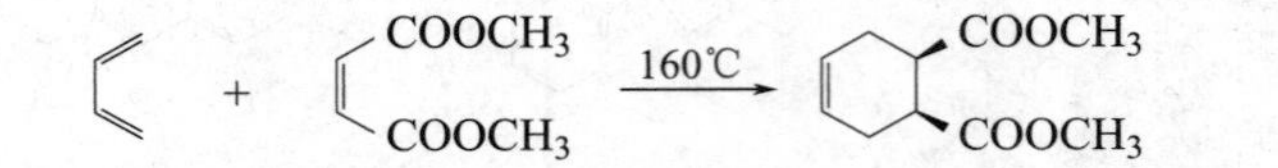

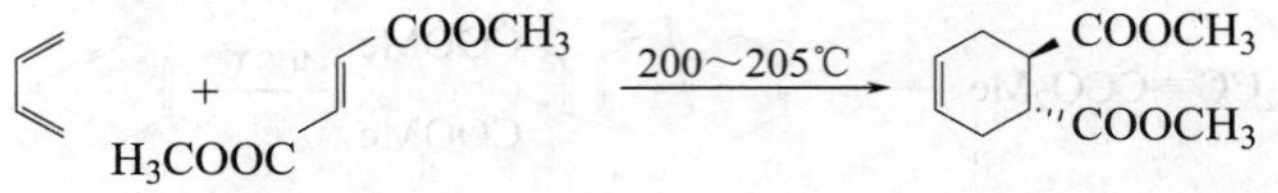

(2) 内向加成规则

实验表明，二分子丁二烯进行 Diels-Alder 反应时，主要产生内式产物。

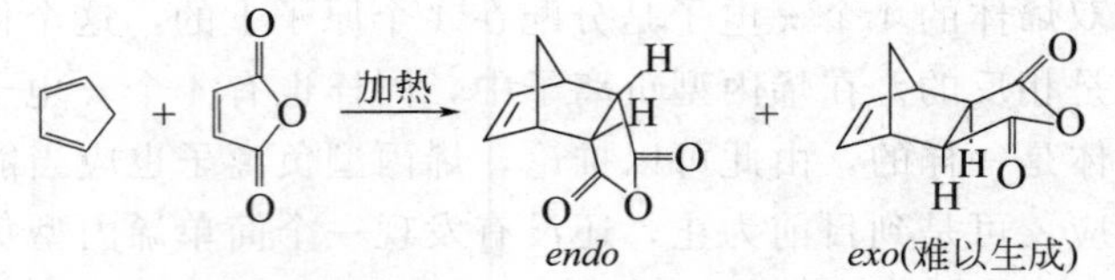

endo　　　　*exo*(难以生成)

(3) 方位选择性

如果双烯体和亲双烯体都不对称时，Diels-Alder 反应通常生成邻位或对位产物。例如，1-位取代双烯体与双键上有吸电子取代基的亲双烯体反应时，主要生成邻位产物；2-位取代双烯体与亲双烯体反应主要生成对位产物。解释方位选择性令人信服的理论还有待成熟。

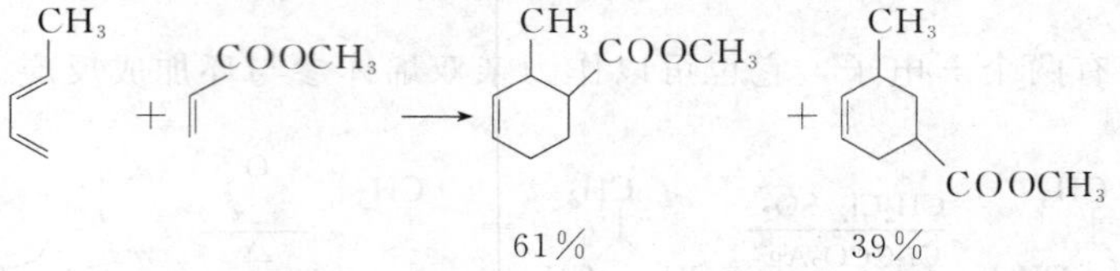

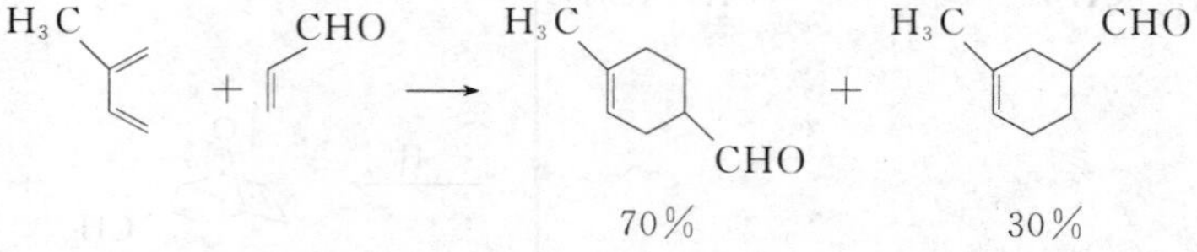

61%　　　　　39%

70%　　　　　30%

2.4.5 1,3-偶极环加成反应

1,3-偶极化合物是一类含有 3 个原子的 4π 电子体系，能用偶极共振式来描述，如臭氧、叠氮化合物（azide）、重氮烷（diazoalkane）、硝酮（nitrone）等。它们大多不稳定，需要在反应体系中原位产生。

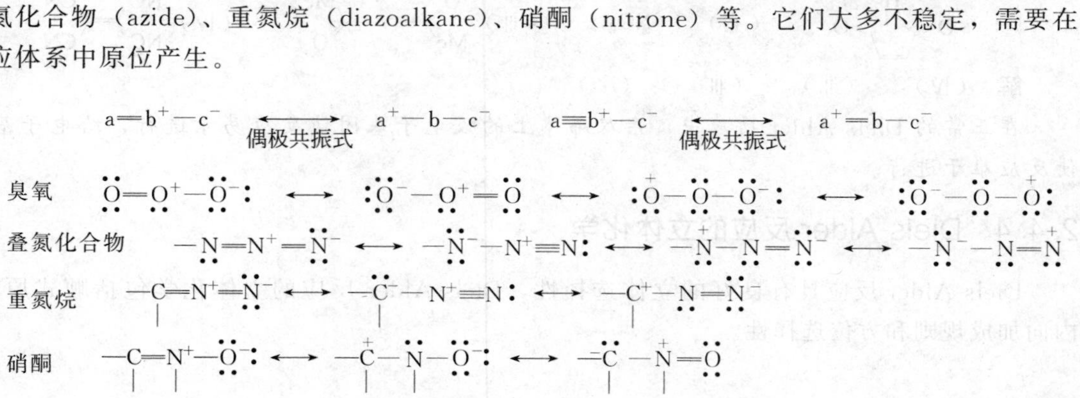

从以上共振式可以看出，1,3-偶极化合物是三原子四电子的 π 体系，因此它与烯丙基负离子具有类似的分子轨道，它的 HOMO 的对称性和普通的双烯相同（图 2-19）。

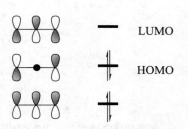

图 2-19　1,3-偶极化合物的 π 分子轨道和 π 电子的分布

1,3-偶极化合物具有 4 个 π 电子，可与具有 2π 电子体系的亲偶极子（如烯烃和炔烃或其相应的衍生物）发生 [4+2] 环加成 [常用（3+2）来表示] 生成五元环状化合物的反应称为 1,3-偶极环加成反应。在这类反应中，烯烃类化合物是亲偶极体。1,3-偶极环加成反应可以合成具有特定立体构型的五元氮杂环分子，应用广泛。当 1,2-二取代烯烃参与协同的 1,3-偶极环加成反应时，由于是顺式加成，反应具有立体专一性，烯烃上的两个碳原子的立体构型保持不变。

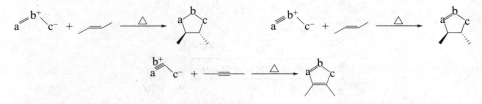

1,3-偶极环加成反应和 Diels-Alder 反应十分类似。如果用前线轨道理论解释 1,3-偶极环加成反应，基态时它具有如图 2-20 所示的环状过渡态，是分子轨道对称守恒理论所允许的。

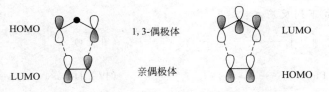

图 2-20　1,3-偶极环加成的过渡态

因此与 Diels-Alder 反应一样，1,3-偶极环加成反应也分为三类：由 1,3-偶极体出 HOMO 的反应是 HOMO 控制的反应；由 1,3-偶极体出 LUMO 的反应是 LUMO 控制的反应；两种情况都存在的则是 HOMO-LUMO 控制的反应。

对于偶极体 HOMO 控制的反应而言，亲偶极体的 LUMO 能级越低越有利于反应。例如重氮甲烷和烯烃的环加成反应，烯烃（亲偶极体）上的取代基吸电子能力越强，烯烃的电子云密度越低，LUMO 能量就越低，反应速率越快。

$$H_2\bar{C}-\overset{+}{N}=N \quad + \quad \diagup\diagdown X \quad \longrightarrow$$

$$\diagup\diagdown COOEt \quad \diagup\diagdown Ph \quad \diagup\diagdown \quad \diagup\diagdown OBu \quad \diagup\diagdown NR_2$$

相对反应速率：　1.12×10^7　　4300　　2000　　1　　无反应

对于偶极体 LUMO 控制的反应而言，亲偶极体上连有给电子基时，双键上的电子云密度大，能有效提高 HOMO 的能级，反应速率加快。如臭氧和烯烃的偶极加成反应：

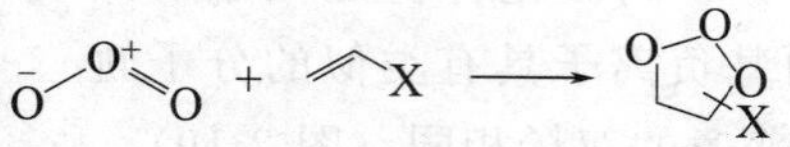

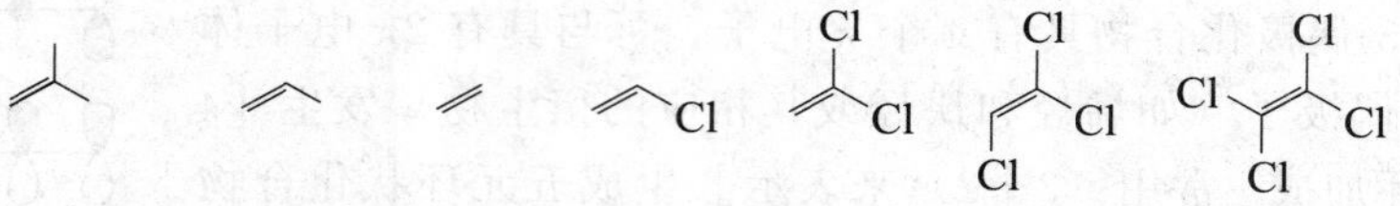

相对反应速率： $9.7×10^4$　　80000　25000　1180　22　3.6　1

对于偶极体 HOMO-LUMO 控制的反应而言，取代基的电子效应规律性不强，在此不做讨论。

1,3-偶极环加成反应提供了许多有价值的五元杂环的新合成方法。

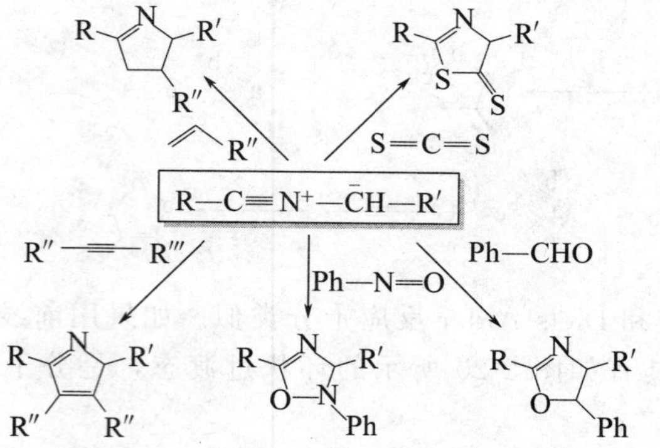

【例 2-6】 完成下列反应式：

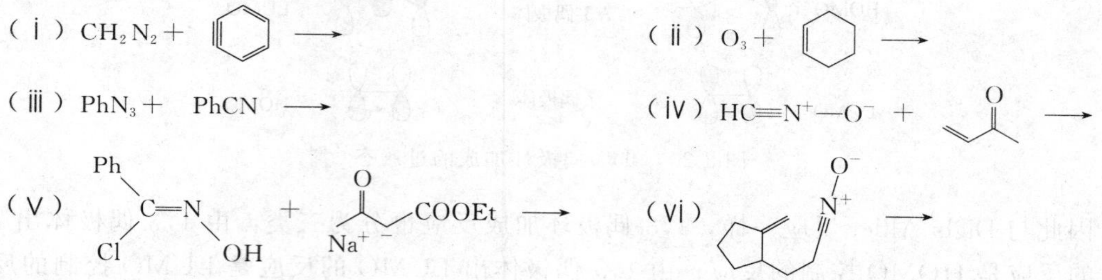

（ⅰ）CH_2N_2 + ⟶

（ⅱ）O_3 + ⟶

（ⅲ）PhN_3 + PhCN ⟶

（ⅳ）$HC≡N^+—O^-$ + ⟶

（ⅴ） ⟶

（ⅵ） ⟶

解

（ⅰ）

（ⅱ）

（ⅲ）$Ph—N \overset{N-N}{\underset{}{\diagdown\diagup}} Ph \xrightarrow[-N_2]{160℃} Ph—\overset{+}{C}=N—\overset{-}{N}—Ph$

（ⅳ）

（ⅴ） $\xrightarrow[H^+]{-H_2O}$

（ⅵ）

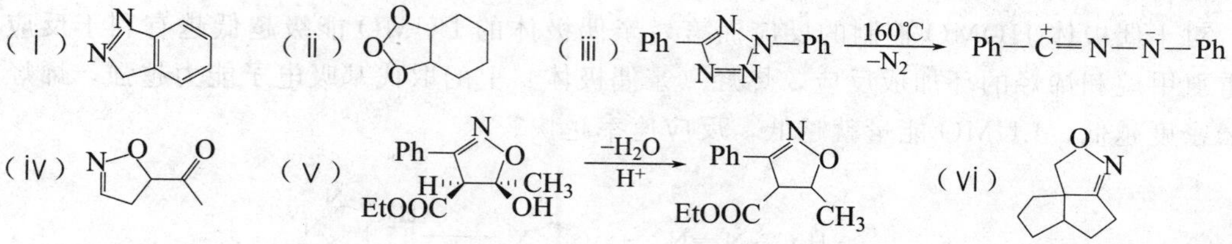

2.5　σ 迁移反应

在化学反应中，一个 σ 键沿着共轭体系由一个位置转移到另一个位置，同时伴随着 π 键的转移的反应称为 σ 迁移反应（σ-migrate reaction）。在反应中，原有 σ 键的断裂、新 σ 键的生成以及 π 键的迁移都是经过环状过渡态一步完成的。

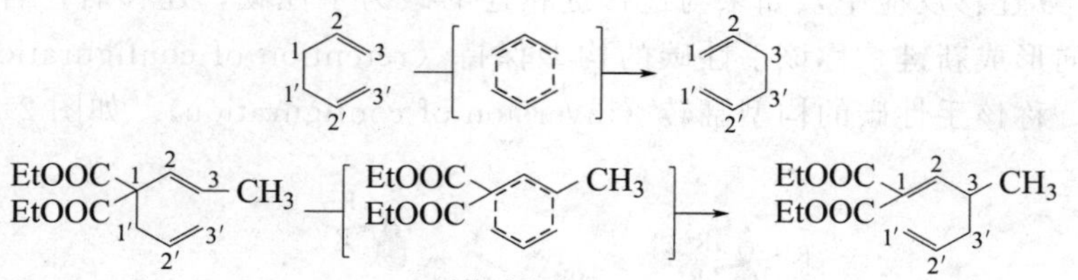

环状过渡态

在上面两个反应中，$1,1'$ 之间的 σ 键断裂，$3,3'$ 之间的 σ 键形成，原来在 2,3 之间和 $2'$，$3'$ 之间的两个 π 键分别迁移至 1,2 和 $1',2'$ 之间；上述键的变化都是经过一个很有规则的六元环状过渡态协同一步完成的。

σ 迁移反应的命名方法是以反应物中发生迁移的 σ 键作为标准，从其两端开始编号，把新生产的 σ 键所连接的两个原子的位置 i，j 放在方括号内称为 $[i,j]$ σ 迁移。

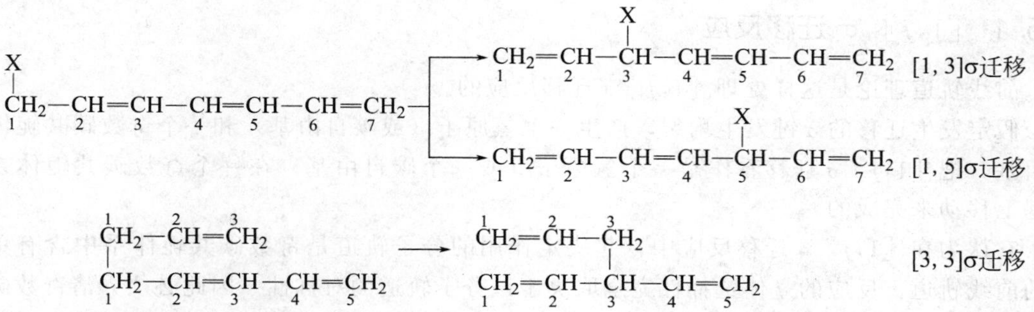

由于 σ 迁移反应是沿着共轭体系进行的，为了表达迁移时的立体选择性，做出规定，如果迁移后，新形成的 σ 键在 π 体系的同侧，称为同面迁移；反之，称为异面迁移。如图 2-21 和图 2-22 所示。

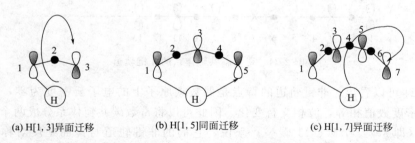

(a) H[1,3]异面迁移　　(b) H[1,5]同面迁移　　(c) H[1,7]异面迁移

图 2-21　H $[1,j]$ σ 同面迁移和异面迁移

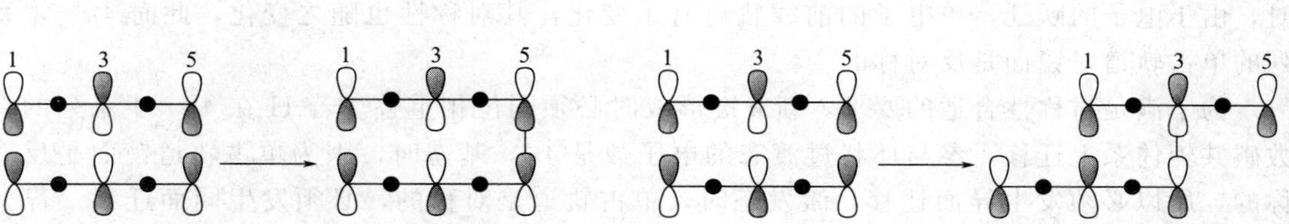

(a) $[5,5']$同面-同面迁移　　(b) $[3,5']$同面-异面迁移

图 2-22　C $[i,j]$ 同面-同面迁移和同面-异面迁移

在 C$[i,j]$ σ 迁移反应中，如果与迁移键相连的碳为手性碳，迁移后，若手性碳仍在原来键断裂的方向形成新键，称该手性碳的构型保持（retention of configuration）；若在相反方向形成新键，称该手性碳的构型翻转（inversion of configuration）。如图 2-23 所示。

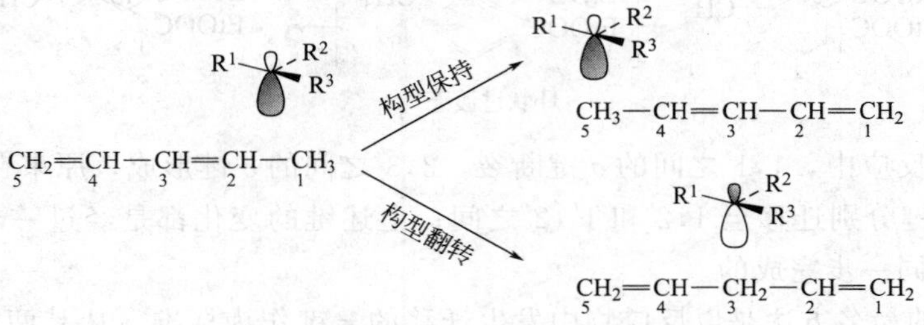

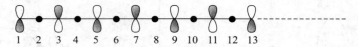

图 2-23　C$[1,j]$ σ 迁移的两种立体选择

2.5.1 $[1,j]$ σ 迁移反应

前线轨道理论是这样处理 $[1,j]$ σ 迁移反应的。

假定发生迁移的 σ 键发生均裂，产生一个氢原子（或碳自由基）和一个奇数碳共轭体系自由基，把 $[1,j]$ σ 迁移看作是一个氢原子（或一个碳自由基）在一个奇数碳共轭体系自由基上移动来完成的。

它认为在 $[1,j]$ σ 迁移反应中，起决定作用的分子轨道是奇数碳共轭体系中含有单电子的前线轨道，反应的立体选择性完全取决于该分子轨道的对称性。因此必须弄清奇数碳共轭体系在基态时及在激发态时，其单占电子的前线轨道的对称性。基态时，奇数碳共轭体系含有单电子的前线轨道是非键轨道，这些非键轨道都具有如图 2-24 所示的一般式，图中数字是碳原子的编号。

图 2-24　奇数碳共轭体系的非键轨道

从图 2-24 可以看出，非键轨道的特点是偶数碳原子上的电子云密度为零，奇数碳原子上的电子云密度数值相等，波相交替变化。因此可以将奇数碳共轭体系分成两个系列：对于 $4n-1$ 系列（即 3 碳、7 碳、11 碳…）来说，它们的非键轨道对镜面是反对称性的；对于 $4n+1$ 系列（即 5 碳、9 碳、13 碳…）来说，它们的非键轨道对镜面是对称性的。激发态时，由于电子的跃迁，单电子的前线轨道有了变化，其对称性也随之变化，此时 $4n-1$ 系列的单占轨道对镜面是反对称的。

为了满足对称性合适的要求，新 σ 键形成时必须同位相重叠。若 H 在 $4n-1$ 系列的奇数碳共轭体系上迁移，参与环状过渡态的电子数是 $4n$，基态时，因为单占轨道镜面是反对称的，所以必须发生异面迁移，激发态时，单占轨道是对称的，必须发生同面迁移。若 H 在 $4n+1$ 系列的奇数碳共轭体系上迁移，参与环状过渡态的电子数是 $4n+2$，基态时，因为单占轨道镜面是对称的，所以必须发生同面迁移，激发态时，单占轨道是反对称的，必须发生异面迁移。

下面针对具体的 $[1,j]$ σ 迁移反应用前线轨道理论进行分析。

（1）H[1, j] 迁移反应

常见的 H 迁移反应是 H[1,5] 和 H[1,7] 迁移反应。例如，用氘标记的戊二烯在加热时 C^1 上的一个氢原子迁移到 C^5 上，π 键也随着移动，即发生 H[1,5] 迁移。

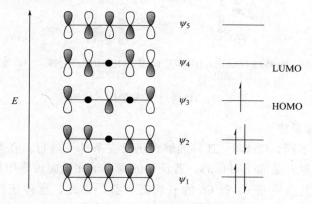

在反应中，C^1 上的一个氢迁移到 C^5 上。假定 C—H 键断裂后生成一个氢原子和一个戊二烯自由基，后者属于 5π 电子共轭体系，其轨道能级见图 2-25。

图 2-25 戊二烯的轨道能级图

H[1, j] 迁移发生在戊二烯自由基的 HOMO 上，即 ψ_3 轨道，该轨道有一个未成对电子。在环状反应过渡态中，戊二烯自由基 HOMO 是面对称，C^1 和 C^5 的 p 轨道相位相同，氢原子的 1s 轨道可以在同一侧时与 C^1 和 C^5 的 p 轨道重叠，当氢原子与 C^1 之间的键开始断裂时，它与 C^5 之间的键即开始生成。因此，同面的 H[1,5] 迁移是轨道对称允许的（图 2-26）。

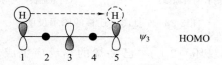

图 2-26 H[1,5] 迁移的图示说明

H[1,5] 迁移是同面进行的，因此是立体专一性的反应。例如，(2E,4Z)-2-氘-6-甲基-2,4-辛二烯在加热到 250℃ 时发生 H[1,5] 迁移得到两种立体异构体产物。

对于 H[1,3] 迁移反应，在热反应条件下时，烯丙基自由基的 HOMO（即 ψ_2 轨道）是面不对称的，C^1 和 C^3 的 p 轨道相位相反，氢原子的 1s 轨道不能在同一侧时与 C^1 和 C^3 的 p 轨道重叠，因此，同面的 H[1,3] 迁移是轨道对称禁阻的；相对应地，异面的 H[1,3] 迁移是轨道对称允许的，可以重叠，但由于氢 1s 轨道太小，氢原子的异面迁移在空间上是不利的，不利于协同反应，因此，H[1,3] 迁移热反应是不能发生的，如图 2-27（a）、（b）、（c）所示。

在光反应条件下时，烯丙基自由基的 HOMO（即 ψ_3 轨道）是面对称的，C^1 和 C^3 的 p 轨道相位相同，氢原子的 1s 轨道可以同时与 C^1 和 C^3 的 p 轨道同侧一瓣重叠，如图 2-28（d）所示。

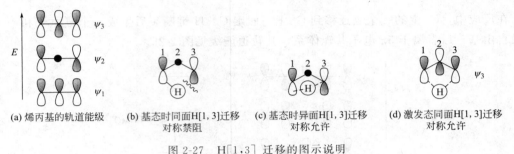

(a) 烯丙基的轨道能级   (b) 基态时同面H[1,3]迁移   (c) 基态时异面H[1,3]迁移   (d) 激发态同面H[1,3]迁移
对称禁阻   对称允许   对称允许

图 2-27   H[1,3] 迁移的图示说明

(2) C[1, j] 迁移反应

与 H[1,3] 迁移不同，C[1,3] 迁移能够在热反应条件下进行。在基态，烯丙基自由基的 HOMO（即 ψ_2 轨道）是面不对称的。若迁移的碳原子在反应过程中构型保持，其 p 轨道不能同时与基态烯丙基自由基 C^1 和 C^3 的 p 轨道重叠，因此，这种迁移是对称禁阻的。然而，当迁移碳原子的构型发生转化，其 p 轨道可以同时与基态烯丙基自由基中 C^1 和 C^3 的 p 轨道重叠，这是对称允许的（图 2-28）。

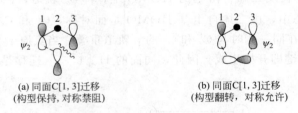

(a) 同面C[1,3]迁移   (b) 同面C[1,3]迁移
(构型保持，对称禁阻)   (构型翻转，对称允许)

图 2-28   C[1,3] 迁移的图示说明

例如桥环化合物 5-甲基双环 [2.1.1] 己-2-烯的热反应生成 6-甲基双环[3.1.0]己-2-烯，迁移碳原子（即 $C^{1'}$）的构型随之发生翻转。

C[1,5] 迁移的立体化学专一性刚好与 C[1,3] 迁移相反。在热反应条件下，C[1,5] 迁移中碳原子的构型保持不变，是轨道对称允许的。如果碳原子的构型翻转，则是对称禁阻的（图 2-29）。

由此可见，如果共轭体系的 HOMO 是面对称的，迁移的碳原子用其 p 轨道的一瓣进行同面迁移，得构型保持产物，如 C[1,5] 迁移；若 HOMO 是面不对称的，迁移的碳原子用其 p 轨道的两瓣进行同面迁移，过程中迁移碳原子的构型翻转，如 C[1,3] 迁移。

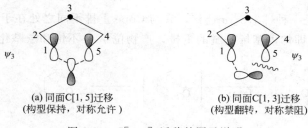

(a) 同面C[1,5]迁移
(构型保持,对称允许)

(b) 同面C[1,3]迁移
(构型翻转,对称禁阻)

图 2-29　C[1,5] 迁移的图示说明

2.5.2　[i,j] σ 迁移反应

下面来分析 [i,j] σ 迁移反应。前线轨道理论是这样来处理 [i,j] σ 迁移反应的:
①让发生迁移的 σ 键均裂,产生两个奇数碳共轭体系自由基,[i,j] σ 迁移可以看作是这两个奇数碳共轭体系的相互作用完成的;②在 [i,j] σ 迁移反应中,起决定作用的分子轨道是这两个奇数碳共轭体系的含单电子的前线轨道;③在 σ 迁移反应中,新 σ 键形成时必须发生同位相重叠。

(1) Cope 重排

[3,3] σ 迁移就是一类非常常见的 [i,j] σ 迁移反应。这里以 [3,3] 迁移反应中的 Cope 重排来解释上述理论。Cope 重排是 1,5-二烯类化合物的 [3,3] σ 迁移。按照前线轨道理论,可以看作它们是通过两个烯丙基自由基体系的相互作用来完成的。图 2-30 是 Cope 重排在基态和激发态时的过渡态。

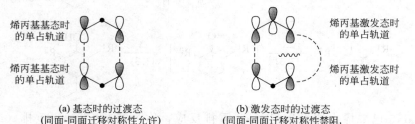

(a) 基态时的过渡态
(同面-同面迁移对称性允许)

(b) 激发态时的过渡态
(同面-同面迁移对称性禁阻,
同面-异面迁移对称性允许)

图 2-30　Cope 重排基态及激发态时的过渡态

显然,从图中可以看出,对于 [3,3] σ 迁移反应来讲,基态时,同面-同面迁移是对称性合适的,而激发态时,同面-异面是对称性合适的。

Cope 重排是立体专一性的反应,其立体化学取决于椅式构象的六元环过渡态的稳定性。例如,内消旋的 3,4-二甲基-1,5-己二烯在加热时生成 2,6-辛二烯,其中 99.7% 的产物为 (Z,E) 构型,而 (E,E) 构型的产物仅有 0.3%。反应微观可逆,但产物 2,6-辛二烯较 3,4-二甲基-1,5-己二烯稳定,是发生该反应的驱动力。

3,4-二甲基-1,5-己二烯　　　225℃　　　(Z,E)-2,6-辛二烯

（2）Claisen 重排

Claisen 重排也是一种［3,3］σ迁移，它与 Cope 重排不同之处在于 1,5-己二烯的 3 位碳原子换成了氧原子，即烯丙基烯基醚的重排，产物位 γ,δ-不饱和羰基化合物。

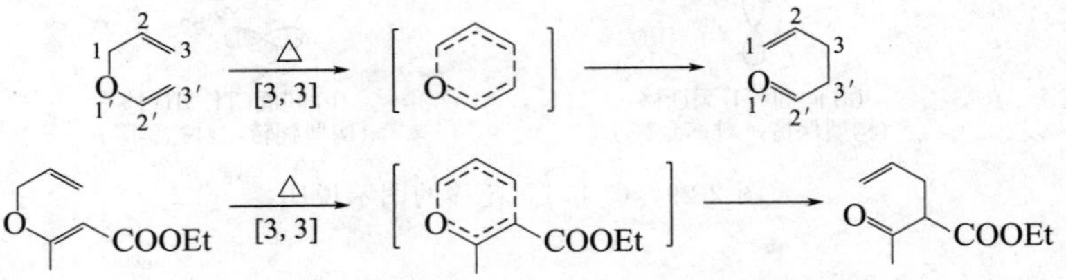

与 Cope 重排相似，Claisen 重排的立体化学取决于椅式构象的六元环过渡态的稳定性。

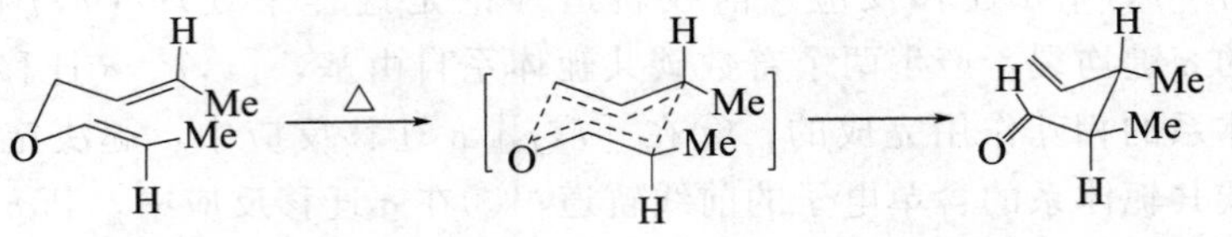

除了烯丙基烯基醚之外，烯丙基芳醚也容易发生 Claisen 重排反应，生成 2-烯丙基苯酚。当芳环上的两个邻位被占据时，烯丙基迁移至对位。其过程涉及两个连续的［3,3］迁移。

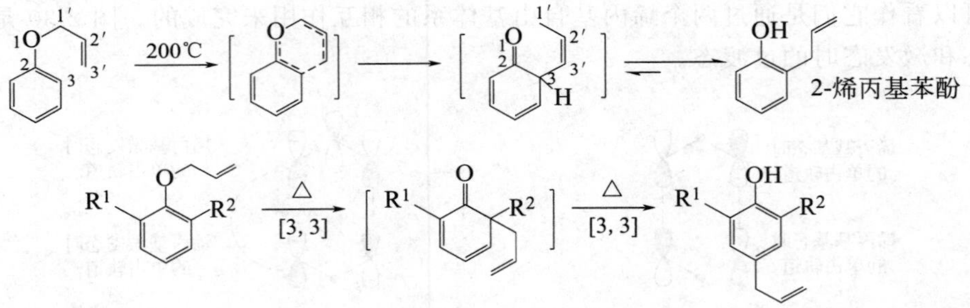

3-氮杂-1,5-己二烯也能发生 Claisen 重排反应，称为氮杂-Claisen 重排（或 3-aza-Cope 重排）。Lewis 酸可催化该反应。

（3）Claisen-Ireland 重排

1972 年，R. E. Ireland 报道了一种类似 Claisen 重排的［3,3］迁移反应，即烯丙基酯与 LDA 形成的烯醇锂盐被三烷基氯硅烷（TMSCl）捕获，生成硅基烯缩酮（silylketene ac-etalls），后者经［3,3］迁移生成 γ,δ-不饱和酸，这个反应称为 Claisen-Ireland 重排。［3,3］迁移通常可在室温下进行，产物的立体化学与形成烯醇锂盐时的反应条件有关。对于（E）-烯丙基酯，当脱质子反应在 THF 中进行时，主要形成动力学有利的（Z）-烯醇锂盐，后者经硅醚化和［3,3］迁移，生成 anti-γ,δ-不饱和酸；当脱质子反应在 THF/HMPA 中进行时，则形成（E）-烯醇锂盐，最终产物为 syn-γ,δ-不饱和酸。

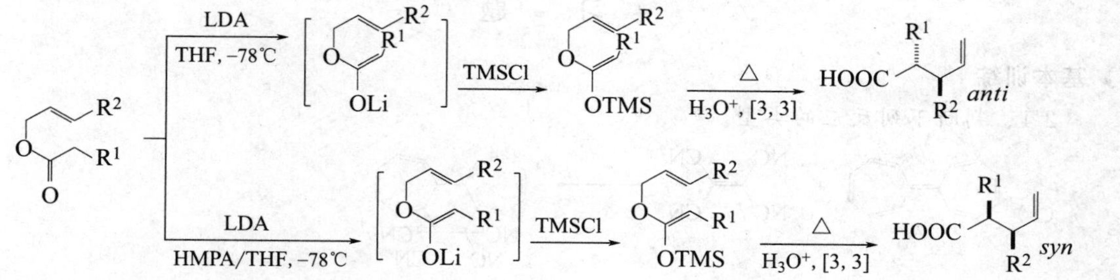

（4）Carroll 重排

β-酮酸烯丙酯在加热条件下经［3,3］迁移和脱羧串联过程，生成 γ,δ-不饱和酮，此反应称为 Carroll 重排（又称 Kimel-Cope 重排或脱羧 Claisen 重排）。

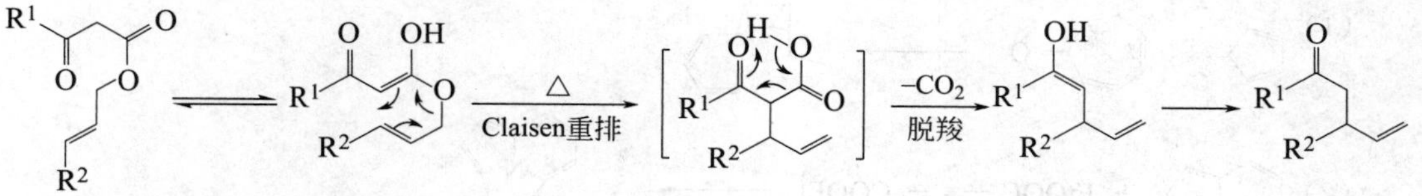

【例 2-7】 指出在加热条件下，下列 σ 迁移反应的类别和迁移方式。

解 （ⅰ）产物 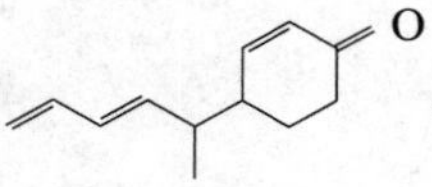 。反应类别和迁移方式：［5,5］σ 同面-同面迁移。

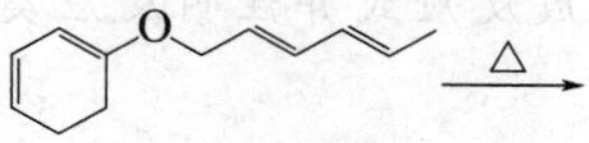

（ⅱ）产物  。反应类别和迁移方式：［1,3］σ 同面迁移，构型保持。

由于 σ 迁移反应的立体选择性完全取决于奇数碳共轭体系中含有单电子的前线轨道，即它的非键轨道。而奇数碳共轭体系自由基的非键轨道的对称性变化是有规律的，因此经归纳可以得出 σ 迁移反应的立体选择规则，即 Woodward-Holfmann 规律，如表 2-4 所示。

表 2-4　σ 迁移反应的立体选择规则

参与环型过渡态的 π 电子数(1+j)/(i+j)							
反应分类				4n+2		4n	
H[1,j]σ 迁移	C[1,j]σ 迁移		C[i,j]σ 迁移				
	构型保持	构型翻转					
同面迁移	同面迁移	异面迁移	同面-同面迁移	加热	光照	加热	光照
			异面-异面迁移	允许	禁阻	禁阻	允许
异面迁移	异面迁移	同面迁移	同面-异面迁移	加热	光照	加热	光照
				禁阻	允许	允许	禁阻
（Ⅰ）	（Ⅱ）		（Ⅲ）	（Ⅳ）			

注：表中所列的 π 电子数由 1+j 或 i+j 得到。表中的允许指对称性允许，表中的禁阻指对称性禁阻。使用此表时需注意，对于 H［1,j］σ 迁移，用（Ⅰ）和（Ⅳ）；对于 C［1,j］σ 迁移，用（Ⅱ）和（Ⅳ）；对于 C［i,j］σ 迁移，用（Ⅲ）和（Ⅳ）。

习　题

> **基本训练**

2-1 判断下列反应的类型。

(1)

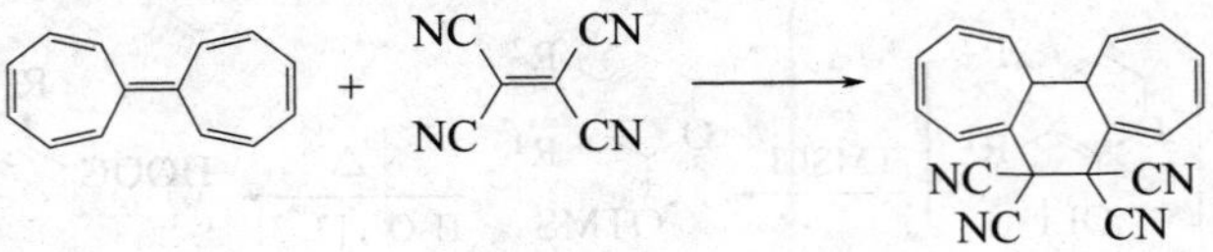

(2)

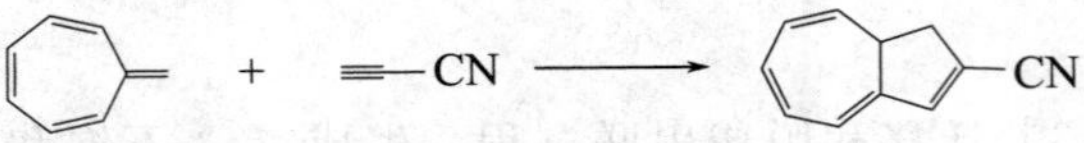

2-2 指出下列反应的机理。

(1)

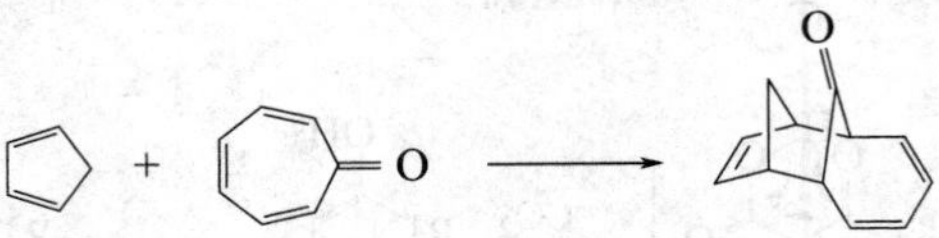

(2)

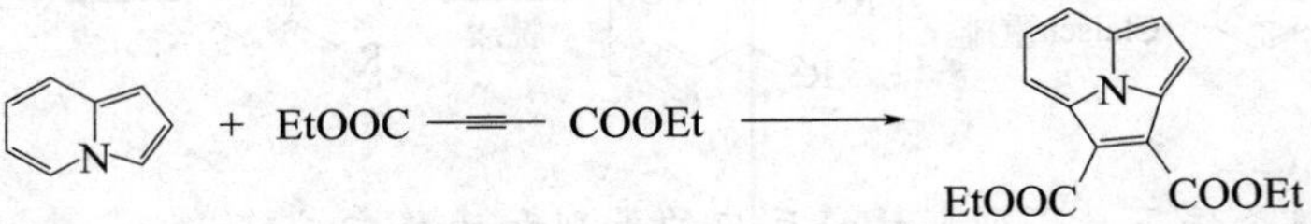

2-3 下列反应均为周环反应，若反应能发生，请完成反应式并注明反应类型及反应方式。

(1)

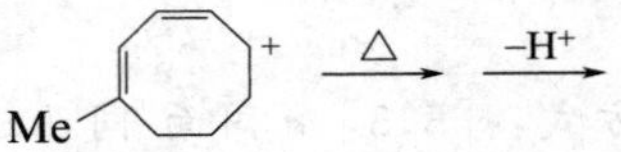

(2)

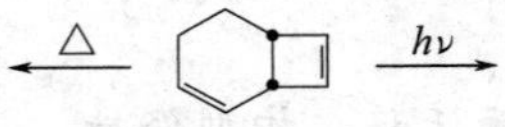

(3)

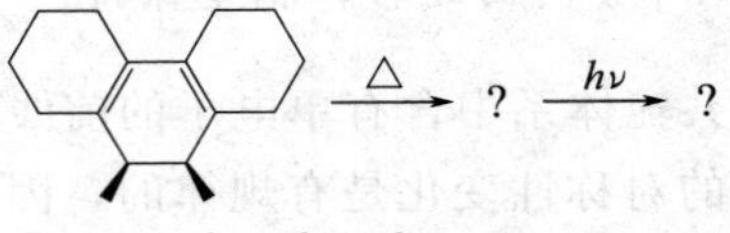

(4)

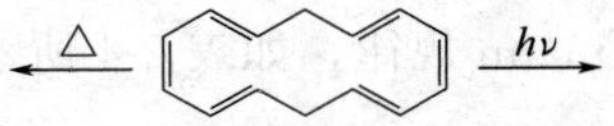

(5)

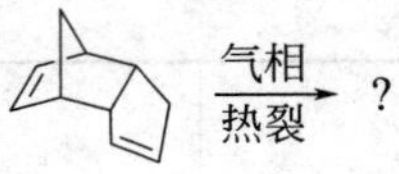

(6)

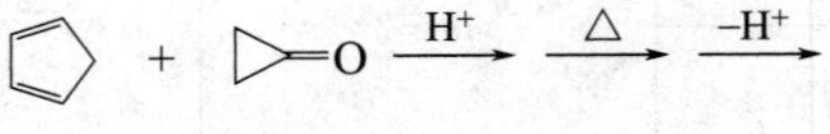

(7)

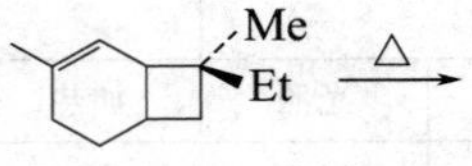

(8)

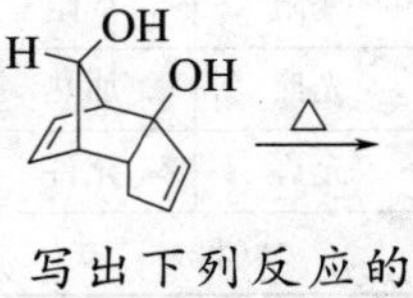

2-4 写出下列反应的产物或反应类别，并用前线轨道理论予以解释。

(1)

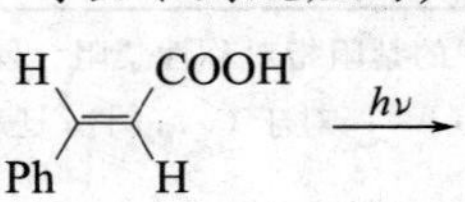

(2) O_3 + ⬠ $\xrightarrow{\triangle}$

(3) （结构式：含 Me、H H、Me、O 的八元环化合物）$\xrightarrow{\triangle}$

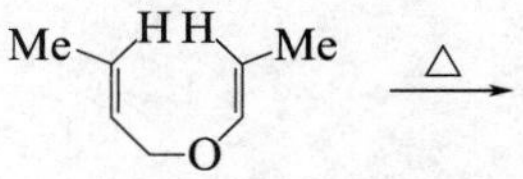

2-5 写出下列反应的反应机理，并指出各反应的反应类别及反应条件。

(1)  （桥环二烯结构）→（双自由基结构）

(2) （桥环二烯结构）→（降冰片烯结构）

(3) （双 Me 取代十氢萘结构）→（双 Me 取代十氢萘结构）

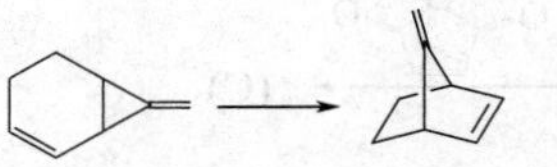

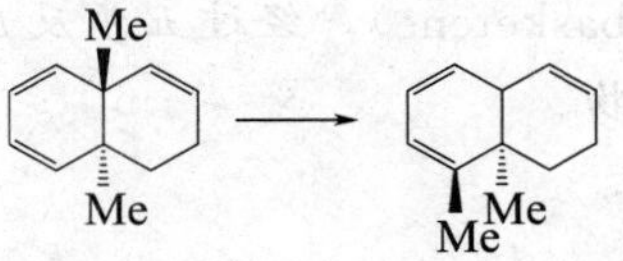

(4) （含 OH、OH 及两个环己酮的结构）→（螺环二酮结构）

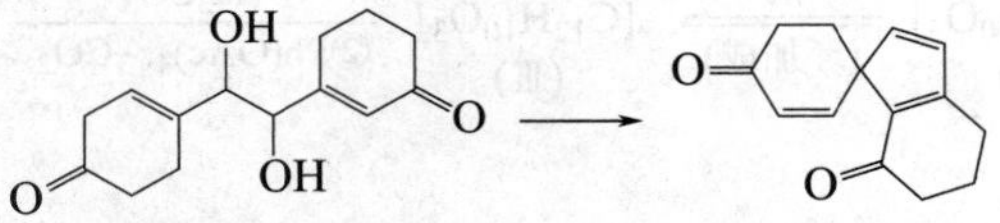

2-6 用规定原料和任意无机试剂合成下列化合物。

(1) 以环己二烯和 γ-2-丁烯酸内酯为原料，合成 （HOOC、HOOC、COOH、COOH 四取代环己烷结构），并写出产物名称。

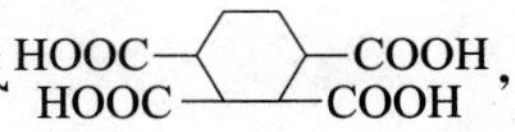

(2) 用环戊烷、丙烯酸乙酯及必要无机试剂合成 （降冰片烷-COOEt 结构），并写出产物名称。

▶ **拓展训练**

2-7 在生物体内，维生素原 D_3 到维生素 D_3 发生了如下转化，试写出反应机理。

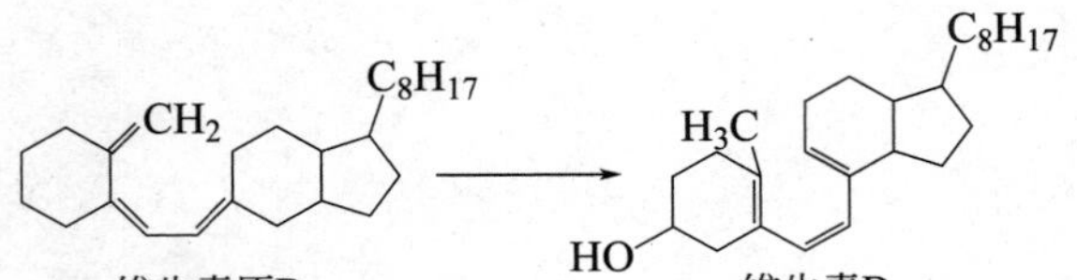

（维生素原 D_3 结构，含 CH_2、C_8H_{17}）→（维生素 D_3 结构，含 H_3C、C_8H_{17}、HO）

维生素原D_3 维生素D_3

2-8 预测下列反应的主要产物结构。

(1) 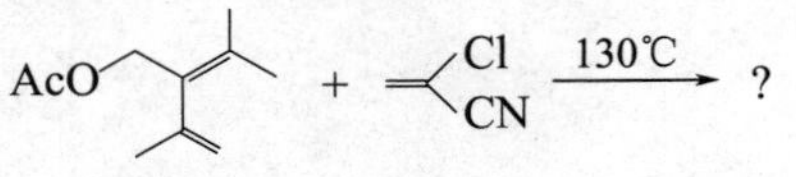 AcO—（取代双烯结构） + （Cl、CN 取代烯烃） $\xrightarrow{130℃}$?

(2) （含 Me、O、O、OMe 的苯醌结构） + （二烯结构） $\xrightarrow[100℃,96h]{C_6H_6}$?

(3) （含酮基的环戊烷侧链二烯结构） $\xrightarrow{120℃}$?

(4) HO—（炔丙基结构） $\xrightarrow[H^+, \triangle]{MeC(OEt)_3}$? $\xrightarrow{LiAlH_4}$?

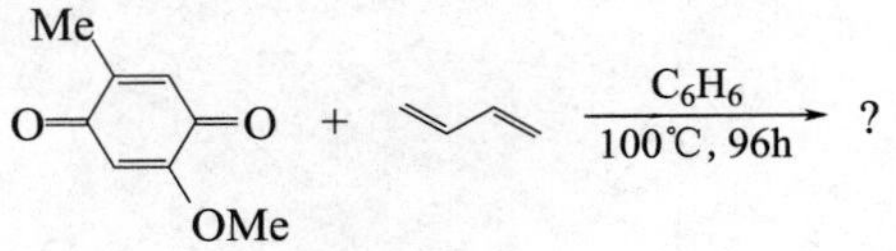

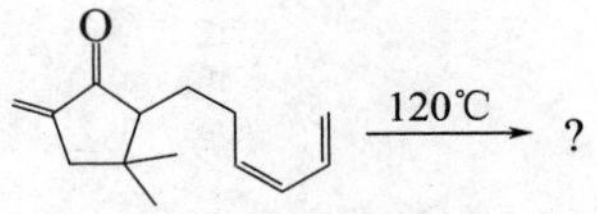

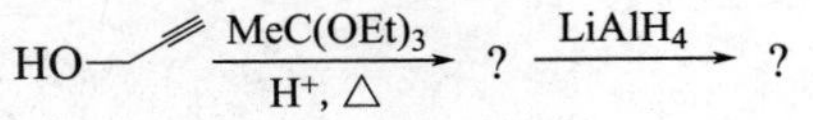

2-9 合成题

（1）  ⟶

（2） 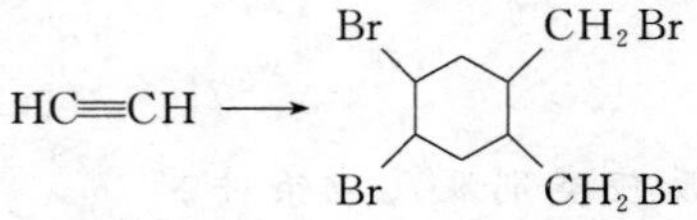 HC≡CH ⟶

2-10 写出化合物（A）、（B）、（C）的结构，并指出每步反应的反应类型。

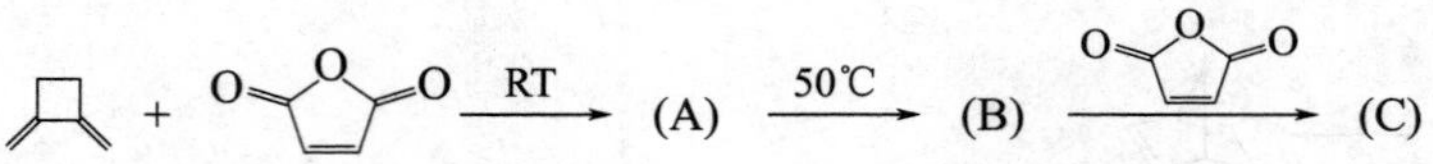

2-11 化学家由环辛四烯合成具有奇特结构的篮烯（basketene），经过五步反应，其中三步为周环反应，试写出各步反应的反应方程式和中间产物。

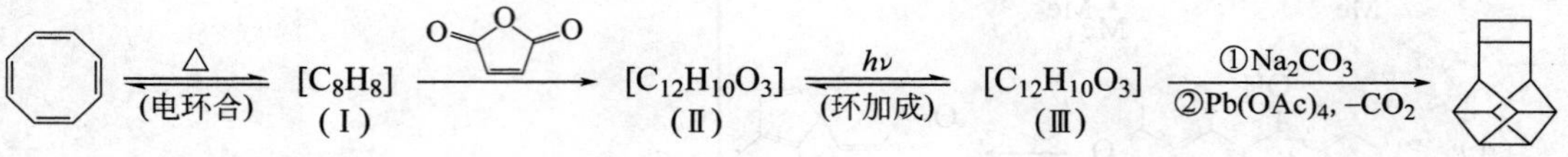

第 **3** 章 ▶▶▶

立体化学

学习目标

▶ **知识目标**

　　了解立体化学的定义、基本概念、手性合成的前沿知识。

　　理解动态立体化学和静态立体化学的基本原理。

　　掌握构象、构象异构体和构象分析的系列知识；掌握顺反构型的系列知识；掌握手性分子的结构特点、判别方式、表达方式等。

　　理解手性化合物合成的意义，掌握手性化合物的获取方法。

▶ **能力目标**

　　能掌握几种合成手性化合物的方法。

　　立体化学（stereochemistry）是有机化学的一个重要组成部分，主要是研究有机化合物分子的三维空间结构（立体结构）、反应的立体性及其相关规律和应用的科学。分子的立体结构是指分子内原子所处的空间位置及这种结构的立体形象。研究分子的立体形象及这种结构和分子物理性质之间的关系属于静态立体化学的范畴。反应的立体性是指分子的立体形象对化学反应的方向、难易程度和对产物立体结构的影响等，这属于动态立体化学的范畴。动态立体化学在有机合成中占有十分重要的地位。

　　有机化合物普遍存在着同分异构现象。具有相同的分子式，但具有不同的结构式的化合物称为异构体。同分异构现象的存在表明同一个分子式可以代表许多不同的化合物。所以，许多化合物都不能简单地用分子式表示，而要用结构式表示。同分异构可分为以下几种。

　　① 构造异构　指分子中原子相互连接的方式和次序不同而产生的同分异构现象。它又可以分为碳架异构（如正丁烷和异丁烷）、位置异构（如正丁醇和 2-丁醇）、官能团异构（如乙醇和二甲醚）。

$$CH_3CH_2CH_2CH_3 \quad 和 \quad CH_3\overset{\overset{\displaystyle CH_3}{|}}{C}HCH_3 \qquad CH_3CH_2OH \quad 和 \quad CH_3OCH_3$$

碳架异构   官能团异构

$$CH_3CH_2CH_2CH_2OH \quad 和 \quad CH_3CHOHCH_2CH_3$$

位置异构

　　② 立体异构　指分子中原子相互连接的方式和次序相同，但由于分子中原子在空间的

排列方式不同而产生的同分异构现象。它又可以分为构型异构和构象异构。

③ **构型异构** 指有确定构造的分子中原子在空间的不同排列状况。不同的构型异构体都是实际存在的，它们之间的转化需要经过断键和再成键的化学反应过程。构型异构又分为顺反异构和对映（光学）异构两种。

④ **构象异构** 指在不断键的情况下仅仅通过单键的旋转或环的翻转而造成的原子在空间的不同排列方式，如乙烷的重叠式和交叉式，环己烷的椅形和船形等。一般讲，分子的构象可以有无穷个，每一个不同排布方式原则上就是一种构象异构体。

构象异构   顺反异构   对映异构

构造、构型和构象是分子结构不同层次上的描述。当分子中存在可旋转或翻转而改变空间形象的单键时，一种构型必定有无数种构象，当然一种固定构型只会对应一种构象，如乙烯的构型在形象上与其构象并无区别。

分子的构造（即分子中原子相互连接的方式和次序）相同，只是立体结构（即分子中原子在空间的排列方式）不同的化合物是立体异构体。本章将系统讨论立体化学中的构象异构、顺反异构和对映异构；化学反应中的立体化学，将选取典型反应做适当介绍；重点介绍手性化合物的合成。

3.1 构象和构象分析

为了说明一个有机分子的结构，除了准确地知道它的构造和构型外，还要更深一步了解它的构象。所谓构象（conformation）是指围绕单键旋转所产生的分子中原子或基团在空间排列的各种立体形象。由单键旋转而产生的异构体称为构象异构体（conformation isomer）或旋转异构体（rotamer）。根据化合物分子的构象来分析化合物的理化性质，称为构象分析。

3.1.1 空间张力

一个分子的总能量直接与它的几何形状有关。许多分子之所以呈现张力（strain），是由非理想几何形状造成的。分子将尽可能地利用键角或键长的改变来使能量达到最低值，但最低值几何形状仍有一定程度的张力，其大小取决于它的结构参数偏离它们的理想值的程度。空间张力（steric strain）越高，空间能量越高，分子越不稳定。总的空间能（E_s）可以用公式表示：

$$E_s = E(\eta) + E(\omega) + E(r) + E(d) \tag{3-1}$$

式中，$E(\eta)$ 为键角张力，表示键角偏离正常键角（109.5°）所产生的能量变化，其大小与键角偏离值 $\Delta\eta$ 的平方成正比；$E(\omega)$ 为扭转张力（连接于相邻原子上的非键基团所处的空间向位，相对于对位交叉构象的空间向位所产生的能量变化，重叠式构象时，扭转张力最大，它是由空间电子效应引起的）；$E(r)$ 为拉伸张力，表示键长偏离正常键长的能量变化，其大小与键长偏离值 Δr 的平方成正比；$E(d)$ 为非键张力，表示不成键的基团之间的吸引力和排斥力它包括范德华力、偶极（电荷）作用力、氢键作用力等，在多数情况下，非键张力常常是范德华作用力的结果。

这四个改变体系能量的因素作用大小次序为：$E(d) > E(r) > E(\eta) > E(\omega)$。

扭转角指由于单键旋转而产生的非键合基团之间的夹角，它变化时引起的能量升高数值最小，但键长和键角的变化会使分子能量升高较多，而压缩范式半径引起的能量升高值最大。当分子中两个非键合的原子（团）靠得太近时，它们相互排斥的结果大多使扭转角改变以减小非键作用，如果单靠扭转角变化还不足以使两个靠得太近的原子（团）分开，则某些键角和键长就会发生变化，使这两个原子（团）能够容纳在有限的空间内而尽量减少范式半径之和小于正常值带来的能量升高。

3.1.2 链状化合物的构象

（1）饱和烃及相关衍生物的构象

饱和碳原子的构型为正四面体结构，这决定了烷烃分子中碳原子的排列不是直线形。直链指的是没有支链碳原子存在的碳链，不能误解为直链上的碳原子是处于一条直线上。X 射线衍射实验表明碳链是锯齿状排列的，见图 3-1。

正丁烷相当于乙烷分子的两个碳上各有一个氢原子被甲基取代，图 3-2 是正丁烷分子的四种极端构象，即对位交叉式、邻位交叉式、部分重叠式和全重叠式构象。

图 3-1　正癸烷链的锯齿状构象示意图

(a) 对位交叉式　(b) 邻位交叉式　(c) 部分重叠式　(d) 全重叠式

图 3-2　正丁烷分子的四种极端构象

对位交叉式中，两个体积较大的甲基尽可能远离，其能量最低、最稳定，是正丁烷的优势构象。邻位交叉式中，两个甲基处于邻位，它们虽然也是交叉式，但两个甲基之间存在的范德华力使其能量比对位交叉式高。全重叠式中，两个甲基和氢原子都处于重叠位置，它们的距离最近，存在的范德华力和扭转张力最大，故相对最不稳定，含量最少。部分重叠式也具有相对较大的张力，但比全重叠式稳定。这四种极端构象的稳定性大小为：对位交叉式＞邻位交叉式＞部分重叠式＞全重叠式。

由正丁烷绕 C^2—C^3 键旋转得到的能量曲线（图 3-3）可见，正丁烷各种构象之间的能量差别不大，其扭转能垒约为 $18\sim25\text{kJ}\cdot\text{mol}^{-1}$。室温下，正丁烷分子间碰撞产生的能量足以引起各构象间的迅速转化，次数虽不如乙烷多，但构象互变仍足够快，得到单一的构象是不可能的。因此，正丁烷实际上也是由无数个构象组成的处于动态平衡状态的混合体系，但主要以对位交叉式和邻位交叉式构象存在，前者约占 68%，后者约占 32%，而其他构象所占比例很小。

并不是任何化合物都是对位交叉构象所占比例大于邻位交叉构象的。如 1-氯丙烷，稳定性邻位交叉式大于对位交叉式，这是因为甲基和氯原子的间距相当于它们的范德华半径之和，二者相互吸引。

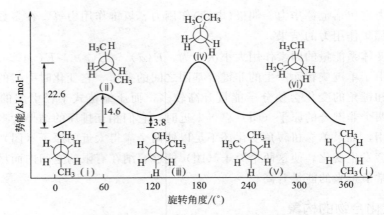

图 3-3　正丁烷各种构象的势能关系图

稳定性：　　　　　　　　　　　　＜

对位交叉式　　　　　　　邻位交叉式

又如 2-氯乙醇，若只从范德华排斥作用考虑，对位交叉构象（Ⅰ）应占优势，但实际上却是邻位交叉式构象（Ⅱ）占优势。

（Ⅰ）　　　　　　　　（Ⅱ）

有人认为Ⅱ中有氢键生成产生的稳定作用，但这种解释尚难以被普遍接受。2-氟乙醇和 1,2-二氟乙烷等几乎全以邻位交叉式构象存在，后者并不能形成分子内氢键。将这种有利于形成邻位交叉式构象为优势构象的效应称为邻位交叉效应。

能使邻位交叉式相对于对位交叉式明显稳定的另一类非键作用是分子内氢键。如邻二醇的邻位交叉式中就有这种氢键。

稳定性：　　　　　　　　＜

又如下面化合物的构象稳定性顺序为Ⅰ＞Ⅱ＞Ⅲ。这是因为在Ⅰ、Ⅱ中，—NH_2 与—OH 之间存在着氢键，它大大降低了构象的能量；Ⅱ中的—CH_3 和—C_2H_5 分布在—C_2H_5 的两边，而Ⅰ中的—CH_3 和—C_2H_5 分布在—H 的两边，所以Ⅱ的范德华斥力比Ⅰ大。

（Ⅰ）　　　　　　　（Ⅱ）　　　　　　　（Ⅲ）

如果把上面化合物中的两个乙基换成体积大的苯基或叔丁基，其稳定构象则是对位交叉式（稳定性顺序：Ⅲ＞Ⅰ＞Ⅱ）。由此可见，若含有可能形成分子内氢键的基团，固然形成氢键的倾向性很大，但还是要考虑其他取代基在整个分子中的空间因素。

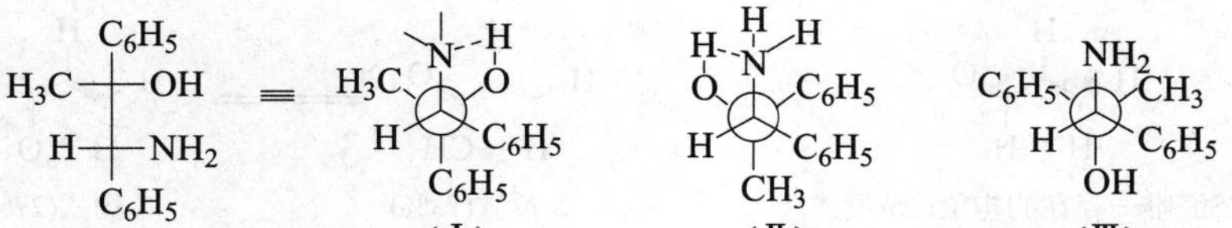

（Ⅰ）　　　　（Ⅱ）　　　　（Ⅲ）

（2）不饱和化合物的构象

① 1-丁烯分子的极限构象　Ⅰ、Ⅱ中是双键与单键重叠，可称为重叠式构象；而Ⅲ、Ⅳ是双键与单键处于交叉位置，可称为交叉式构象。微波波谱法测定表明，Ⅰ和Ⅱ的稳定性大于Ⅲ和Ⅳ，氢原子与双键重叠的构象Ⅱ又比甲基与双键重叠的构象Ⅰ稳定。

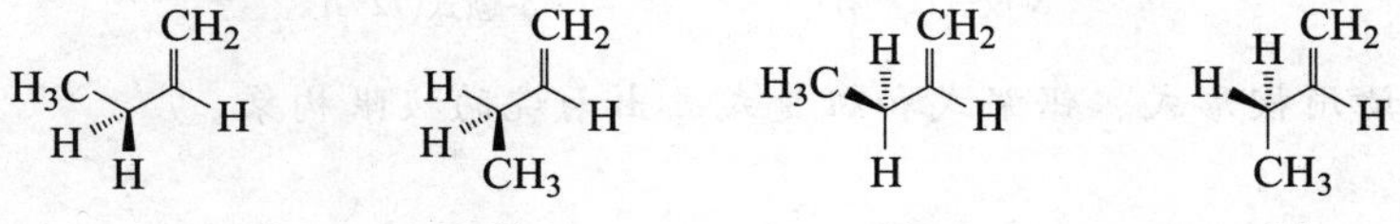

（Ⅰ）　　　（Ⅱ）　　　（Ⅲ）　　　（Ⅳ）

② 羰基化合物的构象　羰基化合物的优势构象也是重叠式而不是交叉式，对醛、酮来说与羰基重叠的是烷基而不是氢，这种情况在酮中比在醛中更明显。如下列化合物Ⅰ比Ⅱ内能低 $3.8\ kJ\cdot mol^{-1}$。

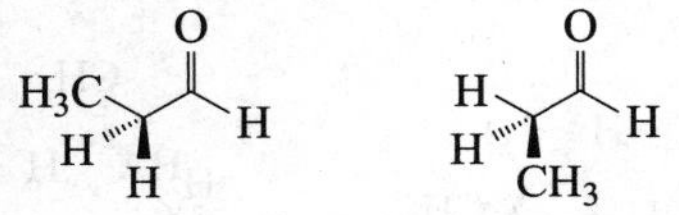

（Ⅰ）　　　　　（Ⅱ）

当 α-碳原子上连接的是大体积的取代基时，氢重叠式构象更稳定，如下列化合物中Ⅱ比Ⅰ稳定。

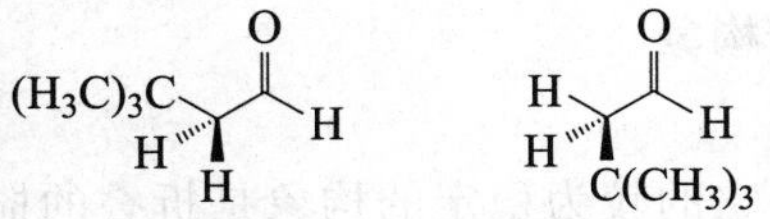

（Ⅰ）　　　　　（Ⅱ）

在不饱和化合物中，围绕 sp^2-sp^3 键旋转形成的重叠构象占优势是一个普遍现象，其旋转能垒比烷烃低。

③ 1,3-丁二烯分子的构象　实验研究表明，S-反式构象是 1,3-丁二烯最稳定的构象，在 S-顺式构象中，由于 C^2 和 C^3 上的 C—H 键处于重叠式而存在扭转张力；而 C^1 和 C^4 的两个氢原子之间也还有范德华排斥作用力。

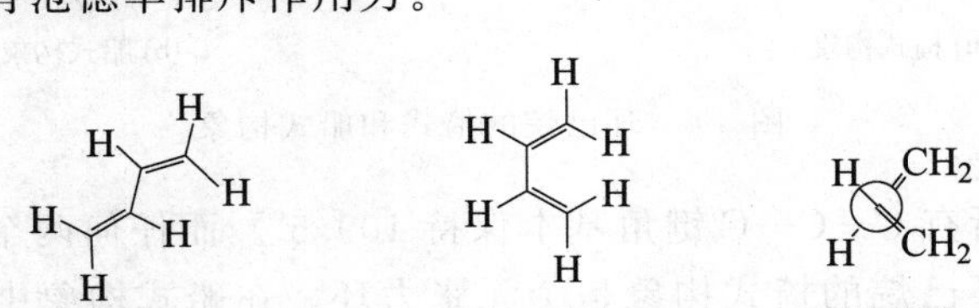

S-反式　　　　　S-顺式　　　　　歪斜式

④ α,β-不饱和羰基化合物的构象

α,β-不饱和羰基化合物与 1,3-二烯类似，要有利于体系 C＝C—C＝O 中各原子的共平面性。重要的旋转异构体是 S-反式和 S-顺式构象。

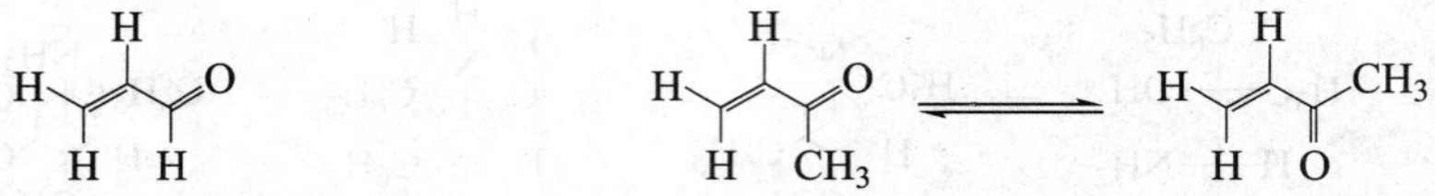

丙烯醛唯一存在的构象：S-反式   S-反式(73%)   S-顺式(27%)

当存在不利的范德华力相互作用时，以 S-顺式构象为主。

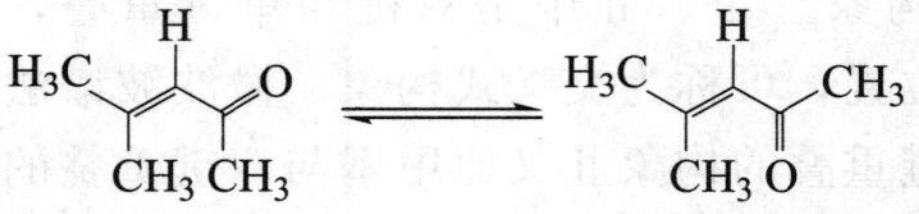

S-反式(28%)   S-顺式(72%)

【例 3-1】 请用楔形式、锯架式和纽曼式画出丙烷的极限构象。

解

交叉式构象

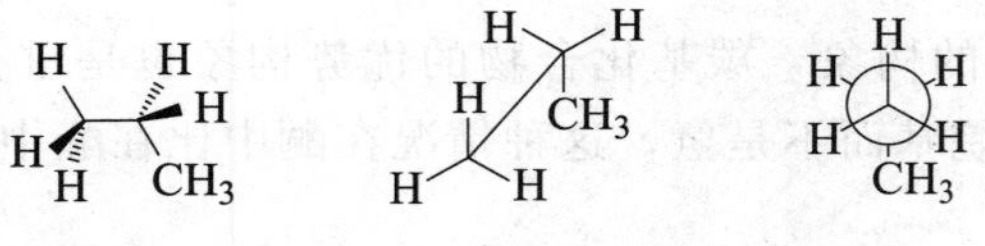

楔形式   锯架式   纽曼式

重叠式构象

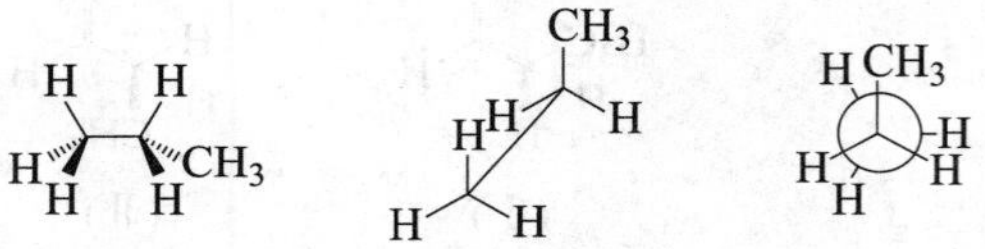

3.1.3 环状化合物的构象

（1）环己烷及其衍生物的构象

① 环己烷的优势构象

环己烷也不是平面结构，它的较为稳定的构象是折叠的椅式构象和船式构象。这两种构象的透视式和纽曼投影式如图 3-4 所示。

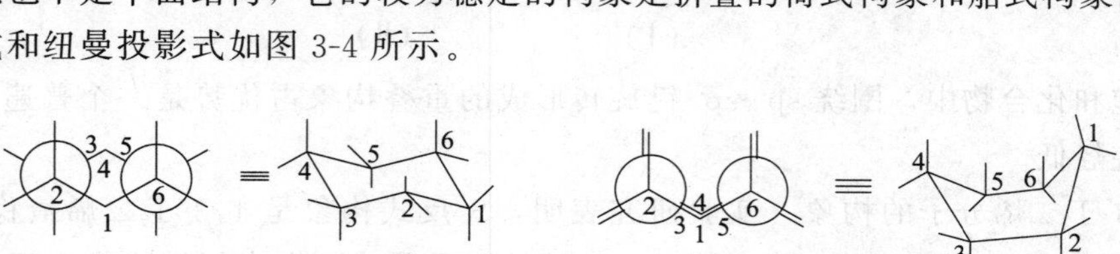

图 3-4　环己烷的椅式和船式构象

在椅式构象中，所有 C—C—C 键角基本保持 109.5°。而任何两个相邻碳上的 C—H 键都是交叉式的。所以环己烷的椅式构象是个无张力环。在船式构象中，所有键角也都接近

109.5°，故也没有角张力。但其相邻碳上的 C—H 键却并非全是交叉的。图 3-4 的船式构象中，C^2 和 C^3 上的 C—H 键，以及 C^5 和 C^6 上的 C—H 键，都是重叠式的。这从船式构象的纽曼投影式（Ⅳ）可以清楚地看出来，此外，在船式构象中，C^1 和 C^4 上的两个内向伸的氢原子［图 3-4(b) 中的Ⅲ］之间，由于距离较近而互相排斥，这也使分子的能量有所升高。船式和椅式相比，船式的能量高得多，也就不稳定得多。许多物理方法已经证实，在常温下，环己烷的椅式和船式构象是互相转化的，在平衡混合物中，椅式占绝大多数（99.9％以上），椅式没有张力。所以环己烷具有与烷烃类似的稳定性。

② 一取代环己烷的构象

环己烷衍生物绝大多数也以椅式构象存在，且大都可以进行构象翻转。但翻转前后的两种构象可能是不相同的。例如甲基环己烷，如果原来甲基连在 e 键（平伏键）上，构象翻转后，甲基就连在 a 键（直立键）上了。也就是说，构象翻转的前后是两种结构不同的分子。这两种甲基环己烷结构不同，能量上也有差异。因此，在互相翻转的动态平衡体系中，它们的含量不等，一般取代基在 e 键的构象更稳定。在平衡体系中，e 键甲基环己烷占 95％，a 键甲基环己烷只占 5％。

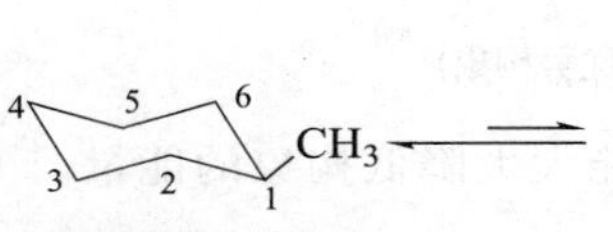

e键甲基环己烷 ⟶ a键甲基环己烷

a 键取代基结构中的非键原子间斥力比 e 键取代基的大，导致 a 键取代环己烷的内能比 e 键取代环己烷的内能高 75kJ·mol^{-1}。原子在空间的距离数据可清楚地看出，取代基越大，e 键型构象为主的趋势就越明显：

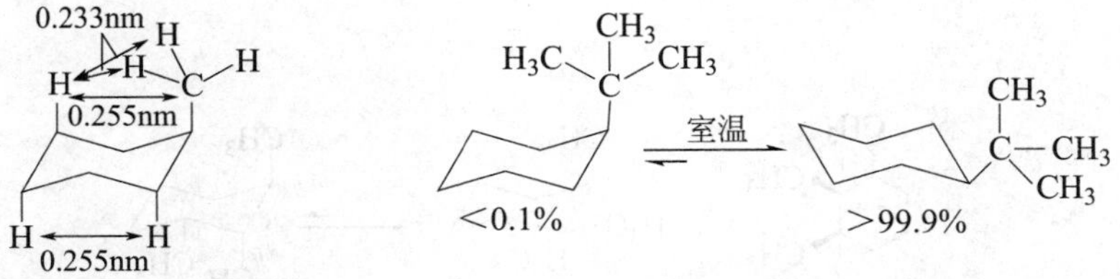

甲基环己烷原子间的距离   叔丁基环己烷a键型构象和e键型构象

③ 二取代环己烷的构象

a.1,2-相同二取代环己烷的构象 含有两个相同取代基的 1,2-环己烷椅式构象中，顺式只有 ea 构象，反式有 ee 和 aa 构象两种，其中 ee 为优势构象。

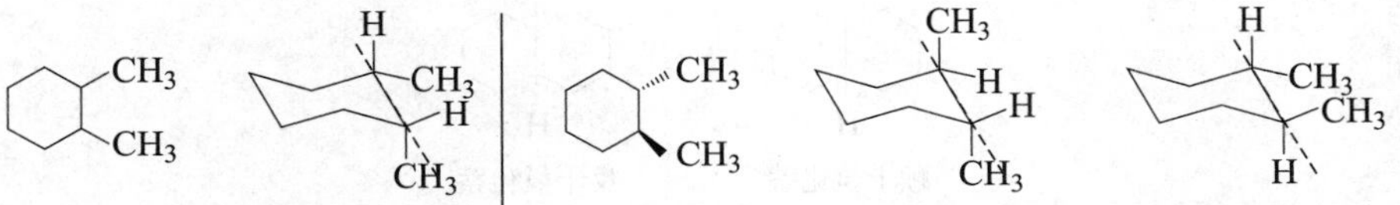

顺式   只能是ea构象   反式   aa构象   ee构象(优势构象)

b.1,3-相同二取代环己烷的构象 含有两个相同取代基的 1,3-环己烷椅式构象中，反式只有 ea 构象，顺式有 ee 和 aa 构象两种，其中 ee 为优势构象。

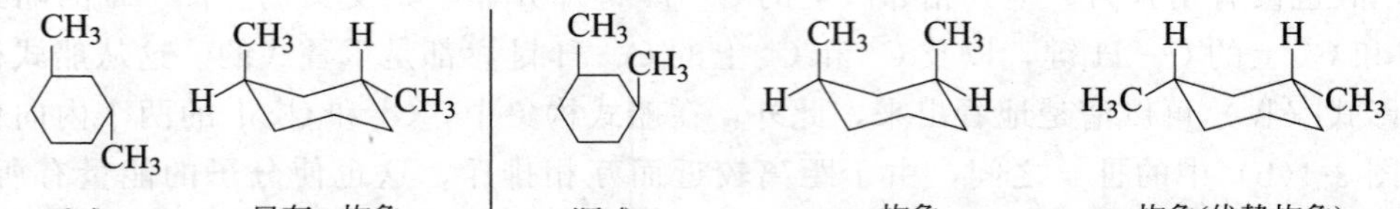

反式	只有ea构象	顺式	aa构象	ee构象(优势构象)

c.不相同二取代环己烷的构象　含有两个不相同取代基的环己烷椅式构象中，大基团在e键的较为稳定，为优势构象（Barton 规则）。

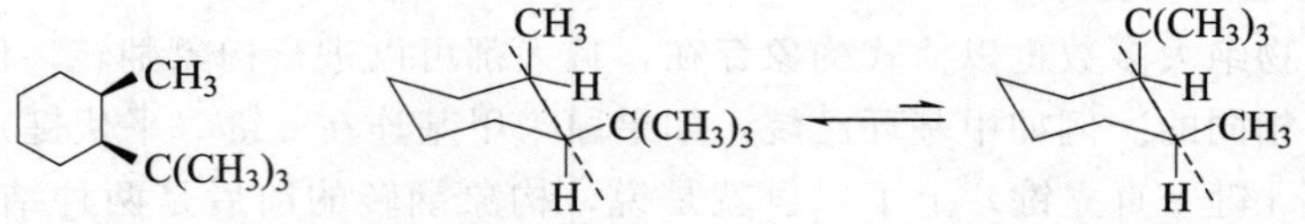

顺式	ea构象(优势构象)	ea构象

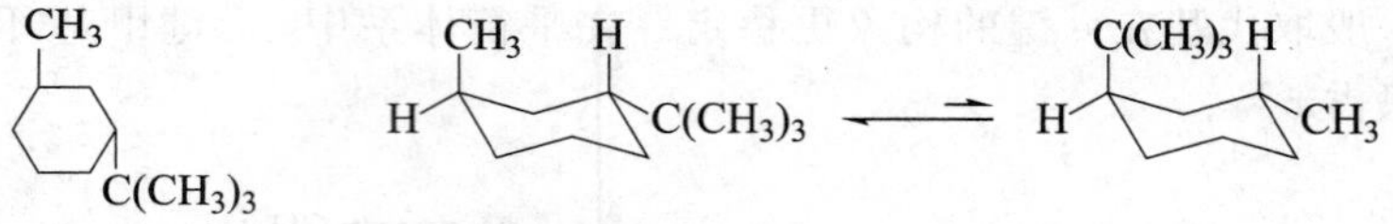

反式	ea构象(优势构象)	ea构象

和开链化合物一样，氢键的形成也能大大降低构象的能量。

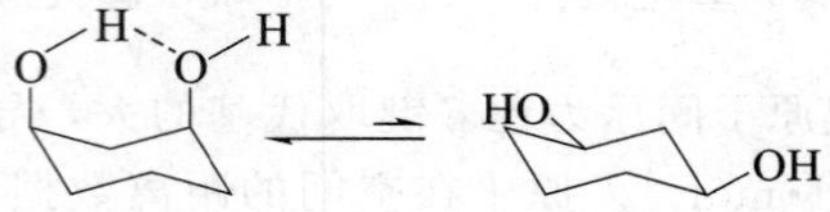

④ 多元取代环己烷的构象

含有相同取代基的多元取代环己烷最稳定的构象是 e 取代基最多的构象（Hassel 规则）。

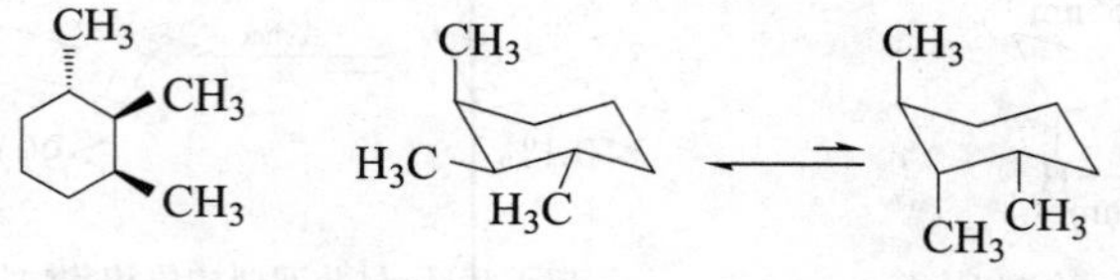

eea构象(优势构象)	eaa构象

⑤ 其他环己烷衍生物的构象

十氢化萘是双环[4.4.0]癸烷的习惯名称，它有顺式和反式两种构型。

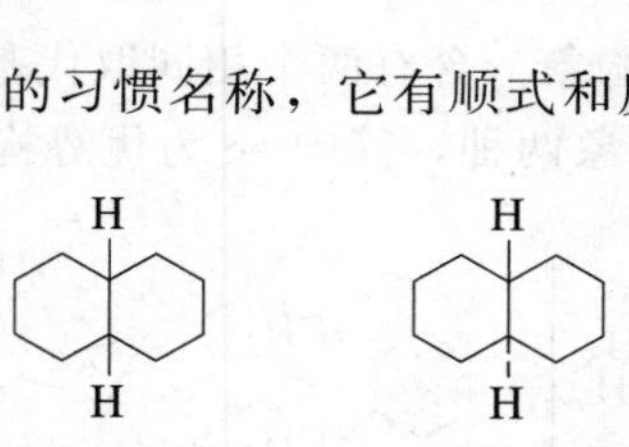

顺十氢化萘	反十氢化萘

　　顺式和反式的十氢化萘都不是平面结构，它们各自的两个六碳环都是椅式的。顺式和反式十氢化萘的稳定性不同，后者比前者稳定。因为在顺式异构体分子中，环下方几个 a 键上的氢原子相对位置较近，而反式的氢原子相对位置较远，故顺式有较大的非键张力。

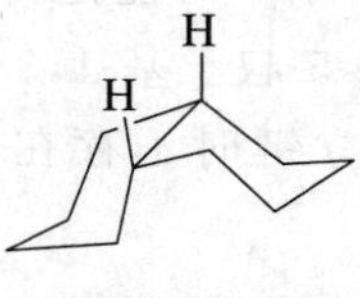

顺十氢化萘

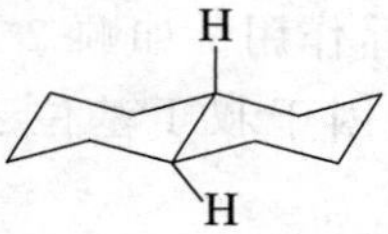

反十氢化萘

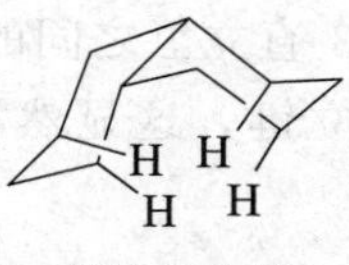

顺十氢化萘

顺式和反式的十氢化萘之间有很大差异，反式十氢化萘由于环稠合的特性而不能发生环翻转作用，顺式十氢化萘的构象是可以翻转交换的，其交换速度比环己烷稍慢。

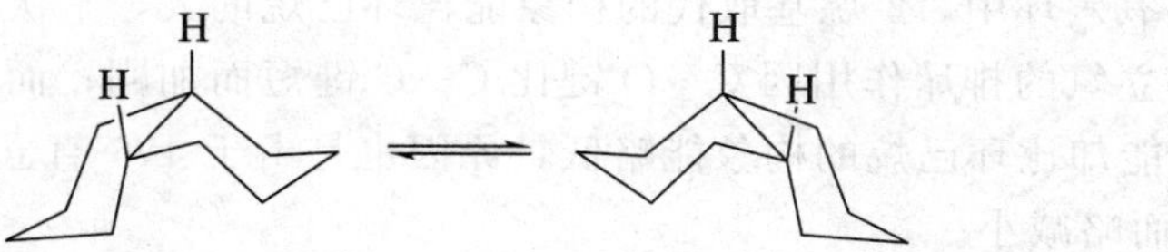

【例 3-2】　写出下列化合物椅式构象的一对构象转换体。

（ⅰ）乙基环己烷　　（ⅱ）溴代环己烷　　（ⅲ）环己醇

解

乙基环己烷 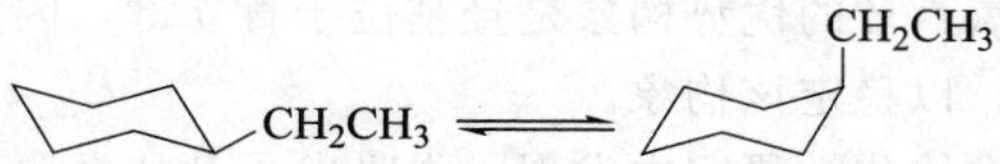

溴代环己烷 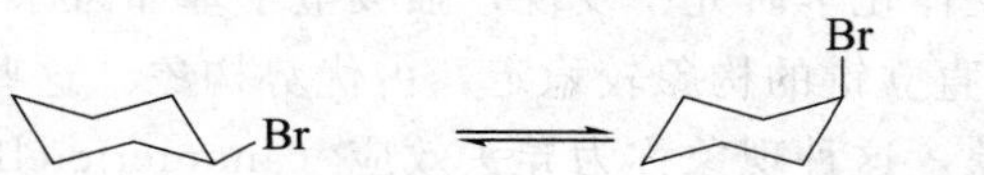

环己醇 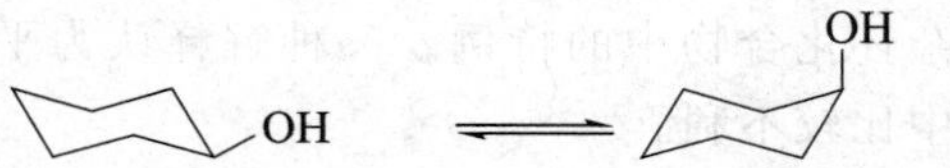

【例 3-3】　写出下列化合物的优势构象。

（ⅰ）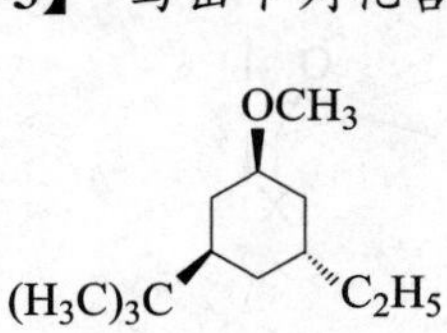

（ⅱ）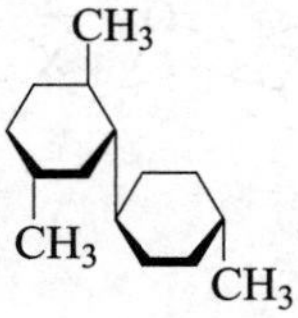

（ⅲ）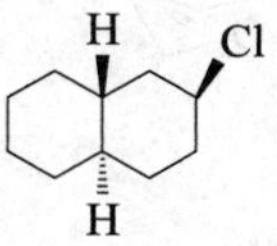

（ⅳ）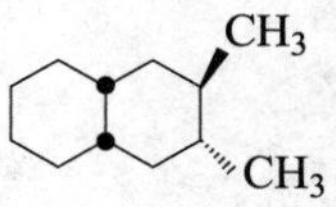

解

（ⅰ）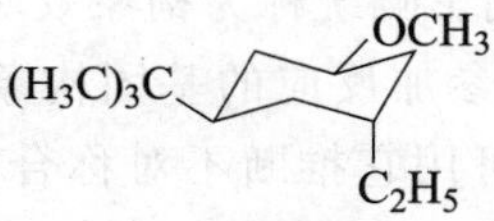

（ⅱ）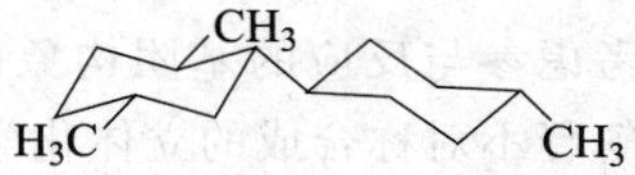

（ⅲ）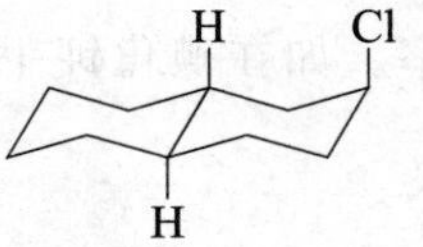

（ⅳ）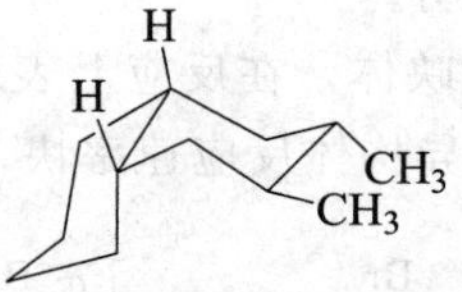

（2）杂环化合物的构象

六元杂环化合物四氢吡喃、二氧六环、哌啶、哌嗪、吗啉和四氢噻喃等的最稳定构象都很像环己烷的椅式构象，只是键长和键角要适应相应的杂原子而略有改变，而且这些六元杂环椅式构象都比环己烷的椅式构象折叠程度大一些。

六元杂环化合物的另一个重要特点就是范德华力减小了。可能是 O、N、S 分别是二、三配位，减少了 1,3-直立氢之间的排斥作用。如顺-2-甲基-5-叔丁基-1,3-二氧六环的优势构象是叔丁基位于直立键，这显然可归因于叔丁基位于直立键时不存在 1,3-直立氢的排斥作用。

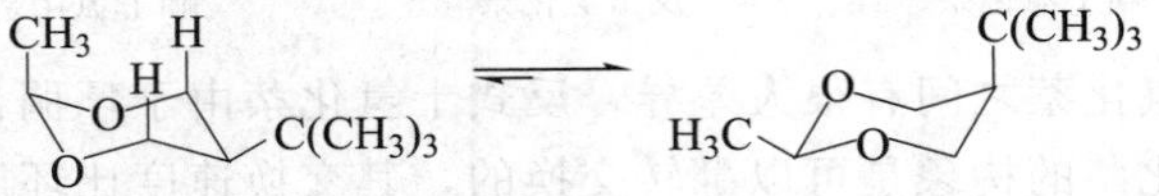

在 1,3-二氧六环中，2-烷基取代的构象能比环己烷的大，平伏键取向的优势更明显，这是由于 4,6-直立氢的排斥作用因 C—O 键比 C—C 键短而加剧；而在 1,3-二硫六环中，2-烷基取代的构象能却比环己烷的构象能略低，原因也是由于 4,6-直立氢的排斥作用因 C—S 键比 C—C 键长而略减小。

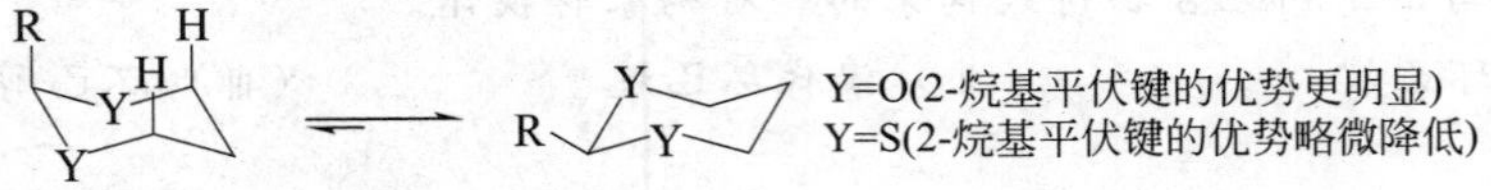

5-羟基-1,3-二氧六环的优势构象是羟基位于直立键，因为只有在羟基直立式构象中才可能形成分子内氢键，以稳定该构象。

在糖衍生物的立体化学研究中发现，强吸电子基如卤原子、羟基、烷氧基、酰氧基取代在 C^1 时，取代基为直立键的构象较稳定，占优势构象。这些强吸电子基的 2-取代四氢吡喃衍生物也有类似构象，这种现象称为异头效应（anomeric effect）。异头效应实际上是前面提到的邻位交叉效应在杂环化合物中的特例。一种解释认为平伏式构象的偶极-偶极相互作用使平伏式构象在平衡中比较不利。

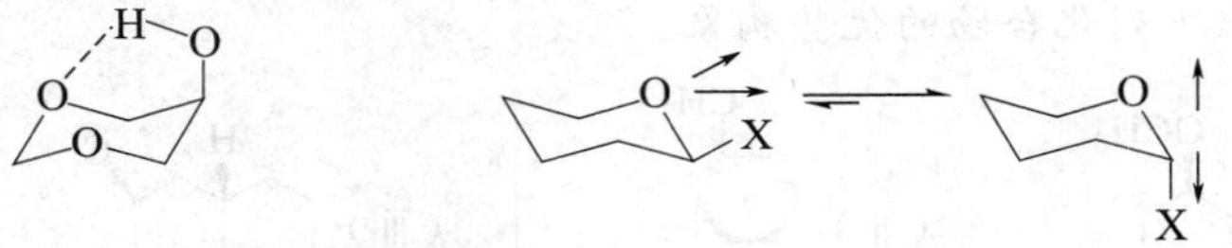

3.1.4　构象效应

分子由于构象不同而对分子的化学反应性质所产生的不同影响统称为构象效应。构象对反应活性的影响要考虑参与反应的基团构象的必要条件和不参加反应的基团构象的必要条件。可用构象效应解释不对称合成的立体化学，更重要的是可用它推断不对称合成的构象。下面举几个例子来加以说明。

① 2,3-二溴丁烷非对映体，在反应上表现出不同的反应速率。如在碘化钾-丙酮中的脱溴反应，内消旋体比旋光异构体反应速率快 1.8 倍。

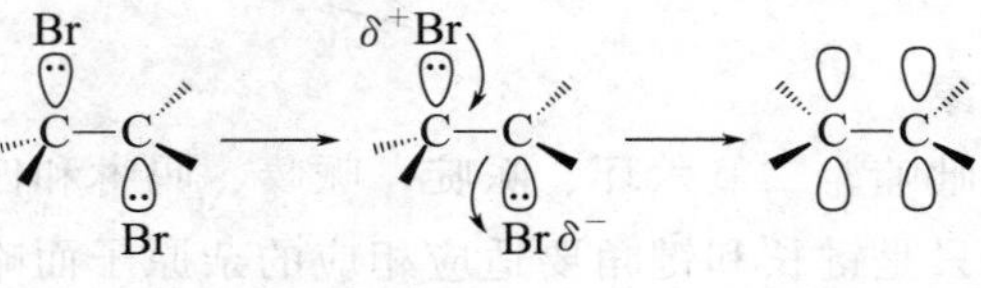

该反应按 E2 历程进行，E2 反应对分子中被消除的两个基团（此处为 Br 和 Br）的立体化学要求是反式共平面。2,3-二溴丁烷内消旋体的优势构象为对位交叉式，恰好符合 E2 反应的立体化学要求，而且两个较大的基团（—CH₃）距离远，过渡态稳定。

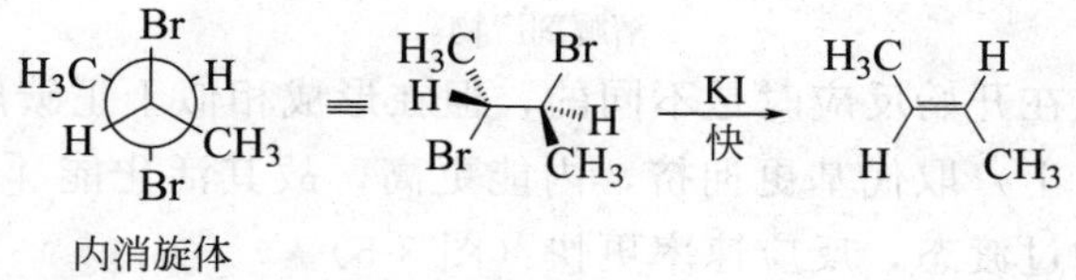

在 2,3-二溴丁烷旋光异构体的构象中，如满足两个离去基团处于反式共平面的位置，则两个较大的基团（—CH₃）是邻位交叉式，距离近，过渡态不稳定，故旋光异构体脱溴反应速率较慢。

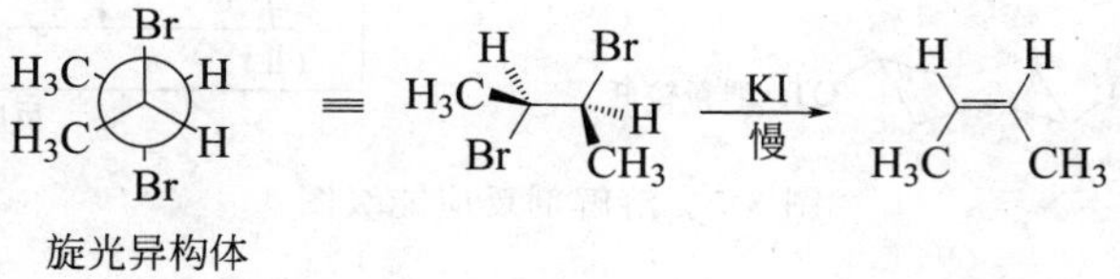

而 CH₃—被 Ph—替代后的脱溴速率，内消旋体比旋光异构体快 100 倍。这是因为 Ph—的体积比 CH₃—大得多，两个大的 Ph—处于同侧时过渡态更不稳定，需要更大的活化能。

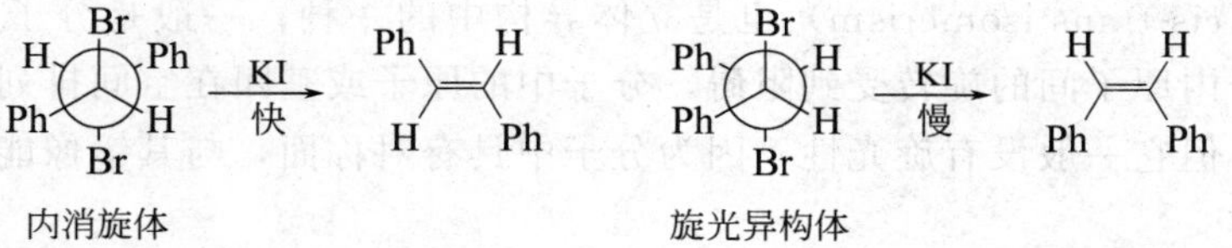

② 利用铬酸酐（CrO₃）氧化 4-叔丁基环己醇的顺反异构体，顺式的反应速率为反式的 3.23 倍。

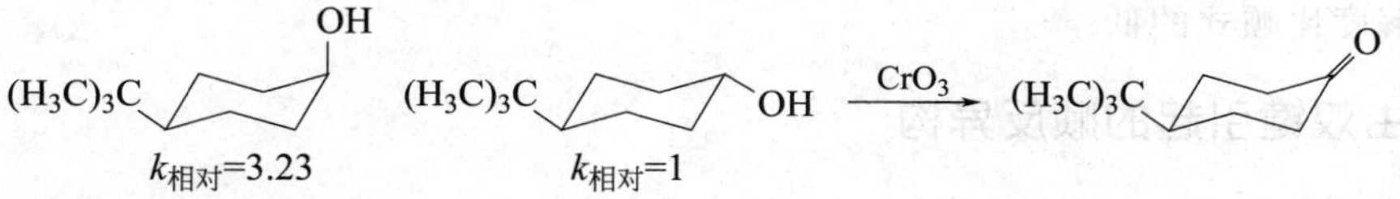

由于顺式的羟基在被氧化前因处于直立键，它与 3,5-位上的氢原子之间存在非键张力，氧化后非键张力解除，故反应速率较反式快。

③ 4-叔丁基环己醇，其反式醇的乙酰化速度是顺式醇的 3.7 倍。

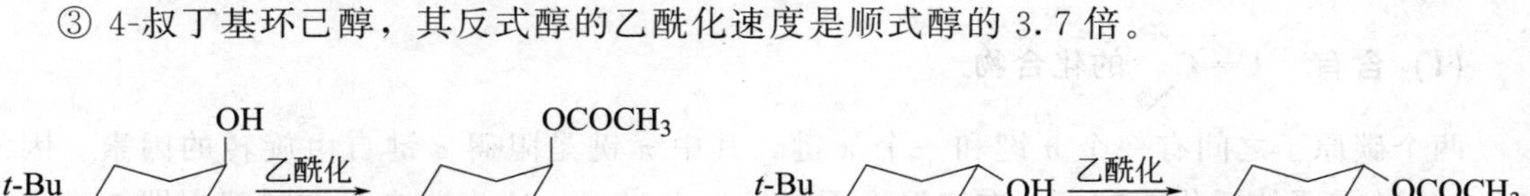

这是因为乙酰化反应速率取决于活化能的大小，活化能小的反应速率快，反式的活化能低，只有 0.17kJ·mol^{-1}。同时，由于反式醇处于平伏键上，它比顺式醇稳定，它的乙酰化中间体过渡态的张力要比直立键的同样中间过渡态小。

④ 4-叔丁基环己基对甲苯磺酸的溶解剂，顺式要比反式快 3～4 倍。

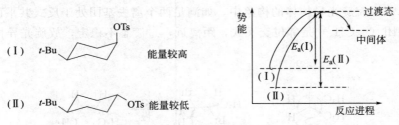

顺式和反式的能级在开始反应时是不同的，但在形成相似于正碳离子的过渡态时，这种差别消失。基态顺式（Ⅰ）取代基更拥挤，内能更高，故其活化能［E_a（Ⅰ）］更低，更易形成类似于碳正离子的过渡态，反应速率更快（图 3-5）。

（Ⅰ） *t*-Bu ⟨环己基-OTs⟩ 能量较高

（Ⅱ） *t*-Bu ⟨环己基-OTs⟩ 能量较低

图 3-5 溶解剂反应能级图

3.2 顺反异构

顺反异构（cis-trans isomerism）也是立体异构中的一种，一般是分子中具有双键或环状结构，使分子内原子间的旋转受到阻碍，分子中的原子或基团在空间排列位置的不同所引起的异构现象。但它一般没有旋光性，因为分子中具有对称面，与其镜像能够重叠，因而属于非对映异构体。

顺式异构体和反式异构体在物理性质上的区别呈现明显的规律性。一般来说，反式异构体所占空间体积较大，与此有关的性质如密度、折射率、沸点都比顺式异构体低；但反式异构体的对称性较好，分子的排列更为紧密有序，故分子的晶格能较高，熔点要比顺式异构体高，而溶解度比顺式的低。

3.2.1 由双键引起的顺反异构

含有双键如 C=C 、C=N 和 N=N 的化合物都有可能产生顺反异构体，现分别讨论如下。

(1) 含有 C=C 的化合物

两个碳原子之间有一个 σ 键和一个 π 键，其中 π 键是阻碍 σ 键自由旋转的因素。因沿 C=C 旋转需要的活化能较大，在室温下不能发生；当 C=C 两端连有不同基团即能产生顺反异构现象。

$$\begin{matrix} a & & c \\ & C=C & \\ b & & d \end{matrix} \qquad \begin{matrix} a & & d \\ & C=C & \\ b & & c \end{matrix}$$

（Ⅰ） （Ⅱ）

顺反异构的标记方法有两种：

① 顺/反标记法 当 C=C 的两个碳原子上所连的相同的原子或基团彼此在双键同侧，称为顺式；在双键异侧，称为反式。当 a=c 时，Ⅰ 化合物是顺式异构体，Ⅱ 是反式异构体。

② Z/E 标记法 当 C=C 的两个碳原子上所连的四个原子或基团各不相同时，则按照次序规则进行排列。在 C=C 一侧的两个基团或原子的位次都高于相应的另外两个基团或原子时，即 a>b、c>d，则化合物 Ⅰ 中 a 和 c 在 C=C 同侧，称该化合物为 Z 型；而在化合物化合物Ⅱ中 a 和 c 在 C=C 异侧，称该化合物为 E 型。

（2）含有 C=N、N=N 双键的化合物

在这些化合物分子中，同样由于 π 键阻碍了双键上两个原子或基团的自由旋转，而产生了顺反异构现象。氮原子的三键有两个用于形成双键，另外一个价键所连接的基团与 C=N 或 N=N 不在同一直线上。

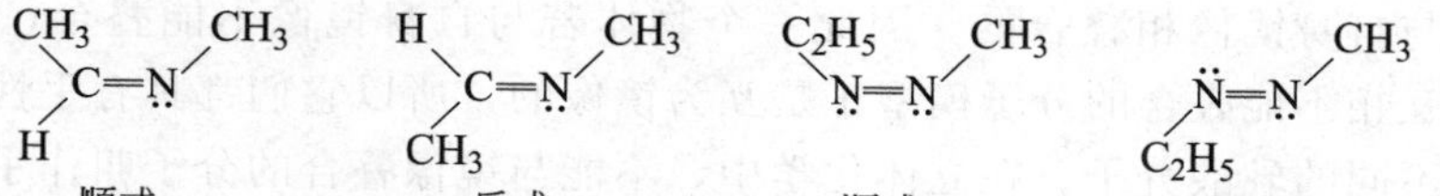

$$\underset{\text{顺式}}{\overset{CH_3}{\underset{H}{C}}=N-CH_3} \qquad \underset{\text{反式}}{\overset{H}{\underset{CH_3}{C}}=N-CH_3} \qquad \underset{\text{顺式}}{\overset{C_2H_5}{\ddot{N}}=\ddot{N}-CH_3} \qquad \underset{\text{反式}}{\overset{\ddot{N}}{=}\ddot{N}-CH_3}$$

3.2.2 环状化合物的顺反异构

立体化学的原理对于环状化合物也是适用的。由于碳原子连成环，环上 C—C 单键不能自由旋转。因此，在环烷烃的分子中，只要环上有两个碳原子各连有不同的原子或基团，就构成不同的顺反异构体存在。例如，1,4-二甲基环己烷就有顺反异构体。两个甲基在环平面同一边的是顺式异构体，两个甲基在环平面两边的是反式异构体。

$$\underset{H\quad H}{\overset{CH_3\quad CH_3}{\bigcirc}} \qquad \underset{H\quad CH_3}{\overset{CH_3\quad H}{\bigcirc}}$$

3.3 对映异构

3.3.1 手性和对称因素

饱和碳原子具有四面体结构。用模型可以清楚地把饱和碳原子的立体结构表达出来。例如乳酸（2-羟基丙酸）的立体结构可用下面的模型来表示：

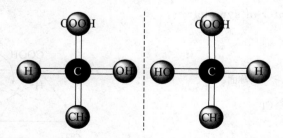

这两个模型都是四面体中心的碳原子连着 H、CH_3、OH 和 COOH。它们都代表

CH_3—CHOH—COOH，那么它们代表的是否是同一化合物呢？初看时，它们像是相同的。但是把这两个模型叠在一起仔细观察，就会发现，无论把它们怎样放置，都不能使它们完全叠合。这两个模型的关系正像左手和右手的关系一样：它们不能相互叠合，但却互为镜像。

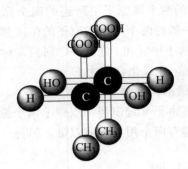

手是不能与自身镜像相叠合的。因此一个物体若与自身镜像不能叠合，就叫作具有手性。上述两个互相不能叠合的分子模型正是互为镜像的，所以它们都具有手性，它们代表着两种立体结构不同的乳酸分子。在立体化学中，不能与镜像叠合的分子叫作手性分子，而能叠合的叫作非手性分子。乳酸分子就是手性分子。

不能与镜像叠合是手性分子的特征。但是要判断一个化合物是否具有手性，并非一定要用模型来考查它与镜像能否叠合得起来。一个分子是否能与其镜像叠合，与分子的对称性有关。只要考查分子的对称性就能判断它是否具有手性。考查分子的对称性，需要考虑的对称因素主要有下列四种。

① 对称轴（axis of symmetry） 设想分子中有一条直线，当分子以此直线为轴旋转$360°/n$后（n＝正整数），得到的分子与原来的相同。这条直线就是 n 重对称轴。例如：水分子有一个二重轴，氨分子有一个三重轴，2-丁烯有一个二重轴等。

二重对称轴   三重对称轴   二重对称轴

② 对称面（镜面） 设想分子中有一平面，它可以把分子分成互为镜像的两半，这个平面就是对称面（plane of symmetry）。例如：1-氯乙烷只有一个对称面，通过 Cl、C、C 三个原子。

③ 对称中心 设想分子中有一个点，从分子中任何一个原子出发，向这个点作一直线，再从这个点将直线延长出去，则在与该点前一线段等距离处，可以遇到一个同样的原子，这个点就是对称中心（center of symmetry）。

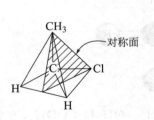

④ 交替对称轴（旋转反映轴）　设想分子中有一条直线，当分子以此直线为轴旋转 $360°/n$ 后，再用一个与此直线垂直的平面进行反映（即以此平面为镜面，做出镜像），如果得到的镜像与原来的分子完全相同，这条直线就是交替对称轴。

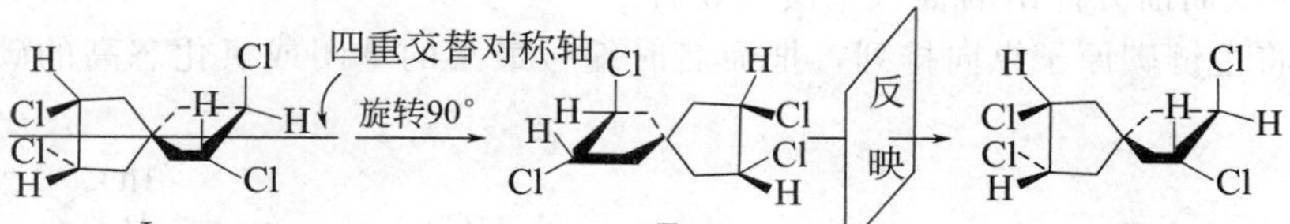

Ⅰ旋转 90°后得Ⅱ，Ⅱ以垂直于旋转轴的平面反映后得Ⅲ，Ⅰ＝Ⅲ。

凡具有对称面、对称中心或交替对称轴的分子，都能与其镜像叠合，都是非手性分子。而既没有对称面，又没有对称中心，也没有交替对称轴的分子，都不能与其镜像结合，都是手性分子。对称轴的有无对分子是否具有手性没有决定作用。

在有机化合物中，绝大多数非手性分子都具有对称面或对称中心，或者同时还具有四重交替对称轴。没有对称面或对称中心，只有四重交替对称轴的非手性分子是很个别的。因此，只要一个分子既没有对称面，又没有对称中心，一般就可以初步判定它是个手性分子。

分子中原子的连接次序和连接方式是分子的构造，而原子的空间排列方式是分子的构型。构造一定的分子，可能有不止一种构型。例如烯烃章顺反异构体，即是构造相同而构型不同的化合物。凡是手性分子，必有互为镜像的构型。互为镜像的两种构型的异构体叫作对映体。分子的手性是存在对映体的必要和充分的条件。

一对对映体的构造相同，只是立体结构不同，因此它们是立体异构体。这种立体异构就叫作对映异构，对映异构和顺反异构一样，都是构型异构。要把一种异构体变成它的构型异构体，必须断裂分子中的两个键，然后对换两个基团的空间位置。而构象异构不同，只要通过键的扭转，一种构象异构体就可以转变成另一种构象异构体。

【例 3-4】　请通过判断分子的对称因素来确定下列化合物是否具有手性。

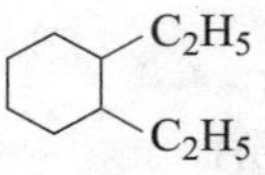

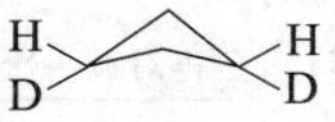

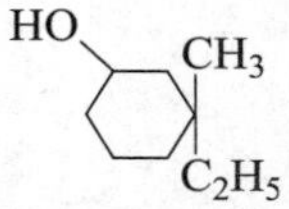

解　（ⅰ）、（ⅱ）均有对称面，分子无手性；（ⅲ）、（ⅳ）既无对称面，也无对称中心，也无交替对称轴，是手性分子。

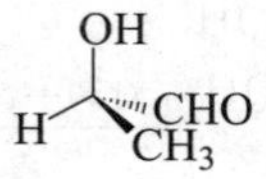

3.3.2　构型的表示方法——费舍尔（Fischer）投影式

对映异构体的构型可用球棍的立体形式、纽曼式、楔形式及透视式等方式表示。虽然这类形式可以清楚地表示出分子中原子的立体关系，但不便于书写，为了方便，一般采用费舍尔投影式（Fischer projection）。以乳酸分子为例，书写球棍模型和菲舍尔投影式：

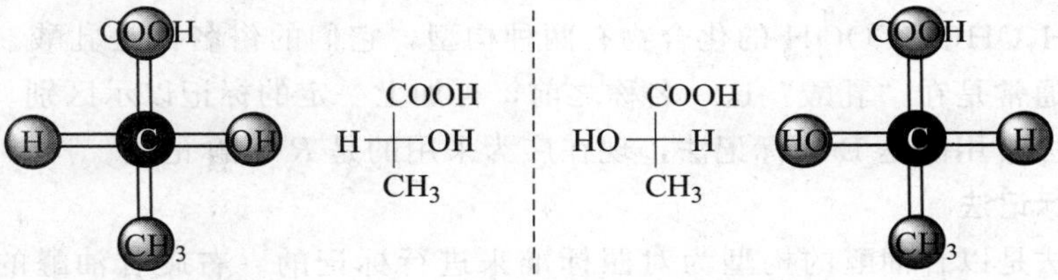

（1）费舍尔投影式的投影原则如下：

① 用"十"字交叉点代表手性碳原子；

② 手性碳原子上两个竖立的键代表模型中向纸面背后伸去的键，两个横在两边的键则表示模型中向纸面前方伸出的键（"横前竖后"）；

③ 一般将主链碳原子纵向排列，把命名时编号最小的基团或氧化态高的碳原子置于碳链顶端。

$$\underset{\text{Fischer投影式}}{\overset{COOH}{H-\!\!\!\!\!\overset{|}{\underset{|}{C}}\!\!\!\!\!-OH}}_{CH_3} \qquad \underset{\text{楔形式}}{H_3C-C\overset{COOH}{\underset{H}{\diagdown OH}}} \qquad \underset{\text{Newman投影式}}{\overset{H}{HO\diagup\!\!\bigcirc\!\!\diagdown COOH}} \qquad \underset{\text{透视式}}{\overset{HO-COOH}{H-\diagdown H}}$$

（2）费舍尔投影式的使用规则

① 对于费舍尔投影式，可以把它在纸面上旋转 180°（即 90°的偶数倍）构型保持不变，但旋转 90°或 270°（即 90°的奇数倍）构型转变。因为旋转 180°后的投影式竖键、横键保持不变；而旋转 90°或 270°后，原来的竖键变成了横键，横键变成了竖键，所以旋转 90°或 270°后的投影式不再代表原来的构型，而是代表原构型的镜像了。

$$\underset{CH_3}{\overset{COOH}{H-\!\!\!-OH}} \neq \underset{OH}{\overset{H}{H_3C-\!\!\!-COOH}} \qquad \underset{CH_3}{\overset{COOH}{H-\!\!\!-OH}} \equiv \underset{COOH}{\overset{CH_3}{HO-\!\!\!-H}}$$

② 不能把它拖离纸面翻转 180°。如果把投影式翻个身，则翻身前后所有的键伸出方向都正好相反，因此翻身前后的两个投影式并不代表同一个构型。

$$\underset{CH_3}{\overset{COOH}{H-\!\!\!-OH}} \neq \underset{CH_3}{\overset{COOH}{HO-\!\!\!-H}}$$

③ 任意基团可两两交换偶数次而构型不变，交换奇数次构型转变。

$$\underset{\text{原化合物}}{\overset{COOH}{H-\!\!\!-OH}}_{CH_3} \xrightarrow{\text{对调一次}} \underset{\text{对映体}}{\overset{COOH}{HO-\!\!\!-H}}_{CH_3} \xrightarrow{\text{再对调一次}} \underset{\text{原化合物}}{\overset{CH_3}{HO-\!\!\!-H}}_{COOH}$$

④ 可以固定某一基团，而依次改变另外三基团的位置，构型不变。

$$\underset{CH_3}{\overset{COOH}{H-\!\!\!-OH}} = \underset{OH}{\overset{COOH}{H_3C-\!\!\!-H}} = \underset{H}{\overset{COOH}{HO-\!\!\!-CH_3}}$$

3.3.3 对映异构体的构型标记

构造相同，构型不同的异构体在命名时，有必要对它们的构型分别给予一定的标记。例如，构造为 $CH_3CHOHCOOH$ 的化合物有两种构型，它们的俗名都是乳酸。对于它们的构型上的不同，通常是在"乳酸"这一名称之前，再加上一定的标记以示区别。构型的标记法有很多种，过去常用的是 D-L 标记法，现在广为采用的是 *R-S* 标记法。

（1）D-L 标记法

D-L 标记法是以甘油醛的构型为对照标准来进行标记的。右旋甘油醛的构型被定为 D

型，左旋甘油醛的构型被定为 L 型。在 Fischer 投影式中，编号最大的手性碳的—OH（或—NH$_2$）在右侧的，其构型为 D 型，命名时标以"D"，若—OH（或—NH$_2$）在左侧的，其构型为 L 型，命名时标以"L"。"D"和"L"只表示构型，不表示旋光方向。

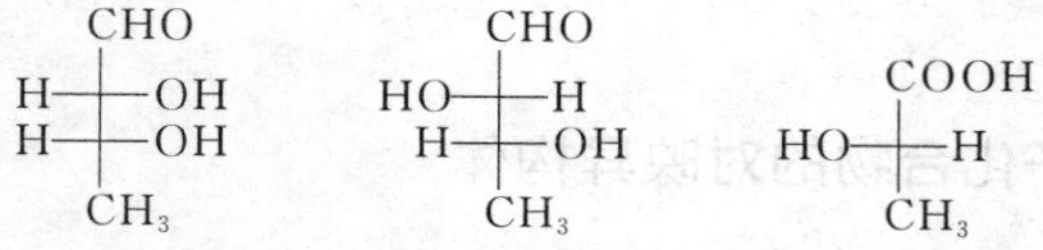

D-赤藓糖　　　　　D-苏阿糖　　　　　　L-乳酸

D-L 标记法应用已久，也较为方便，主要用于糖类、氨基酸等化合物的命名。但是这种标记只表示出分子中一个手性碳原子的构型，对于含有多个手性碳原子的化合物，用这种标记法并不合适，有时甚至会产生名称上的混乱。

（2）R-S 标记法

R-S 标记法是根据手性碳原子所连四个基团在空间的排列来标记的。其方法是，先把手性碳原子所连的四个基团设为 a、b、c、d，将它们按次序规则排队。若 a、b、c、d 四个基团的顺序是 a 最先，b 其次，c 再次，d 最后。将该手性碳原子在空间做如下安排：把排在最后的基团 d 置于离观察者最远的位置，然后按先后次序观察其他三个基团。即从排在最先的 a 开始，经过 b，再到 c 轮着看。如果轮转的方向是顺时针的，则将该手性碳原子的构型标记为"R"（拉丁文 Rectus 的缩写，"右"的意思）；如果是反时针的，则标记为"S"（拉丁文 Sinister 的缩写，"左"的意思）。

R-S 标记法也可直接应用于费舍尔投影式。先将次序排在最后的基团 d 放在一个竖立的（即指向后方的）键上，然后依次轮看 a、b、c。如果是顺时针方向轮转的，该投影式所代表的构型即为 *R* 型，如果是反时针方向轮转的，则为 *S* 型。

基团次序为：a>b>c>d

R 和 *S* 是手性碳原子的构型根据其所连基团的排列顺序所做的标记。在一个化学反应中，如果手性碳原子构型保持不变，产物的构型与反应物的相同，但它的 *R* 或 *S* 标记却不一定与反应物的相同。反之，如果反应后手性碳原子的构型转化了，产物构型的 *R* 或 *S* 标记也不一定与反应物的不同。因为经过化学反应，产物的手性碳原子所连基团与反应物的不一样了，产物和反应物的相应基团的排列顺序却可能相同也可能不同。产物构型的 *R* 或 *S* 标记，决定于它本身四个基团的排列顺序，与反应时构型是否保持不变无关。

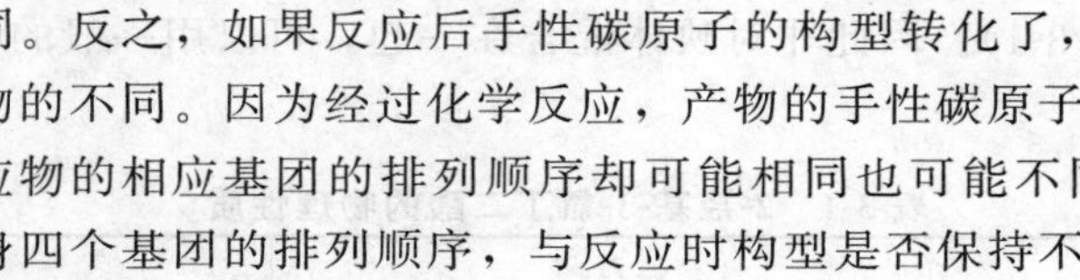

OH>CH$_2$Br>CH$_2$CH$_3$>H　　　　　OH>CH$_2$CH$_3$>CH$_3$>H

在发生还原反应时，手性碳原子的键未发生断裂，故反应后构型保持不变，但是还原后 CH_2Br 变成了 CH_3，在反应物分子中，CH_2Br 排在 CH_2CH_3 之前，而在产物分子中，与 CH_2Br 相应的 CH_3 却排在了 CH_2CH_3 之后。所以反应物构型的标记是 R，产物构型的标记却是 S。

3.3.4 含有手性原子化合物的对映异构体

（1）含有一个手性碳原子化合物的对映体

含有一个手性碳原子的化合物一定是手性的，具有旋光性和对映异构现象。乳酸、2-丁醇等都是常见的含有一个手性碳原子的例子。

含有一个手性碳原子的化合物具有两个（2^n）立体异构体：一对对映异构体，其中一个是左旋（－），一个是右旋（＋）。

将对映体等量混合，由于旋光度大小相等，旋光方向相反，相互抵消，旋光性消失，这种等量对映体的混合物称为外消旋体。外消旋体用（±）、（RS）、（dl）或（DL）表示。外消旋体无旋光性，可分离成左旋体和右旋体。

（2）含有多个手性碳原子化合物的对映体

① 含有两个不相同手性碳原子化合物的对映异构　分子中如果含有多个手性碳原子，立体异构体的数目就要多些。因为每个手性碳原子可以有两种构型，所以，含有两个手性碳原子的化合物就有四种构型。例如 2-羟基-3-氯丁二酸 $HOOC\overset{*}{C}H\overset{*}{C}H—COOH$，有下列四种立体异构体：

   （Ⅰ）   （Ⅱ）   （Ⅲ）   （Ⅳ）

   $(2R,3R)$ $(2S,3S)$ $(2R,3S)$ $(2S,3R)$

四种立体异构体中，（Ⅰ）与（Ⅱ）是对映体，（Ⅲ）与（Ⅳ）是对映体，（Ⅰ）和（Ⅱ）的等量混合物是外消旋体，（Ⅲ）和（Ⅳ）的等量混合物也是外消旋体。即两对对映体可以组成两种外消旋体。

（Ⅰ）与（Ⅲ）或（Ⅳ），以及（Ⅱ）与（Ⅲ）或（Ⅳ）也是立体异构体。但它们不是互为镜像，不是对映体。这种不对映的立体异构体叫作非对映体。对映体除旋光方向相反外，其他物理性质都相同。非对映体旋光度不相同，而旋光方向则可能相同，也可能不同，其他物理性质都不相同（表 3-1）。因此非对映体混合在一起，可以用一般的物理方法将它们分离开来。

表 3-1　2-羟基-3-氯丁二酸的物理性质

构型	熔点/℃	[α]
（Ⅰ）$(2R,3R)$-（－）	173 ⎫	－31.3°（乙酸乙酯）
（Ⅱ）$(2S,3S)$-（＋）	173 ⎭外消旋体 146	＋31.3°（乙酸乙酯）
（Ⅲ）$(2R,3S)$-（－）	167 ⎫	－9.4°（水）
（Ⅳ）$(2S,3R)$-（＋）	167 ⎭外消旋体 153	＋9.4°（水）

含有两个不相同手性碳原子的化合物，通常可以用苏式和赤式来表示其构型。在使用 Fischer 投影式时，凡两个相同的原子或基团连在碳链同侧的为赤式，在碳链异侧的是苏式。

$$
\begin{array}{c}
COOH \\
HO\!\!-\!\!|\!\!-\!\!H \\
HO\!\!-\!\!|\!\!-\!\!H \\
CH_2OH
\end{array}
\qquad\qquad
\begin{array}{c}
COOH \\
H\!\!-\!\!|\!\!-\!\!OH \\
HO\!\!-\!\!|\!\!-\!\!H \\
CH_2OH
\end{array}
$$

L-（＋）-赤藓糖　　　　　D-（－）-苏阿糖

② 含有两个相同手性碳原子化合物的对映异构　分子中含有的手性碳原子愈多，异构体的数目愈多。含有两个手性碳原子的，有四种异构体；含有三个手性碳原子的，就有八种异构体。一般，含有 n 个手性碳原子的化合物，最多可以有 2^n 种立体异构体。但有些分子异构体的数目小于这个最大可能数。例如酒石酸 $HOOC\!-\!\overset{*}{C}H\!-\!\overset{*}{C}H\!-\!COOH$ 含有两个手性碳

$\overset{}{\underset{OH}{|}}\ \overset{}{\underset{OH}{|}}$

原子。可能有如下四种构型：

$$
\begin{array}{cccc}
COOH & COOH & COOH & COOH \\
HO\!-\!|\!-\!H & H\!-\!|\!-\!OH & HO\!-\!|\!-\!H & H\!-\!|\!-\!OH \\
HO\!-\!|\!-\!H & H\!-\!|\!-\!OH & H\!-\!|\!-\!OH & HO\!-\!|\!-\!H \\
COOH & COOH & COOH & COOH \\
（\text{I}） & （\text{II}） & （\text{III}） & （\text{IV}） \\
(2R,3R) & (2S,3S) & (2R,3S) & (2S,3R)
\end{array}
$$

（Ⅰ）和（Ⅱ）是对映体。（Ⅲ）和（Ⅳ）也好像是对映体，但实际上（Ⅲ）和（Ⅳ）是同一种分子，因为它们可以互相叠合。只要把（Ⅲ）以通过 C^2-C^3 键中点的垂直线为轴旋转 $180°$，就可以看出来它是可以与（Ⅳ）叠合的。也就是说，（Ⅲ）和（Ⅳ）是相同的。

$$
\begin{array}{c}
COOH \\
HO\!-\!\bullet\!-\!H \\
H\!-\!\bullet\!-\!OH \\
COOH \\
（\text{III}）
\end{array}
\xrightarrow{\text{以黑点为中心在纸面上旋转}180°}
\begin{array}{c}
COOH \\
H\!-\!|\!-\!OH \\
HO\!-\!|\!-\!H \\
COOH \\
（\text{IV}）
\end{array}
$$

（Ⅲ）既然能与其镜像相叠合，它就不是手性分子。在它的全重叠式构象中可以找到一个对称面，在它的对位交叉式构象中可以找到一个对称中心。

这种虽然含有手性碳原子，但却不是手性分子，因而也没有旋光性的化合物，叫作内消旋体。酒石酸的立体异构体中有一个内消旋体，因此异构体的数目就比 2^n 少，总共只有三种异构体，而不是四种。

酒石酸之所以有内消旋体，是因为它的两个手性碳原子所连的基团的构造完全相同，当这两个手性碳原子的构型相反时，它们在分子内可以互相对映，因此，整个分子不再具有手性。由此可见，虽然含有一个手性碳原子的分子必有手性，但是含有多个手性碳原子的分子却不一定都有手性。所以，不能说凡是含有手性碳原子的分子都是手性分子。

内消旋酒石酸（Ⅲ）和有旋光性的酒石酸（Ⅰ）或（Ⅱ）是不对映的立体异构体，即非对映体，所以（Ⅲ）不仅没有旋光性，并且物理性质也与（Ⅰ）或（Ⅱ）不相同（表3-2）。

表 3-2　酒石酸的物理性质

构型	熔点/℃	[α]
（Ⅰ）右旋	170 ⎫ 外消旋体 206	+12°
（Ⅱ）左旋	170 ⎭	−12°
（Ⅲ）内消旋	146	0°

内消旋体和外消旋体都没有旋光性，但它们本质不同。前者是一个单纯的非手性分子，而后者是两种互为对映体的手性分子的等量混合物。所以外消旋体可以用特殊方法拆分成两个组分，而内消旋体是不可分的。

③ 含有三个手性碳原子化合物的对映异构　含有三个手性碳原子的化合物最多可能有 $2^3=8$ 种立体异构体。例如戊醛糖（2,3,4,5-四羟基戊醛，$HOCH_2\overset{*}{-}CH\overset{*}{-}CH\overset{*}{-}CH-CHO$）
$$\quad\quad\quad\quad\quad\quad\quad\quad\quad\quad\quad\quad OH\ \ OH\ \ OH$$
就有如下 8 种构型：

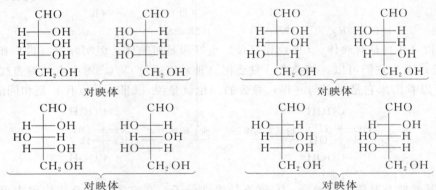

如果把戊醛糖的端碳氧化成羧基，就只有四种立体异构体了。

（Ⅰ）和（Ⅱ）是一对对映体，可以组成外消旋体。（Ⅰ）、（Ⅱ）的 C^2 和 C^4 所连基团构造相同，构型也相同，因此（Ⅰ）和（Ⅱ）的 C^3 不是手性碳原子。（Ⅲ）、（Ⅳ）与（Ⅰ）、（Ⅱ）不同。（Ⅲ）、（Ⅳ）的 C^2 和 C^4 所连基团虽然构造相同，但是构型不同。因此（Ⅲ）和（Ⅳ）的 C^3 是手性碳原子。（Ⅲ）、（Ⅳ）虽然有手性碳原子，却是非手性分子。因为它们都有一个通过 C^3 及其所连的 H 和 OH 的对称面，都是内消旋体。像（Ⅲ）、（Ⅳ）分子中 C^3 这样不能对分子手性起作用的手性碳原子，叫作假手性碳原子。

（3）含有其他手性原子化合物的对映异构

除碳之外，还有一些元素，如 Si、N、S、P、As、Se、Te、Ge、B、Be、Cu、Zn、Pt、Pd 等原子形成的某些化合物，也具有旋光性。当这些元素的原子所连基团互不相同时，该原子也是手性原子。含有这些手性原子的分子也可能是手性分子。例如与四个不相同基团相连的氮、磷、硅原子就是手性原子。

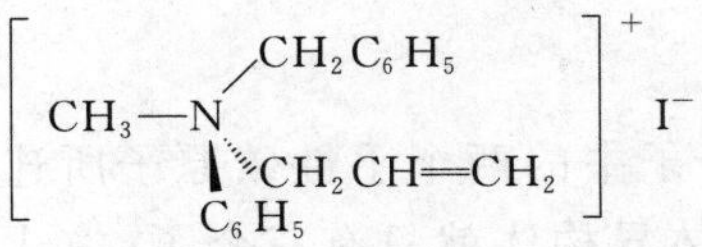

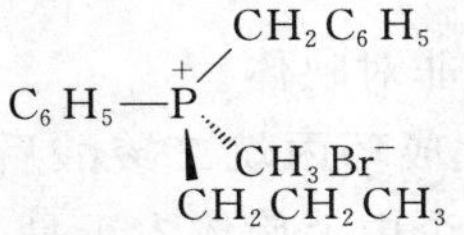

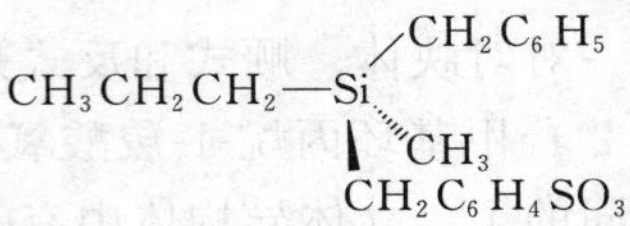

不同取代开链叔胺分子不具有旋光活性，因为角锥体翻转所需要的活化能太小，两种对映体因快速翻转相互转化，导致消旋。

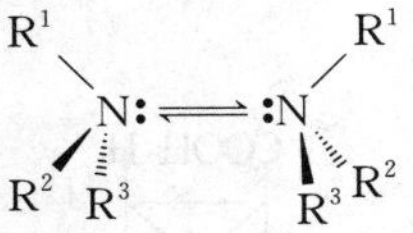

磷的角锥体翻转所需活化能较大，曾得到过许多旋光性的磷。同样硫原子上连有不同取代基的亚砜也是角锥结构，其翻转的能障很大，所以这样的亚砜分子也是手性分子。

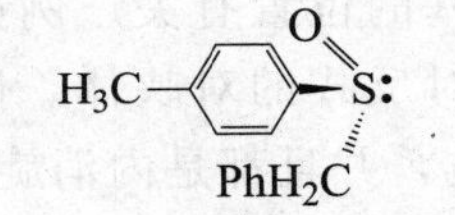

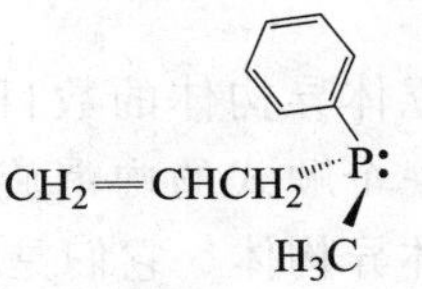

【例 3-5】 请判断下列化合物是否具有光学活性？标明手性碳原子的构型。

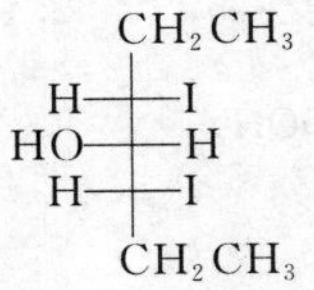

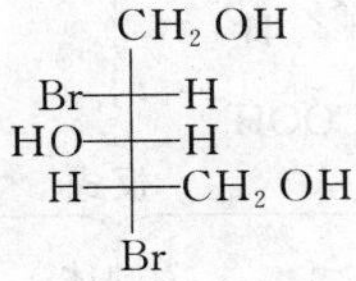

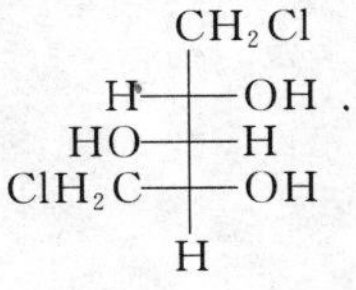

解

（i）有对称面，无光学活性

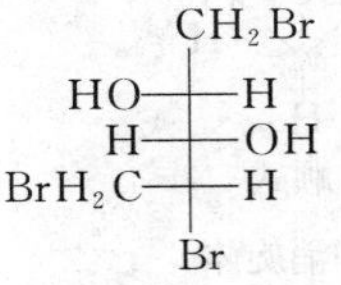

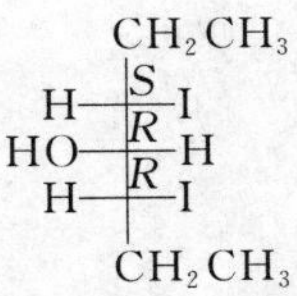

（ii）有对称面，无光学活性

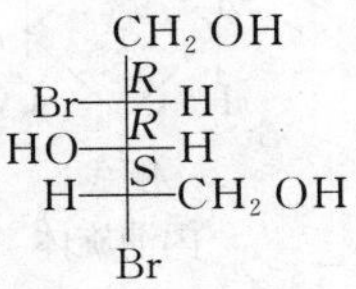

（iii）无对称面，无对称中心，有光学活性

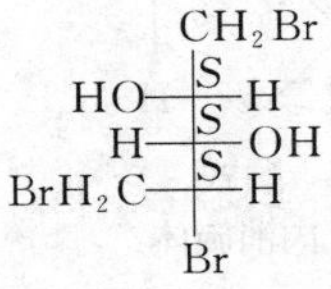

（iv）无对称面，无对称中心，有光学活性

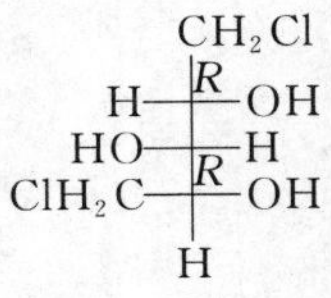

3.3.5 环状化合物的立体异构

环状化合物的立体化学与其相应的开链化合物类似。环烷烃只要在环上有两个碳原子各连有一个取代基，就有顺反异构现象。如环上有手性碳原子，则还有对映异构现象。例如 2-羟甲基环丙烷-1-羧酸有下列四种立体异构体。

（Ⅰ）和（Ⅱ）是顺式异构体，它们是一对对映体。（Ⅲ）和（Ⅳ）是反式异构体，它

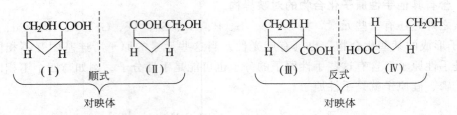

们是又一对对映体。顺式和反式是非对映体。

　　将 2-羟甲基环丙烷-1-羧酸氧化成环丙烷二羧酸后，分子中的两个手性碳原子所连基团都是相同的了。立体异构体中有一个内消旋体。于是，立体异构体就只有三个了。（Ⅰ）是顺式，（Ⅱ）和（Ⅲ）是反式。（Ⅰ）虽然有两个手性碳原子，但分子中有一个对称面，故是非手性分子，它是一个内消旋体。（Ⅱ）和（Ⅲ）是一对对映体。（Ⅰ）和（Ⅱ）或（Ⅲ）是非对映体。

　　二元取代环丁烷的立体异构体的数目与取代基的位置有关。例如环丁烷-1,2-二羧酸像环丙烷二羧酸一样，有一个顺式的内消旋体和一对反式的对映体。但是环丁烷-1,3-二羧酸只有顺式和反式两种立体异构体。它们是非对映体，并且都是内消旋体。

3.3.6　不含手性原子的手性分子

　　前面讨论的各种手性分子都含有手性碳原子。但在有机化合物中，也有一些手性分子并不含有手性碳原子。这些手性分子都有对映体存在。有些也可拆分成旋光体。

　　(1) 丙二烯型化合物（具有手性轴）

　　丙二烯分子中的三个碳原子由两个双键相连，这两个双键互相垂直。因此第一个碳原子和它相连的两个氢原子所在的平面，与第三个碳原子和与它相连的两个氢原子所在的平面，正好互相垂直。

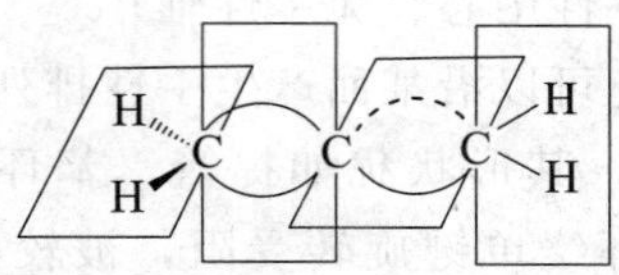

当第一个和第三个碳原子分别连有不同基团时，整个分子就是一个手性分子，因而有对映体存在。

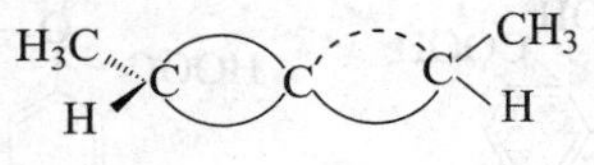

类似的化合物还有：

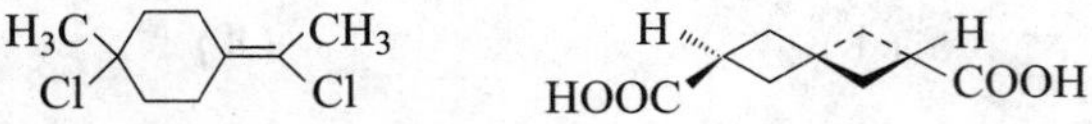

这类分子产生手性必须同时具有下列三个条件：①含有偶数个双键或螺环（限制旋转的因素）；②两端同一个双键（或环）碳上所连的两个基团不相同；③两端四个基团处于相互垂直的两个平面。

（2）单键旋转受阻的联芳基型化合物（具有手性轴）

联苯分子中两个苯环通过一个单键相连，当苯环邻位上连有体积较大的取代基时，两个苯环之间单键的自由旋转受到阻碍，致使两个苯环不能处在同一个平面上。整个分子无对称面、对称中心，分子有手性。

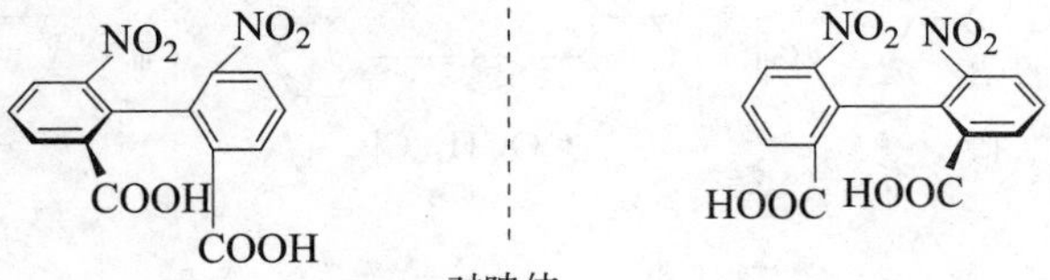

对映体

原子团的阻碍次序是：$I>Br>CH_3>Cl>NO_2>COOH>NH_2>OCH_3>OH>F>H$。

联苯衍生物破坏连续平面对称性的作用也可以由其他位置的取代基来实现。

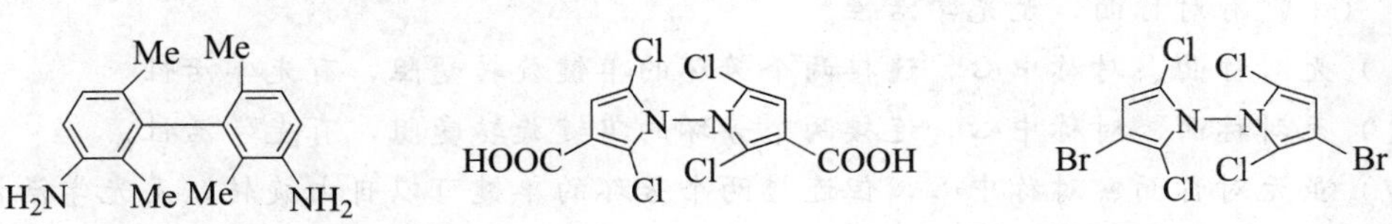

（Ⅰ）　　　　　　　　（Ⅱ）　　　　　　　　（Ⅲ）

在（Ⅰ）、（Ⅱ）、（Ⅲ）中，—NH_2、—Br 和—COOH 都是各自起到了破坏除苯平面外的对称因素的作用，这一作用是无法由其他位置的基团取代产生的。如下列三个化合物均无光学异构体。

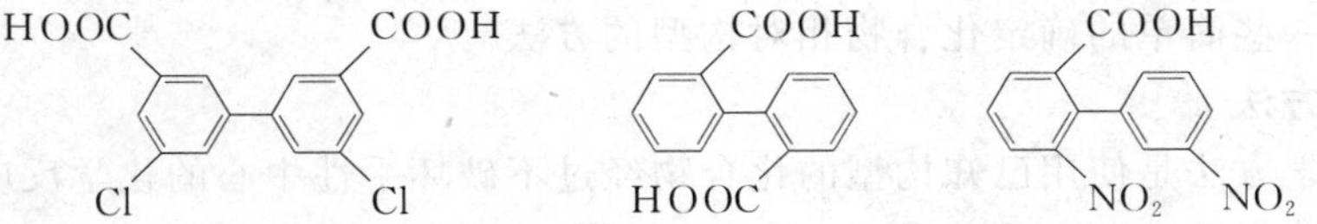

（3）手性面分子（分子中无手性中心、无手性轴）

除手性轴外，分子中的基团还可以沿某面产生手性排列，形成对映体，这叫含手性面化合物。如下面物质（Ⅰ）（$n \leqslant 9$），其形状犹如提篮，苯环为底，有一个手性面。在（Ⅱ）中，当醚环较小（$n \leqslant 8$）时，苯环绕单键旋转受阻，被较小的醚环所挡，无法旋转，此时分子就没有对称面和对称中心，也就产生手性；当 $n = 9$ 时，能够拆分出光学异构体但仍较快发生消旋化；当 $n = 10$ 时，可自由旋转不再出现手性。

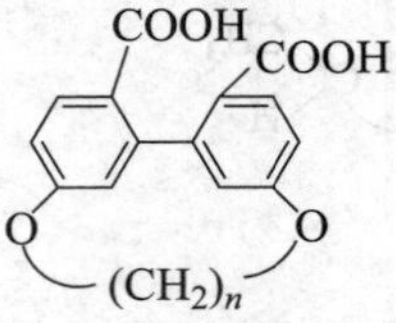

（Ⅰ） 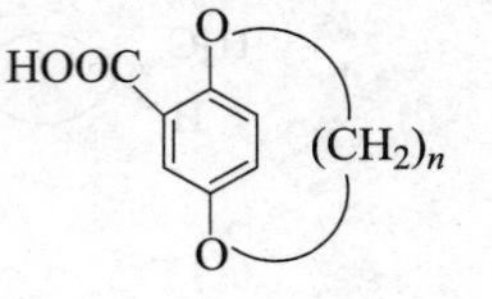　　　　　　　　　　　　（Ⅱ）

如下列环体系，任何一个苯环都不能通过大环翻转，苯环上有适当取代以后也形成手性分子。

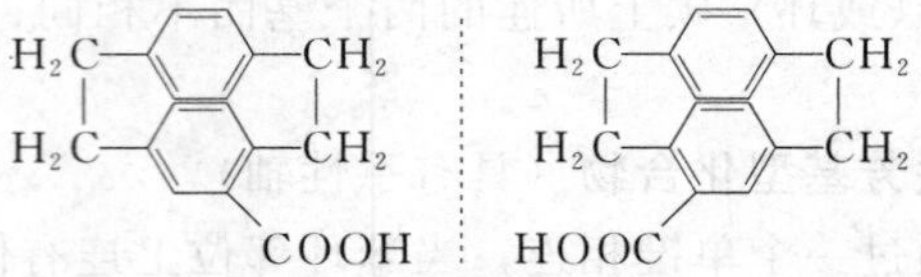

对映体（无对称因素）

【例 3-6】 请判断下列化合物是否具有光学活性？

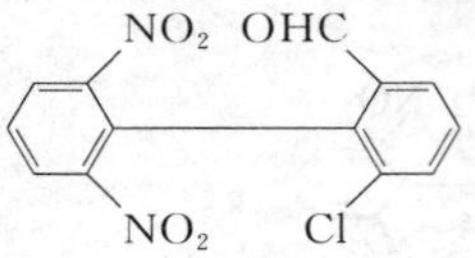

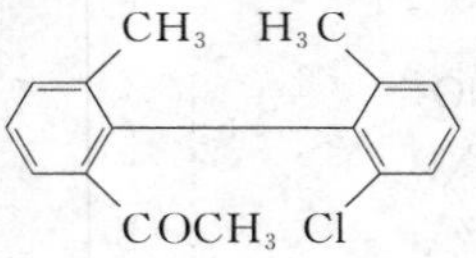

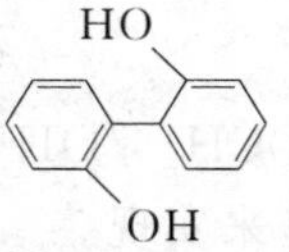

解　（ⅰ）有对称面，无光学活性。

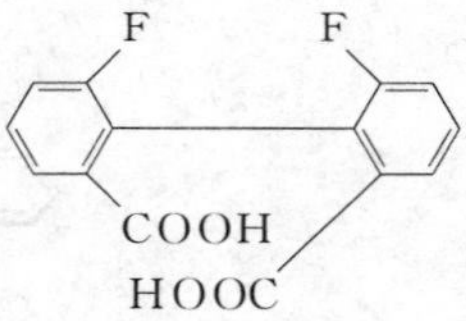

（ⅱ）无对称面、对称中心，连接两个芳环的单键旋转受阻，有光学活性。

（ⅲ）无对称面、对称中心，连接两个芳环的单键旋转受阻，有光学活性。

（ⅳ）虽无对称面、对称中心，但连接两个芳环的单键可以自由旋转，无光学活性。

3.3.7　有机化合物构型的确定

有机化合物绝对构型的确定是复杂的工作。利用常规仪器分析方法如 UV、NMR、IR 及 X 射线衍射只得到相对构型的信息。目前，测定旋光物质的绝对构型主要有三种方法：anomalouds X 射线扫描、旋光谱或圆二色谱、晶体探针技术。

下面介绍一些简单的确定化合物相对构型的方法。

（1）化学方法

常用的化学方法是使用已知构型的化合物经过不破坏手性中心的化学反应去推断未知物的构型。通过苹果酸推断 β-甲氧基己二酸和甾体的构型的过程为：

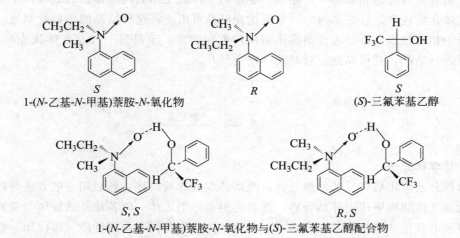

(2) NMR 方法鉴别 *R*、*S* 异构体

将 1-(*N*-乙基-*N*-甲基) 萘胺-*N*-氧化物溶于 (*S*)-三氟苯基乙醇中，生成溶剂化物，三氟苯基乙醇的碳上的氢由于受三氟甲基的影响，具有微酸性，可以和萘环形成氢键，羟基的氢和氮上的氧形成氢键，氮上的乙基分别处于苯基的顺位 (*S*，*S*) 和反位 (*R*，*S*)。利用乙基中亚甲基化学位移的差别 (0.02)，可以断定原物质是 *R* 型还是 *S* 型。

1-(*N*-乙基-*N*-甲基)萘胺-*N*-氧化物　　　　　　(*S*)-三氟苯基乙醇

S, *S*　　　　　　*R*, *S*
1-(*N*-乙基-*N*-甲基)萘胺-*N*-氧化物与(*S*)-三氟苯基乙醇配合物

(3) Cram 规则法

若羰基旁有一个手性碳，欲知其构型，可通过羰基的亲核加成反应，得到较多的一个组分来判断羰基旁手性碳的构型。

3.3.8 外消旋体的拆分

外消旋体是由一对对映体等量混合而组成的。对映体除旋光方向相反外，其他物理性质都相同，因此，虽然外消旋体是由两种化合物组成，但用一般的物理方法（例如分馏、分布结晶等）不能把一对对映体分离开来，必须用特殊的方法才能把它们拆开。将外消旋体分离成旋光体的过程通常叫作拆分。

拆分的方法很多，一般有下列几种：

（1）机械拆分法

利用外消旋体中对映体的结晶形态上的差异，借肉眼直接辨认或通过放大镜辨认，而把两种结晶挑拣分开。此法要求结晶形态有明显的不对称性，且结晶大小适宜。此法比较原始，目前极少应用，只在实验室中少量制备时偶然采用。

（2）微生物拆分法

某些微生物或它们所产生的酶，对于对映体中的一种异构体有选择性的分解作用。利用微生物或酶的这种性质可以从外消旋体中把一种旋光体拆分出来。此法缺点是在分离过程中，外消旋体至少有一半被消耗掉了。

巴士德发现外消旋体酒石酸铵盐通过酵母菌发酵，有选择性地消耗右旋酒石酸铵盐，这样，经过一段时间的发酵后，可从发酵液中分离出纯左旋酒石酸铵盐。这样的不对称破坏，即生物动力学拆分，已普遍应用于氨基酸的制造。

$$(\pm)\text{-}CH_3CHCOOH \xrightarrow{\text{乙酰化}} (\pm)\text{-}CH_3CHCOOH \xrightarrow{\text{乙酰水解酶}}$$
$$\quad\quad | \quad\quad\quad\quad\quad\quad\quad\quad\quad\quad\quad |$$
$$\quad\quad NH_2 \quad\quad\quad\quad\quad\quad\quad\quad\quad NHCOCH_3$$

$$\begin{array}{cc} COOH & COOH \\ H_2N\!-\!\!\!-\!H & H\!-\!\!\!-\!NHCOCH_3 \\ CH_3 & CH_3 \end{array}$$

（3）诱导结晶拆分法

在外消旋体的过饱和溶液中，加入一定量的一种旋光体的纯晶体作为晶种，于是溶液中该种旋光体含量较多，且在晶种的诱导下优先结晶析出。将这种结晶滤出后，则另一种旋光体在滤液中相对较多。再加入外消旋体制成过饱和溶液，于是另一种旋光体优先结晶析出。如此反复进行结晶，就可以把一对对映体完全分开。

$$dl\text{-}氯霉素 + d\text{-}氯霉素 \xrightarrow[\text{冷却}]{\triangle} \begin{cases} 结晶\ d\text{-}氯霉素 \\ 滤液 \xrightarrow{\text{加入}dl\text{-}氯霉素} \xrightarrow[\text{冷却}]{\triangle} \begin{cases} 结晶\ l\text{-}氯霉素 \\ 滤液 \end{cases} \end{cases}$$

（4）化学拆分法

化学拆分法应用最广。其原理是将对映体转变成非对映体，然后用一般方法分离。外消旋体与无旋光性的物质作用并结合后，得到的仍是外消旋体。但若使外消旋体与旋光性物质作用，得到的就是非对映体的混合物了。非对映体具有不同的物理性质，可以用一般的分离方法把它们分开。最后再把分离所得的两种衍生物分别变回原来的旋光化合物，即达到了拆分的目的。用来拆分对映体的旋光性物质，通常称为拆分剂。不少拆分剂是从天然产物中分离提取获得的。化学拆分法最适用于酸或碱的外消旋体的拆分。例如，对于酸，拆分的步骤可用通式表示如下：

$$\begin{array}{c} (+)\text{-}RCOOH \\ (-)\text{-}RCOOH \end{array} + 2(-)\text{-}R'NH_2 \longrightarrow \begin{array}{c} (+)\text{-}RCOOH + (-)\text{-}R'NH_2 \\ (-)\text{-}RCOOH + (-)\text{-}R'NH_2 \end{array}$$

外消旋体   非对映体混合物

$$\xrightarrow{\text{重结晶}} \begin{cases} (+)\text{-}RCOOH + (-)\text{-}R'NH_2 \xrightarrow{HCl} (+)\text{-}RCOOH + (-)\text{-}R'NH_2 \cdot HCl \\ (-)\text{-}RCOOH + (-)\text{-}R'NH_2 \xrightarrow{HCl} (-)\text{-}RCOOH + (-)\text{-}R'NH_2 \cdot HCl \end{cases}$$

拆分酸时，常用的旋光性碱主要是生物碱，如（—）-奎宁、（—）-马钱子碱、（—）-番木鳖碱等。拆分碱时，常用的旋光性酸是酒石酸、樟脑-β-磺酸等。

拆分既非酸又非碱的外消旋体时，可以设法在分子中引入酸性基团，然后按拆分酸的方法拆分。也可选用适当的旋光性物质与外消旋体作用形成非对映体的混合物，然后分离。例如拆分醇时可使醇先与丁二酸酐或邻苯二甲酸酐作用生成酸性酯：

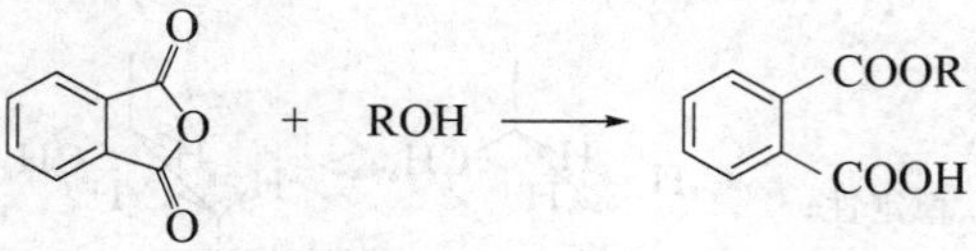

再将这种含有羧基的酯与旋光性碱作用生成非对映体后分离。或者使醇与旋光性酰氯作用，形成非对映的酯的混合物，然后分离。拆分醛、酮时，可使醛、酮与旋光性肼作用，然后分离。

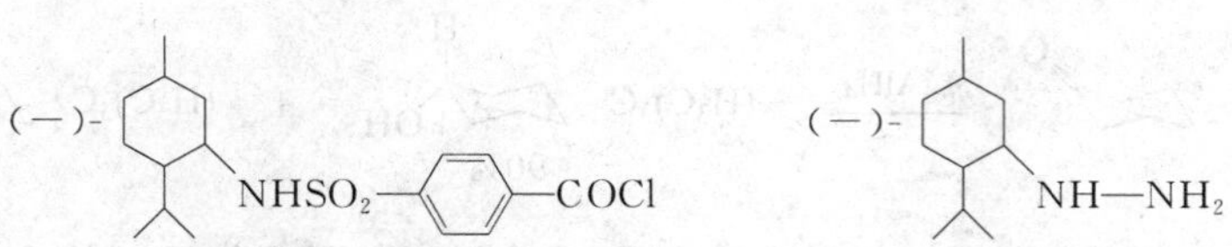

旋光性酰氯　　　　　　　　　　　　　　旋光性肼

（5）色谱分离法

利用光学吸附剂对光学活性物质具有选择性吸附，可用来拆分外消旋体。因为光学活性吸附剂与外消旋体的 D 型和 L 型分别形成的吸附物是非对映体，其稳定性有差别，其中一种比另一种吸附更牢固，吸附比较松弛的构型化合物在洗提过程中较容易通过柱色谱优先被洗脱，从而达到拆分外消旋体的目的。淀粉、蔗糖粉、乳糖粉、羊毛及酪蛋白等都可以作为柱色谱的吸附剂。如 DL-苦杏仁酸用异粉状羊毛或酪蛋白作吸附剂，水作洗提剂，D-（—）-苦杏仁酸先被洗脱。在 DL-丙氨酸的拆分中，用淀粉作吸附剂，水作洗提剂，D-（—）-丙氨酸先被洗脱。用旋光性化合物处理非光学活性的吸附剂，如使（＋）-酒石酸吸附在多孔的氧化铝上，也可用来拆分外消旋体。

3.4　动态立体化学

动态立体化学是指反应过程中的立体化学，它包括反应过程中化学键的断裂和形成、试剂的进攻和离去基团的离去等，还有中间体和过渡态的空间关系、起始态和终止态之间的立体关系。了解这些立体化学问题就能更深刻地认识化学反应的历程、反应活性及其影响因素。

在动态立体化学中，有两种不同类型的反应是经常碰到的，一种是立体选择性反应，另一种是立体专一性反应。在一个可能生成多种立体异构体的反应中，某一种立体异构体产物含量较多的反应是立体选择性反应；而用不同的立体异构体为原料产生不同的立体异构体产物的反应称为立体专一性反应。所以，立体专一性反应必定是立体选择性反应，但立体选择性反应不一定是立体专一性反应。

3.4.1　立体选择性反应

卤代烃的消除反应属于立体选择性反应，例如，2-碘丁烷在碱的作用下发生消除反应时，主要生成反-2-丁烯。这是因为消除反应一般为反式消除。在反应时各基团处于空间的有利地位，Ⅱ中体积较大的两个基团距离近，空间拥挤，故稳定性Ⅰ较大，所以生成反式产物较多。

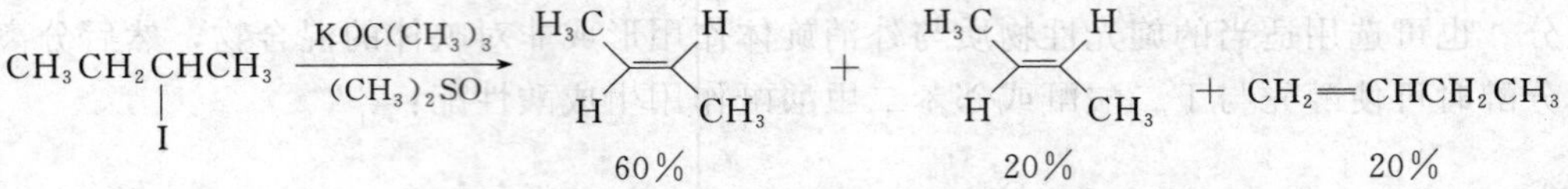

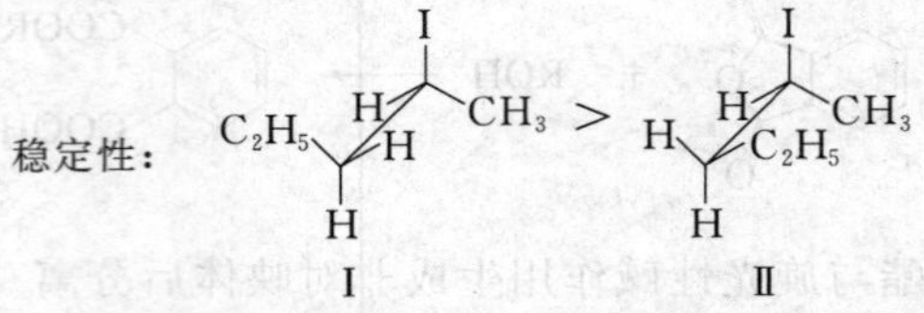

$$CH_3CH_2\underset{\underset{I}{|}}{C}HCH_3 \xrightarrow[\text{(CH}_3\text{)}_2\text{SO}]{\text{KOC(CH}_3\text{)}_3}$$

60% + 20% + $CH_2{=\!\!=}CHCH_2CH_3$ 20%

稳定性：

$$\text{Ⅰ} \quad > \quad \text{Ⅱ}$$

醛酮的亲核加成反应，有时表现出高度的立体选择性。

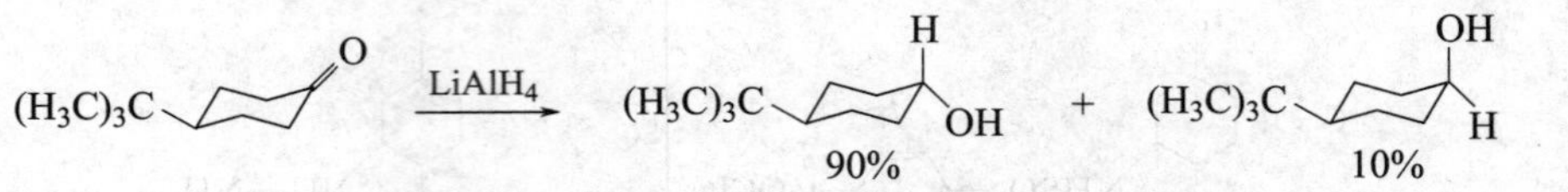

$$(H_3C)_3C\diagdown\!\!\!\diagup\!\!C\!\!=\!\!O \xrightarrow{\text{LiAlH}_4}$$

90% + 10%

因为实际 LiAlH$_4$ 体积小，3，5 位上直立氢对试剂不起阻碍作用，故生成较稳定的产物，选择性高。如用试剂体积较大的 LiAlH[OC(CH$_3$)$_3$]$_3$ 时，3，5 位上直立氢对试剂起空间阻碍作用，试剂从位阻小的 e 键进攻羰基，就主要形成—OH 在 a 键上的醇。

醛酮的亲核加成反应，有时又表现出中等程度的立体选择性。

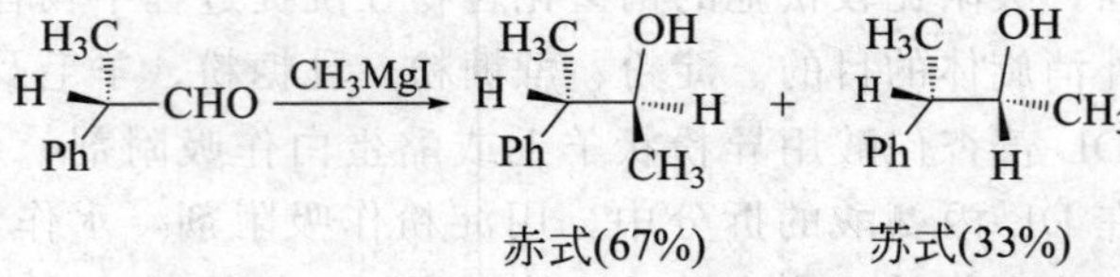

$$\xrightarrow{\text{CH}_3\text{MgI}}$$

赤式(67%) + 苏式(33%)

上述反应是在有一个不对称碳原子的反应物上进行，反应的结果又增加一个不对称碳原子，生成了赤式和苏式产物，形成的 3-苯基-2-丁醇赤式比苏式具有更稳定的构象，所以赤式是主要产物。

对于有空间位阻的环氧反应，也是立体选择性反应。

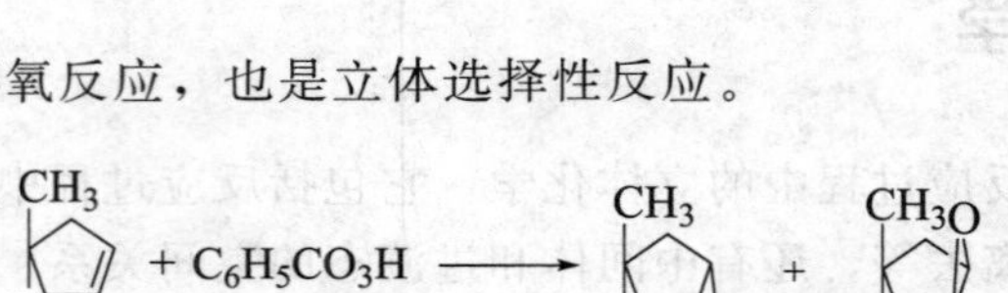

$$+ C_6H_5CO_3H \longrightarrow$$

76% + 24%

3.4.2 立体专一性反应

烯类双键的反应中，立体专一性反应的实例比较多。例如，从（Z）-2-丁烯与溴加成差不多只得到苏式外消旋体；从（E）-2-丁烯与溴加成差不多只生成赤式内消旋体。

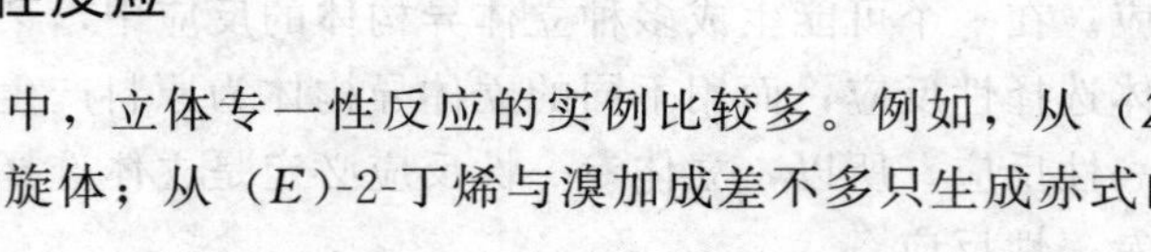

$$\underset{\delta^+ \quad \delta^-}{Br-Br} + \longrightarrow$$

$$\underset{\delta^+\;\;\delta^-}{Br\!-\!Br} + \underset{H}{\overset{H_3C}{\diagdown}}C\!=\!C\underset{CH_3}{\overset{H}{\diagup}} \longrightarrow \begin{array}{c}CH_3\\Br\!\!-\!\!H\\Br\!\!-\!\!H\\CH_3\end{array}$$

单线态二溴卡宾与 2-丁烯的加成，也是立体专一性反应。由顺-2-丁烯与二溴卡宾得到顺式的环丙烷衍生物；而反-2-丁烯与二溴卡宾得到反式的环丙烷衍生物。

$$\underset{H}{\overset{H_3C}{\diagdown}}C\!=\!C\underset{CH_3}{\overset{H}{\diagup}} + CHBr_3 \xrightarrow[t\text{-BuOH}]{t\text{-BuOK}} \underset{\underset{H}{H_3C}\diagdown\!\!\!\diagup\underset{CH_3}{H}}{\overset{Br\diagdown\!\!\!\diagup Br}{\triangle}}$$

在亲核取代反应中，典型的立体专一性反应是发生瓦尔登（Walden）转化的双分子亲核取代反应 S_N2。

$$CH_3(CH_2)_5\underset{CH_3}{\overset{H}{C}}\!-\!OSO_2C_6H_4CH_3\text{-}p \xrightarrow{CH_3COO^-} H_3COO\underset{H_3C}{\overset{H}{C}}(CH_2)_5CH_3$$

3.4.3 有机化学反应中的动态立体化学

（1）烯烃

① 顺式加成反应

a. 催化加氢　烯烃与氢气混合，在常温常压下很难反应，高温时反应也很慢，但在催化剂存在下很容易反应，生成饱和烃。

$$R\!-\!CH\!=\!CH\!-\!R' \xrightarrow[\text{催化剂}]{H_2} R\!-\!CH_2\!-\!CH_2\!-\!R'$$

常用催化剂有 Pt、Pd、Ni、Ru、Rh 等。工业上也常用 Fe、Cr、Co、Cu 等作催化剂。这种催化剂存在下的加氢反应称为催化氢化或催化加氢。

根据催化剂能否溶于有机溶剂，可将催化氢化分为均相和异相催化氢化。常用均相催化剂有氯化铑和氯化钌的三苯基膦的配合物，多用于不对称催化氢化，异相的催化氢化反应是多相的表面催化过程，属于自由基型反应，为顺式加成。

$$\text{图} \xrightarrow[CH_3COOH]{Pt} \text{图}(86\%) + \text{图}(14\%)$$

b. $KMnO_4$、OsO_4 氧化生成顺式邻二醇（邻二羟基化反应）　在温和条件下（低温、碱性、低浓度），高锰酸钾可将烯烃氧化成邻二醇。高锰酸钾氧化烯烃的机理是首先生成环状锰酸酯，后者水解生成顺-1,2-二醇。

$$\text{图} + Mn\text{图} \xrightarrow{\text{顺式加成}} \text{图} \xrightarrow{H_2O} \text{图} \xrightarrow{OH^-} \text{图} + MnO_2$$

应用四氧化锇的氧化反应称为 Criegee 氧化反应，用于烯烃氧化制备顺-1,2-二醇，其选择性高于高锰酸钾氧化法，也用于甾醇结构测定。其氧化机理是四氧化锇与烯键顺式加成生成环状锇酸酯，而后水解成顺-1,2-二醇。

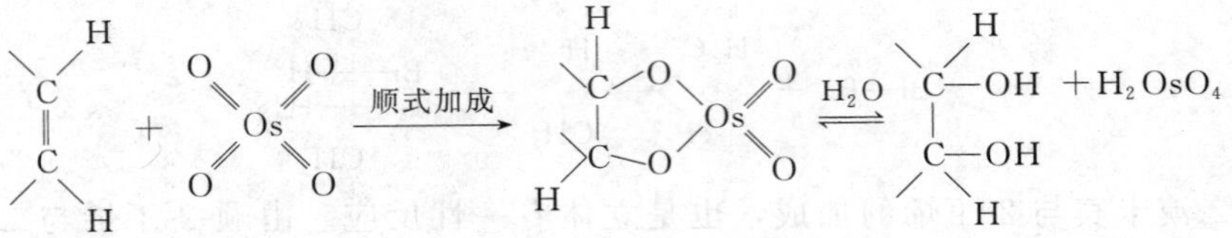

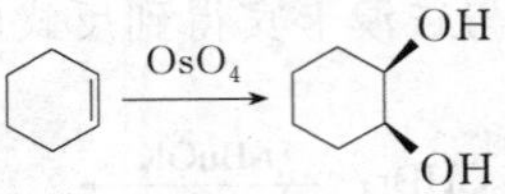

实验室常用催化量的四氧化锇和其他氧化剂（如氯酸盐、碘酸盐、过氧化氢等）共用。反应中四氧化锇首先与烯烃生成锇酸酯，而后水解成锇酸，后者被氧化剂氧化成四氧化锇继续参加反应。

c. 硼氢化-氧化反应　二硼烷与烯烃反应生成有机硼化物，而后用过氧化氢氧化得到醇，称为硼氢化-氧化反应。硼氢化-氧化反应所得到的醇是反马氏规则的，并且是顺式加成。反应中羟基和氢是从双键的同侧加成上去。

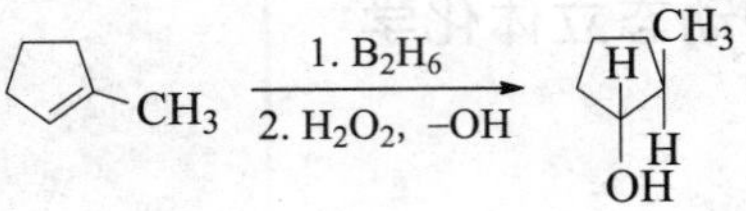

② 反式加成反应

a. 与含卤素化合物的加成　含卤素化合物主要包括 X_2（Cl_2、Br_2、I_2/Na_2CO_3）、HOX、ICl 等，烯烃与这些化合物反应时，首先生成卤鎓离子，而后带负电荷的部分从卤鎓离子的背面进攻双键碳原子，生成反式加成产物。

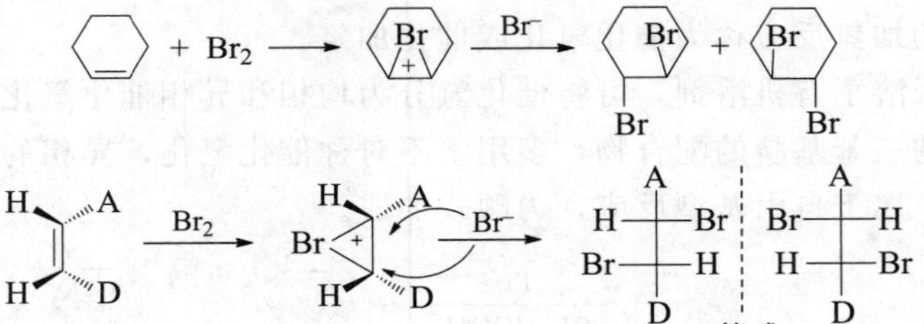

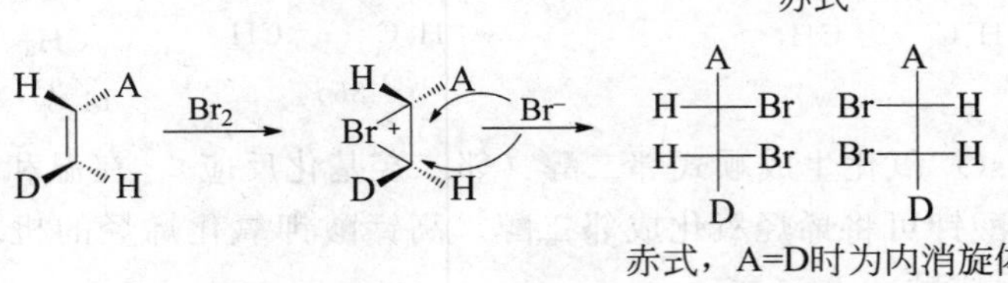

例如下面的反应，就是经过卤鎓离子进行反应的。

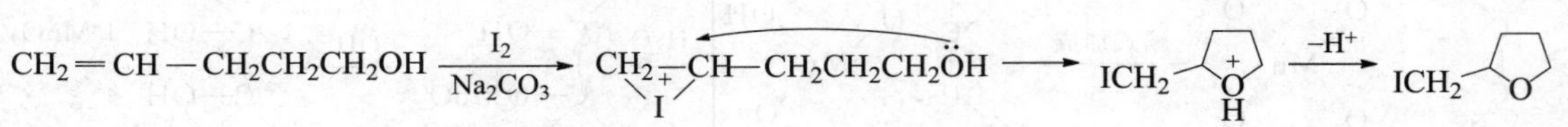

b. 过氧酸氧化-水解（生成反式邻二醇）　有机酸与过氧化氢反应生成有机过氧酸，后者与烯烃的双键反应生成环氧乙烷衍生物。反应中可能两个 C—O 键是同时生成的，故得到的环氧乙烷衍生物保持原来烯烃的构型，即原来烯烃为顺式，生成的环氧乙烷衍生物仍然保持

顺式，反之，亦然。环氧乙烷衍生物水解，生成反式邻二醇。

c.烯烃与溴化氢加成的过氧化物效应 在过氧化物存在下，烯烃与溴化氢反应，得到反马氏规则的加成产物，该反应为自由基型反应，同时也是反式加成反应。

（2）炔烃与二烯烃

① 炔烃还原为顺式烯烃 炔烃催化还原生成顺式烯烃，主要的催化剂为 Lindlar Pd 和 P-2(Ni$_2$B)。炔烃比烯烃更容易还原。

非末端炔烃与乙硼烷顺式加成，生成相应的硼烷，后者用乙酸分解，生成顺式烯烃。而第一步反应生成的硼烷若用过氧化氢氧化，则生成羰基化合物。

② 炔烃还原为反式烯烃 非末端炔烃在液氨中用金属钠还原，生成反式烯烃。

还原剂可以是 Na/液氨、锂/液氨，也可以是 Na/乙胺、锂/乙胺等，还原过程为电子质子的转移过程。

③ 炔烃与卤素、卤化氢反应的亲电加成反应 炔烃与卤素、卤化氢反应，首先生成反式卤代烯烃，继续反应则生成卤代烷烃，反应遵守马氏规则。

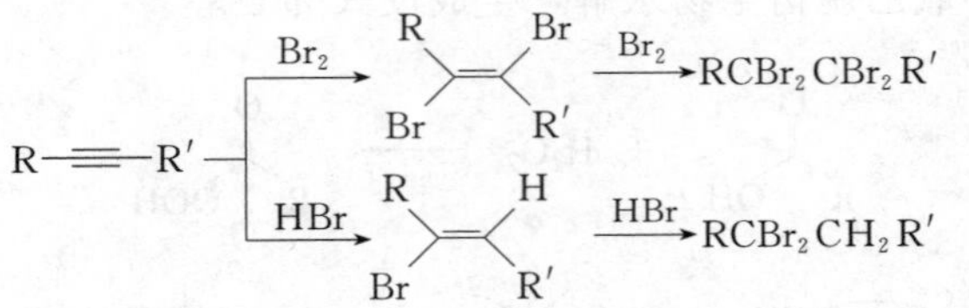

利用上述各种反应，可以由炔到烯，并进而合成各种不同的化合物。

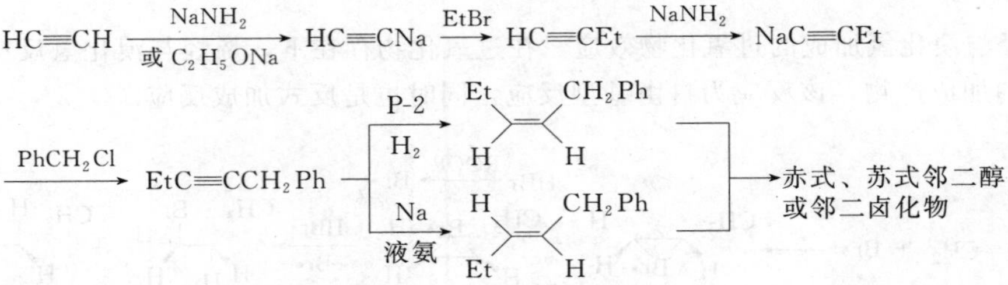

利用上述反应，也可以实现顺、反烯烃之间的相互转变。例如：

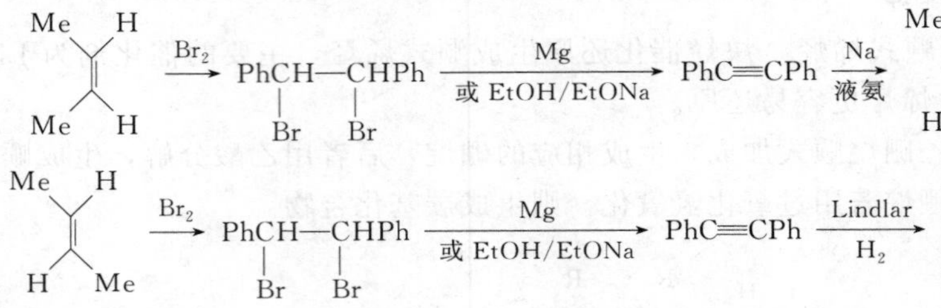

(3) 卤代烃

卤代烃分子中，与卤原子成键的碳原子带部分正电荷，是一个缺电子中心，易受负离子或具有孤对电子的中性分子如 OH^-、RNH_2 的进攻，使 C—X 键发生异裂，卤素以负离子形式离去，称为离去基团（leaving group，简写作 L）。这种类型的反应是由亲核试剂引起的，故又叫亲核取代反应（nucleophilic substitution，简写作 S_N）。亲核取代反应有单分子的亲核取代反应（S_N1）和双分子的亲核取代反应（S_N2）。其反应的立体化学详见 6.3.1。

卤代烃的消除反应和取代反应同样重要，卤代烃和强碱的乙醇溶液在加热条件下反应，会在邻近的碳上消去一分子 HX，并形成双键。这种从分子中失去一个简单分子生成不饱和键的反应称为消除反应（elimination reaction，简写作 E）。消除反应主要以单分子反应（E1）、双分子反应（E2）为主，其中 E2 机理是立体专一性的，大多为反式消除，详见 6.4.2。

(4) 醇

① 与卤化磷的反应　卤化磷主要指五氯化磷、三氯化磷、三溴化磷、三碘化磷。它们和三氯氧磷一样都是常用的卤化试剂。由于红磷和溴或碘能迅速反应生成三溴化磷或三碘化磷，所以实际应用中往往用红磷或溴或碘来代替三溴化磷和三碘化磷。

醇与卤化磷反应生成卤代物，同醇与氢卤酸的反应相比，由于避免了强酸性质子介质，有利于按 S_N2 机理进行反应，重排反应很少。

$$CH_3CH{=}CHCH_2OH \xrightarrow[-15^\circ C,\ Py]{PBr_3} \underset{(94\%)}{CH_3CH{=}CHCH_2Br} + \underset{(6\%)}{CH_3CHBrCH{=}CH_2}$$

醇与三卤化磷的反应机理如下：

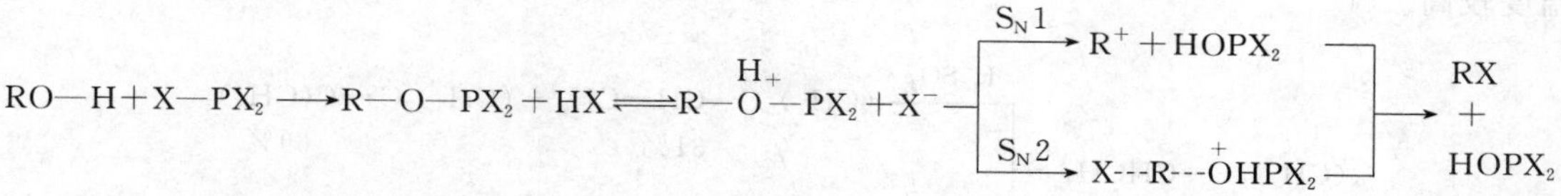

$$RO—H+X—PX_2 \longrightarrow R—O—PX_2+HX \rightleftharpoons R—O—PX_2+X^- \begin{cases} S_N1 \rightarrow R^+ + HOPX_2 \\ S_N2 \rightarrow X\text{---}R\text{---}\overset{+}{O}HPX_2 \end{cases} \rightarrow \begin{matrix} RX \\ + \\ HOPX_2 \end{matrix}$$

不同的醇与 PBr_3 反应生成的立体化学特点为：

叔醇（S_N1）R—Br，Br—R；伯醇（S_N2）Br—R。

② 与氯化亚砜的反应　氯化亚砜与醇反应，醇羟基被氯原子取代生成氯代物。

$$ROH+SOCl_2 \longrightarrow RCl+SO_2+HCl$$

该反应的特点是当醇羟基连在手性碳上时，用乙醚或二氧六环作溶剂得到构型保持的氯化物，而用吡啶作溶剂时得到构型翻转的氯化物。氯化亚砜自身作溶剂时一般按 S_N1 机理进行，生成外消旋体。

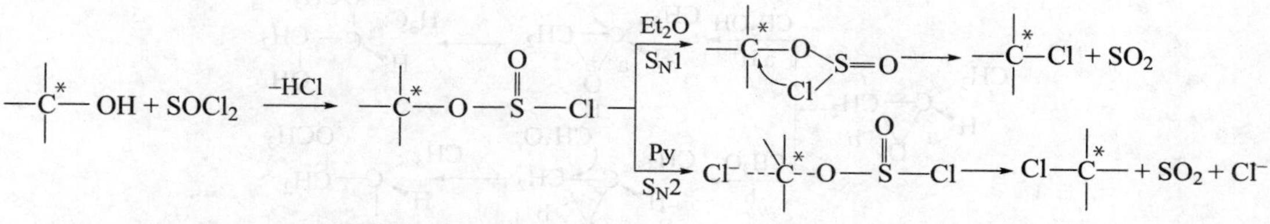

关于用乙醚或二氧六环为溶剂生成构型保持产物的原因，有种解释是它们氧上的未共用电子对与氯化亚硫酸酯的中心碳原子生成弱键而增大空间位阻，从而促使氯进行分子内亲核取代。

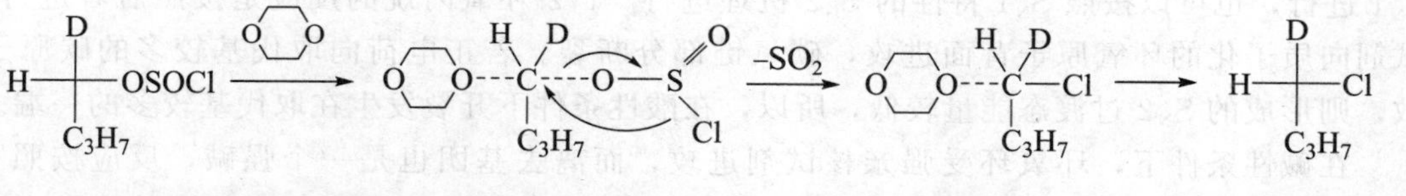

用吡啶作溶剂，吡啶的用量至少是等物质的量的。吡啶在反应中成盐，而后解离出氯负离子，后者从氯化亚硫酸酯基的背面进攻，生成构型翻转的产物。

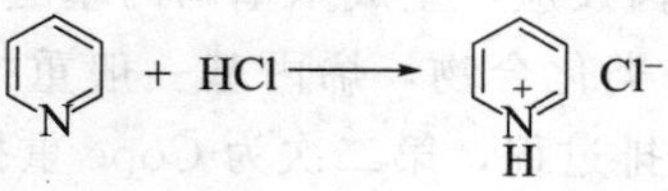

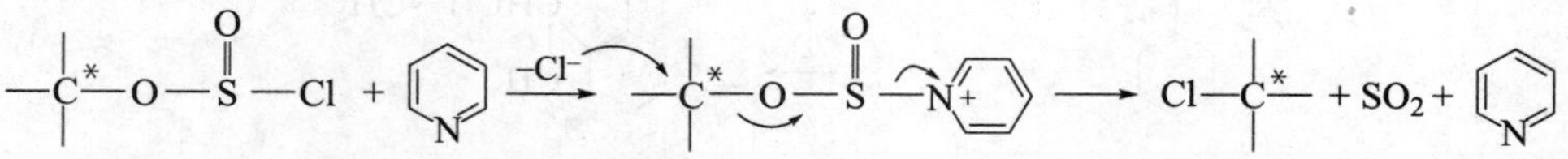

③ 与对甲苯磺酰氯的反应　手性醇在碱性条件下与对甲苯磺酰氯反应生成磺酸酯，此时手性碳构型保持不变。而后在丙酮中与碘化钠反应，生成构型翻转的碘化物。此反应常用碘化钠而不用碘化钾，因为碘化钠在丙酮中的溶解度远远大于碘化钾。

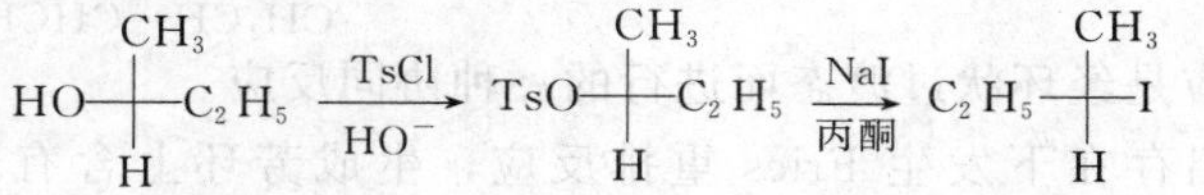

绝对构型不变　　绝对构型改变

④ 醇的脱水　醇类用硫酸脱水，常发生重排反应，而用 Al_2O_3 时，很少有重排，反应温度较高。

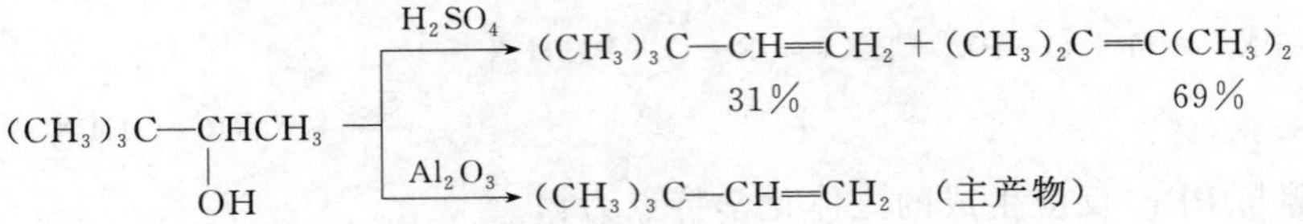

$$(CH_3)_3C-CHCH_3 \begin{cases} \xrightarrow{H_2SO_4} (CH_3)_3C-CH=CH_2 + (CH_3)_2C=C(CH_3)_2 \\ 31\% 69\% \\ \xrightarrow{Al_2O_3} (CH_3)_3C-CH=CH_2 \quad (主产物) \end{cases}$$

（OH 在 CHCH₃ 下方）

⑤ 邻二醇的重排（Pinacol 重排）　详见 7.1.1。

(5) 环氧乙烷衍生物

烯烃用过氧酸氧化可以得到环氧乙烷衍生物。顺式烯烃氧化后生成顺式环氧乙烷衍生物，而反式烯烃氧化后生成反式环氧乙烷衍生物。

不对称环氧乙烷衍生物在酸或碱的存在下可以开环，但开环方式不同。

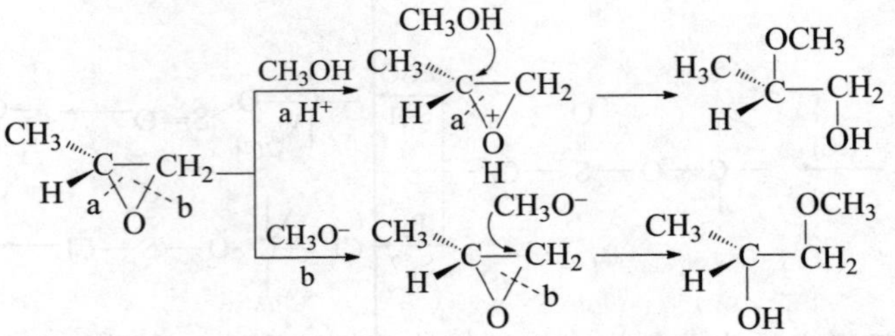

在酸性条件下，环氧化合物首先质子化，对碳氧键的断裂起催化作用，而离去基团变成醇羟基，也有利于碳氧键断裂。但在酸性条件下亲核试剂的亲核性降低。这类反应可以按照 S_N1 进行，也可以按照 S_N1 特性的 S_N2 机理进行。1,2-环氧丙烷的反应是按照后者进行的，试剂向质子化的环氧原子背面进攻，碳氧键部分断裂。若正电荷向取代基较多的碳原子分散，则形成的 S_N2 过渡态能量较低，所以，在酸性条件下开裂发生在取代基较多的一端。

在碱性条件下，环氧环受强亲核试剂进攻，而离去基团也是一个强碱，反应按照 S_N2 机理进行，亲核试剂进攻空间位阻较小的碳原子，所以，环开裂发生在取代基较少的一端。

(6) 酚

苯酚在碱性条件下与烯丙基卤反应，生成苯基烯丙基醚，后者再高温加热，发生 Claisen 重排反应，生成烯丙基取代的酚类化合物，烯丙基一般重排到邻位，若两个邻位已有取代基，则重排到对位（经过两次重排过程，第二次为 Cope 重排）。

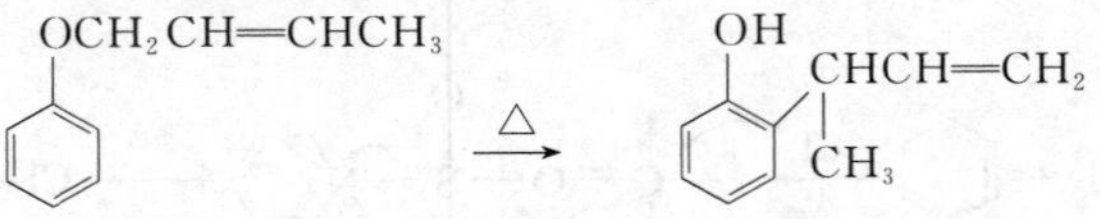

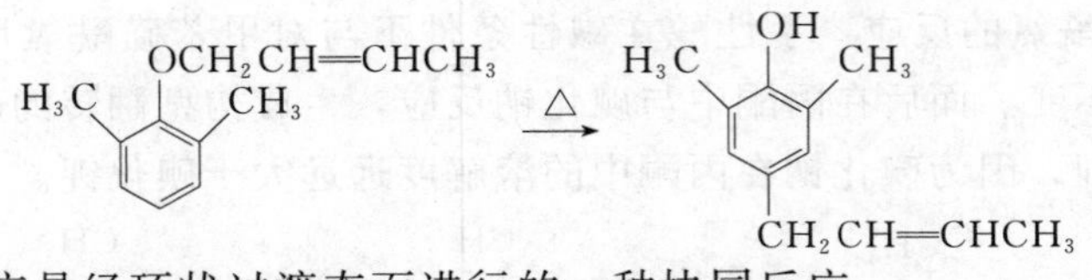

Claisen 重排反应是经环状过渡态而进行的一种协同反应。

酚酯在三氯化铝存在下发生 Fries 重排反应，生成芳环上含有羟基的酮-酚酮（详见 7.4.2）。

(7) 醛酮

① Cram 规则　α-碳原子为手性碳的醛酮，在发生羰基上的亲核加成反应时，试剂从小基团一边进攻羰基碳原子（详见 3.3.7）。

羰基处在 α-碳原子上的小基团和中等基团之间，此时官能团周围空间位阻最小，为稳定构象。进攻试剂从小基团一侧进攻羰基碳原子，空间位阻小，反应容易进行，从而得到相应的主要反应产物。

② Beckmann 重排　详见 7.1.2。

③ 羟醛缩合生成 α,β-不饱和醛酮　具有 α-H 的醛或酮，在碱催化下生成碳负离子，然后碳负离子作为亲核试剂对醛或酮进行亲核加成，生成 β-羟基醛，β-羟基醛受热脱水生成 α,β-不饱和醛或酮。在稀碱或稀酸的作用下，两分子的醛或酮可以互相作用，其中一个醛（或酮）分子中的 α-氢加到另一个醛（或酮）分子的羰基氧原子上，其余部分加到羰基碳原子上，生成一分子 β-羟基醛或一分子 β-羟基酮。这个反应叫作羟醛缩合或醇醛缩合。通过醇醛缩合，可以在分子中形成新的碳碳键，并增长碳链。

$$CH_3-\underset{\underset{CH_3}{|}}{\overset{\overset{OH}{|}}{C}}-CH_2-\overset{\overset{O}{\|}}{C}-CH_3 \xrightarrow{\triangle} CH_3-\underset{CH_3}{\overset{CH_3}{C}}\overset{O}{=}$$

从上述反应可以看出:丙酮分子中的羰基结构使 α-碳原子上的氢原子具有较大的活性,在酸性催化剂作用下,羰基氧原子质子化,增强了羰基的诱导作用,促进 α-氢解离生成烯醇。在碱性催化剂作用下 α-碳原子失去氢原子形成碳负离子共振杂化物,达到平衡后生成烯醇盐。烯醇盐紧接着与另一分子丙酮的羰基进行亲核加成,形成新的碳碳单键,得到 β-羟基酮。由于 α-氢原子比较活泼,含有 α-氢原子的 β-羟基酮容易失去一分子水形成具有更加稳定共轭双键结构的 α,β-不饱和酮。

④ Bayer-Villiger 重排　详见 7.1.3。

(8) 羧酸及其衍生物

Hofmann 重排反应、Curtius 重排反应、Schmidt 重排反应和 Losson 重排反应,详见第 7 章。

(9) 邻基参与

在有些有机反应中,邻近的基团或原子可能参与有关反应,经三元环状中间体生成相应的反应产物,例如:

$$(R)\text{-}CH_3CH_2\text{-}\underset{\underset{H}{|}}{\overset{\overset{Br}{|}\ \ \overset{O}{\|}}{C}}\text{-}C\text{-}OH \xrightarrow[-H_2O]{HO^-} (R)\text{-}CH_3CH_2\text{-}\underset{\underset{H}{|}}{\overset{\overset{Br}{|}\ \ \overset{O}{\|}}{C}}\text{-}C\text{-}O^-$$

$$\xrightarrow{-Br^-} (S)\text{-}CH_3CH_2\text{-}\overset{H}{\underset{}{\overset{\|}{C}}}\overset{O}{=} \xrightarrow{HO^-} (R)\text{-}CH_3CH_2\text{-}\underset{\underset{H}{|}}{\overset{\overset{OH}{|}\ \overset{O}{\|}}{C}}\text{-}C\text{-}O^- \xrightarrow{H^+} (R)\text{-}CH_3CH_2\text{-}\underset{\underset{H}{|}}{\overset{\overset{OH}{|}\ \overset{O}{\|}}{C}}\text{-}C\text{-}OH$$

又如:

$$RS: \to CH_2\text{-}CH_2\text{-}Cl \xrightarrow[-Cl^-]{k_1} H_2C\overset{\overset{+S}{\overset{|}{R}}}{\underset{}{C}}H_2 \xrightarrow[k_2]{H_2O} RSCH_2CH_2OH \ (k_2 \gg k_1)$$

由上述例子可以看出,发生邻基参与反应的原子或基团,应当具有能够额外成键的电子,这些电子可以是硫、氮、氧、溴等原子的孤电子对,也可以是双键或芳环的 π 电子,甚至是 σ 电子也有一定的邻基参与能量。所以,邻基参与是很普遍的现象。它经常可以从特殊类型的立体化学、异常大的反应速率或二者的结合中显示出来。

(10) 含氮化合物

① Beckmann 重排　详见 7.1.2。

② Hofmann 重排　详见 7.1.2。

③ 联苯胺重排　详见 7.4.1。

④ 季铵碱的热分解(Hofmann 降解反应)　具有 β-氢的季铵碱加热分解,产物是叔胺和烯烃。

$$HO^- + H\text{-}\underset{|}{\overset{|}{C}}\text{-}\underset{|}{\overset{|}{C}}\text{-}\overset{+}{N}R_3 \longrightarrow H_2O + \ \ \overset{}{C}=\overset{}{C} \ + R_3N$$

该反应符合 E2 消除反应机理，进攻试剂是氢氧根负离子。当季铵碱有两种不同的 β-氢时，在消除时可能生成多种烯烃，其中主要产物是双键上取代基较少的 Hofmann 烯烃。

$$\underset{\overset{|}{+N(CH_3)_3 \cdot HO^-}}{CH_3CH_2CHCH_3} \xrightarrow{\triangle} \underset{(5\%)}{CH_3CH=CHCH_3} + \underset{(95\%)}{CH_3CH_2CH=CH_2}$$

决定该反应取向的因素有两个：一个是 β-氢的酸性，二是立体化学因素，β-氢是主要因素。由于烷基为给电子基，β 位烷基越多，则 β-氢的酸性越弱，反之，β 位烷基越少或没有烷基，则其酸性越强，氢越容易以质子的形式离去。所以，被消除的 β-氢的反应次序为 —CH_3＞RCH_2—＞R_2CH—。上例中 1 位甲基上的氢酸性大于 3 位亚甲基氢的酸性，故主要产物是 1-丁烯。

如果 β-碳上有吸电子基团如苯基、乙烯基、羰基等，可以产生吸电子的共轭效应，其 β-氢的酸性增强，容易发生消除反应。例如：

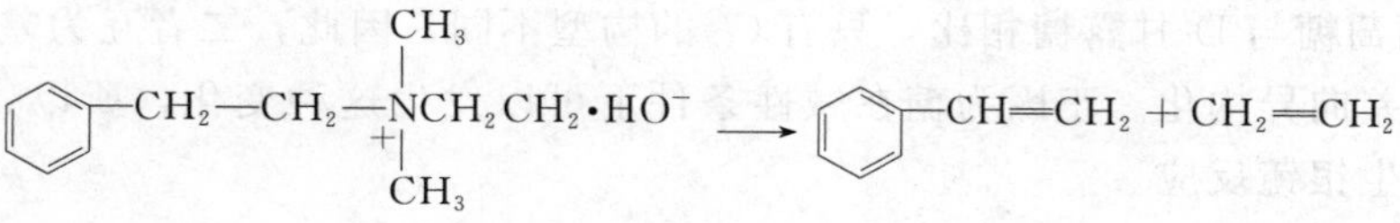

$$\underset{}{} \xrightarrow{} \underset{(93\%)\qquad(0.3\%)}{}$$

关于立体化学因素，由于反应为 E2 消除，要求被消除的氢与含氮氨基处于反式共平面的位置。对于氢氧化三甲基-2-丁基铵，其极限构象有如下四种：

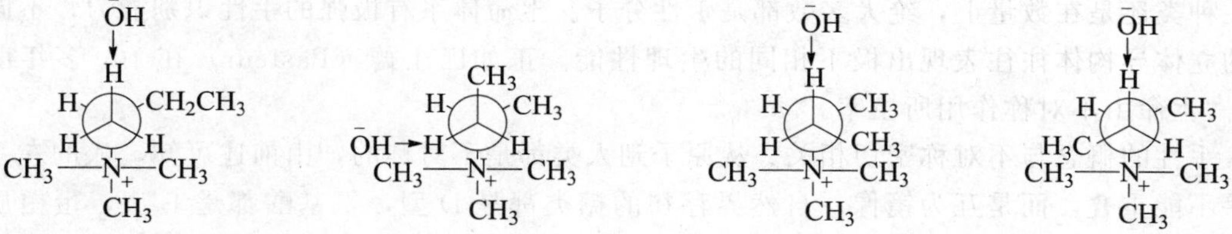

其中，1 最稳定，氢氧根进攻时空间位阻最小，最容易发生消除，生成 Hofmann 烯烃，即 1-丁烯。2 虽然比 3、4 稳定，但没有与氨基处于反式共平面的氢，不易发生消除，3、4 虽有与氨基反式共平面的氢，但不是稳定构象，因而其消除反应产物 2-丁烯收率很低。

对于不含 β-氢的季铵碱，热分解产物为叔胺和醇。例如：

$$(CH_3)_4N \cdot HO^- \xrightarrow{\triangle} (CH_3)_4N + CH_3OH$$

利用胺的彻底甲基化和季铵碱的热分解，可以推测胺的结构。

⑤ 叔胺氧化物的热分解——Cope 消除　叔胺用过氧化氢或过氧酸氧化，生成叔胺氧化物。若叔胺三个羟基不同，则叔胺氧化物有光学异构体。若叔胺的 β-碳上有氢原子，可发生热消除反应，生成烯烃和羟胺。例如：

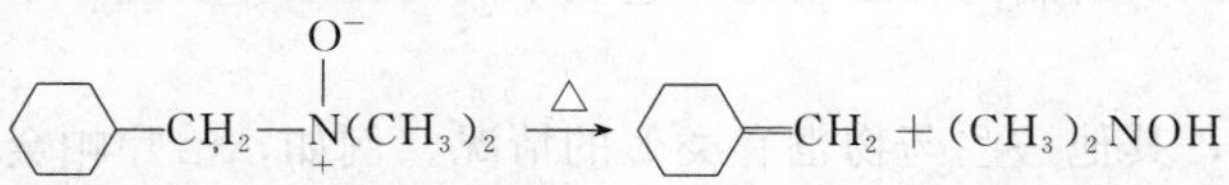

此反应为 Cope 消除反应，可用于烯烃的制备和从化合物中除去氢。若叔胺氧化物有两种不同的 β-氢可消除时，反应的区域选择性较高，主要生成含取代基较少的 Hofmann 烯烃。在生成的 Saytzeff 烯烃中 E 型烯烃比 Z 型烯烃多。例如：

$$CH_3CH_2\underset{\underset{\overset{+}{N}(CH_3)_2}{\overset{|}{O^-}}}{CHCH_3} \xrightarrow{\triangle} CH_3CH_2CH{=}CH_2 \quad + \quad \underset{H_3C}{\overset{H}{\diagdown}}C{=}C\underset{CH_3}{\overset{H}{\diagup}} \quad + \quad \underset{H_3C}{\overset{H}{\diagdown}}C{=}C\underset{H}{\overset{CH_3}{\diagup}}$$

$$\qquad\qquad\qquad\qquad\qquad 67\% \qquad\qquad\qquad Z\,型,12\% \qquad\qquad E\,型,21\%$$

Cope 消除为顺式消除,反应经过五元环过渡态,氧作为碱进攻 β-H。

(11) 糖化学

在碱性条件下,糖可以发生差向异构化。例如:

（D-甘露糖） （D-葡萄糖） （D-果糖）

由于 D-葡萄糖与 D-甘露糖相比,只有 C^2 的构型不同,因此,二者互为差向异构体。二者互变现象叫差向异构化。正因为糖在碱性条件下可以发生这种变化,所以,除了醛糖外,酮糖也可以发生银镜反应。

3.5　手性化合物的获得方法

在漫长的化学演化过程中,地球上出现了无数的手性化合物。构成生命的有机分子无论是在种类还是在数量上,绝大多数都是手性分子。生命体系有极强的手性识别能力,不同构型的立体异构体往往表现出极不相同的生理性能。正如巴士德（Pasteur）在 100 多年前所讲:"生命由不对称作用所主宰。"

手性的概念与不对称密切相关。从原子到人类都是不对称的,由前述可知,人的左手和右手不能重叠,而是互为镜像;自然界存在的糖类都是 D 型,氨基酸都是 L 型,蛋白质和 DNA 都是右旋的,海螺的螺纹和缠绕植物都是右旋的。因此,我们的世界是不对称的,即手性是宇宙间的普遍特征,是自然界的本质属性之一。在手性的环境中,在手性化合物相互作用时,不同的对映体往往表现出不同的性质,甚至有截然不同的作用。例如,（R）-天冬酰胺有甜味,而天然的（S）-天冬酰胺则是苦味的;（S）-香芹酮有芫荽的香味,而其（R）-对映体则有留兰的香味;（R）-苧烯有橘子味,而其（S）-对映体则有柠檬的香味。

最典型的例子是"反应停"（Thalidomide,学名为沙利多胺）。20 世纪 50 年代中期,德国 Chemie Grumen Thal 公司以外消旋体上市 Thalidomide,作为镇痛剂用于预防孕妇恶心。1961 年发现,怀孕 3 个月内服用此药物会引起胎儿畸形。据统计,有"反应停"致畸的案例,全世界达 17000 例以上,是 20 世纪最大的药害事件。1979 年,德国波恩大学研究人员对该药物进行拆分,发现 S 型对映体具有致畸作用,只有 R 型对映体有镇痛作用。惨痛的教训使人们认识到,研制药物必须注意它们不同的构型。从此,手性药物的研发引起了人们的注意。

除"反应停"外,其他一些药物也有类似的情况。例如,治疗帕金森的药物多巴,只有 S 型的对映体有效,而 R 型的有严重的副作用;治疗结核病的药物乙胺丁醇 Ethambutol,只有（S,S）-对映体有效,（R,R）-对映体会致盲。另外,有些药物不同对映体的药理作用大相径庭,如普萘洛尔 Propranolol 的（S）-对映体是一类 β-受体阻断剂,而（R）-对映体有避孕作用。因此，美国食品与药品管理局 1992 年提出的法规强调：申报手性药物时，必须对不同对映体的作用叙述清楚。

同样，在农药方面，有些化合物一种对映体是高效杀虫剂、杀螨剂、杀菌剂和除草剂，而另一种则低效、无效，甚至有相反的作用。例如，芳氧基丙酸类除草剂，只有 *R* 型是有效的；杀虫剂氰戊菊酯（Asanan）的四个对映体中，只有一个是强力杀虫剂，另外三个对植物有毒；杀菌剂多效唑（Paclobutrazol），其中 (*R*,*R*)-对映体有高杀菌作用、低植物生长控制作用，而 (*S*,*S*)-对映体有低杀菌作用、高植物生长控制作用。

3.5.1 天然产物中提取手性化合物

某些手性药物可以直接从天然产物中提取得到，如氨基酸、糖类、萜类化合物等。近年来，人们发现具有极强抗癌活性的紫杉醇（taxol）存在于紫杉树树皮中。后来在紫杉树树叶中也获得了紫杉醇的母核部分，再通过不对称合成将侧链接到母核上，丰富了紫杉醇的提取途径，如图 3-6 所示。

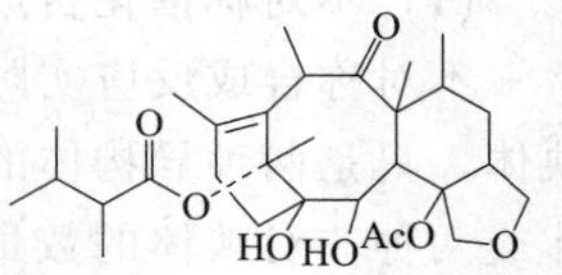

图 3-6　天然抗癌药物紫杉醇

3.5.2 拆分外消旋体

外消旋体是由一对对映体等量混合而组成的。用一般的物理方法（例如分馏、分布结晶等）不能把一对对映体分离开来，必须用特殊的方法才能把它们拆开。将外消旋体分离成旋光体的过程通常叫作"拆分"。拆分方法详见本章 3.3.8 节内容。

3.5.3 不对称诱导合成

（1）化学计量的手性化合物诱导的不对称合成

1980 年，Fischer 对糖类的合成使其获得第二届诺贝尔化学奖。其合成技术的特征是，利用反应原料（亦称底物）中的手性因素去诱导新的手性中心产生。

Cram 指出，当羰基化合物的 α 位是手性碳时，亲核试剂总是从小的基团那边进攻，并指出进行加成时，醛、酮最大体积的基团和羰基处于反式平面关系时为加成的优势构象。

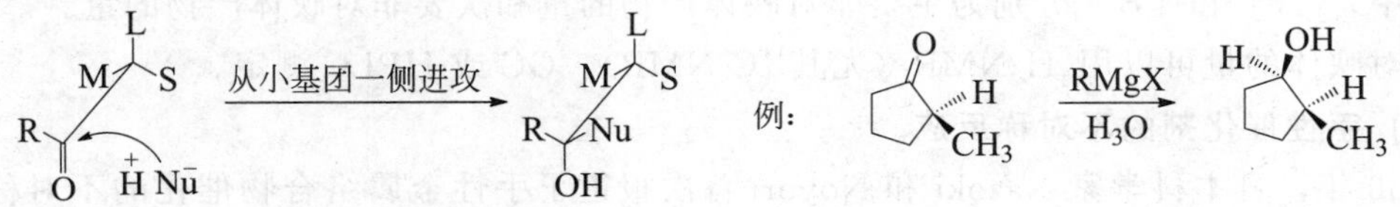

小基团在后面，进攻的基团也从后面进攻，将羟基顶到前面。

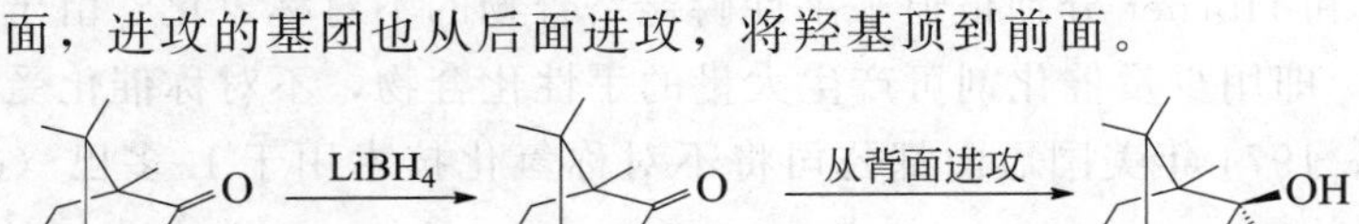

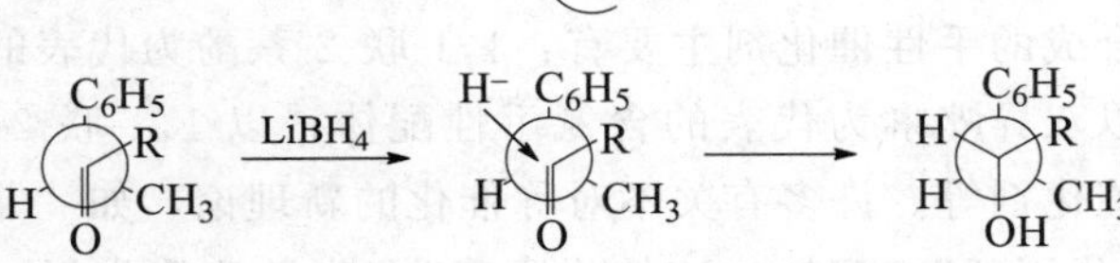

底物诱导的不足之处是必须存在原有的手性中心，因此不适合于底物为非手性的情况。人们提出许多新的方法解决非手性底物的不对称合成问题。

（2）偏振光诱导的不对称合成

偏振光诱导的不对称合成是采用偏振光照射反应体系而进行诱导，产生手性物质的方法。由于其在反应中没有引入任何具有手性的物质（一般称为手性源），而以不对称源促进不对称合成反应的发生，称为"绝对"不对称合成。但是，用偏振光诱导方法所得主要产物的 $e.e$ 值很低，因此这方面的研究仍处于纯理论研究的状态中。

3.5.4　不对称催化合成

（1）不对称催化合成的反应效率

不对称合成反应实际上是一种立体选择反应，反应的产物可以是对映体，也可以是非对映体，只是两种异构体的量不同而已。立体选择性越高的不对称合成反应，产物中两种对映体或两种非对映体的数量差别就越为悬殊。

不对称合成的效率，正是由两者的数量差别来表示的。若产物彼此为对映体，则其中某一对映体过量的百分率（percent enantiomeric excess，简写为 $e.e.$）可作为衡量该不对称合成反应效率高低的标准，表示方法如式(3-2)：

$$e.e=\frac{[R]-[S]}{[R]+[S]}\times100\%\tag{3-2}$$

式中，$[R]$ 和 $[S]$ 分别为主要、次要对映体产物的量。如两个对映体产物的比是 95:5，则 $e.e.$ 是 95−5=90（或 $e.e.=90\%$）。

通常情况下，可假定比旋光度与对映体组成具有线性关系，因而在实验测量误差略而不计时，上述 $e.e$ 即等于下述所谓光学纯度百分率（percent optical purity，简写为 $o.p.$）。

$$o.p.=\frac{[\alpha]实测不对称合成化合物}{[\alpha]纯净的立体产物}\times100\%\tag{3-3}$$

若产物为非对映异构体时，不对称合成反应效率用非对映过量百分率（percent diastereomeric excess，简写为 $d.e.$）来表示：

$$d.e.=\frac{[A]-[B]}{[A]+[B]}\times100\%\tag{3-4}$$

式中，$[A]$ 和 $[B]$ 分别为主要非对映体产物的量和次要非对映体产物的量。

非对映体的量可以用 ^{1}H-NMR（尤其[13]C NMR）、GC 或 HPLC 测定。

（2）手性催化剂的不对称反应

1966 年，日本科学家 Nazoki 和 Noyori 首次报道了手性金属络合物催化的不对称合成，1968 年 Knowles 和 Horner 分别报道了手性磷铑络合物的不对称氢化。由于这种催化是一个手性增值的过程，即用少量催化剂可产生大量的手性化合物，不对称催化受到了学术界和工业界的广泛关注。1974 年美国孟山都公司将不对称氢化技术用于 L-多巴（dopa）的工业化生产。

到目前全世界已合成的手性催化剂主要有：1,1-联-2-萘酚为代表的双羟基手性配体；手性双磷和单磷配体；以双异唑啉为代表的含氮手性配体；以 1,1-联-2-萘酚配位的含磷氮手性配体和小分子手性催化剂等。许多有关不对称催化的新理论，如"非线性效应与不对称放大原理""不对称自催化原理""配体加速催化原理""化学酶催化剂"等，极大地推动了该领域的发展。

据美国孟山都公司报道，用 454g 手性催化剂可以制备 1t 的 L-苯丙氨酸。目前反应所使用的中心金属大多为铑和铱，手性配体基本为三价磷配体。

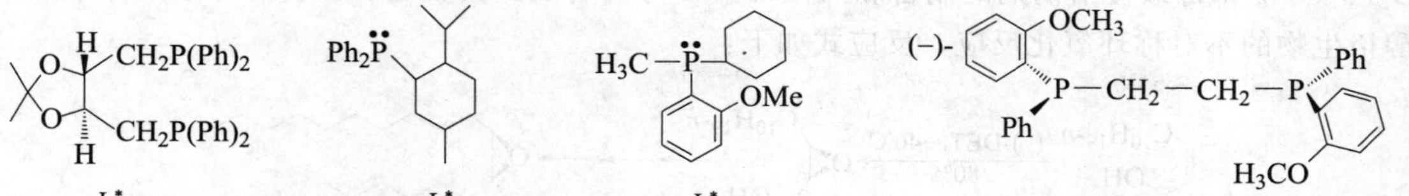

含有上述手性膦的铑配合物与 C=C、C=O、C=N 的双键发生不对称催化氢化反应。例如，烯胺类化合物 C=C 键不对称氢化反应是一类重要的不对称氢化反应，可用于天然氨基酸的合成，反应式如下：

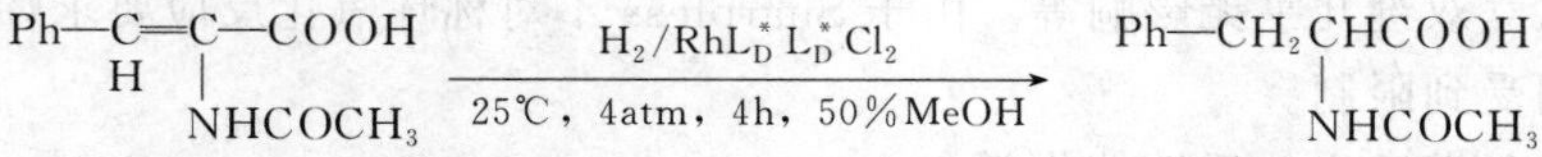

Z-α-乙酰氨基肉桂酸　　　　　　　　S-(+)-N-乙酰基苯丙氨酸

95.7％ $e.e.$

重要的抗震颤麻痹药物 L-多巴（3-羟基酪氨酸）是一种抗胆碱药，也是利用手性膦的铑配合物的不对称催化氢化反应得到的，该方法为全合成具有光学活性的甾体化合物提供了新途径，反应式如下：

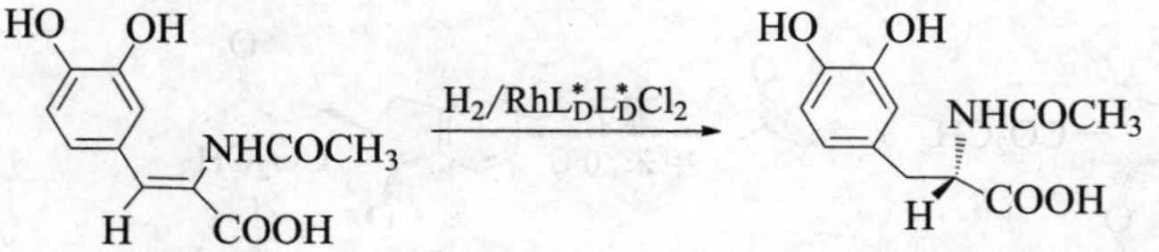

94% $e.e.$

1980 年，Sharpless 研究组发现酒石酸酯-四异丙氧基钛-过氧叔丁醇体系对各类烯丙醇能够进行高对映选择性氧化，得到 $e.e.$ 值大于 90％的羟基环氧化物，并根据所用酒石酸二乙酯（DET）的构型得到预期的立体构型产物。由于这一贡献，Sharpless 与另两位科学家分享了 2001 年的 Nobel 化学奖。

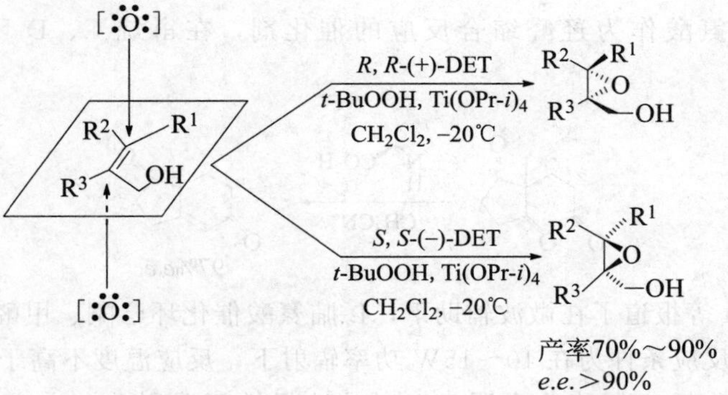

产率70%～90%
$e.e.$ >90%

癸基烯丙醇进行选择性氧化，得到 $e.e.$ 值为 95％的羟基环氧化合物。

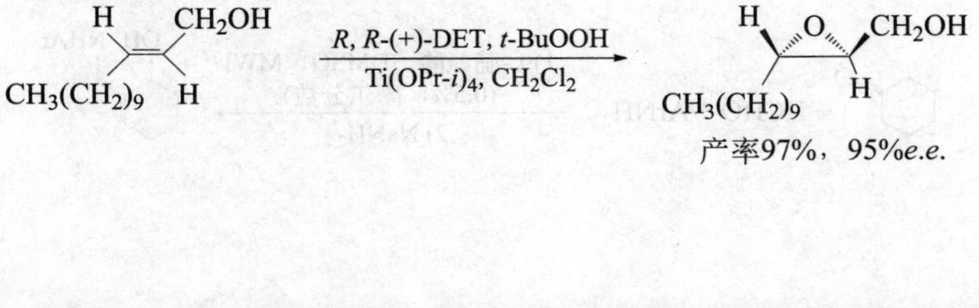

产率97%，95% $e.e.$

Sharpless 不对称环氧化反应大量应用于天然产物的合成，如白三烯 B₄（leukotriene B₄）、（＋）-舞毒蛾性引诱剂的制备和两性霉素 B 等的合成，其关键步骤均为标准条件下烯丙醇衍生物的不对称环氧化反应，反应式如下：

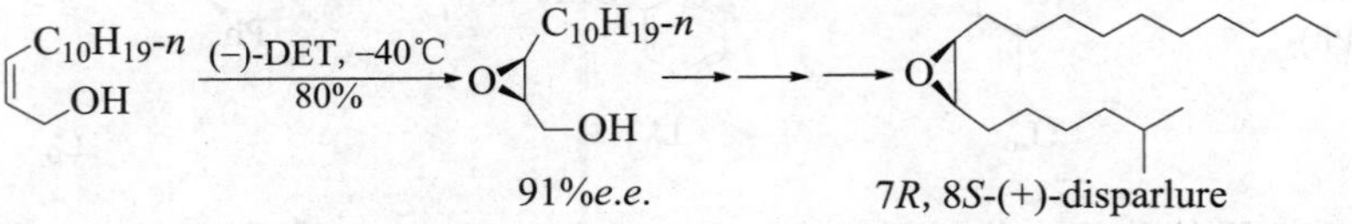

Sharpless 不对称环氧化反应主要有两大优点：①适用于绝大多数烯丙醇，并且声称的光学产物 $e.e.$ 值可达 71%～95%；②能够预测环氧化物的绝对构型，对已存在的手性中心和其他位置的孤立双键几乎无影响等。由于 Sharpless 不对称环氧化反应要求烯丙醇作底物，反应的应用范围受到限制。

生物碱作为化学反应的手性催化剂。

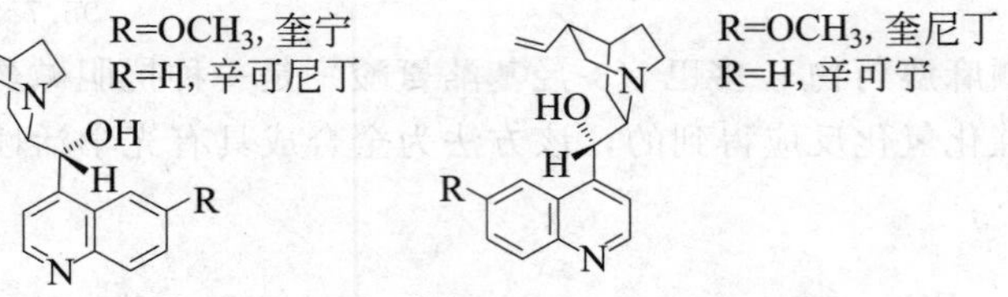

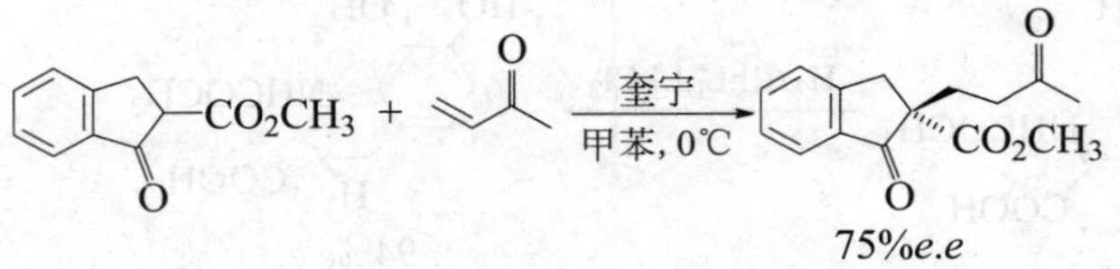

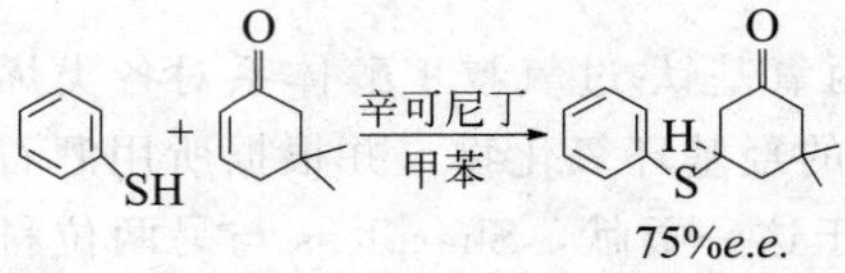

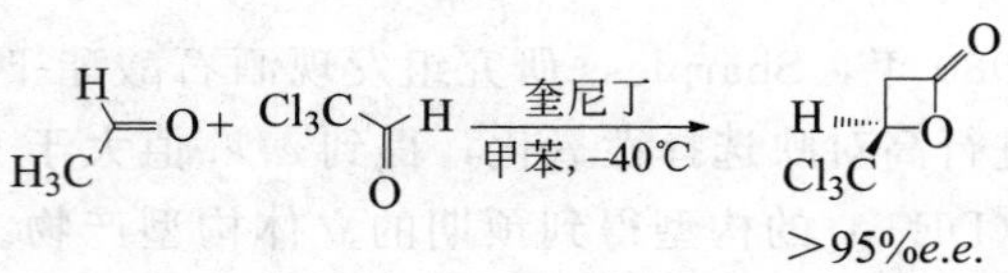

氨基酸在不对称合成中常作为手性源、手性配体的前体等，并且在对映体反应中取得成功。例如，（S）-脯氨酸作为羟醛缩合反应的催化剂，在甾烷 C、D 环合成时 $e.e.$ 值高达 97%。

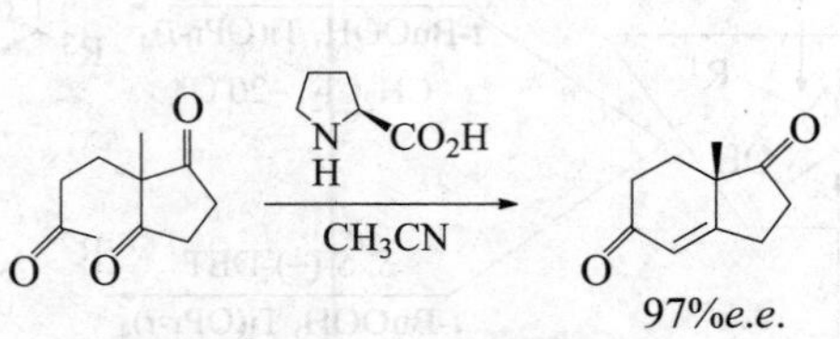

2006 年，Bolm 等报道了在微波辅助下，L-脯氨酸催化环己酮、甲醛和芳胺三组分不对称 Mannich 反应。反应条件为在 10～15W 功率辐射下，反应温度不高于 80℃。与传统加热方法相比，该不对称反应加速非常明显，对映选择性不受影响，产率高达 96%，$e.e.$ 值达 98%。

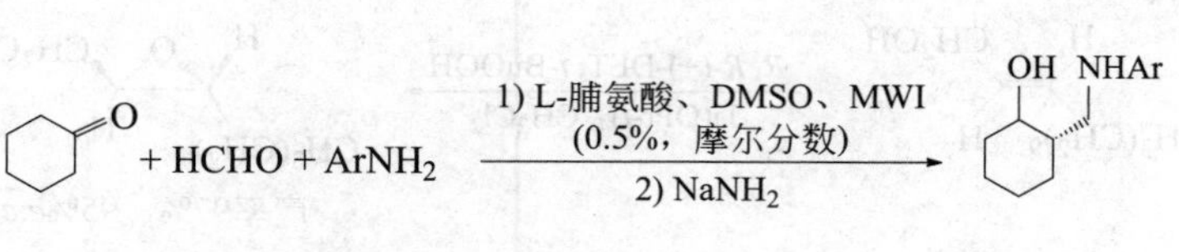

（3）酶催化剂的不对称反应

生物催化反应通常是条件温和、高效，具有高度的立体专一性。因此，在探索不对称合成光学活性化合物时，一直没有间断进行生物催化的研究。早在 1921 年，Neuberg 等用苯甲醛和乙醛在酵母的作用下发生缩合反应，生成 D-（－）-乙酰基苯甲醇。用于急救的强心药物"阿拉明"的中间体 D-（－）-乙酰基间羟基苯甲醇也是用这种方法合成的。1966 年，Cohen 采用 D-羟腈酶作催化剂，苯甲醛和 HCN 进行亲核加成反应，合成 R-（＋）-苦杏仁腈，具有很高的立体选择性：

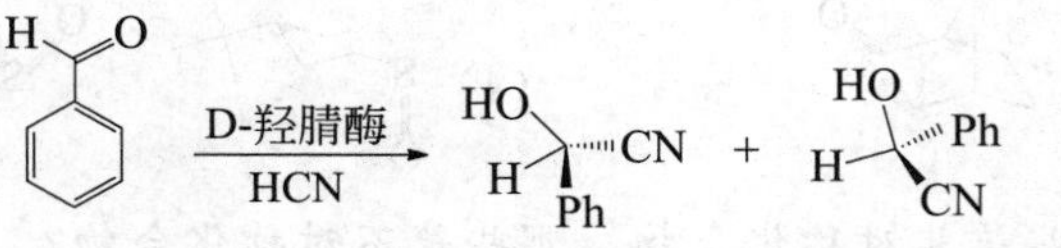

R-(+)-苦杏仁腈　　S-(-)-苦杏仁腈
94%e.e.

面包酵母催化乙酰乙酸乙酯还原为（S）-β-羟基酯（产率为 60%，e.e. 值为 97%），而丙酰乙酸乙酯在同样条件下选择性极差。用 *Thermoanaerobium brockii* 细菌能将丙酰乙酸乙酯对映选择性很高地还原成（S）-β-羟基酯（产率为 40%，e.e. 值为 93%）：

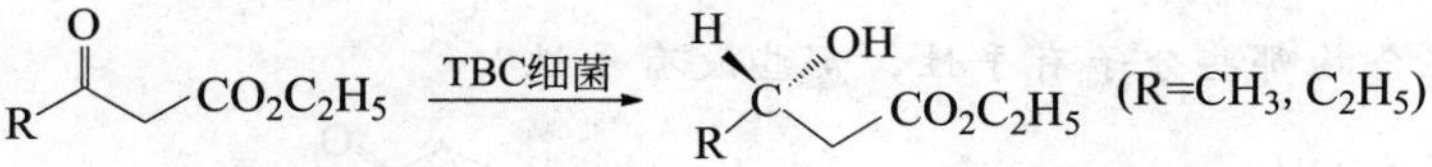

$(R=CH_3, C_2H_5)$

部分蛋白质已在一些不对称合成中作为催化剂使用。例如：牛血清蛋白（BSA）在碱液中催化不对称 Darzen 反应：

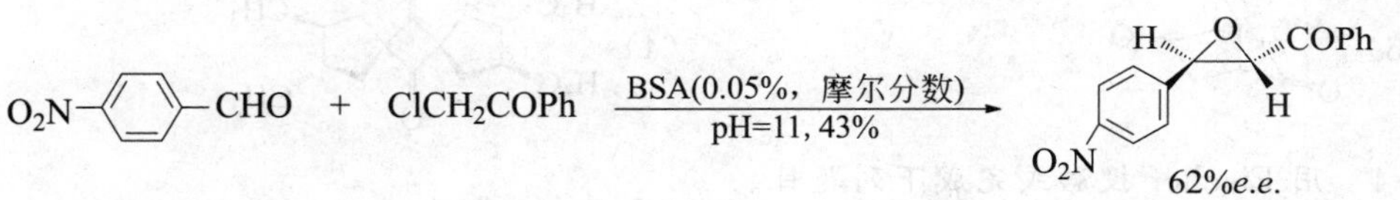

62%e.e.

内消旋化合物的对映选择性反应目前只能使用酶作催化剂才有可能进行。马肝醇脱氢酶（HLADH）选择性地将二醇氧化为光学活性内酯，猪肝酯酶（PLE）可使二酯选择性水解为光学活性产物 β-羧酸酯：

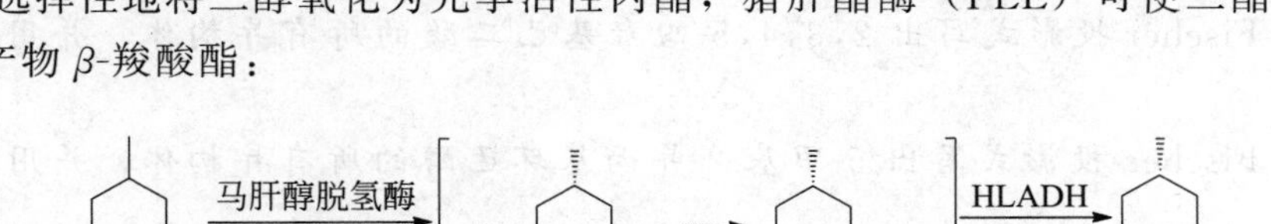

87% e.e.

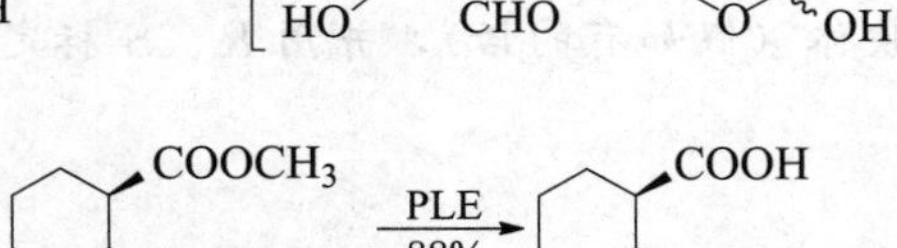

>97%e.e.

酶催化是国内外目前最活跃的研究领域之一，并且已成功应用于生物技术方面。将生物技术与有机合成技术很好地结合起来，并在更广泛的领域应用，不仅促进了学科融合和技术发展，还进一步改善了精细化学品合成的面貌。

习　题

▶**基本训练**

3-1　下列各组化合物哪些是对映体、非对映体和相同化合物？

(1)

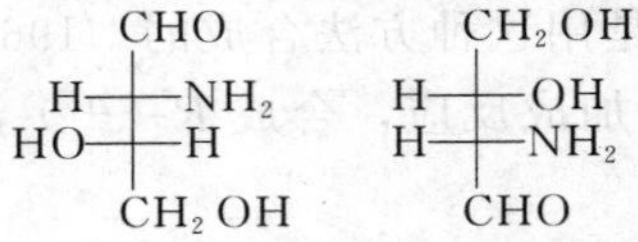

(2)

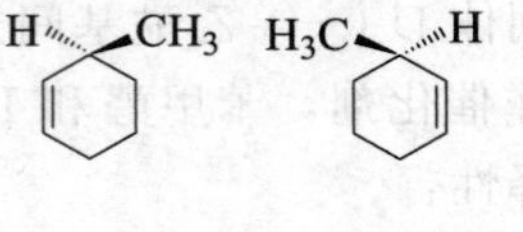

(3)

(4)

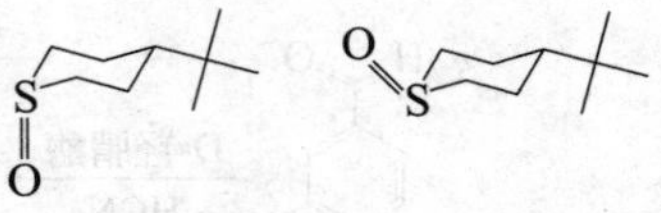

3-2　下列化合物哪些是非对称化合物，哪些是不对称化合物？

(1)

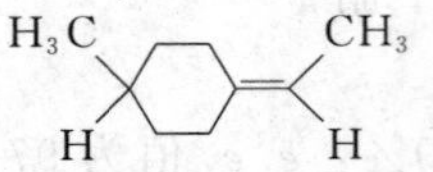

(2)

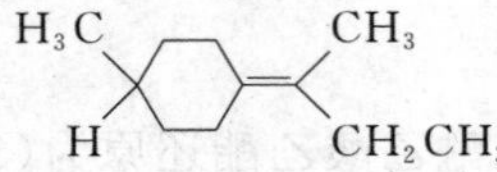

(3)

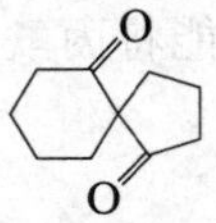

(4)

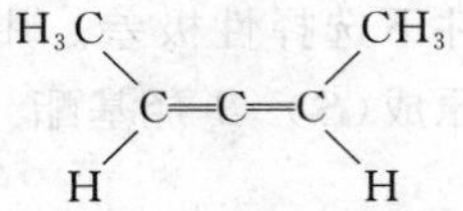

3-3　下列化合物哪些分子有手性，哪些没有手性？

(1)

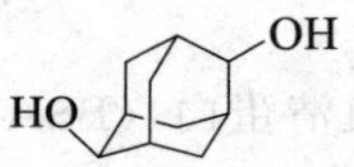

(2)

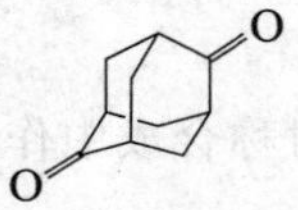

(3)

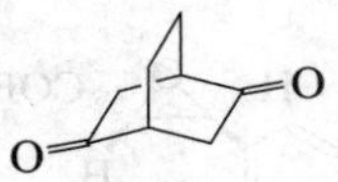

(4)

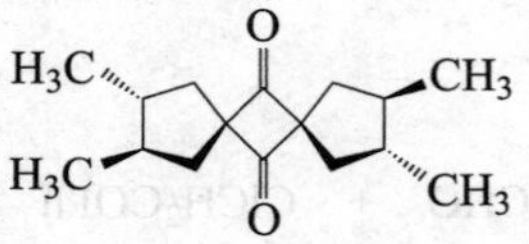

3-4　用 Fischer 投影式完成下列题目。

(1) 用 Fischer 投影式写出 3-氯-2-戊醇的所有异构体，并用 R/S 标记其构型。

(2) 用 Fischer 投影式写出 2,3-丁二醇的所有异构体，并用 R/S 标记其构型。

(3) 用 Fischer 投影式写出 2,3,4,5-四羟基己二酸的所有异构体，并用 R/S 标记其构型。

(4) 用 Fischer 投影式写出 5-甲基-2-异丙基环己醇的所有异构体，并用 R/S 标记其构型。

3-5　画出下列各物的对映体（假如有的话），并用 R、S 标定。

(1) 3-氯-1-戊烯

(2) 3-氯-4-甲基-1-戊烯

(3) $HOOCCH_2CHOHCOOH$

(4) $C_6H_5CH(CH_3)NH_2$

(5) $CH_3CH(NH_2)COOH$

3-6　农药六六六有 9 个异构体，用甲醇钠处理，2 个异构体很快消去 3 分子 HCl，5 个异构体消去 2 分子 HCl，1 个异构体消去 1 分子 HCl，1 个异构体是惰性的，写出对映异构体的结构式。

3-7 3-溴环己烷羧酸的一种构型消除溴很快，另一个很慢，写出两个异构体的结构式。

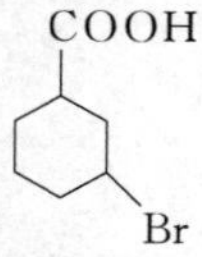
COOH
Br

3-8 写出3-甲基戊烷进行氯化反应时可能生成一氯代物的费舍尔投影式，指出其中哪些是对映体，哪些是非对映体？

3-9 某醇 $C_5H_{10}O$（A）具有旋光性，催化加氢后生成的醇 $C_5H_{12}O$（B）没有旋光性，试写出A、B的结构式。

➤拓展训练

3-10 判断对错并说明理由。

（1）凡是含有手性碳原子的化合物都具有光学活性。

（2）凡是具有光学活性的化合物都含有手性碳原子。

3-11 怎么用酒石酸拆分外消旋 α-苯乙胺？

3-12 合成题

（1）(*R*)-2-戊醇合成(*S*)-2-戊醇

（2）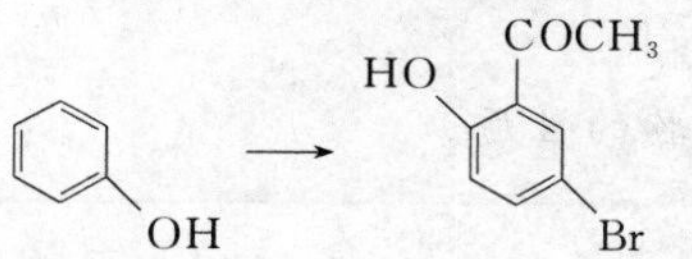
OH
HO
$COCH_3$
Br

（3）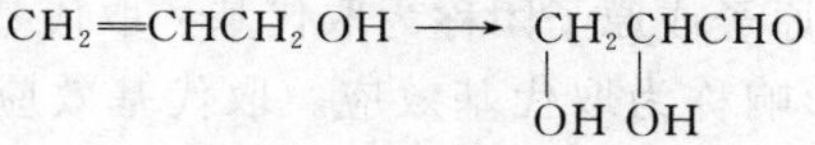
$CH_2=CHCH_2OH$
CH_2CHCHO
OH OH

（4）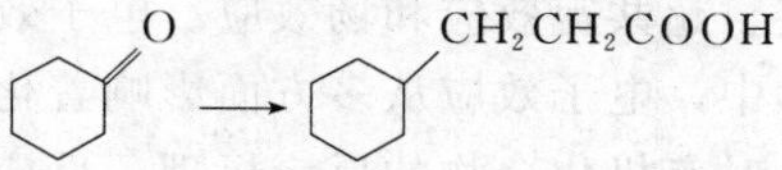
O
CH_2CH_2COOH

有机化合物的取代基效应

▶ **知识目标**

掌握诱导效应和共轭效应的定义。

了解静态诱导效应和动态诱导效应、静态共轭效应和动态共轭效应的区别。

了解场效应对化合物性质的影响。

▶ **能力目标**

能运用诱导效应、共轭效应和场效应解释化合物的性质。

在有机化学中，取代有机化合物中氢原子的原子或原子团称为取代基，取代基的性质将对整个分子的物理和化学性质产生影响，这种影响称为取代基效应。取代基效应分为两大类，第一类是电子效应，包括诱导效应、共轭效应、超共轭效应和场效应。电子效应是通过影响分子中电子云的分布而起作用的。在有机化学中，电子效应从多方面影响着化合物的物理和化学性质，例如对化合物酸碱性的影响，另外对有机化合物的反应机理、反应速率等也有着显著的影响。第二类是空间效应，是由于取代基的大小或形状引起分子中特殊的张力或位阻的一种效应。空间效应对有机化合物的反应活性也有较大的影响。

4.1 诱导效应

4.1.1 共价键的极性和量度

对于不同元素组成的双原子分子，成键原子之间电子云的分布不是完全对称的，而是偏移向电负性大的原子，使得共价键的一端带有负电荷，电子偏离的一端带有正电荷，使得共价键产生极性，例如氯化氢分子。

$$\overset{\delta^+}{H} \longrightarrow \overset{\delta^-}{Cl}$$

以箭头表示电子移动的方向，一般指向电负性大的原子。δ^+ 和 δ^- 分别表示部分正电荷和部分负电荷。

共价键的极性可以用偶极矩度量。偶极矩是电荷（q，单位为库仑，C）与正、负电荷中心的距离（d，单位为米，m）的乘积，用 μ 表示：

$$\mu = q \times d$$

偶极矩的单位为库仑·米（C·m），以前曾用德拜（D），1D＝3.336C·m。

偶极矩为矢量，具有方向性，用箭头⊢→表示（箭头指向带部分负电荷的原子）。

键的偶极矩和分子的偶极矩是不同的。在双原子分子中，键的偶极矩即为分子的偶极矩，但多原子分子的偶极矩则是分子中各个共价键偶极矩的矢量和，其计算方法遵循平行四边形法则。

甲烷、四氯化碳等对称分子，各共价键偶极矩的矢量和为 0，使得分子没有极性，为非极性分子。氯甲烷等不对称分子，其 C—Cl 键的偶极矩未被抵消，即分子中各共价键偶极矩的矢量和不为 0，为极性分子。

【例 4-1】 比较二氯苯的三个异构体的偶极矩的大小。

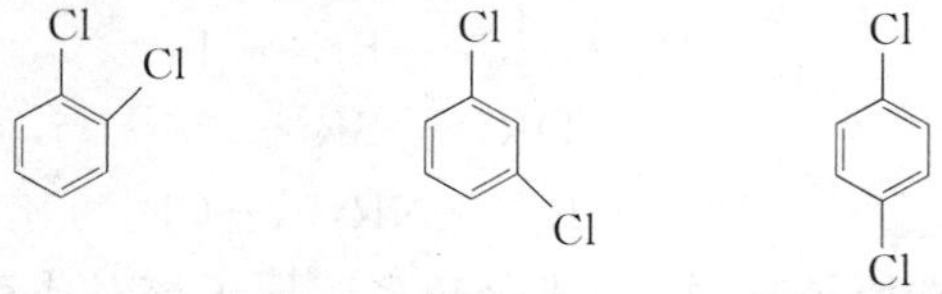

设 C—Cl 键的偶极矩为 μ_0，二氯苯三种异构体的偶极矩分别为 $\mu_{邻}$、$\mu_{间}$ 和 $\mu_{对}$。

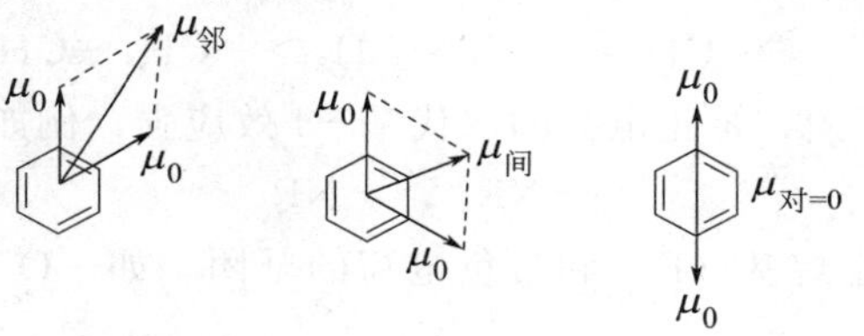

由图所示，$\mu_{邻} > \mu_{间} > \mu_{对}$。

4.1.2　静态诱导效应（I_s）

(1) 静态诱导效应的定义

当两个原子形成共价键时，由于原子的电负性不同，使成键的电子云偏向电负性较大的原子，形成极性共价键。这种极性不仅存在于相连两原子之间，而且沿着分子链传递影响到分子中不直接相连的部分。例如：

$$\overset{\delta^-}{Cl}—\overset{\delta^+}{CH_2}—\overset{\delta\delta^+}{CH_2}—\overset{\delta\delta\delta^+}{CH_3}$$

电负性较大的氯原子使相邻碳原子产生部分正电荷，此电荷产生的电场使 C—C 键发生极化，第二个碳原子也带有部分正电荷（$\delta\delta^+$），依次传递，第三个碳原子带有更少的正电荷（$\delta\delta\delta^+$）。再如，氟代乙酸中，由于氟的电负性比碳强，导致分子中电子云沿着 δ 键向氟原子移动。

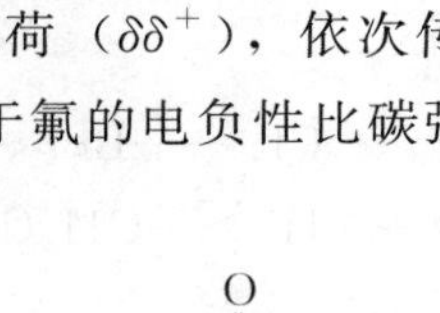

$$F←CH_2—\overset{\overset{\displaystyle O}{\|}}{C}—O←H$$

这种因分子中原子或基团的电负性不同而引起成键电子云沿着分子链向某一方向移动的效应称为诱导效应。这种诱导效应如果存在于未发生反应的分子中即为静态诱导效应。

(2) 静态诱导效应的分类与相对强度

诱导效应一般用 I 表示，饱和 C—H 键的诱导效应规定为 0，并以此为标准，如果取代基的吸电子能力比氢强，则称其具有吸电子诱导效应（用－I 表示）；如果取代基的给电子能力比氢强，则称其具有给电子诱导效应（用＋I 表示）。

$$C \text{———} H$$
$$C \longrightarrow X \quad -I效应$$
$$C \longleftarrow Y \quad +I效应$$

在有机分子中，表示－I效应的主要有—X（卤素）、—NO₂、—OH、—COOH、—CH＝CH₂、—C≡CH、—⬡ 和带正电荷的基团，如—NR₃⁺。—I效应的相对强度和原子或原子团的电负性有关，电负性大的基团，—I效应的强度也相应较大，其规律如下：

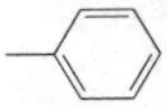

① 同一族的原子自上而下吸电子诱导效应降低，同一周期的原子自左向右吸电子诱导效应增加。例如：

$$-F>-Cl>-Br>-I$$
$$-OR>-SR$$
$$-F>-OR>-NR_2>-CR_3$$

② 对不同杂化状态的碳原子来说，s成分越多，原子核对成键电子云的束缚力越大，吸电子能力越强，—I效应越强。

$$-C≡CH>-CH＝CH_2>-CH_2-CH_3$$

③ 相同的原子或原子团，带正电荷的取代基—I效应强，例如：

$$-NR_3^+>-NR_2$$

表示＋I效应的主要是烷基（R）和带负电荷的基团，如—O⁻、—COO⁻等。其强度顺序如下：

① 烷基＋I效应的相对强度：

$$(CH_3)_3C->(CH_3)_2CH->CH_3CH_2->CH_3-$$

② 相同的原子或基团，带负电荷的＋I效应强，例如：

$$-O^->-OR$$

（3）诱导效应相对强度的确定方法

① 根据取代酸、碱的解离常数来确定　选择一个适当的酸或碱，以各种不同的取代基取代其中某一个氢原子，测定所得取代酸碱的解离常数，根据解离常数的比较，可以估计出这些取代基诱导效应的次序，例如，以乙酸为母体化合物，根据各种取代乙酸的解离常数可以得出下列基团诱导效应的强弱次序：

－I效应：—NO₂>—CN>—F>—Cl>—Br>—I>—OH>—OCH₃>—C₆H₅>—CH＝CH₂>—H>—CH₃>—CH₂CH₃>—C（CH₃）₃

＋I效应的方向与上述相反。

以上得到的取代基诱导效应的次序常因所选母体的不同以及取代后各原子或基团之间的相互影响等一些复杂因素的存在而有所不同，用不同的溶剂或在不同的条件下测定也会得到不同的结果，因此该方法所得的结果只是相对次序的比较。

② 根据偶极矩来确定　静态诱导效应是一种永久的极性效应，表现在分子的物理性质上会直接影响分子偶极矩的大小，所以根据分子中同一个氢原子用不同取代基取代所得化合物的偶极矩，可确定各取代基诱导效应强度次序。例如，甲烷一取代物的偶极矩见表4-1。

表 4-1 甲烷—取代物的偶极矩

取代基	μ(在气态)/D	取代基	μ(在气态)/D
—CN	3.94	—Cl	1.86
—NO$_2$	3.54	—Br	1.78
—F	1.81	—I	1.64

从表 4-1 中的偶极矩数值可以看出这些基团的诱导效应（—I）的顺序为：

$$—CN>—NO_2>—Cl>—F>—Br>—I>—H$$

从偶极矩的测定得出的 Cl 的—I 效应大于 F，与人们通常的看法以及根据卤代酸的解离常数、电负性规律得出的 F 的—I 效应大于 Cl 相矛盾，有人认为尽管 F 的电负性大，吸电子的诱导效应大，但由于 F 的结构的特殊性与碳原子存在 σ-p 超共轭效应，且方向与负诱导效应相反，诱导效应被超共轭效应抵消一部分，键的极性减弱，表现出较低的偶极矩。Cl、Br、I 与 CH$_3$ 形成的超共轭效应很小，分子的极性主要由卤素的诱导效应决定，所以偶极矩与卤素电负性规律一致。

用偶极矩作原子或基团诱导效应判据时，要全面分析分子中的电子效应。

③ 由核磁共振谱化学位移来确定　核磁共振谱中质子的化学位移（δ）的不同反映了质子周围电子云密度的变化，而电子云密度的变化与取代基诱导效应的方向及强度有关。一般情况下，质子周围的电子云密度低时，所受屏蔽效应小，在低场产生共振，δ 值大，反之则 δ 值小，所以可以根据化学位移值的大小确定诱导效应。X—CH$_3$ 中甲基的化学位移（δ）见表 4-2。

表 4-2 X—CH$_3$ 中甲基的化学位移（δ）

X	δ	X	δ
—NO$_2$	4.28	—I	2.16
—F	4.26	—COCH$_3$	2.10
—OH	3.47	—COOH	2.07
—Cl	3.05	—CN	2.00
—Br	2.68	—CH$_3$	0.90
—C$_6$H$_5$	2.30	—H	0.23

由表 4-2 的数据可以列出一个诱导效应的顺序，但该顺序与用其他方法确定的诱导效应的结果有所不同，例如，用甲基取代甲烷中的氢时，化学位移由 0.23 增大到 0.90，由此判断—CH$_3$ 与 H 相比具有吸电子性，而用取代酸解离常数的方法、偶极矩的方法等确定—CH$_3$ 具有给电子性，目前普遍认为—CH$_3$ 具有给电子诱导效应（+I），这种矛盾怎么解释，将在下面讨论。

④ 由诱导效应指数确定　1962 年我国著名理论有机化学家蒋明谦教授提出了诱导效应指数，该指数利用元素电负性及原子共价半径，按照定义由分子结构推算出来，在一定的基准原子或键的基础上，任何结构确定的诱导效应用统一的指数 I 来表示。例如：

$$C—NO_2>C—F>C—CN>C—Cl>C—Br$$

$I\times10^3$　　　450.4　163.67　87.84　51.65　29.63

(4) 静态诱导效应的特点

① 起源于电负性。

② 是一种静电作用，这种静电作用在键链中传递只涉及电子云密度分布的改变，即主要是键的极性的改变，且极性变化一般是单一方向的。

③ 可以存在于单键、双键和三键中，沿着 σ 键、π 键传递。

$$\overset{\delta^+}{Cl}\text{—}\overset{\delta^+}{CH_2}\text{←}\overset{\delta\delta^+}{CH_3} \qquad \overset{\delta^-}{Cl}\text{←}\overset{\delta^+}{CH}\text{═}CH_2 \qquad \overset{\delta^-}{Cl}\text{←}\overset{\delta^+}{C}\text{≡}CH$$

④ 取代基的诱导效应沿分子链传递时迅速减弱，经过三个原子以后，诱导效应已很微弱，超过五个原子就会消失。从下列几个氯代酸的酸性递变规律可以清楚地看出，氯原子在 α-碳上时诱导效应作用很明显，在 β-碳上作用明显下降，在 γ-碳上的作用已很小。

$$\underset{|}{CH_3CH_2CHCOOH} \qquad \underset{|}{CH_3CHCH_2COOH} \qquad \underset{|}{CH_2CH_2CH_2COOH} \qquad CH_3CH_2CH_2COOH$$
$$\quad\;\; Cl \qquad\qquad\qquad\quad Cl \qquad\qquad\qquad\quad Cl$$

pK_a 值 　　　　2.82　　　　　　　　4.41　　　　　　　　4.70　　　　　　　　4.82

⑤ 诱导效应可以加和　诱导效应具有加和性。当两个取代基都对同一化学键产生诱导效应时，这一化学键所受到的诱导效应是两个基团诱导效应的总和，方向相同时叠加，方向相反时互减。例如，如果乙酸 α-碳上的氢逐个被氯取代，酸性逐渐增强，三氯乙酸是个强酸。

$$CH_3COOH \qquad ClCH_2COOH \qquad Cl_2CHCOOH \qquad Cl_3CCOOH$$

pK_a 值 　　　　4.76　　　　　　2.86　　　　　　　　1.26　　　　　　　0.64

4.1.3　动态诱导效应（I_d）

前面讨论的静态诱导效应是由分子本身的结构特征所产生的永久性效应，与外界电场是否存在无关，只要分子中含有非氢取代基都存在该效应。动态诱导效应是因外界电场（极性试剂、极性溶剂等）的影响引起分子中电子云分布状态的暂时改变，用 I_d 表示。动态诱导效应是在一种暂时的极化现象，故又称可极化性。它依赖于外来因素的影响，外来因素的影响一旦消失，这种动态诱导效应也不复存在，分子的电子云分布又恢复到基态。

（1）动态诱导效应的强度

动态诱导效应是一种暂时的效应，其强度根据元素在周期表中所在的位置来进行比较。

① 同族元素的原子及其形成的原子团　在同一族中，自上而下随着原子序数的增加，电负性减小，电子受到核的束缚减小，电子的活动性、可极化性增加，所以动态诱导效应增加。例如：

$$—I > —Br > —Cl > —F$$

② 同周期元素的原子及其形成的原子团　在同一周期中，从左到右随着原子序数的增加，元素的电负性增加，对电子的束缚力增加，可极化性变小，所以动态诱导效应减小。例如：

$$—CR_3 > —NR_2 > —OR > —F$$

（2）静态诱导效应和动态诱导效应的区别

① 引起的原因不同　静态诱导效应是由共价键固有的极性引起的，是一种永久的不随时间变化的效应；动态诱导效应是受外电场的影响，由键的可极化性引起的，是一种暂时的随时间变化的效应。

② 对化学反应的影响不同　动态诱导效应是由于外界极化电场引起的，当发生动态诱导效应时，电子一般都是向着有利于反应进行的方向进行，即动态诱导效应有致活作用，不

会阻碍反应的进行；而静态诱导效应是分子的内在性质，电子并不一定向着有利于反应的方向转移，其结果对化学反应不一定有促进作用。

③ 当静态诱导效应和动态诱导效应的方向相反时，起决定作用的是动态诱导效应。例如，R—X 发生亲核取代反应的活性，按照静态诱导效应，顺序应该为 R—F＞R—Cl＞R—Br＞R—I，但实际情况正好相反，R—X 的亲核取代反应的相对活性为 R—I＞R—Br＞R—Cl＞R—F，原因是动态诱导效应的影响。在同一族中，自上而下随着原子序数的增加，电负性减小，电子受到核的束缚减小，可极化性增加，所以反应活性增加。

4.1.4　烷烃的诱导效应

在有机化学中，烷基的诱导效应是一个经常遇到又十分重要的问题，烷基的诱导效应究竟如何呢？对此，人们往往易于接受传统的观点，认为烷基是给电子基。但随着科学技术的发展和实验水平的提高，对烷基诱导效应的认识正在逐渐加深。

1968 年，J. I. Brauman 等人研究了简单脂肪醇在气相中的相对酸性顺序，发现与在溶液中测得的结果相反。

$$(CH_3)_3COH＞(CH_3)_2CHOH＞CH_3CH_2OH＞CH_3OH＞H_2O$$

这里排除了溶剂等外界因素的影响，醇的酸性只与烷基有关。烷基的吸电子能力越强，会使 O—H 键的极性越强，使氢更容易以质子形式电离，从而使生成的 RO^- 更加稳定，使酸性越强。

另一个有利的证据是核磁共振数据，表 4-2 中用甲基取代甲烷中的氢时，^{1}H NMR 的化学位移由 0.23 增加为 0.90，说明烷基是吸电子的，只有吸电子基才会使化学位移移向低场。

实际上从电负性来看，烷基的电负性就比氢大（表 4-3），说明烷基的静态诱导效应应该是吸电子的。

表 4-3　烷基的电负性

基团	H	—CH_3	—CH_2CH_3	—$CH(CH_3)_2$	—$C(CH_3)_3$
电负性	2.10	2.20	2.21	2.24	2.26

烷基到底是吸电子基还是给电子基取决于它和什么样的原子或基团相连。如果烷基与电负性比烷基大的原子或基团相连，则烷基表现出通常所认为的给电子的＋I 效应；如果烷基和电负性比烷基小的原子或基团相连，则烷基表现出吸电子的－I 效应。

当然，关于烷基诱导效应方向的问题一直众说纷纭。也有观点认为烷基是一种较微弱的吸电子基团，其表现出来的诱导效应为－I 效应，但当烷基与 π 电子体系、缺电子体系及电负性强的基团相连时，烷基的－I 效应被暂时掩盖。许多情况下所表现出的给电子的诱导效应是由于其他原子或原子团及周围环境的共同影响所造成的假象，烷基在饱和分子中和在气相条件下以及非极性溶剂的稀溶液中所表现出的吸电子的效应才是烷基诱导效应的本质。

4.1.5　诱导效应的应用

（1）判断有机物的酸碱性

诱导效应对有机物酸性的影响可以归结到一点，就是对羧基上的碳原子所带电荷的影响，凡是能引起其电子云密度降低的诱导效应（－I），能使酸性增强；凡能引起其电子云密度升高的诱导效应（+I），会使酸性减弱。例如：

	FCH$_2$COOH	ClCH$_2$COOH	BrCH$_2$COOH	ICH$_2$COOH	CH$_3$OCH$_2$COOH	HOCH$_2$COOH
pK$_a$	2.66	2.86	2.90	3.18	3.53	3.83

	HCOOH	CH$_3$COOH	CH$_3$CH$_2$COOH	(CH$_3$)$_2$CHCOOH	(CH$_3$)$_3$CCOOH
pK$_a$	3.75	4.76	4.87	4.86	5.05

有机物之所以有碱性主要因为它具有吸引质子的能力。例如：

$$\overset{\displaystyle H}{\underset{\displaystyle H}{R-\overset{|}{\underset{|}{N}}:}} + H^+OH^- \longrightarrow \left[\overset{\displaystyle H}{\underset{\displaystyle H}{R-\overset{|}{\underset{|}{N}}-H}} \right]^+ + OH^-$$

胺碱性的强弱取决于氮原子接受质子的能力，氮原子上电子云密度越高，接受质子的能力越强，碱性越强。因此在胺分子中引入具有+I效应的基团，能够增加胺的碱性，引入-I效应的基团，能够降低胺的碱性，根据实验测得的在气相中氨及三甲胺、二甲胺、一甲胺的碱性顺序为：

$$(CH_3)_3N > (CH_3)_2NH > CH_3NH_2 > NH_3$$

实验表明，气相状态下胺分子中所连的烷基越多，其碱性越强，但是此规律不能机械类推，因为还有空间效应、共轭效应、溶剂化效应等其他因素的影响。

（2）判断不对称烯烃和不对称试剂的亲电加成规则

一般情况下不对称烯烃与不对称试剂的加成遵循马氏规则，但在某些反应中，诱导效应会影响到加成的方向和产物，例如：HBr 和 CH$_2$=CHCH$_2$Br 的反应，如按照马氏规则加成产物为 CH$_2$CHBrCH$_2$Br，显然是不正确的，考虑到诱导效应，反应方程式如下：

$$H_2\overset{\delta^+}{C}=\overset{\delta^-}{CH}\longrightarrow CH_2 \longrightarrow Br + \overset{+}{H}Br^- \longrightarrow CH_2BrCH_2CH_2Br$$

（3）判断碳正离子和碳负离子的稳定性

例如，比较 CF$_3$—CH$_2^+$ 和 CH$_3$—CH$_2^+$；CF$_3$—CH$_2^-$ 和 CH$_3$—CH$_2^-$ 的稳定性。CF$_3$—CH$_2^+$ 和 CH$_3$—CH$_2^+$ 这两个碳正离子均为一级碳正离子，但由于 CF$_3$—吸电子诱导效应的存在，不利于正电荷的分散，所以 CH$_3$—CH$_2^+$ 的稳定性大于 CF$_3$—CH$_2^+$，反过来，CF$_3$—的吸电子诱导效应有利于负电荷的分散，所以 CF$_3$—CH$_2^-$ 的稳定性大于 CH$_3$—CH$_2^-$。

（4）判断有机物反应时的活性

羰基化合物发生亲核加成反应，羰基碳原子的电子云密度越低，越容易和亲核试剂发生加成反应，所以取代基的-I诱导效应越强，越有利于亲核加成反应；取代基的+I诱导效应越强，越不利于亲核加成反应，下列羰基化合物进行亲核取代反应的活性顺序为：

$$Cl_3C-CHO > Cl_2CH-CHO > ClCH_2CHO > CH_3CHO$$

在卤代烷（R—X）的亲核取代反应中，R—X 的活性顺序为 R—I > R—Br > R—Cl，这是动态诱导效应的结果。

4.2 共轭效应

共轭效应是由于电子离域而产生的分子中原子间相互影响的电子效应。共轭效应是共轭体系中原子间的相互影响。共轭效应是区别于诱导效应的另一种电子效应，往往对有机化合物化学性质的影响更大。

4.2.1　共轭体系的分类

共轭效应必定存在于一定的共轭体系中，共轭体系可以分类如下：

(1) 按照参加共轭的化学键或电子类型分类

① π-π 共轭体系　不饱和键（双键或三键）与单键彼此相间所组成的体系。如：

$CH_2=CH-CH=CH_2$　　$CH_2=CH-C\equiv CH$　　$CH_2=CH-CH=O$　　⬡$-CH=CHO$　　⬡

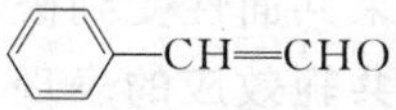

② p-π 共轭体系　不饱和键（双键或三键）与相邻 p 轨道重叠而产生的共轭体系。

$$H_2C=CH-\overset{..}{\underset{..}{Cl}}\qquad \bigcirc-\overset{..}{\underset{..}{O}}H \qquad R-\overset{\displaystyle O}{\overset{\|}{C}}-\overset{..}{\underset{..}{O}}H$$

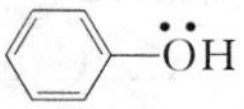

$$H_2C=CHCH_2^+ \qquad H_2C=CHCH_2^- \qquad H_2C=CHCH_2\cdot$$

(2) 按照参加共轭的原子数与电子数分类

将 n 个原子提供 n 个相互平行的 p 轨道和 m 个电子形成的离域 π 键用 π_n^m 表示，根据 m 和 n 的相对大小，可将离域 π 键分为三类：

① 等电子离域 π 键（$m=n$）：

$$CH_2=CH-CH=CH_2 \qquad \pi_4^4 \qquad \bigcirc \qquad \pi_6^6$$

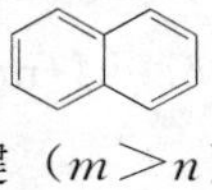

$$\bigcirc\!\!\bigcirc \qquad \pi_{10}^{10} \qquad H_2C=CH-\overset{.}{\underset{..}{Cl}} \qquad \pi_3^3$$

② 多电子离域 π 键（$m>n$）：

$$H_2C=CH-\overset{..}{\underset{..}{Cl}} \qquad \pi_3^4 \qquad \bigcirc-\overset{..}{\underset{..}{O}}H \qquad \pi_7^8 \qquad H_2C=CHCH_2^- \qquad \pi_3^4$$

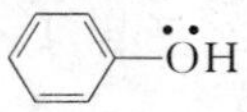

③ 缺电子离域 π 键（$m<n$）：

$$H_2C=CHCH_2^+ \qquad \pi_3^2$$

4.2.2　静态共轭效应

按照共轭效应的起源，共轭效应可分为静态共轭效应和动态共轭效应。其中静态诱导效应是分子所固有的一种永久的效应。

(1) 共轭效应的特征

① 共轭效应的存在　共轭效应只存在于共轭体系中，非共轭体系中不存在共轭效应，而诱导效应存在于一切共价键中。

② 共轭效应的起因　共轭效应起因于电子的离域，而不仅是极性或极化效应。

③ 共轭效应的传递方式　共轭效应是 π 电子沿共轭链传递，是靠电子离域传递，而诱导效应是由于键的极性或极化性沿 σ、π 键传导。

④ 传递距离　共轭效应可远程传递。只要共轭体系不中断，共轭效应可一直沿着共轭链传递而不会明显削弱，取代基相对距离的影响不明显，而且共轭链越长，电子离域越充分，体系越稳定。而诱导效应是短程传递，随着传递距离的增加，强度明显削弱。

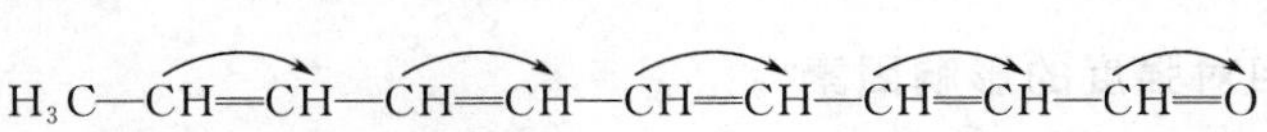

$$H_3C-CH=CH-CH=CH-CH=CH-CH=CH-CH=O$$

$$CH_2=CH-CH=CH-CH_2-CH \overset{\curvearrowright}{\rightarrow} CH=CH-CH=CH-CH=O$$
$$\quad\quad\quad 6\quad\quad 5\quad\quad 4\quad\quad 3\quad\quad 2\quad\quad 1$$

共轭体系在 C^6 处中断

⑤ 结构特征　单、重键交替，共轭体系中所有原子共平面。电子的离域作用，产生共轭效应，电子的离域作用取决于各 p 轨道能否平行重叠，而能否平行重叠又取决于组成共轭效应的各原子要在同一平面上（共面）。所以组成各原子的共面性就形成了共轭体系的先决条件，如果共面性受到破坏，共轭效应随之减弱或消失。

（2）共轭效应的表现

① 共轭体系中各键上的电子云密度发生平均化，引起键长的平均化，共轭键延伸得越长，平均化程度越大，单键和双键的键长越接近。

例如：　　　　　　　　C＝C　　　　C—C

　　　　烷烃中　　　　　　　　0.154nm

　　　　烯烃中　　　0.134nm

1,3-丁二烯中　　0.137nm　　0.146nm

再如：苯可以看成无限延长的闭合共轭体系，是电子高度离域的结果，使得电子云已完全平均化，不存在单双键的区别，键长均为 0.139nm。

② 体系能量降低、分子较稳定　从氢化热（ΔH）来看：

孤立二烯烃　　$CH_2=CH-CH_2-CH=CH_2$，　$\Delta H=254.4 \text{kJ} \cdot \text{mol}^{-1}$

共轭二烯烃　　$CH_2=CH-CH=CH-CH_3$，　$\Delta H=226.9 \text{kJ} \cdot \text{mol}^{-1}$

$\Delta H=254.4-226.9=27.5 \text{kJ} \cdot \text{mol}^{-1}$ 共轭能（离域能）

③ 折射率较高　由于电子离域，共轭体系 π 电子云更易极化，因此它的折射率也比相应的非共轭体系高。

$$CH_3-CH=CH-CH=CH_2, \quad n_D^{20}=1.4284$$
$$CH_2=CH-CH-CH=CH_2, \quad n_D^{20}=1.3888$$

④ 吸收光波长向长波方向移动　共轭体系的能量较低，各能级之间的能量差减小，即能量较低空轨道与能量最高占据轨道之间的能量差变小，分子中电子激发能低，致使共轭体系的吸收光谱向长波方向移动。随着共轭链增长，吸收光谱的波长移向波长更长的区域，进入可见光区，这就是有颜色的有机化合物分子绝大多数具有复杂的共轭体系的原因。某些化合物吸收峰波长与颜色见表 4-4。

表 4-4　某些化合物吸收峰波长与颜色

化合物	共轭双键数	最大吸收峰波长/nm	颜色
乙烯	1	171	无
1,3-丁二烯	2	217	无
1,3,5-己三烯	3	268	无
环辛四烯	4	298	淡黄
番茄红素	11	470	红色

（3）共轭效应相对强度的影响因素

共轭效应按电子转移的方向分为给电子的共轭效应（＋C）和吸电子的共轭效应（－C）。

共轭效应中给出 π 电子的原子或基团显示的共轭效应称为＋C 效应，吸引 π 电子的原子或基团显示的共轭效应称为－C 效应。

① ＋C 效应

$$\overset{\frown}{CH_2}{=}CH{-}\ddot{C}l$$

对于同一周期的元素，＋C 效应随着原子序数的增加而减小。

$$-NR_2 > -O\ddot{R} > -F$$

对于同一族的元素，随着原子序数的增加而减小。

$$-\ddot{F} > -\ddot{C}l > -\ddot{B}r > -\ddot{I}, \quad -\ddot{O}R > -\ddot{S}R, \quad -\ddot{O}H > -\ddot{S}H$$

从以上可以看出：p-π 共轭效应总是给电子的＋C 效应，且在同一周期内随着原子序数的增加而减小，同一族中，随着原子半径的增大，能级差别加大，使得 p 电子与碳原子的 π 轨道重叠变得困难，故形成 p-π 共轭的能力减弱。

② －C 效应

$$H_2\overset{\frown}{C}{=}\overset{\frown}{CH}{-}\overset{\frown}{CH}{=}O$$

－C 效应一般表现在 π-π 共轭体系中，对于同一周期的元素，原子序数越大，电负性越大，－C 效应越强。

$$C{=}O \quad > \quad C{=}NH \quad > \quad C{=}CH_2$$

对于同一族的元素，随着原子序数的增加，原子半径增大，能级升高，即与碳原子能级差变大，使 π 键与 π 键的重叠程度变小，故－C 效应变弱。

$$C{=}O \quad > \quad C{=}S$$

4.2.3 动态共轭效应

动态共轭效应是共轭体系在发生化学反应时，由于进攻试剂或外界条件的影响使电子云重新分布，实际上往往是静态共轭效应的扩大，并使原来参加静态共轭的 p 电子云向有利于反应的方向移动。动态共轭效应虽然是一种暂时的效应，但一般都是在帮助化学反应时才会产生，即都是对化学反应起促进作用的，而静态共轭效应是分子所固有的一种永久的效应，这一点它们是有很大差别的。例如 1,3-丁二烯的静态共轭效应表现为体系能量降低，电子云密度发生了平均化，引起了键长的平均化，而当它和 HBr 发生反应时，亲核试剂 H⁺ 进攻 1,3-丁二烯，使它在原来静态共轭效应的基础上又产生了动态共轭效应，引起了 p 电子云向 H⁺ 进攻方向转移，使 1,3-丁二烯分子出现正负交替分布的状态，促进了加成反应的进行。

$$\overset{\frown}{H^+} + \overset{\delta^-}{H_2\overset{\frown}{C}}{=}CH{-}CH\overset{\delta^+}{=}CH_2 \longrightarrow H{-}CH_2{-}\overset{\oplus}{\overset{\frown}{CH{\cdots}CH}}{-}CH_2 \xrightarrow{Br^-} \begin{array}{l} CH_3{-}CH{=}CH{-}CH_2Br \\ \\ CH_3{-}CHBr{-}CH{=}CH_2 \end{array}$$

又如氯苯的亲电取代反应。

在氯苯分子中既有静态的－I 效应，又有静态的＋C 效应，从偶极矩的方向可以测得－I＞＋C。

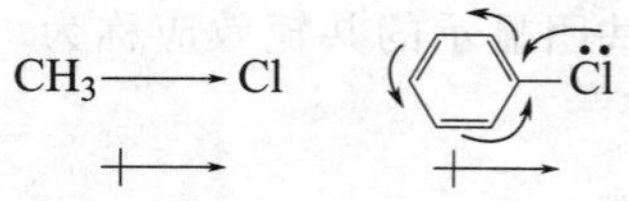

$$\mu=1.86D \qquad \mu=1.70D$$

但在反应过程中，动态因素却起着主要作用。在亲电取代反应中，当亲电试剂进攻引起了动态共轭效应，加强了 p-π 共轭效应，促进了亲电取代，并使亲电试剂进入了邻对位。但由于氯原子的—I 效应太强，虽然动态共轭效应促进了邻对位取代，但氯的作用还是使氯苯的亲电取代反应变得比苯难。

4.2.4 超共轭效应

当 C—H σ 键与 π 键（或 p 轨道）处于共轭位置时，也会产生电子的离域现象，这种 C—H 键 σ 电子的离域现象叫作超共轭现象。

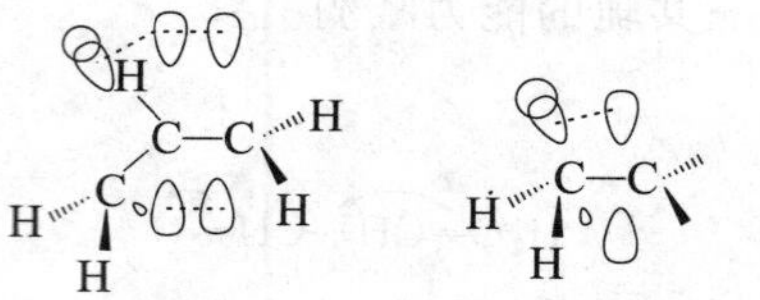

σ-π超共轭   σ-p超共轭

有两个事实证明超共轭效应的存在。

其一，烷基苯进行亲核取代反应时，甲苯和亲电试剂的反应快，叔丁苯的反应最慢。烷基苯亲电取代反应的相对速率见表 4-5。

表 4-5 烷基苯亲电取代反应的相对速率

取代基	—CH$_3$	—CH$_2$CH$_3$	—CH(CH$_3$)$_2$	—C(CH$_3$)$_3$	—H
溴代反应相对速率	340	290	180	110	1
硝化反应相对速率	14.8	14.3	12.9	10.8	1

这与诱导效应的大小顺序正好相反，所以用诱导效应没法解释这个问题，说明这里还有其他的影响因素，主要是 C—H σ 键与 π 键的离域，也就是 σ-π 超共轭效应。甲苯有三个 C—H σ 键与苯环的大 π 键共轭，乙苯有两个这样的 C—H σ 键，异丙苯有一个，叔丁苯没有，所以就得到上述的相对速率的顺序。

其二，从氢化热证明超共轭效应的存在。例如：

$$CH_3CH_2CH{=}CH_2 + H_2 \longrightarrow CH_3CH_2CH_2CH_3 \quad \Delta H = 126.8 \mathrm{kJ \cdot mol^{-1}}$$

$$cis\text{-}CH_3CH{=}CHCH_3 + H_2 \longrightarrow CH_3CH_2CH_2CH_3 \quad \Delta H = 119.7 \mathrm{kJ \cdot mol^{-1}}$$

对比两者的氢化热，可以看出 2-丁烯的氢化热较小，能量较低，该化合物较稳定，主要原因是 2-丁烯分子中有 6 个 C—H 键与双键形成 σ-π 共轭（1-丁烯中这样的 C—H 键只有 2 个），由于电子的离域使得体系较稳定，能量较低，故氢化热数值较小。

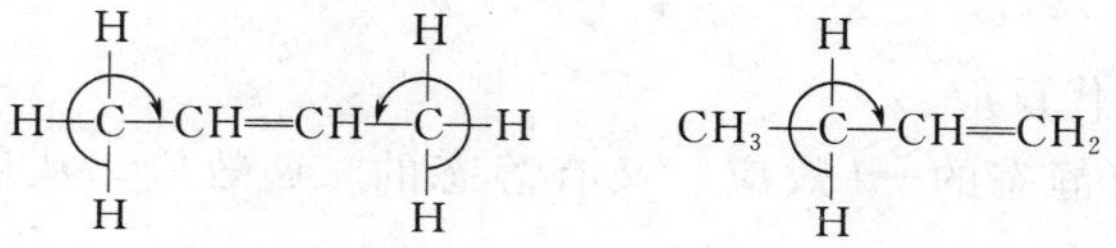

超共轭效应一般都是给电子的，其强弱顺序是：

$$-CH_3 > \quad -CH_2R > \quad -CHR_2 > \quad -CR_3$$

烷基碳正离子的稳定性和烷基自由基的稳定性都与 σ-p 超共轭效应有关。烷基碳正离子的稳定性顺序：

$$(CH_3)_3C^+ > (CH_3)_2CH^+ > CH_3CH_2^+ > CH_3^+$$

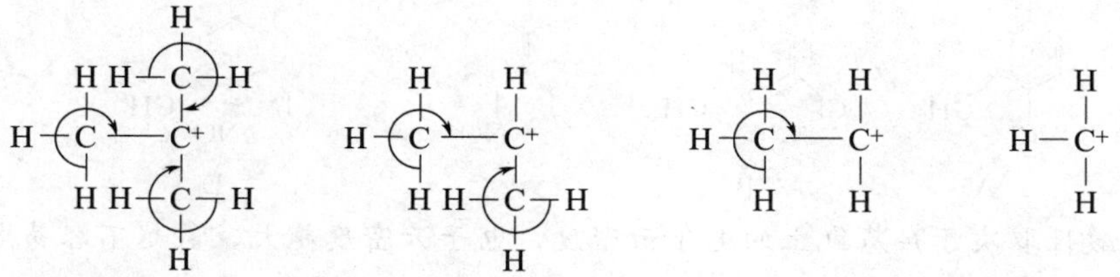

9个C—Hδ键　　　6个C—Hδ键　　　3个C—Hδ键　　　无C—Hδ键

烷基自由基的稳定性也是如此：$(CH_3)_3C \cdot > (CH_3)_2CH \cdot > CH_3CH_2 \cdot > CH_3 \cdot$

4.2.5　共轭效应的应用

(1) 判断有机物的偶极矩

共轭效应的存在会改变分子的偶极矩。例如：氯乙烷分子（$\mu = 2.05D$）中，由于氯原子的吸电子诱导效应，使分子正负电荷中心发生分离，产生偶极矩。在氯乙烯分子中（$\mu = 1.44D$），氯原子有两种效应影响分子中的电子云分布，吸电子的诱导效应使电子云偏向氯原子，同时氯原子上的孤对电子与碳碳双键还存在 p-π 共轭效应，该效应是给电子的，使得电子云偏向双键，两种效应方向相反，总的结果使氯乙烯的偶极矩小于氯乙烷。

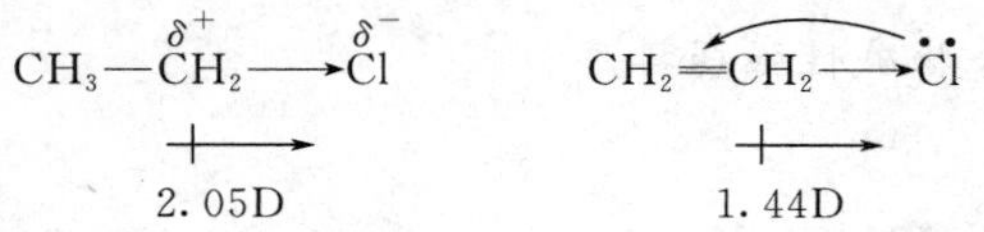

(2) 判断有机物的酸碱性

在羧酸和苯酚分子中，—OH 中氧原子上的一对孤对电子所占据的 p 轨道可以和羧基中的 π 键和苯环的大 π 键形成 p-π 共轭体系，增加了 O—H 键的极性，使 H 容易以质子的形式脱去，且形成的羧酸负离子或酚氧负离子，共轭效应更强，体系更稳定，所以羧酸和苯酚具有一定的酸性，而醇一般为中性，主要是醇中没有 p-π 共轭效应。

对于取代的芳香酸或取代的酚，取代基的影响往往既有共轭效应，又有诱导效应，是两种效应共同作用的结果。例如：

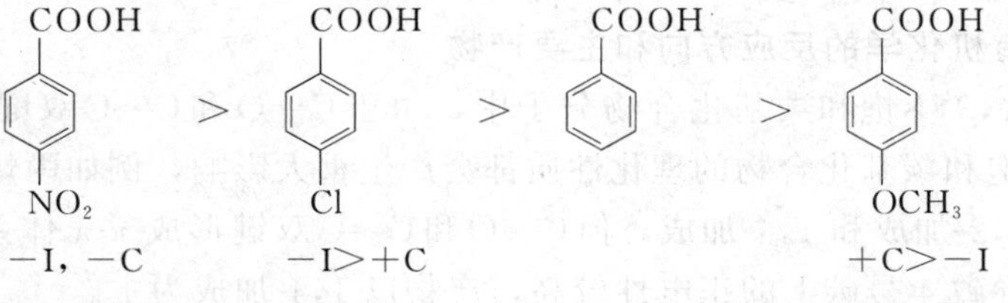

	$-I$, $-C$	$-I > +C$		$+C > -I$
pK_a	3.42	3.99	4.20	4.47

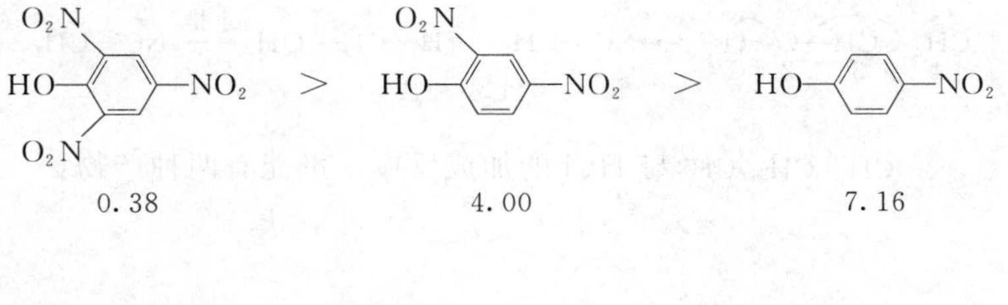

pK_a	0.38	4.00	7.16

芳香胺的碱性比脂肪胺的碱性弱，酰胺几乎为中性，都是因为氮原子上的孤对电子和苯环或羰基的 p-π 共轭效应使得氮原子上的电子云密度大大下降。

【例 4-2】 比较下列酚的酸性。

A   B   C   D

解 酚的酸性取决于羟基氧上的电子云密度，电子云密度越大，氢越不容易电离，酸性越小，也可以说取决于相应酚氧负离子的稳定性。C 和 D 均有强吸电子的硝基，因此，相应酚氧负离子较稳定，酸性强于 A 和 B。D 中甲基和氯处在硝基邻位，空间效应使硝基与苯环不在同一平面上，不可通过共轭稳定负离子，此时硝基的吸电子作用仅仅表现在诱导效应上。而 C 中的硝基既可以通过诱导效应，又可以通过共轭效应稳定酚氧负离子，所以 C 的酸性强于 D。

再看 A 和 B，在这两个酚中，甲基都在酚羟基的间位，不同的是 A 中氯在对位，B 中氯在间位。一般来说，基团在对位时，共轭效应和诱导效应同时起作用；基团在间位时共轭受阻，诱导效应起主要作用。这样，在 A 中处于对位的 Cl 原子和苯环之间存在给电子的 p-π 共轭效应，削弱了吸电子的诱导效应；在 B 中间位的 Cl 原子只有吸电子的诱导效应，共轭削弱因素受到阻碍，所以 B 的酚氧负离子较稳定，B 的酸性大于 A。综上，酸性顺序为 C>D>B>A。

【例 4-3】 按下列化合物碱性强弱排序。

A   B   C   D

解 A 是酰胺，由于羰基的吸电子作用降低了氮原子上的电子云密度，所以 A 几乎为中性。D 为芳香族仲胺，氮上孤对电子所占 p 轨道可以和苯环共轭，分散了氮原子上的电子云密度，因此碱性较 B 和 C 弱。B 中孤对电子占据轨道为 sp³ 杂化轨道，而 C 中孤对电子占据轨道为 sp² 杂化轨道，s 成分不同，电子受核的影响不同，s 成分越大，电子受核的吸引越大，所以 B 的碱性最强，综上分析所得碱性顺序为 B>C>D>A。

(3) 预测有机化学的反应方向和主要产物

例如，在 α,β-不饱和羰基化合物分子中，由于 C=O 和 C=C 双键形成 π-π 体系，这种共轭对 α,β-不饱和羰基化合物的理化性质都会产生重大影响，例如丙烯醛与 HCN 加成有两个反应方向，1,2-加成和 1,4-加成，但 C=O 和 C=C 双键形成 π-π 体系时，C=O 是吸电子的共轭效应，导致 4 号碳上的正电性较高，产物以 1,4-加成为主。

$$HCN + \overset{4}{CH_2}=\overset{3}{CH}-\overset{2}{C}=\overset{1}{O} \longrightarrow NC-CH_2-CH=CH-OH \xrightarrow{重排} NC-CH_2-CH_2-CHO$$

1,4-加成

再如，C₆H₅—CH=CH—CH₃ 与 HCl 的加成反应，可能有两种产物：

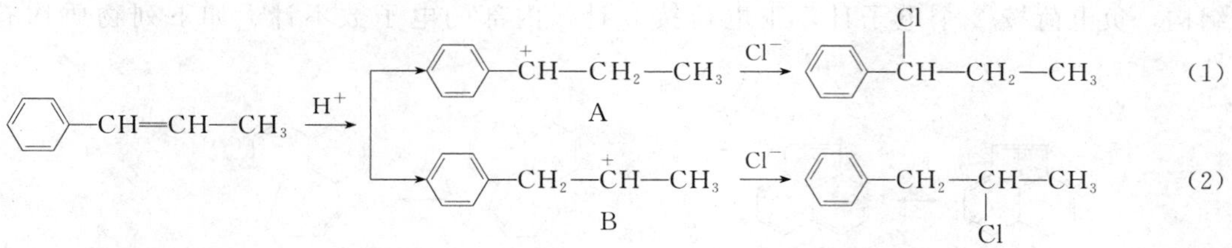

$$\text{（1）}$$

$$\text{（2）}$$

实验证明主要产物为（1），主要是中间体（A）因 p-π 共轭而比较稳定，更容易形成。

4.2.6　有机化合物的芳香性和休克尔规则

（1）芳香性

芳香烃一般具有苯环结构，它们是环状闭合的共轭体系，π 电子高度离域，体系能量低，较稳定，表现在化学性质上易进行亲电取代反应，不易进行加成和氧化反应，即具有芳香性。是不是具有芳香性的化合物一定具有苯环？答案是否定的，1930 年德国化学家休克尔（Hückel）从分子轨道理论的角度对环状多烯烃（轮烯）的芳香性提出了如下规则：

化合物是轮烯，共平面，它的 π 电子数为 $4n+2$（n 为 0，1，2，3，…，n 为整数），共面的原子均为 sp^2 或 sp 杂化。

1954 年，伯朗特（Platt）提出了周边修正法，认为可以忽略中间的桥键而直接计算外围的电子数，对休克尔规则进行了完善和补充。

（2）芳香性的判断

① 经典结构式的画法　一些稠环芳烃可看成轮烯，画经典结构式时，使尽可能多的双键处在轮烯上，处在轮烯内外的双键写成其共振的正负电荷形式，将出现在轮烯内外的单键忽略后，用休克尔-伯朗特规则判断。例如：

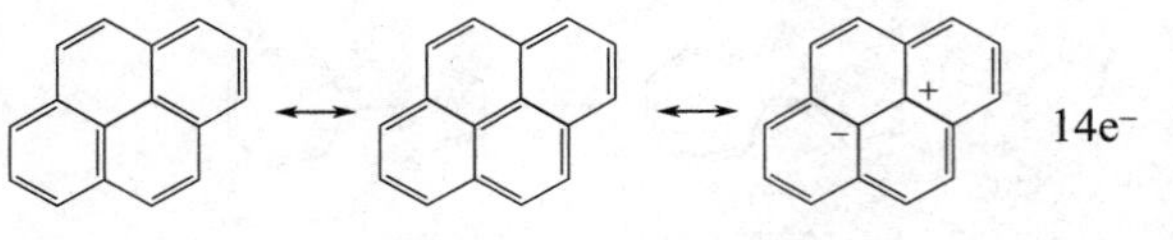

$14e^-$

A　　　　　B　　　　　C

$14e^-$

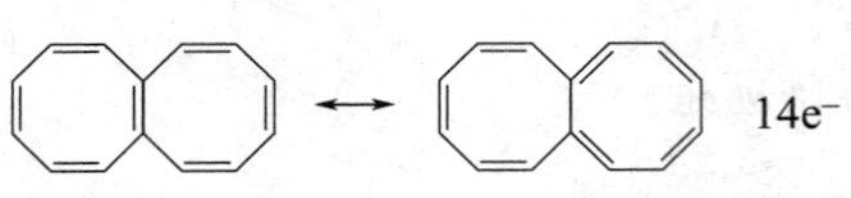

D　　　　　E

A 和 D 的周边均有 6 个双键，直接用休克尔-伯朗特规则判断它们的芳香性会造成错误。所以，首先把它们改写成尽可能多的双键在轮烯上的 B 式和 E 式，它们周边均有 7 个双键，将内部的双键改成共振的正负电荷形式 C，将出现在轮烯内外的单键忽略后，用休克尔-伯朗特规则判断 A 和 D 均具有芳香性。

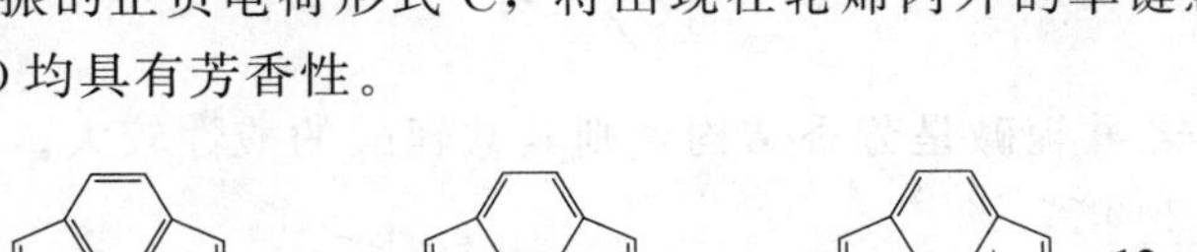

$12e^-$

F　　　　　G　　　　　H

用同样的方法，把 F 写成 G，然后再写成 H 后判断 F 不是芳香性物质。

② 双键的处理方法　与轮烯直接相连的双键在计算电子数时，将双键写出其共振的电

荷结构，负电荷按 2 个电子计，正电荷按 0 计，内部的电子数不计。如下列物质均有芳香性：

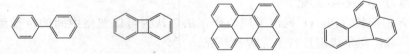

③ 轮烯外部的单键　轮烯外部通过单键相连，且单键碳与轮烯烃共用，单键忽略后分别计算所连的轮烯的芳香性，下列物质均有芳香性。

(3) 芳香性的应用

① 判断偶极矩的大小　一些化合物由于能形成稳定的芳香结构而有较大的偶极矩。

【例 4-4】　比较 A 和 B 的偶极矩。

A. 　　　　　B.

解　由于 A 生成较稳定的芳香环系，能发生电荷分离，即有较大的偶极矩；而 B 不是芳香化合物，不能发生电荷分离，所以偶极矩是 A＞B。

② 比较酸碱性　若共轭碱是芳香结构，则其共轭酸的酸性较大。例如：环戊二烯的酸性比开链烃戊二烯大 20 倍。

【例 4-5】　比较 A 和 B 的酸性。

A. 　　　　B.

解　由于 A 电离出质子后生成环戊二烯负离子，环中的 π 电子数为 6，具有芳香性，所以较稳定，而 B 电离后生成的负离子没有芳香性，所以稳定性差。综上 A 更容易电离质子，即酸性是 A>B。

4.3 场效应

　　所谓场效应是不通过碳链传递而是通过空间或媒介（如溶剂）传递的电子效应。诱导效应和场效应都是电子效应，只是传递的方式不同。场效应是由带有电荷的原子或基团在空间产生的电场对分子另一头的反应中心产生相互影响的效应，可被看成是"远程"的电子效应。

　　诱导效应和场效应往往同时存在而且作用方向一致，例如：丙二酸的 $pK_{a_1} = 2.86$，$pK_{a_2} = 5.70$，相差约 1000 倍。羧基本身是吸电子基团，这种吸电子的诱导效应使得另一个羧基很容易解离，因此增加了第一个羧基的酸性，但当第一个羧基解离后，生成的带负电的羧酸根离子，它是一个给电子基团，给电子的诱导效应使第二个羧基的氢原子难以电离。另外，COO^- 在空间会产生负电场，从而抑制了第二个羧基的电离。

$$HOOC-CH_2-COOH \stackrel{K_{a_1}}{\rightleftharpoons} HOOC-CH_2-COO^- + H^+$$

$$HOOC-CH_2-COO^- \stackrel{K_{a_2}}{\rightleftharpoons} {}^-OOC-CH_2-COO^- + H^+$$

　　在某些场合下场效应和诱导效应相反，从而显示出场效应的明显作用。例如：邻氯苯丙炔酸的酸性小于对氯苯丙炔酸。如果从诱导效应考虑，邻位异构体比对位的酸性强，但是由于氯处于邻位的 δ^- 端，所产生的负电性的一端通过空间传递对羧基质子产生静电场吸引，使之不易离解，从而减小了其酸性。场效应依赖于分子的几何构型，氯在对位的时候，氯与氢距离远，不能产生场效应。

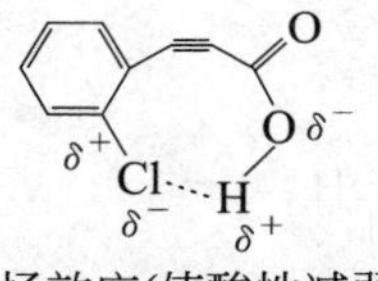

场效应(使酸性减弱) 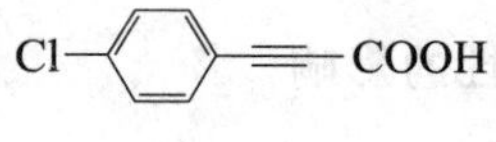　　　　　无场效应

　　8-氯-1-蒽酸的酸性小于 1-蒽酸，这与诱导效应相矛盾，但可以用场效应解释。

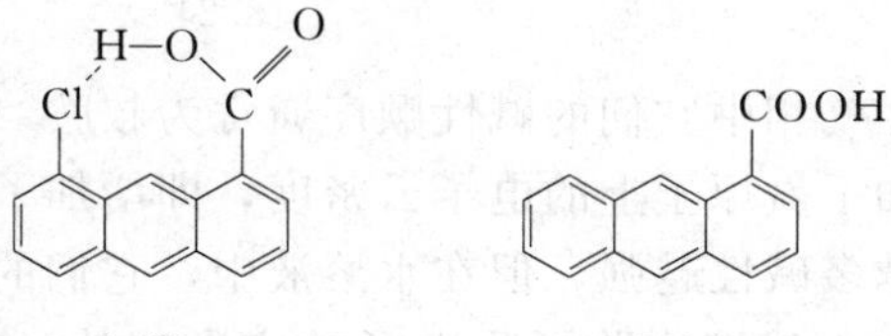

pK_a　　　　6.25　　　　　　　　　　　6.04

4.4 空间效应

　　空间效应又称立体效应或体积效应，它是由原子或基团处于范德华半径不允许的范围内时产生的一种排斥作用。空间效应在有机化学中有重要的影响。

　　(1) 对有机物（构象）稳定性的影响
　　取代环己烷的构象是取代基在 e 键上比 a 键上更稳定。例如：

甲基在 a 键上时，和相邻氢原子的距离近，产生范德华斥力，使分子内能增加，稳定性下降。取代的环己烷大基团在 e 键上也是为了减小空间的排斥作用。例如，1-甲基-1-叔丁基

的稳定构象为 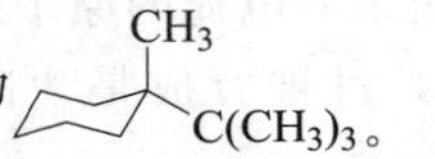 。

又如，由于空间位阻的影响，丁烷的四种典型构象的稳定性顺序为：

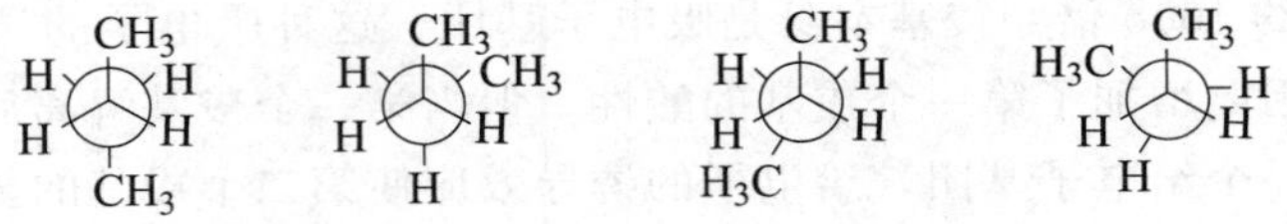

(2) 对芳香性的影响

[10]轮烯和[14]轮烯 π 电子数符合 $4n+2$ 规则，但由于环内氢的空间位阻大，彼此排斥干扰，使环离开平面，破坏了共轭，因此失去了芳香性。[18]轮烯由于环的扩大，环内氢相互排斥作用减弱，整个分子基本上处于同平面，故有芳香性。

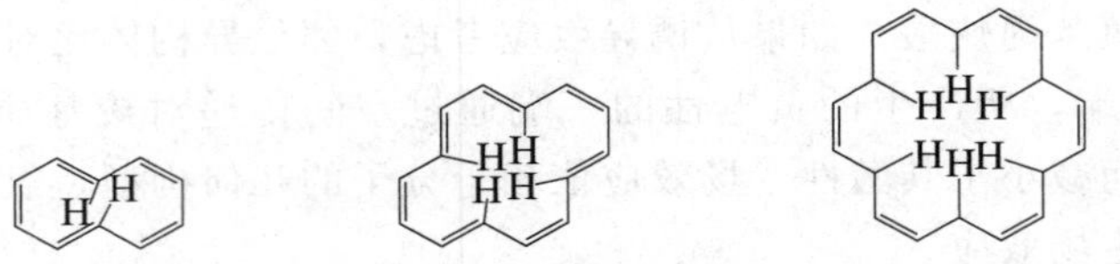

[10]轮烯   [14]轮烯   [18]轮烯

(3) 对有机物酸碱性的影响

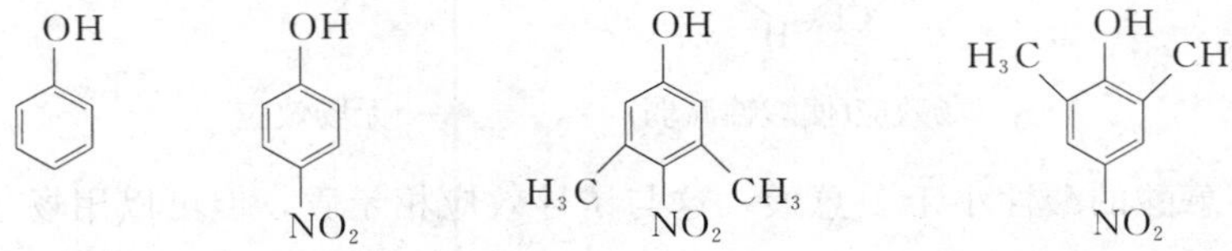

| pK_a | 9.99 | 7.14 | 8.24 | 7.16 |

对于脂肪胺来说，在气相中它们的碱性顺序通常为叔胺＞仲胺＞伯胺＞氨，主要是由于烷基是给电子基团，增加了氮原子上的电子云密度，即增加了氮原子吸引质子的能力，所以胺中氮原子上所连烷基越多碱性越强，但在水溶液中，它们的碱性顺序发生变化，仲胺＞伯胺＞叔胺＞氨，原因是在水溶液中除了受电子效应影响外，空间效应和溶剂化效应也起作用，几种效应综合的结果是仲胺＞伯胺＞叔胺＞氨。

2,6-二叔丁基苯胺的碱性大于 3,5-二叔丁基苯胺的碱性，邻叔丁基苯甲酸的酸性大于对叔丁基苯甲酸，也是由于空间效应。

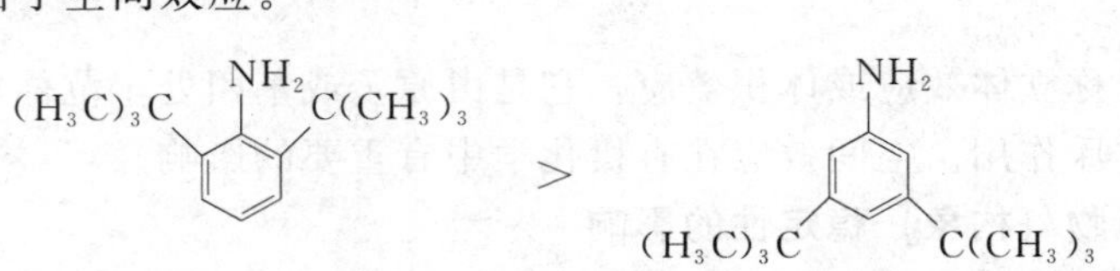

$$酸性 \quad \underset{\underset{\underset{H_3C}{|}}{\overset{\overset{CH_3}{|}}{C}-CH_3}}{\overset{\overset{O}{\parallel}}{C}-OH} \quad > \quad (H_3C)_3C-\overset{\overset{O}{\parallel}}{C}-OH$$

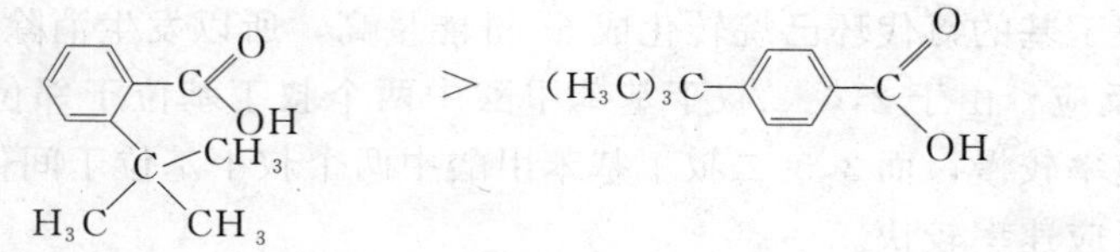

(4) 对有机反应活性的影响

① 亲核取代反应 卤代烷与 NaI-丙酮反应时，反应速率有很大区别主要和空间效应有关。

$$RBr + KI \xrightarrow{\text{丙酮}} RI + KBr \ (S_N2)$$

R	CH_3	CH_3CH_2	$(CH_3)_2CH$	$(CH_3)_3C$
相对反应速率	150	1	0.01	0.001

卤原子与桥头碳相连的卤代烃，由于空间效应一般很难进行亲核取代反应，但是随着桥上碳原子或两侧碳原子的增多，桥环的张力会减小，空间位阻也会相应减小，桥头碳原子会很容易被取代，例如，多环桥头碳原子上卤原子活性顺序为：

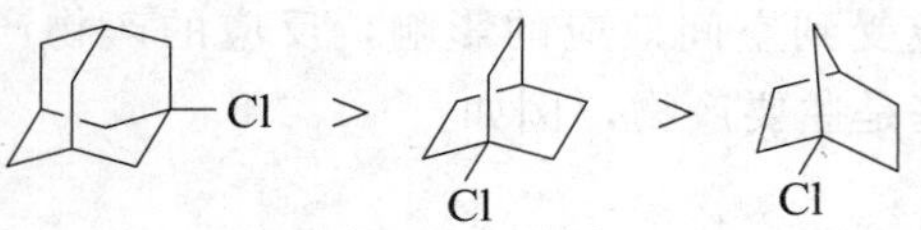

【例 4-6】 分别比较下列化合物与 $AgNO_3/C_2H_5OH$、NaI/丙酮发生反应的活性。

A. 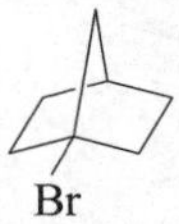 B. $CH_3(CH_2)_2CH_2Cl$ C. $C_2H_5CH(Cl)CH_3$ D. $(CH_3)_3CCl$

解 卤代烷与 $AgNO_3/C_2H_5OH$ 主要发生 S_N1（单分子亲核取代）反应。卤代烃发生 S_N1 反应时，其活性中间体 C^+ 越稳定，反应速率越快，进行 S_N1 反应时，难以形成平面构型的碳正离子，所以与 $AgNO_3/C_2H_5OH$ 发生反应的活性为 D＞C＞B＞A。

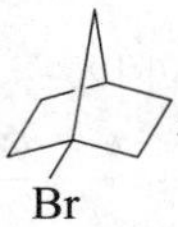

卤代烃与 NaI/丙酮主要发生 S_N2（双分子亲核取代）反应。I^- 进攻 α-C 时空间障碍越小，形成的过渡态越稳定，越有利于 S_N2 反应的进行，在进行 S_N2 时，I^- 难以从背面进攻 α-C，空间障碍大。故与 NaI/丙酮发生反应的活性为 B＞C＞D＞A。

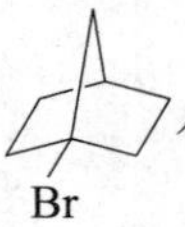

② 消除反应 卤代环己烷的消除反应发生在 a 键上，当被消除的卤素位于 e 键上时，要通过构型翻转，基团大的空间位阻大，导致消除反应速率不同。

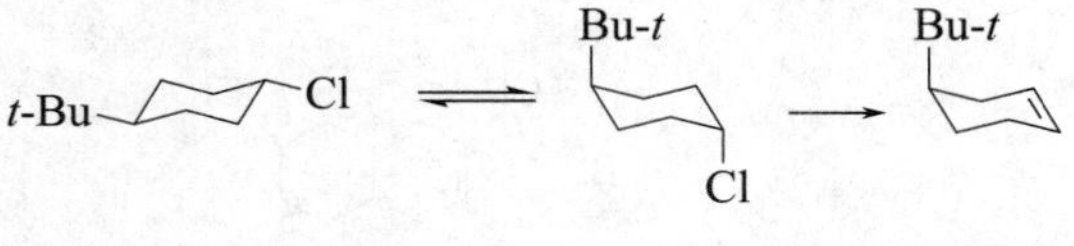

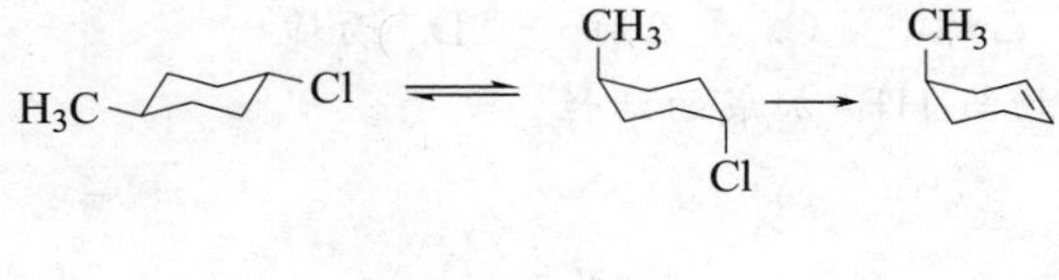

由于带叔丁基的氯代环己烷转化成 aa 键能量高，所以发生消除反应时速率较慢。

③ 酯化反应　由于 2,6-二叔丁基苯甲酸中两个叔丁基位于邻位，羧酸酯化时空间效应较大，反应速率较慢，而 3,5-二叔丁基苯甲酸中两个叔丁基位于间位，羧酸酯化时空间效应相对较小，反应速率较快。

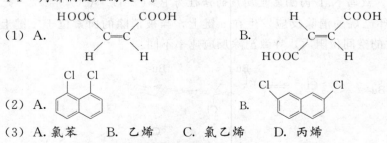

（5）对反应选择性的影响

α-蒎烯硼氢化-氧化水解反应时，只能从空间位阻小的方向加成：

桥环上羰基的还原反应受到空间效应的影响，反应的产物产率会有所不同，[H⁻] 从空间位阻小的一边进攻羰基是主要产物，例如：

桥环烯烃双键的氧化反应，也会因为空间效应而得到选择性的氧化产物。例如：

习　题

▶ **基本训练**

4-1　判断偶极矩的大小。

（1）A.　　B.

（2）A.　　B.

（3）A. 氯苯　　B. 乙烯　　C. 氯乙烯　　D. 丙烯

4-2　比较下列化合物与 HBr 加成的活性。

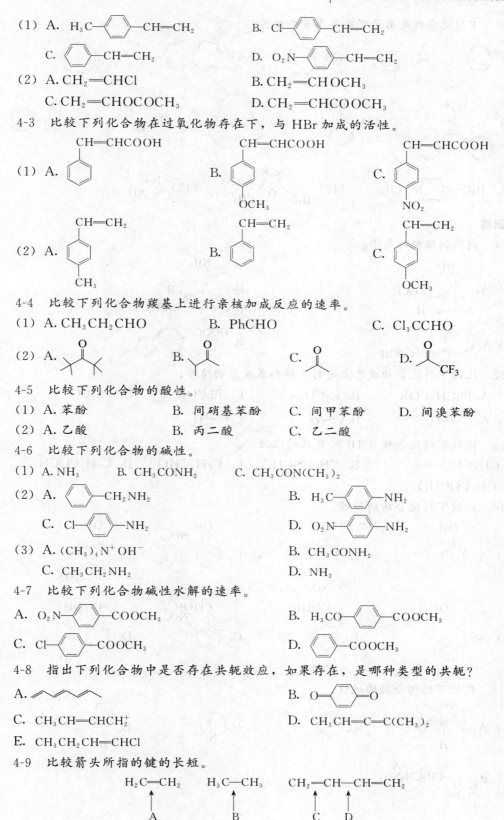

(1) A. H_3C—⬡—$CH=CH_2$ B. Cl—⬡—$CH=CH_2$

　　C. ⬡—$CH=CH_2$ D. O_2N—⬡—$CH=CH_2$

(2) A. $CH_2=CHCl$ B. $CH_2=CHOCH_3$

　　C. $CH_2=CHOCOCH_3$ D. $CH_2=CHCOOCH_3$

4-3 比较下列化合物在过氧化物存在下，与 HBr 加成的活性。

(1) A. ⬡—$CH=CHCOOH$ B. CH_3O—⬡—$CH=CHCOOH$ C. O_2N—⬡—$CH=CHCOOH$

(2) A. CH_3—⬡—$CH=CH_2$ B. ⬡—$CH=CH_2$ C. CH_3O—⬡—$CH=CH_2$

4-4 比较下列化合物羰基上进行亲核加成反应的速率。

(1) A. CH_3CH_2CHO B. $PhCHO$ C. Cl_3CCHO

(2) A. (叔丁基酮)   B. (丙酮)   C. (乙醛)   D. CF_3酮

4-5 比较下列化合物的酸性。

(1) A. 苯酚   B. 间硝基苯酚   C. 间甲苯酚   D. 间溴苯酚

(2) A. 乙酸   B. 丙二酸   C. 乙二酸

4-6 比较下列化合物的碱性。

(1) A. NH_3 B. CH_3CONH_2 C. $CH_3CON(CH_3)_2$

(2) A. ⬡—CH_2NH_2 B. H_3C—⬡—NH_2

　　C. Cl—⬡—NH_2 D. O_2N—⬡—NH_2

(3) A. $(CH_3)_4N^+OH^-$ B. CH_3CONH_2

　　C. $CH_3CH_2NH_2$ D. NH_3

4-7 比较下列化合物碱性水解的速率。

A. O_2N—⬡—$COOCH_3$ B. H_3CO—⬡—$COOCH_3$

C. Cl—⬡—$COOCH_3$ D. ⬡—$COOCH_3$

4-8 指出下列化合物中是否存在共轭效应，如果存在，是哪种类型的共轭？

A. (己二烯结构)   B. $O=$⬡$=O$

C. $CH_3CH=CHCH_2^+$ D. $CH_3CH=C=C(CH_3)_2$

E. $CH_3CH_2CH=CHCl$

4-9 比较箭头所指的键的长短。

$H_2C=CH_2$　　$H_3C—CH_3$　　$CH_2=CH—CH=CH_2$

↑(A)　　↑(B)　　↑(C)　↑(D)

4-10　下列化合物或离子哪些具有芳香性?

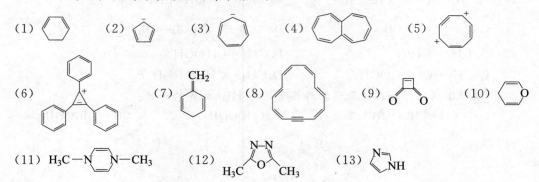

(1)　　(2)　　(3)　　(4)　　(5)

(6)　　(7) CH₂　　(8)　　(9)　　(10)

(11) H₃C—N⁺—N—CH₃　　(12) H_3C 　　(13)

▶ 拓展训练

4-11　判断偶极矩的大小。

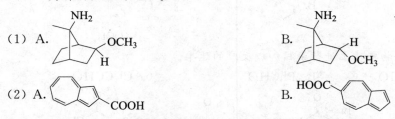

(1) A. 　　B.

(2) A. 　　B.

4-12　比较下列化合物羰基上进行亲核加成反应的速率。

(1) A. PhCH₂COR　　B. R₂CO　　C. PhCOR　　D. Ph₂CO

(2) A. 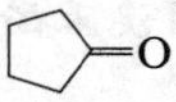 　　B. 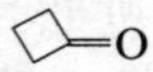 　　C.

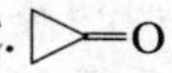

4-13　比较下列化合物与 HCN 反应的活性。

A. CH₃CHO　　B. CH₃COCH₃　　C. C₆H₅CHO　　D. C₆H₅COCH₃

E. CH₃COCHO

4-14　比较下列化合物的酸性。

(1) A. 　　B. 　　C. 　　D.

(2) A. 　　B. 　　C. 　　D.

4-15　比较下列化合物的碱性。

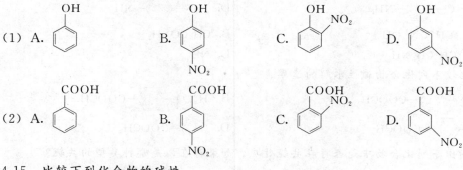

(1) A. 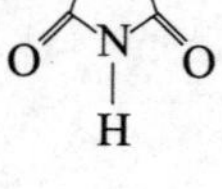 　　B. 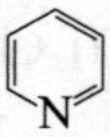 　　C. 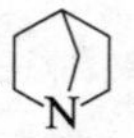 　　D.

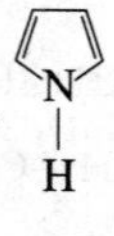

(2)

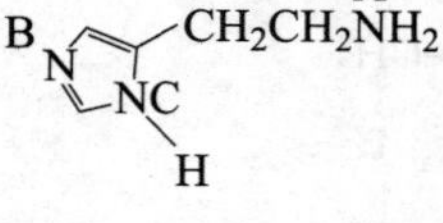

（3）A. 　　B. 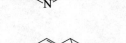　　C. 　　D.

（4）A. ![结构式] B. ![结构式] C. ![结构式] D. ![结构式]

第❺章 ▶▶▶

有机反应活性中间体

▶**知识目标**

　　掌握各种活性中间体的概念、稳定性规律和影响稳定性的因素。

　　熟悉各种活性中间体的生成方法。

　　熟悉各种活性中间体的典型反应。

▶**能力目标**

　　能运用各种活性中间体稳定性的规律分析有机反应的历程。

　　有机化学反应有些是一步完成的，称为协同反应，而多数有机反应不是一步完成的，反应过程中至少会有一个中间体生成，这些中间体通常是高度活泼的，寿命较短，形成后立即参与下一步的反应而迅速转为更稳定的分子，所以常称为有机反应活性中间体。尽管多数活性中间体很难分离，但也有一些已经被分离并用现代仪器测定出来。它们主要来自共价键的均裂和异裂，常见的有机反应活性中间体有：碳正离子、碳负离子、自由基、碳烯（卡宾）、氮烯（乃春）和苯炔等。

　　有机反应活性中间体是有机化学非常重要的组成部分，是研究有机反应历程的关键，所以对活性中间体的研究具有十分重大的意义。

5.1 碳正离子

　　碳正离子是指带有正电荷的三价碳原子，它的价电子层仅有六个电子，所以是缺电子碳原子化合物，它是有机反应中最常见也是最重要的活性中间体之一。美国南加利福尼亚大学乔治·安德鲁·欧拉教授对碳正离子研究的杰出贡献，获得了 1994 年度诺贝尔化学奖。

　　碳正离子分为两大类，一类是经典碳正离子，另一类是非经典碳正离子，我们所讨论的一般都是经典碳正离子。

5.1.1 碳正离子的结构及稳定性

(1) 碳正离子的结构

　　碳正离子具有平面构型和角锥构型两种，其中心碳原子分别以 sp^2 或 sp^3 杂化轨道与其他三个原子或基团相连，如图 5-1 所示。

(a) 平面构型(sp²杂化)　　　　　(b) 角锥构型(sp³杂化)

图 5-1　碳正离子的结构

这两种构型的共同点是都有一个低能级的空轨道，前者为未杂化的 p 轨道，后者为 sp³ 杂化轨道。其中平面构型比较稳定，一方面是由于平面构型中与中心碳原子相连的三个原子或基团距离最远，相互之间的排斥作用较小，另一方面 sp² 杂化的 s 成分较多，电子更靠近原子核，即更为稳定。利用量子力学对简单烷基碳正离子的计算得知，平面构型比角锥构型内能低 $84 kJ \cdot mol^{-1}$。

（2）碳正离子的稳定性

影响碳正离子稳定性的因素很多，主要有诱导效应、共轭效应、空间效应、芳香性等。

① 诱导效应　任何具有 +I 效应的给电子的原子或基团（如烷基）和碳正离子相连时，能使正电荷得以分散而稳定性增加，相反，具有 $-I$ 效应的原子或基团（$-CF_3$、$-CCl_3$ 等）与碳正离子相连时则使正电荷更加集中，稳定性减弱。

例如：$(CH_3)_3C^+ > (CH_3)_2CH^+ > CH_3CH_2^+ > CH_3^+$

$\qquad CH_3CH_2^+ > CF_3CH_2^+$

当然烷基正离子的稳定性顺序除了和烷基的给电子诱导效应有关以外，还和烷基中 C—H 轨道和中心碳原子空的 p 轨道存在的 σ-p 超共轭效应（+C）也有关系，是两种效应共同作用的结果。

② 共轭效应　除了诱导效应外，共轭效应对碳正离子的稳定也起着一定的作用。具有 +C 效应的原子或基团与碳正离子相连时，会使碳正离子的稳定性增强。反之具有 $-C$ 效应的原子或基团与碳正离子相连时，会使碳正离子稳定性下降。例如，烯丙基碳正离子，因为 p-π 共轭，正电荷得到分散，更加稳定。

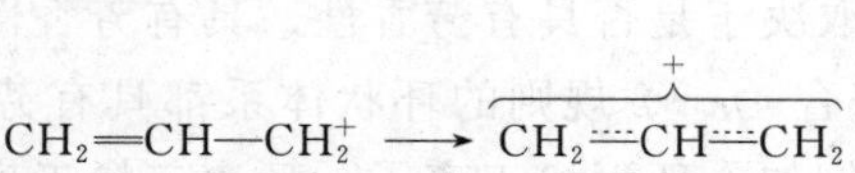

$$CH_2=CH-CH_2^+ \longrightarrow \overbrace{CH_2\cdots CH\cdots CH_2}^{+}$$

随着共轭体系的增长，碳正离子稳定性明显增加。例如：

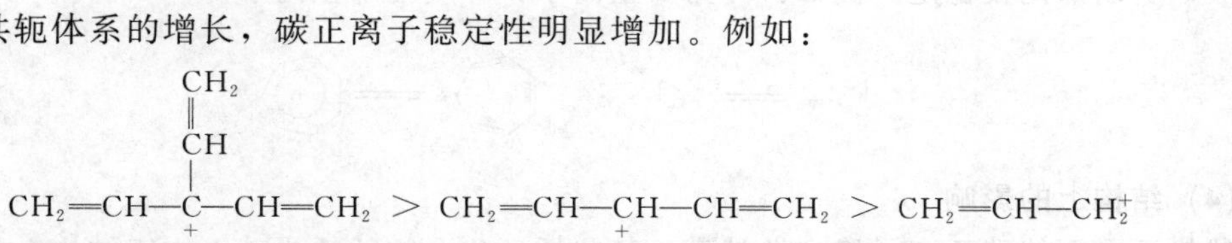

$$\underset{\overset{|}{+}}{\underset{\overset{|}{CH}}{\overset{CH_2}{\underset{\parallel}{}}}}$$

CH₂=CH—C—CH=CH₂ ＞ CH₂=CH—CH—CH=CH₂ ＞ CH₂=CH—CH₂⁺

苄基的情况与之类似，正电荷通过 p-π 共轭得到分散而稳定。

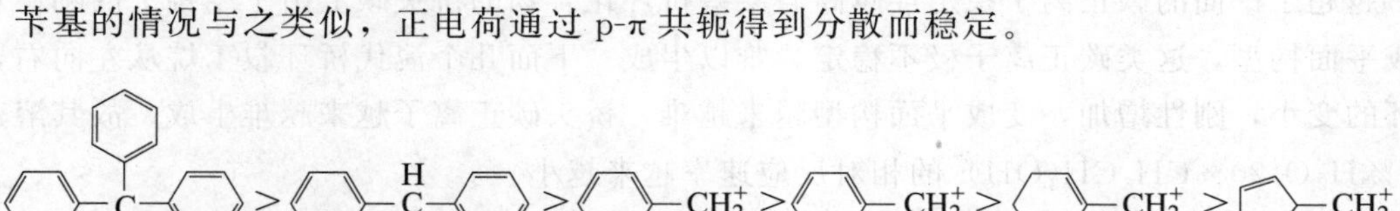

当共轭体系上连有取代基时，给电子基团能使碳正离子的稳定性增加，吸电子基团使其稳定性减弱。例如，下列取代苄基碳正离子的稳定性顺序为：

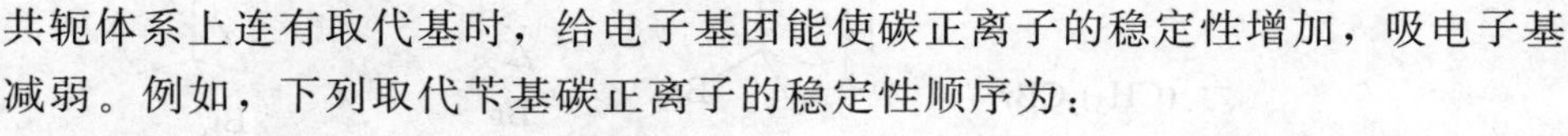

H_3CO—⟨ ⟩—CH_2^+ ＞ H_3C—⟨ ⟩—CH_2^+ ＞ Cl—⟨ ⟩—CH_2^+ ＞ O_2N—⟨ ⟩—CH_2^+

环丙甲基正离子比苄基正离子还稳定，且随着环丙基的增多，碳正离子的稳定性提高。

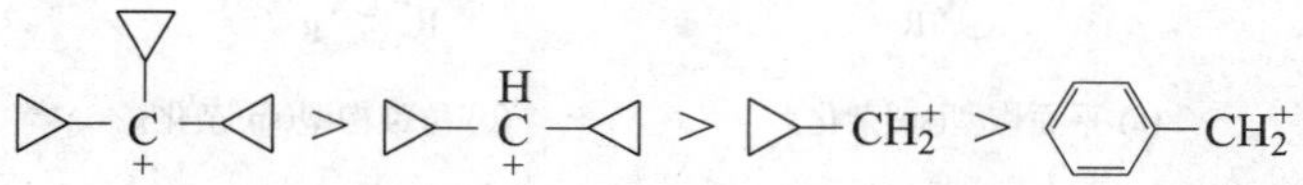

$$\triangleright\!-\!\underset{+}{C}\!-\!\triangleleft \;>\; \triangleright\!-\!\overset{H}{\underset{+}{C}}\!-\!\triangleleft \;>\; \triangleright\!-\!CH_2^+ \;>\; \text{（苯基）}\!-\!CH_2^+$$

其原因可能是中心碳原子上空的 p 轨道与环丙基中的弯曲轨道侧面交盖（共轭），其结果是使正电荷分散，见图 5-2。

直接与杂原子（O、S、N 等）相连的碳正离子，由于中心碳原子空的 p 轨道能与杂原子未共用电子对所占 p 轨道侧面交盖，未共用电子对离域，正电荷分散，其稳定性增加（图 5-3）。

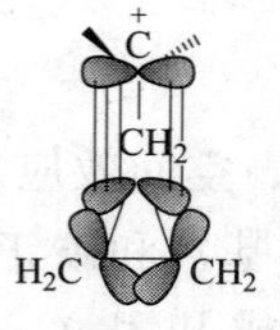

图 5-2　中心碳原子空的 p 轨道与
环丙基弯曲轨道的重叠图

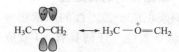

$$H_3C-O-CH_2 \longleftrightarrow H_3C-\overset{+}{O}=CH_2$$

图 5-3　碳正离子 p 轨道和杂原子
p 轨道的重叠图

类似的还有羰基碳正离子：$H_3C-\overset{\frown}{\underset{+}{C}}=\ddot{O} \longleftrightarrow H_3C-C\equiv\overset{+}{O}$

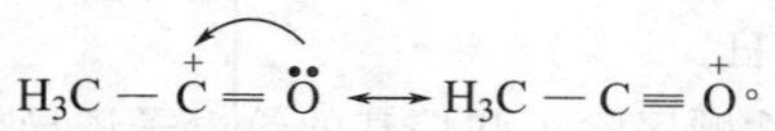

③ 空间效应　除了诱导效应、共轭效应等电子效应外，碳正离子的稳定性还受到空间效应的影响。当反应物由 sp³ 杂化的四面体变成 sp² 杂化的碳正离子时，键角由 109.5° 变为 120°，原子或基团间的空间张力变小，故碳正离子容易生成，这种空间张力叫 B-张力（back strain，后张力或背张力）。B-张力减小得越多的碳正离子越容易生成。如 $(CH_3)_3C^+$ 比 $(CH_3)_2CH^+$ 稳定，B-张力的减小是其原因之一。

（3）芳香性

环状碳正离子的稳定性取决于是否具有芳香性，具有芳香性的碳正离子都比较稳定。根据 Hückel 规则，π 电子数符合 $4n+2$ 规则的环状体系都具有芳香性，正电荷沿共轭体系得以分散，所以都比较稳定。例如：环丙烯正离子，环庚三烯正离子。

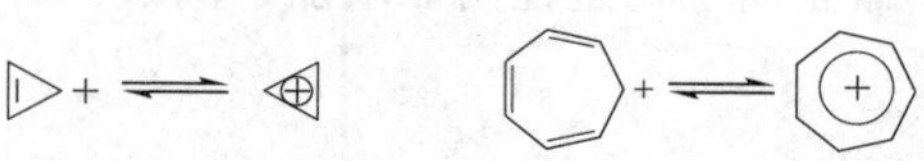

（4）结构上的影响

越趋于平面的碳正离子稳定性越高。某些桥环化合物的桥头碳上由于结构上的刚性难以形成平面构型，这类碳正离子极不稳定，难以生成。下面几个溴代桥环叔丁烷从左向右，随着环的变小，刚性增加，变成平面构型越来越难，桥头碳正离子越来越难生成，故其溶剂解（80% H_2O-20% CH_3CH_2OH）的相对反应速率越来越小。

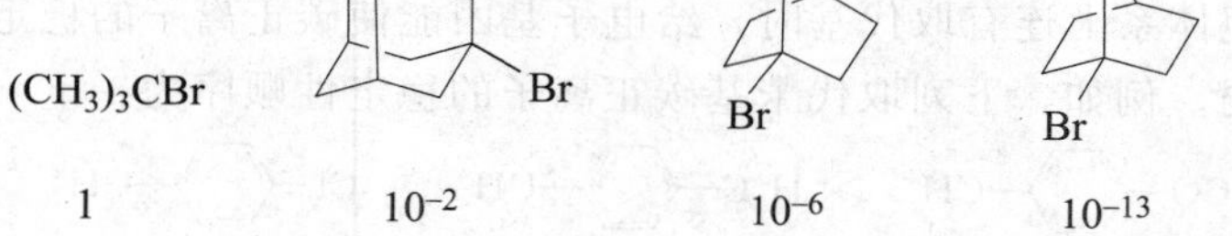

相对速度　　(CH₃)₃CBr　　1　　10⁻²　　10⁻⁶　　10⁻¹³

5.1.2　几种常见的不稳定的碳正离子

（1）乙烯型碳正离子

乙烯型碳正离子　　　　　　　　　　　　苯基碳正离子

乙烯型碳正离子中，C 原子进行 sp^2 杂化，未杂化的 p 轨道用于形成 π 键，空着的是 sp^2 杂化轨道，使正电荷集中，所以乙烯型碳正离子稳定性较差。

（2）苯基碳正离子

苯基碳正离子的结构与乙烯型碳正离子相似，正电荷集中在空的 sp^2 杂化轨道上，苯基碳正离子稳定性也较差。

5.1.3　碳正离子的形成

（1）直接离子化——通过化学键的异裂而形成

$$R—X \longrightarrow R^+ + X^-$$

① 一般情况下，卤代烷按 S_N1 历程进行亲核取代反应时，叔碳正离子容易通过直接异裂形成。例如：

$$(CH_3)_3C—Cl \Longrightarrow (CH_3)_3C^+ + Cl^-$$

氯代叔丁烷在气相中的解离能为 $628.05kJ \cdot mol^{-1}$，在水溶液中的解离能为 $83.74kJ \cdot mol^{-1}$，这是因为在水溶液中碳正离子容易发生溶剂化。

和苯环相连的碳正离子容易通过直接异裂生成：

$$\underset{\underset{Ph}{|}}{Ph—CH—Cl} \Longrightarrow \underset{\underset{Ph}{|}}{Ph—CH^+} + Cl^-$$

离去基团越容易离去，越有利于碳正离子的生成，当离去基团较难离去时，可以加路易斯酸予以帮助。

$$RCOCl + AlCl_3 \longrightarrow RCO^+ + AlCl_4^-，\quad R—Cl + Ag^+ \longrightarrow R^+ + AgCl$$

② 酸性条件下，醇按 E1 历程进行消除时，先接受质子生成镁盐，然后异裂后生成碳正离子。

$$ROH + H^+ \longrightarrow ROH_2^+ \longrightarrow R^+ + H_2O$$

③ 磺酸酯的裂解：

$$ROTs \longrightarrow R^+ + {}^-OTs$$

④ 借助于超酸的帮助形成碳正离子　超酸是一种比 $100\% \, H_2SO_4$ 还强的酸，例如氟硫酸（HSO_3F）加入五氟化锑（SbF_5）可以得到更强的超酸体系（HSO_3F/SbF_5），在超酸中形成的碳正离子较稳定，不易发生消除、重排、聚合等反应。例如：

$$(CH_3)_3C—H + FSO_3H—SbF_5 \longrightarrow (CH_3)_3C^+ + SbF_5 \cdot FSO_3^- + H_2$$

（2）间接离子化——正离子对中性分子加成

质子或其他带正电荷的基团与不饱和体系发生加成反应可生成碳正离子。

① $\quad \overset{\diagup}{\underset{\diagdown}{C}} = \overset{\diagup}{\underset{\diagdown}{C}} + H^+ \longrightarrow \overset{H}{\underset{+}{\underset{\diagdown}{C}}}$

例如：$(CH_3)_2C=CH_2 + H^+ \longrightarrow (CH_3)_3C^+$

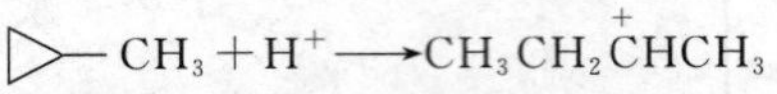

$$\triangleright\!\!-CH_3 + H^+ \longrightarrow CH_3CH_2\overset{+}{C}HCH_3$$

② 羰基酸催化的亲核加成，首先质子化形成碳正离子，更有利于亲核试剂的进攻。

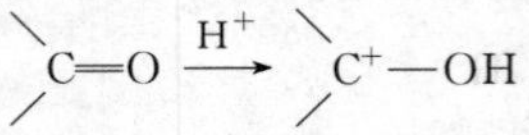

$$\overset{|}{\underset{|}{C}}=O \xrightarrow{H^+} \overset{|}{\underset{|}{C^+}}\!\!-OH$$

(3) 由其他正离子转化得到

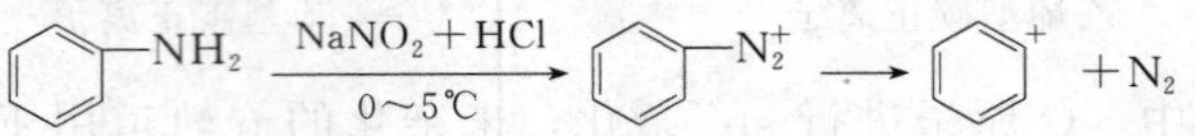

5.1.4 碳正离子的反应

(1) 与负离子或带有电子对的亲核试剂结合：

$$R^+ + Nu^- \longrightarrow RNu$$

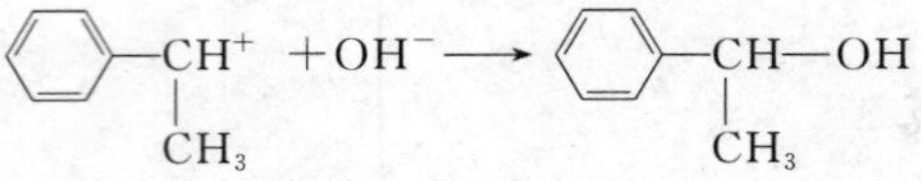

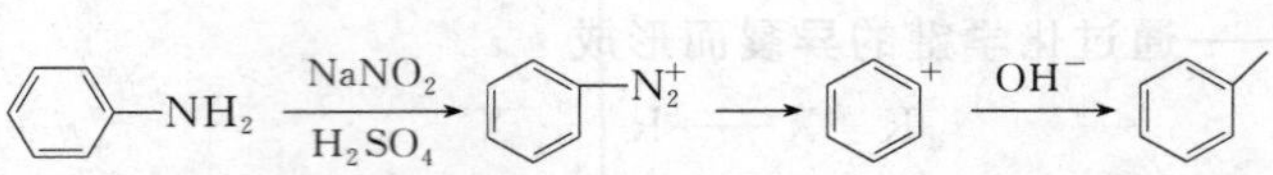

(2) 碳正离子由相邻的原子失去一个氢质子生成含不饱和键的化合物：

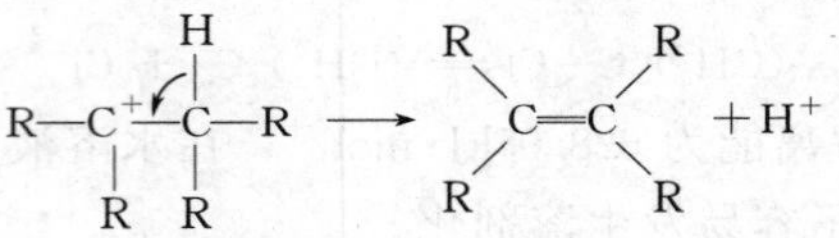

例如：

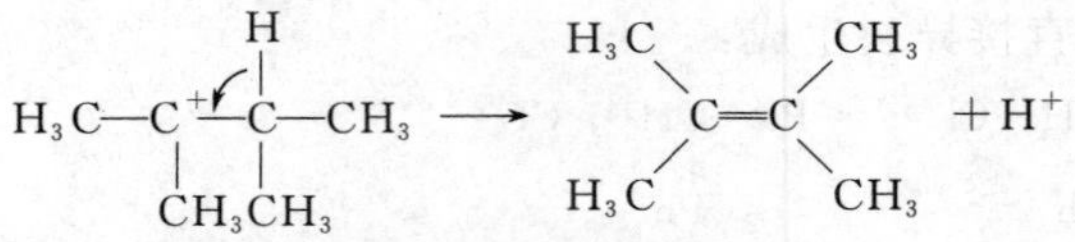

(3) 与双键加成形成新的碳正离子：

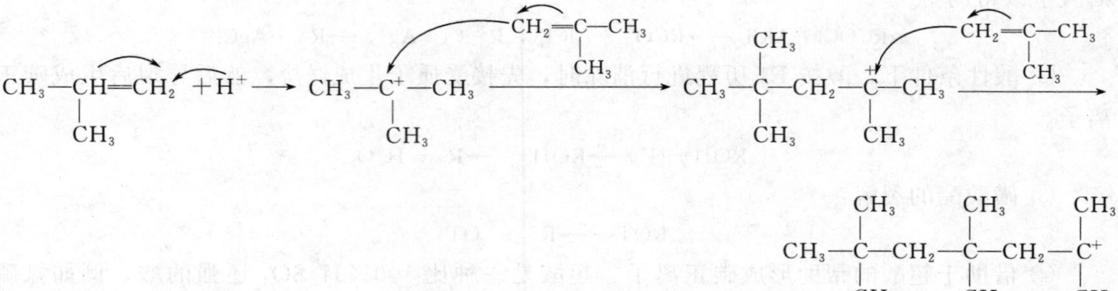

如此反复加成下去，实际就是正离子型聚合反应。

(4) 重排形成更稳定的碳正离子：

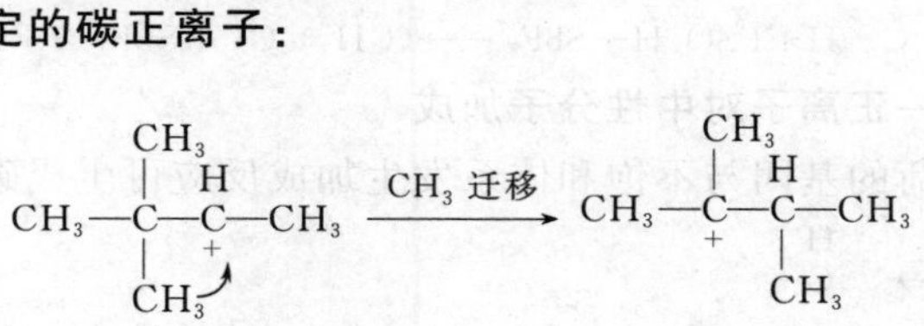

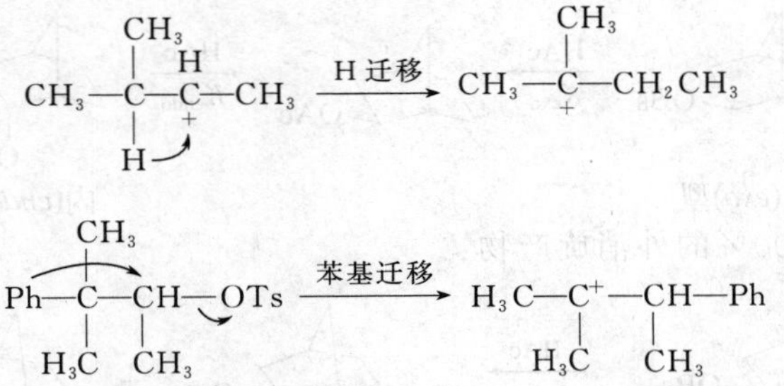

迁移基团可以是氢、烷基、芳基等，迁移时带着一对成键电子至带正电荷的碳原子上，形成新的更稳定的碳正离子。

【例 5-1】

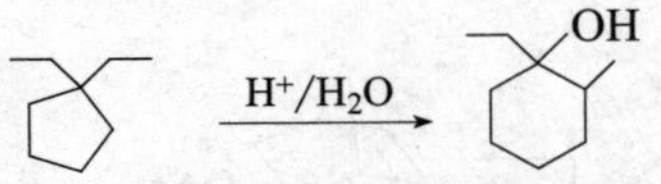

解 此反应为烯烃的亲电加成反应历程，涉及碳正离子重排（扩环）：

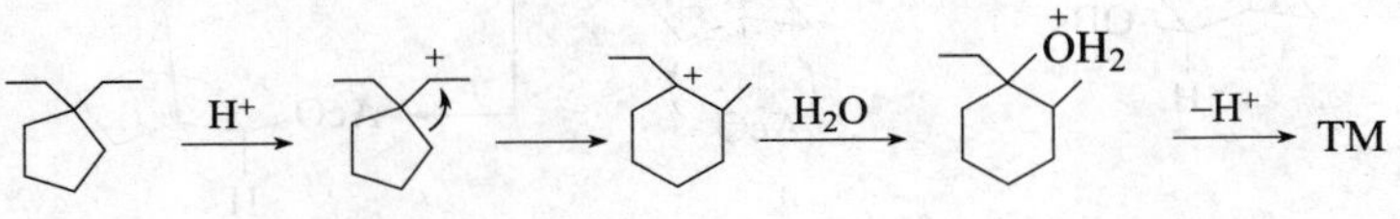

5.1.5 非经典碳正离子

除了经典的碳正离子外，还有一些碳正离子，不能用个别的路易斯酸结构式来表示，具有一个或多个碳原子或氢原子桥连两个缺电子中心，通过 σ 键离域形成三中心二电子的体系，称为非经典碳正离子。在 20 世纪 60 年代，由 Roberts、Winstein 等人首先提出了非经典碳正离子的概念。一般形成非经典碳正离子的方法有两种。

① 在邻位基团的帮助下形成非经典碳正离子：

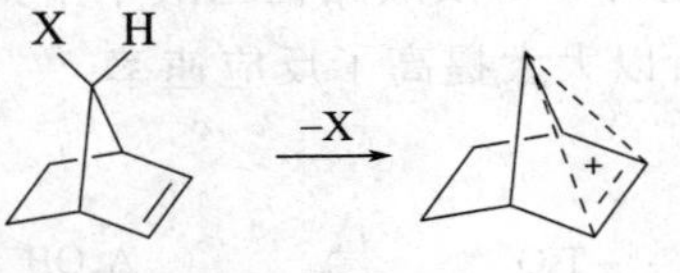

② 无邻位基团下形成非经典碳正离子：

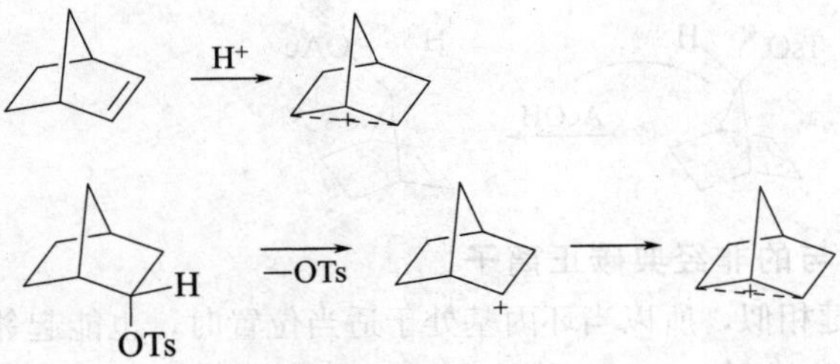

形成非经典碳正离子的主要情形有邻位 σ 键参与、邻位 π 键参与和邻位环丙基参与三种。

(1) 邻位 σ 键参与的非经典碳正离子

1949 年，Winstein 和 Trifan 研究了 2-降冰片溴代苯磺酸酯在 HAc 中溶剂解反应时发现：反应速率 K_{exo} 是 K_{endo} 的 350 倍。

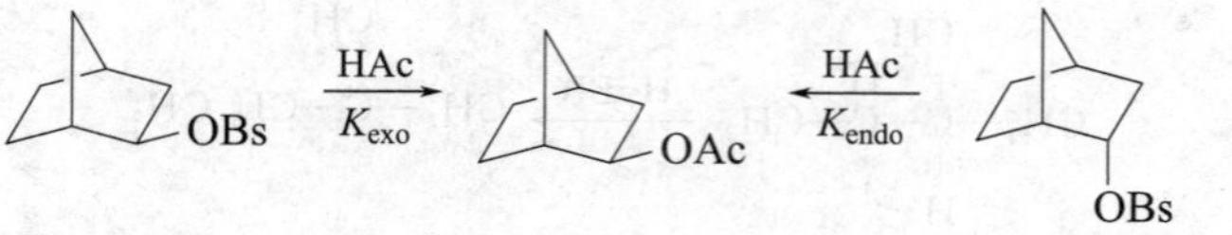

外(*exo*)型 内(*endo*)型

底物 *exo* 型生成 100%的外消旋产物：

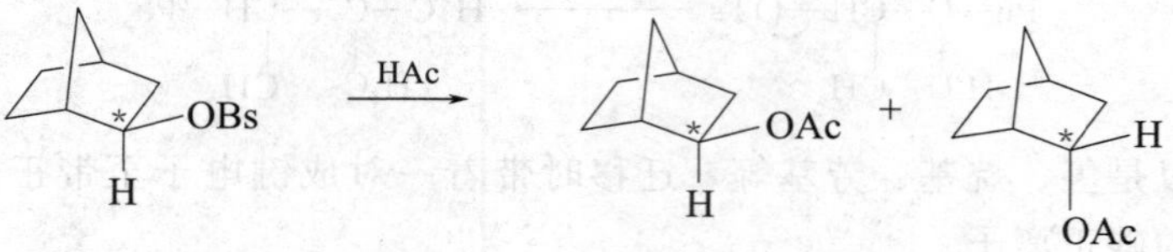

此过程可能为：

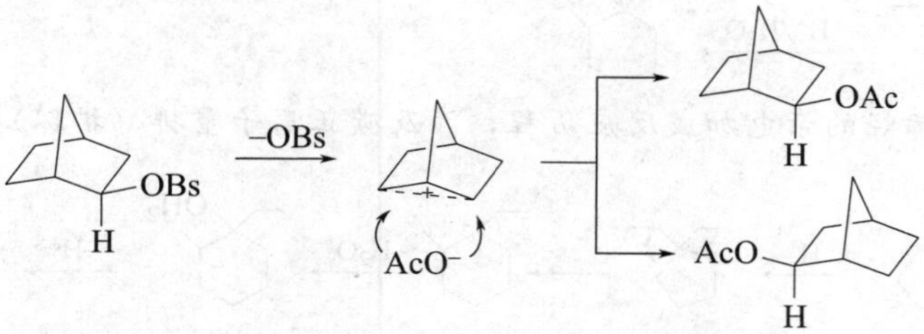

外型（*exo*）异构体有 σ 单键参与形成了稳定的非经典碳正离子，而内型（*endo*）异构体不能直接形成非经典碳正离子，必须先形成经典碳正离子，再转变为非经典碳正离子，故其溶剂解的速率要慢得多。

（2）邻位 π 键参与的非经典碳正离子

反-7-原冰片烯基对甲苯磺酸酯在乙酸中的溶剂解速率比顺-7-原冰片烯基对甲苯磺酸酯快 10^7 倍，比相应的饱和化合物快 10^{11} 倍。

这是由于顺-7-原冰片烯基对甲苯磺酸酯与相应的饱和酯无邻基参与作用，不能形成非经典碳正离子，反-7-原冰片烯基对甲苯磺酸酯在乙酸中溶剂解时，有 π 键的邻基参与作用，中间生成了非经典碳正离子，所以大大提高了反应速率。

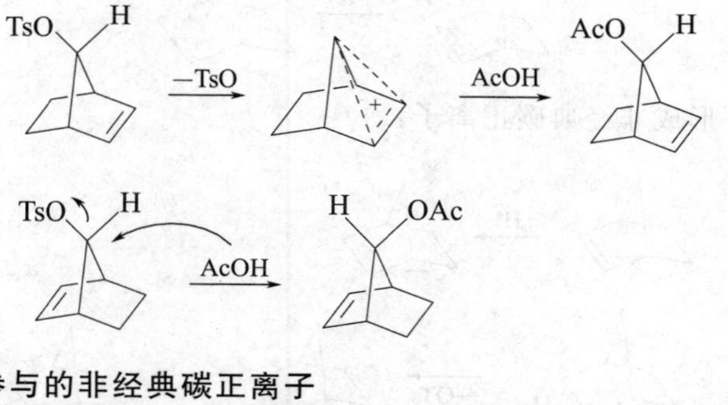

（3）邻位环丙基参与的非经典碳正离子

环丙烷的性质和双键相似，所以当环丙基处于适当位置时，也能起邻位基团的作用，这种邻基参与甚至比双键更有效。例如，下列化合物 A 的溶剂解速度比 B 快 10^{14} 倍，比 C 快 10^{13} 倍。

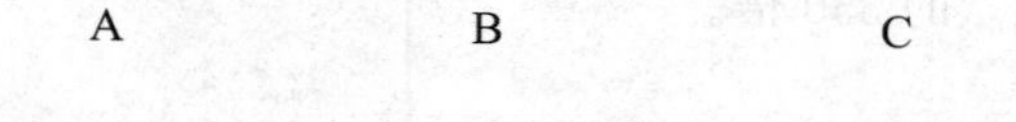

A B C

化合物 A 中，当卤素离去后形成的碳正离子可以和环丙基形成非经典碳正离子而较稳定，而在 B 与 C 中，由于方位问题不能形成非经典的碳正离子，所以化合物 A 的溶剂解速率比 B、C 要快得多。

5.2 碳负离子

碳负离子是含有一对未成键电子，带负电荷的活性中间体，是指有机物分子中 C—H 键发生异裂，将生成的质子转移给碱后形成的带有负电荷的碳原子体系。碳负离子是有机反应中另一个重要的活泼中间体，在亲核加成、亲核取代、互变异构及分子重排反应中都涉及碳负离子中间体。

5.2.1 碳负离子的结构及稳定性

（1）碳负离子的结构

许多实验支持碳负离子有两种构型：与饱和碳原子相连时，碳负离子为 sp^3 杂化的角锥型；与不饱和碳原子相连时，碳负离子为 sp^2 杂化的平面型。

多数碳负离子是以 sp^3 杂化轨道和三个原子或原子团结合，其几何构型为角锥型，角锥型比平面型稳定。因为在角锥构型中孤对电子占据一个 sp^3 杂化轨道和另外三个成键电子的排斥作用最小。

角锥型碳负离子和胺类一样，容易反转，即

$$R^1 \overset{\bullet\bullet}{\underset{R^2}{\diagdown}} R^3 \rightleftharpoons R^1 \overset{\bullet\bullet}{\diagdown} \overset{R^3}{\underset{R^2}{\diagup}} \rightleftharpoons R^1 \overset{R^2}{\underset{R^3}{\diagup}}$$

碳负离子与不饱和碳原子相连时，孤对电子与邻近不饱和基团发生共轭，则呈平面型，如

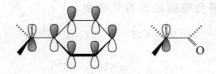

（2）碳负离子的稳定性

① 杂化效应（s 性质效应）　碳负离子稳定性随碳负离子中心杂化轨道 s 成分的不同而不用，s 成分越多，电子对越靠近原子核，核对电子对的吸引力越大，氢原子越容易以质子释出，酸性越强，其相应的共轭碱（碳负离子）越稳定。如下列碳负离子的稳定性顺序为：

$$HC{\equiv}C^- > CH_2{=}CH^- \approx Ar^- > CH_3CH_2^-$$

② 诱导效应　与电负性强的基团相连，由于吸电子的诱导效应（$-I$），使负电荷分散，碳负离子的稳定性好；与电负性弱的基团相连，由于给电子的诱导效应（$+I$），使负电荷增加，碳负离子的稳定性差。例如：

$$CF_3CH_2^- > CH_3CH_2^-$$

$$CH_3^- > RCH_2^- > R_2CH^- > R_3C^-$$

③ 共轭效应　不饱和键与带负电荷的碳原子相连时，其未共用电子对与 π 键共轭而使

负电荷得到分散从而稳定碳负离子，例如：

$$(C_6H_5)_3C^- > (C_6H_5)_2CH^- > C_6H_5CH_2^-$$

④ 芳香性 环状的碳负离子如果具有芳香性，该碳负离子很稳定，例如，环戊二烯负离子、环辛四烯双负离子。

5.2.2 碳负离子的形成

碳负离子的形成可通过 C—H 键的解离、亲核加成反应、生成金属炔化物或带负电荷的芳香化合物以及生成格氏试剂等方法生成。

（1）C—H 键的解离

$$\overset{|}{\underset{|}{C}}\!-\!H + :B \longrightarrow \overset{|}{\underset{|}{C}}{}^- + HB$$

$$CH_3COCH_2COOC_2H_5 \xrightarrow{C_2H_5ONa} CH_3COCHCOOC_2H_5$$

$$CH_3COCH_2COOC_2H_5 \xrightarrow{C_2H_5ONa} CH_3COCHCOOC_2H_5$$

$$CH_2(COOC_2H_5)_2 \xrightarrow{C_2H_5ONa} \overset{-}{C}H(COOC_2H_5)_2$$

$$CH_3NO_2 \xrightarrow{C_2H_5ONa} \overset{-}{C}H_2NO_2$$

$$\text{C}_6\text{H}_5\text{—CH}_3 \xrightarrow{NaH} \text{C}_6\text{H}_5\text{—}\overset{-}{C}H_2$$

（2）亲核加成反应

$$CH_2\!=\!CH\!-\!\underset{\underset{O}{\|}}{C}\!-\!CH_3 \xrightarrow{CN^-} CH_2\!-\!CH\!=\!\underset{\underset{O^-}{\|}}{C}\!-\!CH_3 \longleftrightarrow CH_2\!-\!\overset{-}{C}H\!-\!\underset{\underset{O}{\|}}{C}\!-\!CH_3$$

（3）生成金属炔化物或带负电荷的芳香化合物

$$RC\!\equiv\!CH \xrightarrow{Na} RC\!\equiv\!\overset{-}{C}Na^+$$

（4）生成格氏试剂

$$\text{C}_6\text{H}_5\text{—CH}_2\text{Cl} \xrightarrow[\text{无水乙醚}]{Mg} \text{C}_6\text{H}_5\text{—CH}_2\text{MgCl}$$

5.2.3 碳负离子的反应

（1）饱和碳原子上的亲核取代反应

$$R^{\ominus} + -\overset{|}{\underset{|}{C}}\!-\!X \xrightarrow{S_N2} R\!-\!\overset{|}{\underset{|}{C}}\!-\! + X^{\ominus}$$

这类反应包括乙酰乙酸乙酯和丙二酸二乙酯的亚甲基上的烷基化反应，炔化物与卤代烷的反应等。

$$CH_2(COOEt)_2 \xrightarrow{EtONa} \overset{-}{C}H(COOEt)_2 + EtOH$$

$$Cl-CH_2 + \overset{-}{C}H(COOEt)_2 \xrightarrow{S_N2} CH(COOEt)_2 + Cl^-$$
$$\underset{CH_3}{|} \qquad\qquad \underset{CH_2CH_3}{|}$$

$$R-C\equiv C-H \xrightarrow{NaNH_2} R-C\equiv\overset{-}{C} \ Na^+$$

$$R-C\equiv\overset{-}{C} \ Na^+ + R'-X \xrightarrow{S_N2} R-C\equiv C-R'$$

（2）与重键的亲核加成

① 与碳碳重键的亲核加成　Michael 加成反应就属于这一类型的反应：

$$H_2C=CH-\overset{O}{\overset{\|}{C}}-CH_3 + CH_2(COOC_2H_5)_2 \xrightarrow[C_2H_5OH]{EtONa} H_2C-CH_2-\overset{O}{\overset{\|}{C}}-CH_3$$
$$\underset{CH(COOC_2H_5)_2}{|}$$

$$H_2C=\underset{CH_3}{\overset{|}{C}}COOEt + NCCH_2COOEt \xrightarrow{EtONa} \underset{NC-CH-COOEt}{\overset{\overset{CH_3}{|}}{CH_2-CHCOOEt}}$$

② 与羰基化合物的亲核加成　羟醛缩合反应：

$$-\overset{|}{C^-} + \overset{}{\diagdown}C=O \longrightarrow -\overset{|}{C}-\overset{|}{C}-O^-$$

$$RCH_2-\overset{O}{\overset{\|}{C}}-H + RCH-\overset{H}{\overset{|}{CHO}} \xrightarrow{OH^-} \underset{R}{\overset{OH}{CH_2CH-CH-CHO}} \xrightarrow[温热]{-H_2O} RCH_2CH=\underset{R}{\overset{|}{C}}-CHO$$

除此以外，Knoevenagel 反应（详见 6.2.2）、Claisen 酯缩合反应（详见 6.2.2）、Wittig 反应（详见 7.2.3）、Darzens 反应（详见 6.2.2）、Perkin 反应（详见 6.2.2）等也属于碳负离子和羰基化合物的加成。

③ 碳负离子与 CO_2 的加成：

$$RMgX + O=C=O \longrightarrow R-\overset{O}{\overset{\|}{C}}-OMgX \xrightarrow{H^+} RCOOH$$

（3）重排反应

涉及碳负离子的重排又叫亲电重排，该反应是分子中脱去一个正离子，留下碳负离子，相邻基团以正离子形式迁移过来，这类重排在碱性条件下进行，大多数也是 1,2-重排。该类重排比起碳正离子中间体的亲核重排数量要少得多。

$$\underset{Y}{\overset{X}{\overset{|}{B-C-}}}\overset{-Y^{\oplus}}{\longrightarrow}\overset{X}{\underset{\overset{\cdot\cdot}{}}{\overset{|}{B-C-}}}\overset{重排}{\longrightarrow}\underset{\overset{\cdot\cdot}{B-C-}}{\overset{X}{\overset{|}{}}}$$

例如，Wittig 重排，醚类化合物在强碱（如丁基锂或氨基钠）的作用下，在醚键的 α 位形成碳负离子，在经过 1,2-重排形成更稳定的烷氧负离子，水解后生成醇。

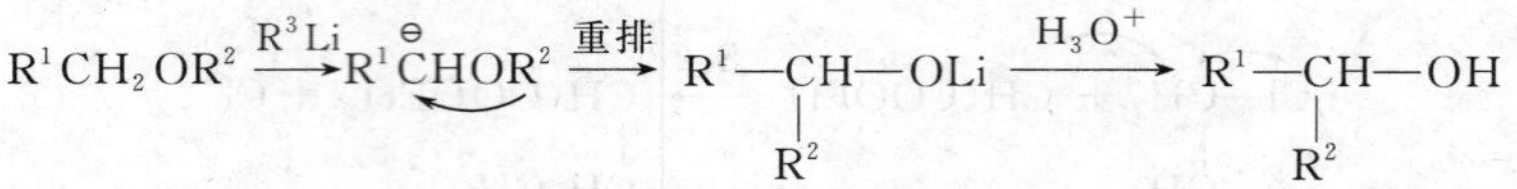

$$R^1CH_2OR^2 \xrightarrow{R^3Li} R^1\overset{\ominus}{C}HOR^2 \xrightarrow{重排} R^1\!-\!\underset{\underset{R^2}{|}}{C}H\!-\!OLi \xrightarrow{H_3O^+} R^1\!-\!\underset{\underset{R^2}{|}}{C}H\!-\!OH$$

其中烃基迁移的顺序为甲基＜伯烃基＜仲烃基＜叔烃基。

还有一些重排反应也是通过碳负离子中间体进行的，例如 Favorskii 重排（详见7.2.1），Stevens 重排（详见 7.2.2）等。

5.3 自由基

自由基（free radical）也叫游离基，是一类含有单电子的中性原子或原子团。"自由基"的术语被 Lavoisier 首先提出，1990 年 Gomberg 首次发现了稳定的三苯甲基自由基$(C_6H_5)_3C\cdot$。

常见的自由基的类型为：

① 原子自由基　如 $Cl\cdot$，$Br\cdot$，$H\cdot$。

② 分子自由基　如 $CH_3\cdot\cdot$，$C_2H_5\cdot\cdot$，$(C_6H_5)_3C\cdot$，$C_6H_5COO\cdot$。

③ 离子自由基　如 $^-O\!-\!\!\!\!\!\langle\;\;\rangle\!\!\!\!\!-O\cdot$， 。

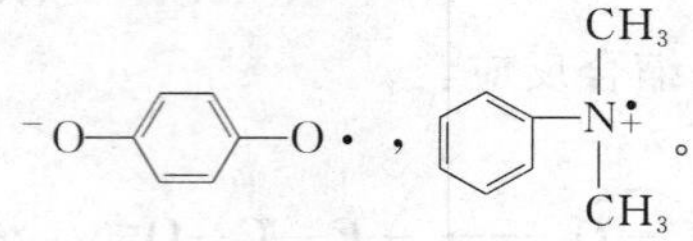

④ 双自由基　如 $\cdot O\!-\!O\cdot$。

20 世纪 70 年代，科学家发现自由基与人类生命的衰老及疾病有很大的关系，这引起了有机化学家、生物学家、医学家及营养学家研究自由基的热潮。

5.3.1 自由基的结构及稳定性

(1) 自由基的结构

与碳正离子和碳负离子相似，自由基也有两种可能的结构，即平面形和三角锥形（图 5-4）。

甲基和一些简单的烷基为平面形，多环自由基为角锥形，例如桥头自由基由于环的刚性，很难成平面形。

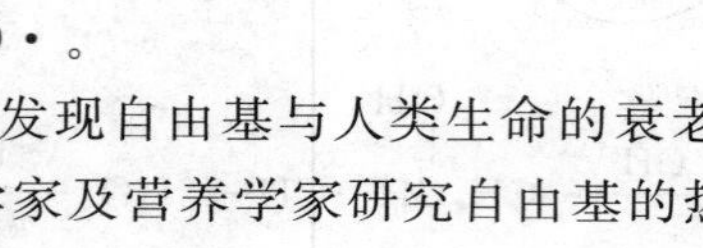

(a) sp² 杂化　　(b) sp³ 杂化

图 5-4　自由基的结构

1-金刚基

1-双环[2.2.2]辛基

实验证明，这类桥头自由基是角锥形，因此桥头碳自由基不像桥头碳正离子那样难以形成。

(2) 自由基的稳定性

影响自由基稳定性的主要因素有：单电子的离域作用、空间效应、键的离解能和螯合作用。

① 单电子的离域作用（共轭效应）　单电子通过共轭效应离域而稳定。例如，苄基自由

基和烯丙基自由基具有较大的稳定性，是由于含单电子的 p 轨道与 π 轨道形成 p-π 共轭体系，使得单电子得到很好的离域。这种离域作用越大的自由基越稳定。烷基自由基则由于 σ-p 共轭而稳定。常见的自由基稳定性：

$$(C_6H_5)_3C \cdot > (C_6H_5)_2CH \cdot > C_6H_5CH_2 \cdot > CH_2=CH-CH_2 \cdot > (CH_3)_3C \cdot > (CH_3)_2CH \cdot >$$
$$CH_3CH_2 \cdot > CH_3 \cdot > CH_2=CH \cdot$$

② 空间效应　当芳环上连有大的基团时产生的空间效应可以阻止自由基发生二聚作用，从而使自由基稳定。例如 2,4,6-三叔丁基苯氧自由基比较稳定，空间效应起很大的作用。有时空间效应对自由基的稳定化作用比电子离域产生的稳定化作用大得多。

2,4,6-三叔丁基苯氧自由基

③ 键的解离能　自由基是由共价键均裂产生的，键的解离能越大，产生的自由基越不稳定，容易二聚生成原来的化合物；反之，键的解离能越小，产生的自由基越稳定。

5.3.2　自由基的生成

$$H_3C-H \longrightarrow CH_3 \cdot + H \cdot \qquad \Delta H = 435.1 kJ \cdot mol^{-1}$$
$$CH_3CH_2-H \longrightarrow CH_3CH_2 \cdot \qquad \Delta H = 410 kJ \cdot mol^{-1}$$

$$\Delta H = 397.5 kJ \cdot mol^{-1}$$

$$\Delta H = 380.7 kJ \cdot mol^{-1}$$

从以上解离能数据可以得出自由基的稳定性顺序为：

$$3°R \cdot > 2°R \cdot > 1°R \cdot > CH_3 \cdot$$

自由基的产生有多种方法，常见的有热均裂法、光解法和单电子氧化还原法。

（1）热均裂法

大多数有机化合物在高温下可以均裂成为自由基，有些含弱键的化合物在低温时就能发生均裂，这种用加热产生自由基的方法叫作热均裂法。如过氧化物、偶氮化合物、卤素、硝酸酯中所含的 O—O、—N=N—、X—X、O—N 等键，其键的均裂能多为 $120 \sim 210 kJ \cdot mol^{-1}$，稍一加热就容易发生键的均裂产生自由基。

过氧化二叔丁基

$$(CH_3)_3C-O-O-C(CH_3)_3 \xrightarrow{100 \sim 130℃} 2(CH_3)_3CO \cdot$$

偶氮二异丁腈

$$(CH_3)_2C \dotplus N=N \dotplus C(CH_3)_2 \xrightarrow{60 \sim 100℃} 2(CH_3)_2C \cdot + N_2$$
$$\quad\ |\qquad\qquad\quad |$$
$$\quad CN \qquad\qquad\ CN \qquad\qquad\qquad\qquad\ CN$$

偶氮苯

(2) 光解法

分子吸收一定波长的紫外线或可见光，使较弱的键（均裂能为 $167.5 \sim 293 kJ \cdot mol^{-1}$）发生均裂生成自由基的反应称为光解反应。例如：卤素容易光解产生自由基。

$$Cl\!-\!Cl \xrightarrow{\ h\nu\ } 2Cl\cdot$$

丙酮蒸气能吸收波长 320nm 的紫外线产生自由基。

$$CH_3\overset{O}{\overset{\|}{C}}CH_3 \xrightarrow{\ h\nu\ } CH_3\overset{O}{\overset{\|}{C}}\cdot + \cdot CH_3 \longrightarrow 2\cdot CH_3 + CO$$

醛、过氧化物、次氯酸酯和亚硝酸酯等也容易产生自由基。

$$ROCl \xrightarrow{\ h\nu\ } RO\cdot + Cl\cdot,\quad RONO \xrightarrow{\ h\nu\ } RO\cdot + \cdot NO$$

$$R\!-\!\overset{O}{\overset{\|}{C}}\!-\!O\!-\!O\!-\!\overset{O}{\overset{\|}{C}}\!-\!R \xrightarrow{\ h\nu\ } 2R\!-\!\overset{O}{\overset{\|}{C}}\!-\!O\cdot \longrightarrow 2R\cdot + CO_2$$

这类反应光解比热解更好，光解反应的专一性较高，反应进行得较完全，而热解有时会引起其他的副反应（见表 5-1）。

表 5-1 一些共价键的均裂能　　　　　　　　单位：$kJ \cdot mol^{-1}$

键型	能量	键型	能量
H—H	586.18	C—N	
H—C		CH_3—N=N—CH_3	192.60
H—C_6H_5	427.00	$(CH_3)_2C$—N=N—$C(CH_3)_2$	129.80
H—CHO	318.21	$\quad\ $ CN $\qquad\qquad$ CN	
H—N		C—O	
H—NH_2	427.07	CH_3—OH	376.83
H—O		HCO—OH	376.83
H—OH	489.88	C—S	
H—OOH	376.83	CH_3—SH	293.09
H—S		$(CH_3)_3C$—SH	272.16
H—SH	376.83	C—X	
H—X		CH_3—Cl	334.96
H—F	565.25	CH_2=CH—CH_2Cl	251.22
H—Br	431.26	CH_3—Br	280.53
H—I	297.28	C_6H_5—Br	297.28
C—C		C_6H_5—CH_2—Br	213.54
H_3C—CH_3	347.52	CH_2=CH—CH_2—Br	192.60
H_3C—C_6H_5	364.27	CH_3—I	226.10
H_3C—CH_2—CH=CH_2	255.41	N—O	
O—O		CH_3O—NO_2	159.11
HO—OH	200.98	S—S	
HO—O—$C(CH_3)_3$	175.85	CH_3S—SCH_3	228.90
$(CH_3)_3$—O—O—$C(CH_3)_3$	155.00	X—X	
		Cl—Cl	242.85
		Br—Br	192.60
C_6H_5CO—O—O—COC_6H_5	125.60	I—I	150.73

(3) 单电子氧化还原法

通过电子转移发生氧化还原反应来产生自由基。例如：

$$2Fe^{2+} + H_2O_2 \longrightarrow 2HO\cdot + Fe(OH)_3 + Fe^{3+}$$

$$R-\overset{O}{\overset{\|}{C}}-OH + Fe^{2+} \longrightarrow R-\overset{O}{\overset{\|}{C}}\cdot + OH^- + Fe^{3+}$$

5.3.3　自由基的反应

自由基的反应除了自由基之间的反应（包括自由基的二聚反应、歧化反应、碎裂反应、重排反应等）外，还包括自由基取代反应、自由基加成反应、自氧化反应等。自由基的反应一般不受酸碱和溶剂极性的影响，被光、热、引发剂引发或加速，也能被抑制剂（氧、醌等）减速或抑制。

自由基的反应机理一般为连锁反应，分为三步：链的引发、链的增长和链的终止。

(1) 自由基之间的反应

① 二聚反应　自由基的二聚反应又称为偶联反应，是指两个自由基结合生成一个新的产物。

$$R\cdot + \cdot R \longrightarrow R:$$

例如，四甲基铅在气相热解生成甲基自由基，发生二聚反应生成的主要产物为乙烷。

$$Pb(CH_3)_4 \xrightarrow{\triangle} 4CH_3\cdot + Pb$$

$$2CH_3\cdot \xrightarrow{\triangle} CH_3CH_3$$

② 歧化反应　歧化反应指两个自由基相互作用，使氢原子由一个自由基转移到另一个自由基，生成一分子烷烃和一分子烯烃的反应。例如：

$$CH_3CH_2\cdot + CH_3CH_2\cdot \longrightarrow CH_3CH_3 + CH_2{=}CH_2$$

③ 碎裂反应　某些自由基生成后可碎裂生成一个稳定的分子与一个更小的自由基。

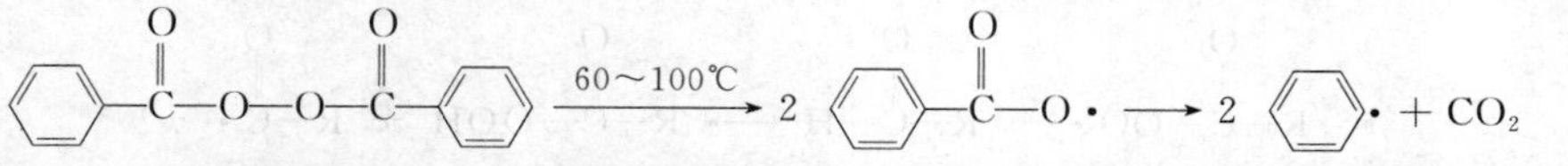

④ 重排反应　自由基的重排反应首先要产生一个自由基，然后转移基团带着一个成单电子进行转移，产生另外一个自由基，电子转移遵循的规律是由不稳定的自由基重排成稳定的自由基。

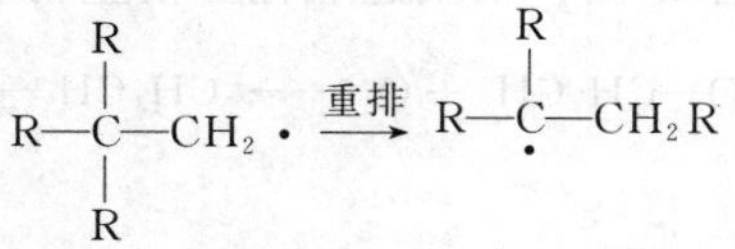

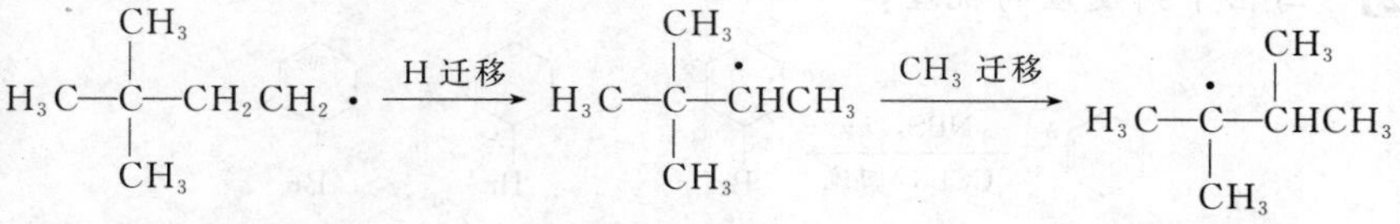

伯碳自由基　　　　仲碳自由基　　　　叔碳自由基

(2) 自由基取代反应

常见的自由基的取代反应有烷烃的卤代，详见 6.3.3。

(3) 自由基加成反应

在过氧化物存在下，烯烃和溴化氢的加成为自由基加成反应，详见 6.2.3。

(4) 自氧化反应

由分子氧参与的自由基氧化反应称为自氧化反应。这是因为氧分子具有二价自由基结构容易参加自由基反应。

① 烃类的自氧化　异丙苯的氧化历程如下：

$$H_2O_2 \xrightarrow{\triangle} 2HO\cdot$$

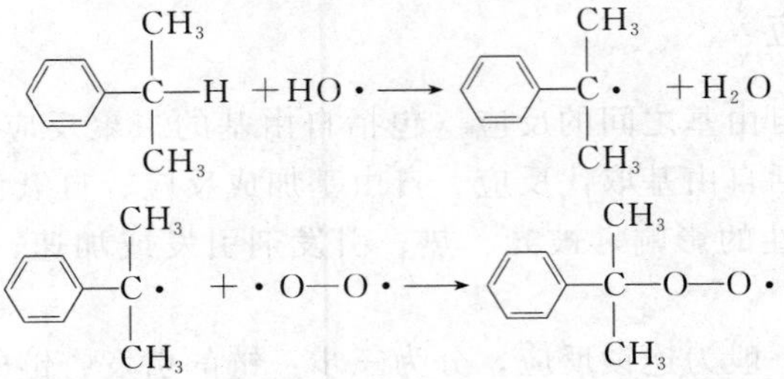

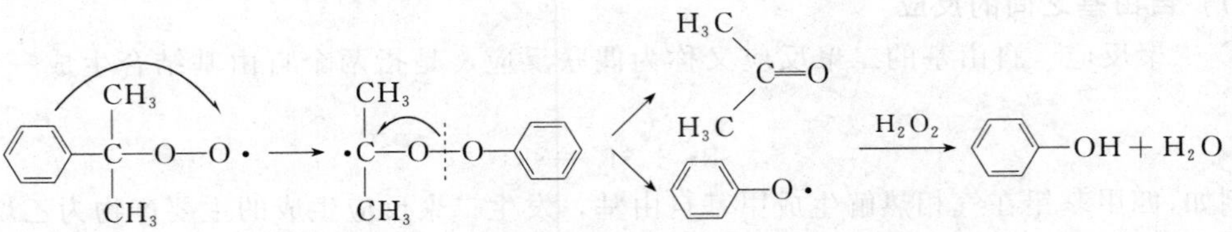

② 醛和醚的自氧化　醛和醚类化合物在空气中容易发生自氧化作用，如醛被 O_2 氧化成羧酸，醚自氧化生成爆炸性的过氧化物。

$$R-\overset{O}{\overset{\|}{C}}-H + \cdot O-O\cdot \longrightarrow R-\overset{O}{\overset{\|}{C}}\cdot + HOO\cdot$$

$$R-\overset{O}{\overset{\|}{C}}\cdot + \cdot O-O\cdot \longrightarrow R-\overset{O}{\overset{\|}{C}}-OO\cdot$$

$$R-\overset{O}{\overset{\|}{C}}-OO\cdot + R-\overset{O}{\overset{\|}{C}}-H \longrightarrow R-\overset{O}{\overset{\|}{C}}-OOH + R-\overset{O}{\overset{\|}{C}}\cdot$$

$$R-\overset{O}{\overset{\|}{C}}-OOH + R-\overset{O}{\overset{\|}{C}}-H \longrightarrow 2\ R-\overset{O}{\overset{\|}{C}}-OH$$

醚类发生自氧化一般发生在 α 位，生成过氧化氢衍生物。例如：

$$CH_3CH_2-O-CH_2CH_3 + O_2 \longrightarrow CH_3CH_2-O-\underset{\displaystyle OOH}{\underset{|}{CH}}CH_3$$

【例 5-2】 写出下列反应的机理：

(25%)　(25%)　(50%)

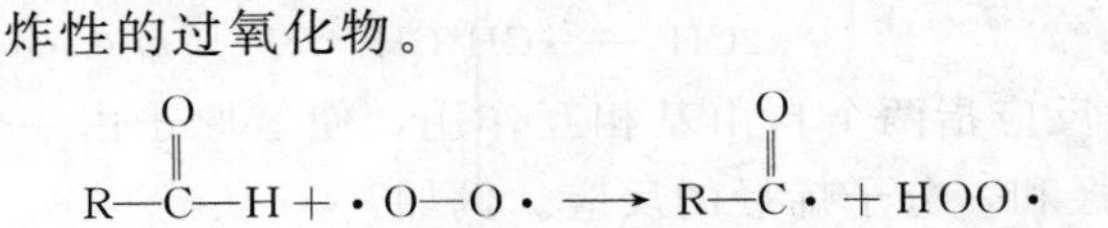

解　此为烯烃的 α-H 自由基卤代反应历程。反应过程中涉及自由基型烯丙基重排。

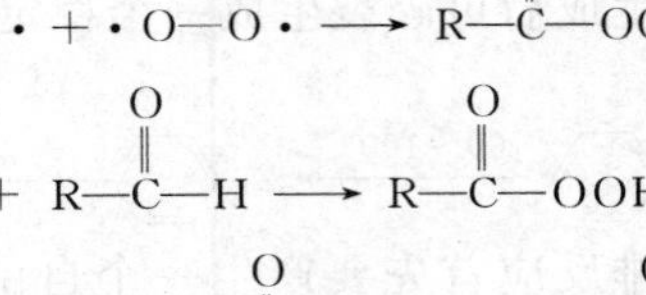

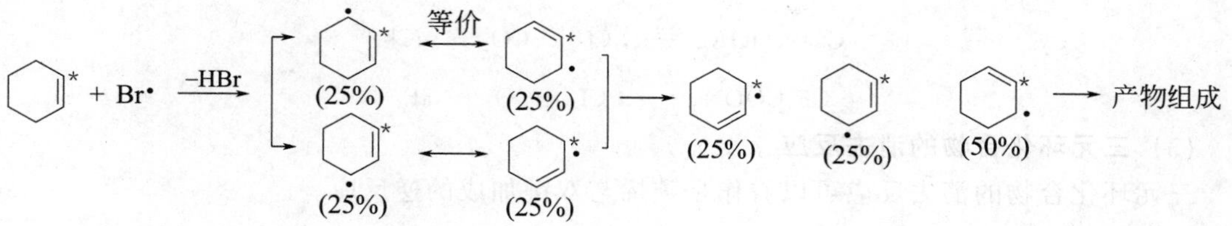

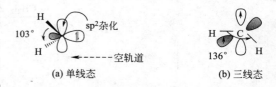

5.4　碳烯

碳烯又名卡宾（carbene），是一活性中间体物种，它比一般的离子或自由基更不稳定。

5.4.1　碳烯的结构

碳烯是电中性的二价碳化合物，其中碳原子只和两个原子或基团以共价键相连，所以还带有两个未成键的电子。这两个未成键电子有两种填充方式：①两个电子占据同一轨道，且自旋相反，这叫单线态碳烯。②两个电子各占据一个轨道，自旋可以相同或相反，则为三线态碳烯。

单线态和三线态是光谱学上的术语，光谱学中 $2S+1$ 作为多重态表达式，S 为轨道自旋量子数的代数和，这里有两种情况：

① 这个电子自旋相反，占据同一轨道：$m_s=+1/2$，$-1/2$，$S=0$，$2S+1=1$，称为单线态（S）。

② 两个电子平行占据两个轨道：$m_s=+1/2$，$+1/2$，$S=1$，$2S+1=3$，称为三线态（T）。

一般认为，单线态碳烯中心碳原子采用 sp^2 杂化，其中 2 个 sp^2 杂化轨道与其他原子成键，第三个杂化轨道容纳一对孤对电子，未杂化的 p 轨道是空的。而三线态碳烯中心碳原子为 sp 杂化，是线型结构，未杂化的两个 p 轨道各容纳一个电子，所以也可以把三线态碳烯看作是一个双自由基，如图 5-5 所示。

图 5-5　单线态和三线态碳烯的结构

电子光谱和电子顺磁共振谱研究表明：三线态亚甲基碳烯键角约为 136°，单线态亚甲基碳烯键角约为 103°，三线态结构中，未成键电子排斥作用小，能量比单线态低 33.5~41.8kJ·mol^{-1}，说明三线态碳烯比单线态稳定，是基态。

5.4.2　碳烯的生成

（1） α 消除反应

在同一个碳上进行 α 消除，脱去一个简单分子来制备碳烯。

$$HCCl_3 + (CH_3)_3COK \longrightarrow :CCl_2 + (CH_3)_3COH + KCl$$

（2） 烯酮和重氮甲烷通过光解或热解可生成碳烯

$$CH_2{=}C{=}O \xrightarrow{\text{光照或加热}} :CH_2 + CO$$

$$CH_2N_2 \xrightarrow{\text{光照或加热}} :CH_2 + N_2$$

三卤代乙酸的盐也可以加热得到卤代碳烯

$$CCl_3COONa \xrightarrow{\text{乙二醇二甲醚}} :CCl_2 + CO_2 + NaCl$$

$$CCl_3COOAg \xrightarrow{\triangle} :CCl_2 + CO_2 + AgCl$$

$$CF_3COONa \xrightarrow{\triangle} :CF_2 + CO_2 + NaF$$

（3）三元环化合物的消去反应

三元环化合物的消去反应可以看作是碳烯与双键加成的逆反应。

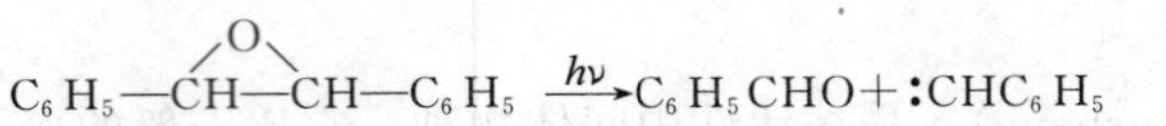

$$C_6H_5 \underset{}{\triangleleft} \xrightarrow{h\nu} C_6H_5CH{=}CH_2 + H_2C:$$

$$C_6H_5-\overset{O}{\overset{}{CH-CH}}-C_6H_5 \xrightarrow{h\nu} C_6H_5CHO + :CHC_6H_5$$

（4）西蒙-史密斯（Simmon-Smith）反应

在铜催化下，由二碘甲烷和锌反应得到 I—CH₂—ZnI，再与烯反应，实际上反应中不是游离的卡宾，而是具有卡宾特性的类似物，故称为类卡宾。

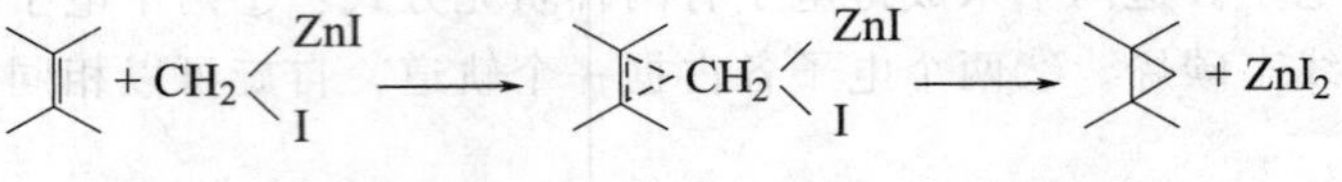

类卡宾比卡宾活性低，反应温和，副产物少，产率低，而且立体选择性较好。例如：

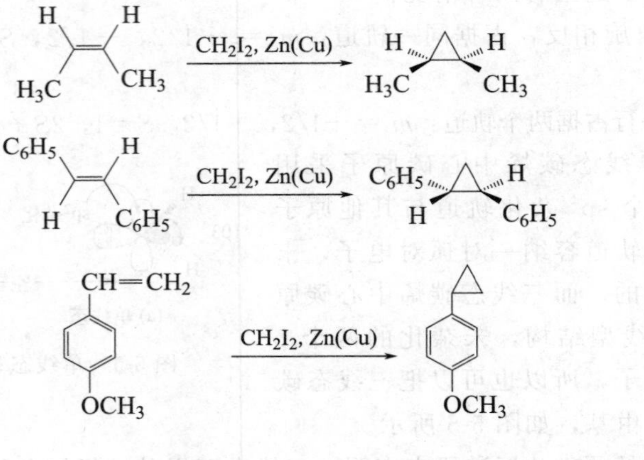

5.4.3 碳烯的反应

碳烯是非常活泼、寿命极短的中间体，是典型的缺电子化合物，所以它们的反应以亲电性为特征，碳烯的主要反应是插入反应、加成反应和重排反应等。

（1）插入反应

碳烯可以插入 C—H 键之间，另外也可以插入 C—O、C—X 键之间，但研究最多的是插入 C—H 键之间，插入 C—H 键的活性是 3°＞2°＞1°。分子间插入反应往往得到的是混合物，所以在合成上没有什么意义。

$$:CH_2 + H{-}CR_3 \longrightarrow H{-}CH_2{-}CR_3$$

（2）加成反应

碳烯与不饱和键如 C＝C、C＝N 等进行加成反应，在与不饱和键加成反应中表现出亲电性，烯烃双键上的电子云密度越高，反应活性越大。如下列烯烃与 :CCl₂ 加成的相对反应活性为：

$$Me_2C\!=\!CMe_2 > Me_2C\!=\!CHMe > Me_2C\!=\!CH_2 > ClCH\!=\!CH_2$$

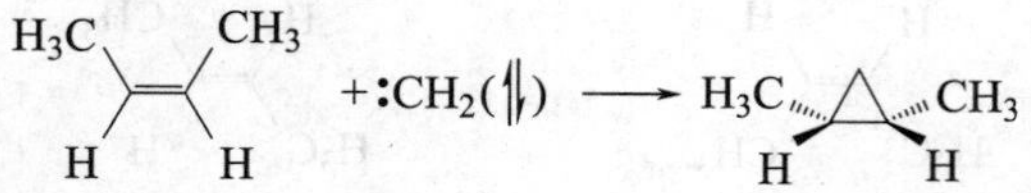

（3）重排反应

碳烯可以反生分子内的重排反应，通过氢、芳基和烷基的迁移，得到更为稳定的化合物。其迁移难易顺序是 H＞芳基＞烷基。例如：

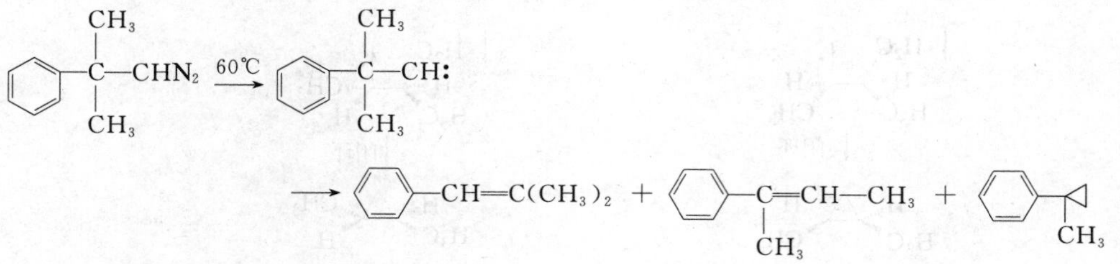

50%	9%	41%
芳基重排产物	甲基重排产物	插入产物

在碳烯的重排中，最重要的是沃尔夫（Wolff）重排。

$$R\!-\!\overset{\displaystyle O}{\overset{\|}{C}}\!-\!OH \xrightarrow[\text{2. }CH_2N_2]{\text{1. }SOCl_2} R\!-\!\overset{\displaystyle O}{\overset{\|}{C}}\!-\!CHN_2 \xrightarrow{-N_2} R\!-\!\overset{\displaystyle O}{\overset{\|}{C}}\!-\!\overset{\displaystyle\cdot\cdot}{C}H \longrightarrow RCH\!=\!C\!=\!O \xrightarrow{H_2O} RCH_2COOH$$

单线态碳烯和三线态碳烯在碳烯反应中的几点不同。

① 反应性能不同　单线态碳烯有一空轨道，显示出亲电性。而三线态碳烯两个未成键电子分别占据两个轨道，表现出双自由基特性。

② 反应活性不同　单线态碳烯寿命短，反应活性高，选择性差，而三线态碳烯活性不如单线态，但选择性好。以插入反应为例，单线态碳烯对三种不同种类 H 的插入比例为 3°H：2°H：1°H＝1.5：1.2：1.0；三线态碳烯的插入比例为 3°H：2°H：1°H＝7.0：2.0：1.0。

③ 反应历程不同　单线态碳烯与烯烃的加成为一步协同反应，产物具有立体专一性，三线态碳烯为双自由基，分步进行反应，产物无立体专一性。

如，单线态碳烯与顺-2-丁烯加成得到顺式加成产物，与反-2-丁烯加成得到反式加成产物。

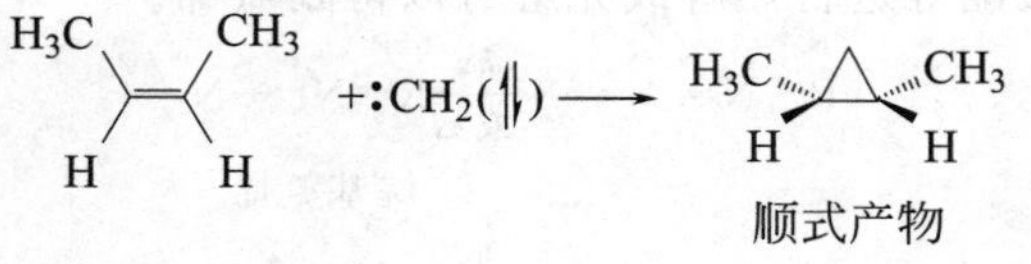

顺式产物

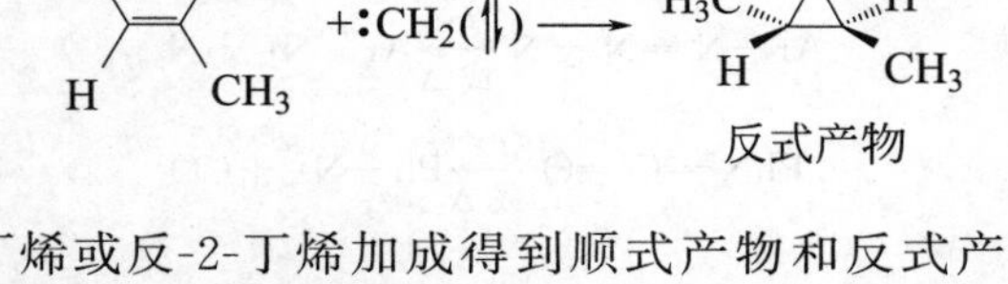

反式产物

三线态碳烯与顺-2-丁烯或反-2-丁烯加成得到顺式产物和反式产物的混合物。这是由于在加成过程中首先生成双自由基，而由于碳碳单键的自由选择使立体化学特征消失，故可得到两种产物的混合物。

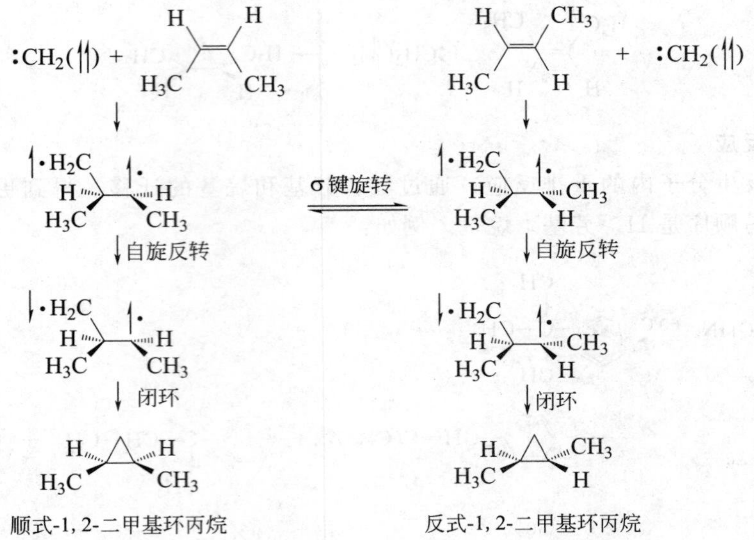

顺式-1, 2-二甲基环丙烷   反式-1, 2-二甲基环丙烷

5.5 氮烯

氮烯也叫乃春，表示为 R—N:，是卡宾的氮类似物。氮烯非常活泼，在普通条件下难离析，有人在 4K 时离析到烷基氮烯，在 77K 曾经捕集过芳基氮烯。

5.5.1 氮烯的结构

氮烯的氮原子具有六个价电子，只有一个 σ 键与其他原子或基团相连，也有三线态与单线态两种结构的形式存在，它们都是 sp 杂化，如图 5-6 所示。单线态氮烯比三线态氮烯能量高 $154.8 \text{kJ} \cdot \text{mol}^{-1}$。

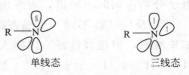

图 5-6 单线态与三线态氮烯

5.5.2 氮烯的生成

生成氮烯的方法与碳烯类似，主要有热解、光解、α 消除等反应。

（1）热解与光解

叠氮化合物、异氰酸酯等进行热解或光解可以得到氮烯。

$$R-\overset{+}{N}=\overset{-}{N}=\overset{-}{N} \xrightarrow[\text{或} \Delta]{h\nu} R-N: + N_2$$

烷基氮烯

$$R-\overset{+}{N}=\overset{-}{N}=\overset{-}{N} \xrightarrow[\text{或} \Delta]{h\nu} R-N: + N_2$$

$$Ar-\overset{+}{N}=\overset{-}{N}=\overset{-}{N} \xrightarrow[\text{或} \Delta]{h\nu} Ar-N: + N_2$$

$$PhN=C=O \xrightarrow[\text{或} \Delta]{h\nu} Ph-N: + CO$$

（2）α 消除反应

用碱处理芳磺酰羟胺可生成氮烯。

$$R-\underset{\underset{H}{|}}{N}-OSO_2Ar \xrightarrow{B^-} R-\overset{..}{\underset{..}{N}}: +BH+ArSO_2O^-$$

霍夫曼重排中通过 α 消除反应得到氮烯。

$$R-\overset{O}{\overset{\|}{C}}-NH_2 \xrightarrow{NaOBr} R-\overset{O}{\overset{\|}{C}}-NHBr \underset{-HBr}{\overset{OH^-}{\rightleftharpoons}} R-\overset{O}{\overset{\|}{C}}-\overset{..}{N}:$$

5.5.3 氮烯的反应

氮烯的典型反应是与碳碳双键的加成和 C—H 键的插入，此外还可以发生二聚、重排等反应。

（1）加成反应

烷基氮烯对双键的加成反应形成氮杂环丙烷衍生物。

例如：
$$EtOOCN=N=N \xrightarrow{h\nu} EtOOCN: \rightarrow EtOOC-N$$

（2）插入反应

氮烯可以插入脂肪族化合物的 C—H 键中，通常认为是单线态氮烯的典型反应，反应前后碳原子的构型不变，特别是羧酰基氮烯和磺酰基氮烯容易插入脂肪族化合物的 C—H 键中。

$$R-\overset{O}{\overset{\|}{C}}-\overset{..}{N}: +R_3C-H \rightarrow R-\overset{O}{\overset{\|}{C}}-NHCR_3$$

氮烯插入 C—H 键的活性也是 3°>2°>1°。

（3）二聚反应

氮烯发生二聚反应得到偶氮化合物。

$$2Ar-N: \rightarrow Ar-N=N-Ar$$

（4）重排反应

烷基氮烯很容易发生重排反应，在其形成的同时即发生迁移，生成亚胺。

$$R-\underset{\underset{H}{|}}{CH}-\overset{..}{N}: \rightarrow RCH=NH$$

霍夫曼重排中酰基氮烯重排得到异氰酸酯。

$$R-\overset{O}{\overset{\|}{C}}-NH_2 \xrightarrow{NaOBr} R-\overset{O}{\overset{\|}{C}}-NHBr \underset{-HBr}{\overset{OH^-}{\rightleftharpoons}} R-\overset{O}{\overset{\|}{C}}-\overset{..}{N}: \xrightarrow{重排} R-N=C=O \xrightarrow[NaOH]{H_2O} RNH_2+CO_2$$

5.6 苯炔

芳香亲核取代反应过去存在着许多难以解释的现象。如用强碱处理芳香卤代物，在某些情况下不仅形成正常的取代产品，而且同时也得到异构的化合物。

如果在氯苯中的卤素连接在标记碳原子上，则得到大约 50% 的重排产品。

上述反应不是简单的亲核取代反应，而是经苯炔中间体的"消去-加成"作用。当卤苯中的邻对位没有氢时，因不能消除卤化氢生成苯炔，氨解反应不能发生，例如：

5.6.1 苯炔的结构

苯炔具有高度的活泼性，这种高度的活泼性是由其特殊的结构决定的。苯炔的三键碳原子仍为 sp^2 杂化状态，苯炔的形成基本上不影响苯炔中离域的 π 体系，芳环的芳香性保持不变，新的 π 键在环平面上与苯环的 π 轨道垂直，由两个 sp^2 杂化轨道在侧面重叠形成很弱的 π 键，因此，苯炔非常活泼，很不稳定。图 5-7 为苯炔的结构。

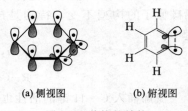

(a) 侧视图　　(b) 俯视图

图 5-7　苯炔的结构

5.6.2 苯炔的生成

苯炔的生成有一个通式，即从苯环的相邻位置脱掉一个电负性的基团和一个电正性的基团发生消除反应。

(1) 脱卤化氢

用强碱如 $NaNH_2$、PhLi 等处理卤代芳烃，发生 β-消除生成芳炔。反应分两步进行，第一步是碱消除质子，第二步是卤原子离去。

当卤素与苯环上其他取代基互相处于邻位或对位时，仅生成一种苯炔，互相处于间位时，则得到两种苯炔。

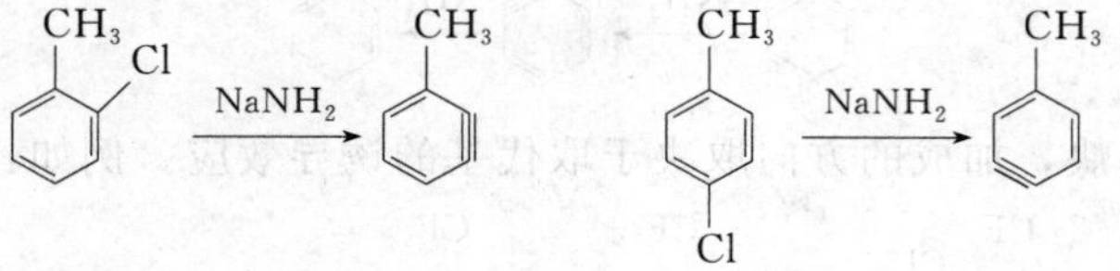

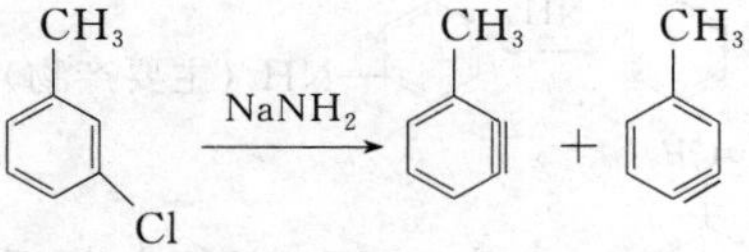

（2）由邻二卤代芳烃与锂或镁作用制备苯炔

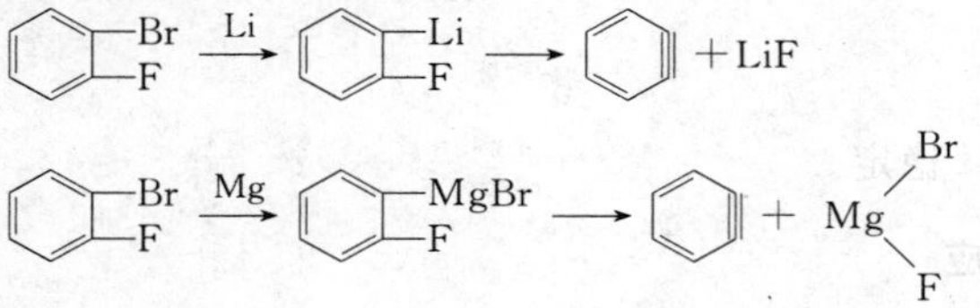

（3）中性原子的消除

邻位的重氮羧酸盐或重氮羧酸能在极温和的条件下热解生成苯炔。

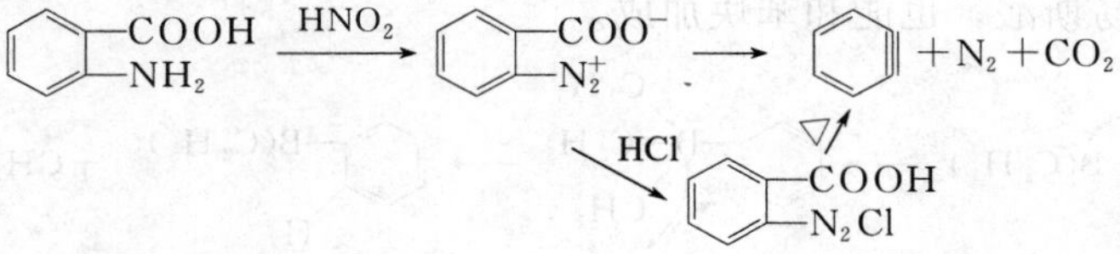

（4）光解或热解

许多化合物在紫外线照射或加热时能分解生成苯炔。

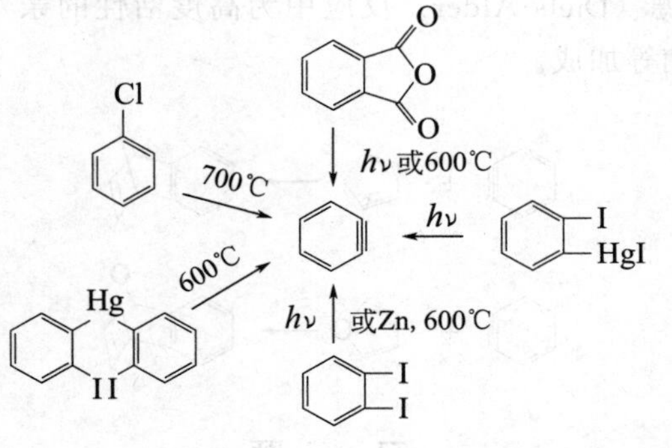

5.6.3　苯炔的反应

苯炔通常的反应为三键加成得到恢复芳香体系的产物，所以苯炔的主要反应为加成反应。

（1）亲核加成反应

醇类、烷氧基、烃基锂及其他亲核试剂，如羧酸盐、卤离子及氰化物等均容易与苯炔加成。

① 没有取代基的苯炔，加成后得到唯一产物。例如：

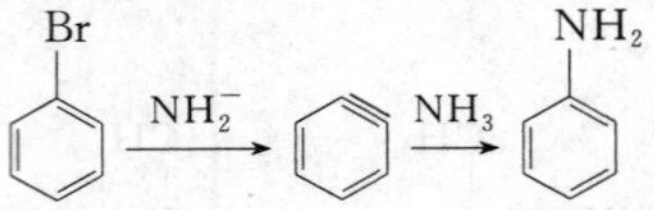

② 有取代基的苯炔，加成的方向取决于取代基的诱导效应。例如：

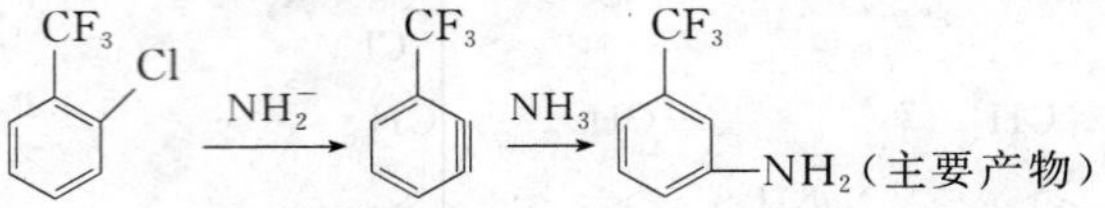

原因是—CF_3 为强吸电子基团， 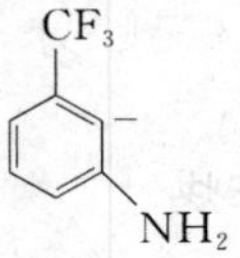 中—CF_3 离负电荷近，可以很好地分散负电

荷，所以比 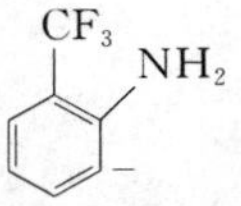 稳定。

（2）亲电加成反应

苯炔也可以与亲电试剂加成，例如卤素、卤化汞等亲电试剂能和苯炔加成。

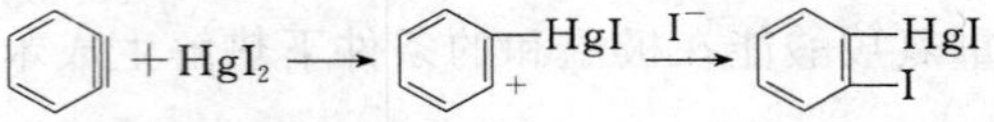

三烷基硼为路易斯酸，也能和苯炔加成。

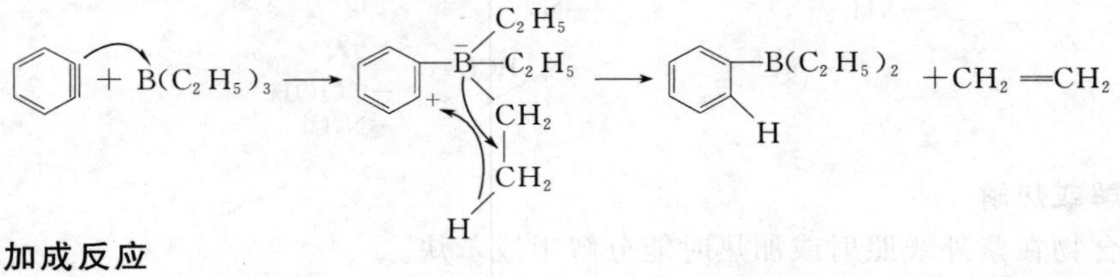

（3）环加成反应

芳炔在狄尔斯-阿尔德（Diels-Alder）反应中为高度活性的亲双烯试剂，能和许多 1,3-二烯，如环戊二烯、呋喃等加成。

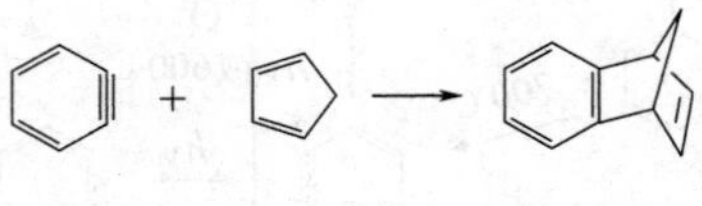

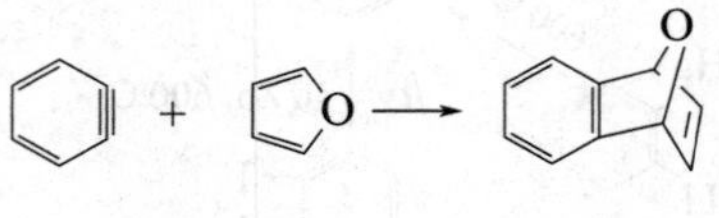

习 题

▶**基本训练**

5-1 选择题

（1）下列负离子中最稳定的是（　　）。

A. $\bar{C}H_3$ B. $(CH_3)_2\bar{C}H$

C. $(CH_3)_3\bar{C}$ D.

（2）下列反应中，涉及碳正离子中间体的是（　　　）。

A. $C_6H_5CH_2Br + H_2O \longrightarrow C_6H_5CH_2OH + HBr$

B. $CH_3CHO \xrightarrow{OH^-} CH_3CH(OH)CH_2CHO$

C.

D. $CH_3CH_3 + Cl_2 \xrightarrow{h\nu} CH_3CH_2Cl + HCl$

（3）下列物种中（　　　）最稳定。

A. 三苯甲基自由基　　　　　　　　B. 苯基自由基

C. 甲基自由基　　　　　　　　　　D. 叔丁基自由基

（4）下列碳正离子中，（　　　）最稳定。

A.　　　　　　　　　B.　　　　　　　　　C.

（5）下列碳正离子最稳定的是（　　　）。

A. ▷+

B. $CH_2=CHCH_2^+$

C. $CH_3CH=CH-\overset{+}{C}H_2$

D. $(CH_3)_2C=CHCH_2^+$

（6）反应　　　　$+ NaNH_2 \xrightarrow{NH_3(l)}$ 的产物是（　　　）。

A.　　　　　　B.　　　　　　C.　　　　　　D.

（7）下列化合物中酸性最强的是（　　　）。

A. $CH_3\overset{O}{\overset{\|}{C}}CH_2\overset{O}{\overset{\|}{C}}CH_3$

B. $C_2H_5\overset{O}{\overset{\|}{C}}CH_2\overset{O}{\overset{\|}{C}}C_2H_5$

C. $C_6H_5\overset{O}{\overset{\|}{C}}CH_2\overset{O}{\overset{\|}{C}}CH_3$

D. $C_6H_5\overset{O}{\overset{\|}{C}}CH_2\overset{O}{\overset{\|}{C}}CF_3$

5-2　排序

（1）将下列碳正离子按稳定性由大到小排序。

① A. 苄基碳正离子　　　　　　　　B. 对甲基苄基碳正离子

　　C. 对甲氧基苄基碳正离子　　　　D. 对硝基苄基碳正离子

　　E. 对氯苄基碳正离子　　　　　　F. 对氨基苄基碳正离子

② A. 　　—CH_2^+　　　　　　　　B. $CH_2=CH-CH_2^+$

　　C. $CH_2=CH^+$　　　　　　　　D. $CH_3CH_2^+$

③ A.　　　　　　B.　　　　　　C.　　　　　　D.

④ A. $PhCH\!=\!\overset{+}{CH}CH_2$ 　　　　　B. $Ph\overset{+}{CH}CH\!=\!CH_2$

C. 　　　　　　　　D.

（2）将下列碳负离子按稳定性由大到小排序。

① A. 　　　　　B. $CH_3CH_2^-$　　　　C. $CH_2\!=\!CH^-$　　　D. $HC\!\equiv\!C^-$

② A. $CH_3CO\overset{-}{C}HCOOC_2H_5$　　　　　　B. $CH_3CO\overset{-}{C}HCOCH_3$

C. $\overset{-}{C}H_2COCH_3$　　　　　　　　　　D. $\overset{-}{C}H_2CH_2CH_3$

（3）将下列自由基按稳定性由大到小排序。

A. 　　　　B. 　　　　C.

D. 　　　　　　　　　　　E.

（4）将下列化合物按烯醇式含量由大到小排序。

A. $CH_3\overset{O}{\overset{\|}{C}}CH_2\overset{O}{\overset{\|}{C}}OC_2H_5$　　　　　　　　B. $CH_3\overset{O}{\overset{\|}{C}}C_2H_5$

C. $CH_3\overset{O}{\overset{\|}{C}}CH_2\overset{O}{\overset{\|}{C}}CH_3$　　　　　　　　D. $CH_3\overset{O}{\overset{\|}{C}}\overset{\overset{\displaystyle CH}{|}}{CH}\overset{O}{\overset{\|}{C}}OC_2H_5$
$\qquad\qquad\qquad\qquad\qquad\qquad\qquad\qquad \underset{CH_3}{\overset{\|}{\underset{}{C}}\!=\!O}$

5-3　写出下列反应的主要产物。

（1）$H_3C\!-\!\overset{CH_2OH}{\underset{H}{\overset{|}{\underset{|}{C}}}}\!-\!\overset{OH}{\underset{H}{\overset{|}{\underset{|}{C}}}}\!-\!CH_3$ ＋HCl ⟶

（2）$H_3C\!-\!\overset{CH_3}{\underset{CH_3}{\overset{|}{\underset{|}{C}}}}\!-\!CH_2OH$ ＋HCl ⟶

（3） $\xrightarrow{H_2SO_4}$

（4） $\xrightarrow{Br_2+NaOH}$

（5） ＋$CHCl_3$ $\xrightarrow[(CH_3)_3COH]{(CH_3)_3COK}$

（6） ＋CH_2I_2 $\xrightarrow{Cu(Zn)}$

(7)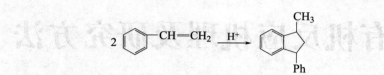

▶ 拓展训练

5-4　下列反应经过的主要活性中间体是（　　），写出反应的历程。

$$2 \text{CH}=\text{CH}_2 \xrightarrow{\text{H}^+} \text{（产物）}$$

A. 碳正离子（或离子对中碳原子为正电一端）　B. 碳负离子（或烯醇盐负离子碎片）
C. 碳烯　　　　　　　　D. 氮烯　　　　　　　　E. 苯炔

5-5　写出下列反应的机理。

$$\triangleright\!-\!\text{CHCH}_3(\text{Cl}) \xrightarrow[\text{H}_2\text{O}]{\text{Ag}^+} \square\!-\!\text{OH}(\text{CH}_3) + \triangleright\!-\!\text{CHCH}_3(\text{OH}) + \text{CH}_3\text{CH}=\text{CHCH}_2\text{CH}_2\text{OH} + \text{H}_3\text{O}^+ + \text{AgCl}$$

第**6**章 ▶▶▶

有机反应机理及研究方法

学习目标

▶ 知识目标

  了解有机反应机理的概念、基本类型及研究机理的常见方法。

  掌握有机反应机理的一般表示方法。

  掌握常见亲核加成反应、亲电加成反应、亲核取代反应、亲电取代反应、消除反应的机理及特点。

  了解自由基取代反应、自由基加成反应、协同反应机理及其特点。

▶ 能力目标

  能够利用描述机理的语言简单表述常见有机反应的机理。

  能够理解涉及一个或多个基本反应机理的较为简单的综合性机理。

  有机化学反应机理研究的是反应物通过化学反应生成产物所经历的全过程，也就是说要研究有机反应物分子中原子在反应期间所经过的一系列变化，从开始到终了的全部动态过程，包括试剂的进攻、反应中间体的形成、直到生成最后的产物。分子的振动和碰撞是在 $10^{-14} \sim 10^{-12}\,\mathrm{s}$ 内完成的，目前在如此短时间内观测分子和原子运动的手段尚不完善，还主要是根据反应中观察到的现象来推测反应可能经过的历程。

6.1 有机反应机理

6.1.1 有机反应机理类型

  在大多数有机化学反应中，都会有一个或多个共价键断裂。根据键断裂的方式，可以将有机反应机理分为三种基本类型。

（1）离子型反应机理

  如果一个共价键断裂后，两个成键电子都保留在其中一个碎片上形成了离子中间体，这种断裂共价键的方式称为异裂，经历这种机理形式的反应称为离子型反应。

$$A\text{—}B \xrightarrow{\text{异裂}} A^+ + B^-$$

  对于多数反应，为了方便起见，通常称一个反应物为进攻试剂，另一个反应物为底物。

通常将给新键提供碳的分子称为底物。在异裂反应中，进攻试剂一般给底物带来一对电子，或从底物带走一对电子。带来一对电子的试剂称为亲核试剂，相应的反应称为亲核反应。带走一对电子的试剂称为亲电试剂，相应的反应称为亲电反应。在底物分子发生键的断裂时，分子中不含碳的离去部分通常称为离去基团。带走一对电子的离去基团称为离核体。如果它离开时不带走电子对，则称为离电体。

（2）自由基型反应机理

如果键断裂后，每个碎片各得一个电子，则形成了自由基中间体，这种断裂共价键的方式叫均裂，以这类机理进行的反应称为自由基反应。

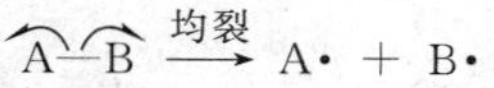

$$A\frown B \xrightarrow{\text{均裂}} A\cdot + B\cdot$$

（3）协同反应机理

有机反应中化学键的断裂虽然只有如上两种断裂形式，但是还存在第三种机理。在该类反应发生时，其中的电子（通常为 6 个，但有时为其他数目）在一个闭环中运动。该机理不涉及离子或自由基等中间体，也无法指明电子是成对还是未成对的，以这种类型机理进行的反应称为协同反应。

6.1.2　有机反应机理的表示方法

（1）直线箭头

描述一个有机反应，通常用直线箭头，箭头的方向代表原料到产物的转变，直线箭头的左端代表底物或原料，右边代表反应生成的产物，实现该转化所需要的其他必要试剂例如催化剂等写在直线箭头的上方，实现该转化所需要的其他反应条件例如加热、冰水浴等反应条件等写在箭头的下方。

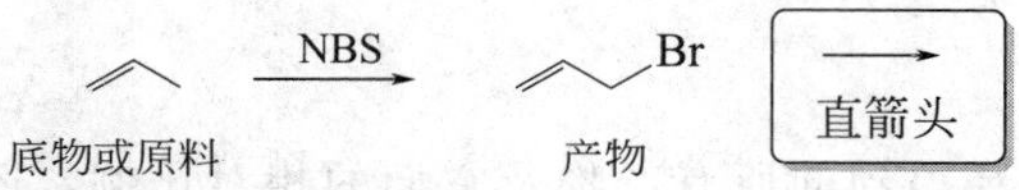

底物或原料　$\xrightarrow{\text{NBS}}$　产物　　　[直箭头 →]

（2）可逆箭头

如果一个反应是一个可逆反应，具有可逆的性质，可以使用可逆箭头，表示箭头两侧的两种有机物可以在某个条件下实现平衡，改变平衡的条件可以改变平衡的方向。

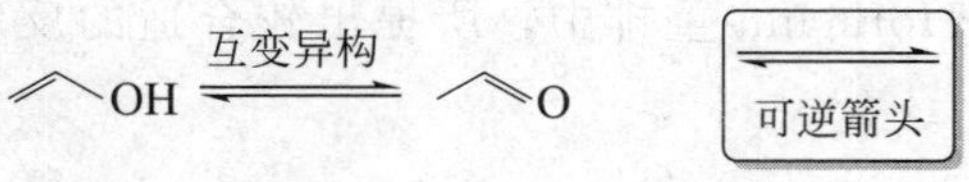

$\diagdown$OH $\underset{}{\overset{\text{互变异构}}{\rightleftharpoons}}$ $\diagdown$O　　　[可逆箭头 ←]

（3）双向箭头

双向箭头用于描述有机分子的共轭电子流动，表示共轭电子在共轭体系中进行了重新排布。

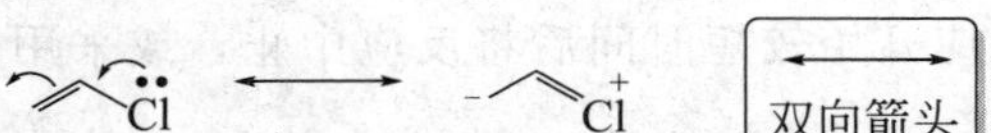

共轭电子的重新排布　　　[双向箭头 ↔]

（4）弯箭头

弯箭头用于表示电子对的转移，弯箭头在机理的描述中所起的作用很大，可以形象地描述电子转移的方向，弯箭头的指向即代表电子转移的方向，用其描述反应机理的过程，形象生动。例如下列反应所示的烯烃亲电加成反应机理，首先溴在富电子的烯烃作用下产生诱导偶极，一端具有富电子性，另一端具有缺电子性。烯烃的 π 电子进攻溴缺电子的一端形成溴鎓离子，富电子的溴带着一对电子离开形成溴负离子。溴鎓离子中，碳溴键的极性很大，溴的电负性较强，电子云强烈地偏向溴，使得碳原子具有缺电子性，可以接受带负电的溴负离子的进攻。溴负离子提供一对电子和缺电子的碳形成一根新的碳溴键，溴鎓离子中的碳溴键发生断裂，电子对转移到了溴原子上中和其上的负电荷，从而最终形成邻二溴化物。上述语言的描述很烦琐，但利用化学语言采用弯箭头可以很形象、生动、直观地描述该反应机理。

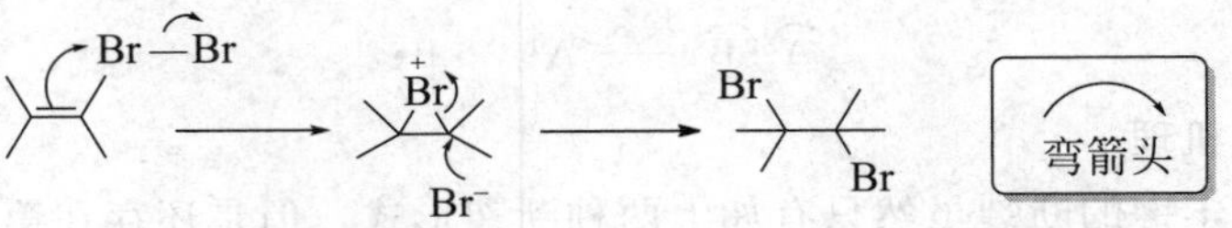

(5) 鱼钩箭头

鱼钩箭头代表单电子的转移。化学键发生均裂形成自由基一般就可以用鱼钩箭头来表示单电子的转移，该种箭头在描述自由基参与的有机反应机理过程中发挥重要的作用。

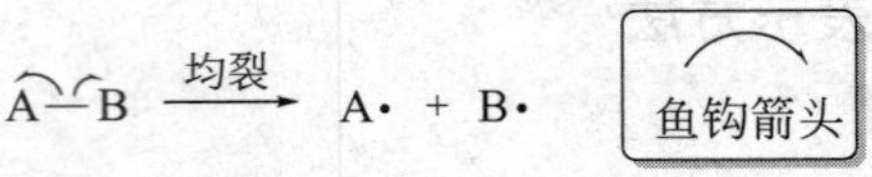

6.1.3 有机反应机理的研究方法

确定有机反应机理的常见方法有很多种，在大多数情况下，一种方法是不够的，需要多种方法结合才可以得出较合适的反应机理，下面介绍一下研究有机反应机理常见的几种方法。

(1) 产物的鉴定

反应机理必须能够解释得到的所有产物及它们的相对比例，还包括副反应的产物。例如，对于下列这个反应：

$$CH_4 + Cl_2 \xrightarrow{h\nu} CH_3Cl$$

如果该反应的机理不能解释该反应过程中可以产生少量乙烷的原因，这个机理就不是一个正确的机理。再比如在 Hofmann 重排中，所提出较合适的反应机理必须能够解释碳以 CO_2 形式失去的事实。

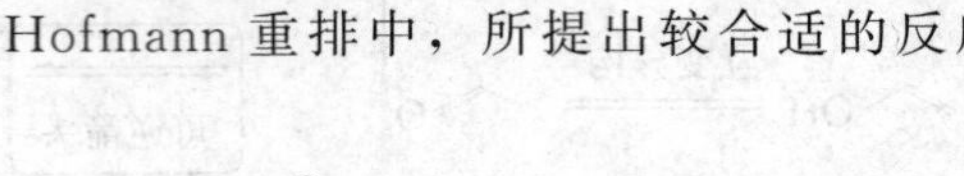

(2) 中间体的检测和捕获

许多机理都假设有中间体，确定中间体是否存在以及中间体结构的方法有如下几种：

① 分离中间体　在反应开始较短时间后将反应中止，或采用非常温和的条件，将中间体从反应混合物中分离出来。

② 中间体的检测　在许多情况下，中间体不能被分离出来，可以借助红外、核磁或其他光谱仪器检测中间体的存在。例如：用 Raman 光谱可以检测 NO_2^+ 的存在，该方法被认为是苯硝化反应中间体的有力证据。

　　③ 捕获中间体　　在有些情况下，中间体能够与某些化合物以特定方式发生反应，此时该中间体可通过与该化合物发生反应而被捕获到，该种化合物被称为中间体捕获剂。例如，判断一个反应是否存在苯炔中间体，如果加入共轭二烯后检测到 Diels-Alder 反应产物，那么就可以证明该反应过程中可能存在苯炔中间体。

　　④ 可疑中间体的合成　　如果怀疑某反应中有可能存在某一中间体，而且该中间体又可以用别的方法得到，那么在相同的反应条件下，它应当产生相同的产物。这种实验可以提供结论性的反证：如果没有得到正确的产物，则可疑的化合物就不是该反应的中间体。然而，如果得到正确的产物，却不能下定论，认为这就是该反应的中间体，因为它们可能是由于巧合而产生的。

　　（3）催化的研究

　　有机反应机理必须和催化情况一致，哪些物质催化某反应、哪些物质抑制该反应、哪些物质既不催化也不抑制该反应，通过这些研究人们可以从中获取很多有机反应机理的相关信息。

　　（4）同位素标记

　　通过使用同位素 ^{14}C、^{18}O 等标记的分子跟踪反应过程，可以获取研究有机反应机理的很多相关信息。例如在下列反应中，产物的氰基是否来自 BrCN 中的氰基呢？

$$R\overset{*}{C}OO^- + BrCN \longrightarrow R\overset{*}{C}N$$

利用 ^{14}C 跟踪反应可以得到答案，因为为 $R^{14}CO_2^-$ 反应生成了放射性的 RCN，这个结果可以很容易排除 CO_2 被 CN 取代的机理。^{18}O 也可以用来跟踪反应，例如酯的水解：

$$R{-}\underset{\underset{O}{\|}}{C}{-}OR' + H_2O \longrightarrow R{-}\underset{\underset{O}{\|}}{C}{-}OH + R'OH$$

该反应究竟是酰氧键断裂还是烷氧键断裂，利用 $H_2{}^{18}O$ 进行示踪反应可以很容易得到答案。如果发生酰氧键断裂，则标记的氧将出现在酸中，否则它将出现在醇中。

　　（5）立体化学证据

　　如果反应产物存在多个立体异构体，根据产物构型的变化可以推测反应可能的机理。例如，Walden 发现用 $SOCl_2$ 处理（＋)-马来酸会产生（＋)-氯琥珀酸，而当用 PCl_5 处理时，则产生(－)-氯琥珀酸异构体，表明这两个反应表面上很相似，其实反应机理是不同的。再比如，顺-2-丁烯用 $KMnO_4$ 处理后产生内消旋的 2,3-丁二醇，而不是得到外消旋的混合物，证明反应经历的历程为两个—OH 是从双键的同一侧进攻的。

　　（6）动力学证据

　　均相反应的速率就是反应物消失或产物出现的速率。反应速率基本上总是随着时间而改变的，因为反应速率通常与浓度成正比，而反应物浓度随时间而减小。然而反应速率并不总是与所有反应物浓度成正比的。在某些情况下，反应物浓度的变化根本不会令反应速率发生改变，而有些情况下，反应速率与其中一种反应物（催化剂）的浓度成正比，而这个反应物有可能并不出现在化学定量方程中。

　　研究哪个反应物影响反应速率常常可以得到大量关于反应机理的信息。

　　如果反应速率仅仅与一个反应物（A）浓度的变化成正比，那么，A 的浓度随时间 t 变化的速度为：

$$反应速率 = \frac{-d[A]}{dt} = k[A]$$

式中，k 是反应速率常数。因为 A 的浓度随时间减小，所以该数值有一个负号。遵循这样速率定律的反应称为一级反应。一级反应速率常数 k 的单位为秒的倒数（s^{-1}）。

二级反应的速率与两个反应物的浓度或与一个反应物浓度的平方成正比：

$$反应速率 = \frac{-d[A]}{dt} = k[A][B]$$

$$反应速率 = \frac{-d[A]}{dt} = k[A]^2$$

二级反应速率常数 k 的单位为 $L \cdot mol^{-1} \cdot s^{-1}$ 或其他单位，表示为单位时间间隔内的浓度或压力的倒数。三级反应也可写成类似的表达式。

反应速率定律是由实验测定的，据此可以判断反应分子数，反应分子数即碰撞到一起形成活化络合物的分子数。如果知道有多少个分子以及哪些分子参与形成了活化络合物，就可以明确很多关于有机反应机理的信息。反应机理中反应最慢的一步速率和总反应速率基本一致，整个反应的决定步骤是反应速率最慢的一步，即该步反应为反应的决速步骤。例如丙酮的溴代反应，动力学研究证明，溴化速率取决于酸、碱浓度而与溴的浓度无关，反应物是丙酮的烯醇化物，决定反应速率的是烯醇化，而不是溴化。

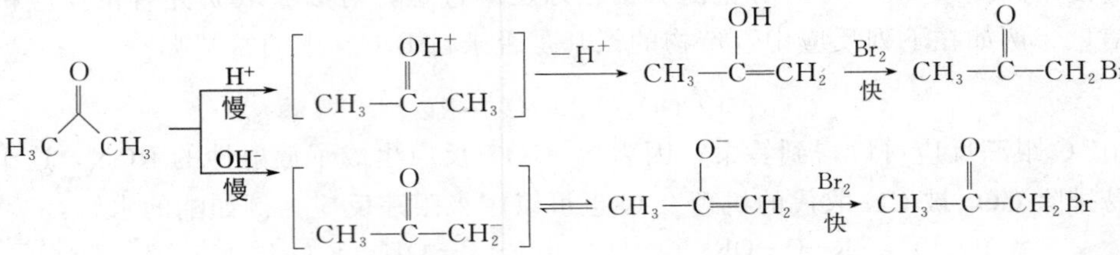

（7）热力学方法

热力学方法通过研究一个化学反应中的热效应是放热还是吸热，焓变、熵变以及自由能的增减来获取机理研究的相关信息。

6.1.4　有机反应类型

基本的有机反应可以分为加成反应、取代反应、消除反应和重排反应。根据共价键的断裂方式，这些有机反应可以归纳为离子型反应、自由基反应和协同反应。

（1）加成反应

加成反应是由两个化合物反应生成一个化合物，并以 σ 键数目增加和 π 键数目减少为主要特征的反应。加成反应通常发生在一些不饱和键上，例如碳碳双键、碳碳三键和碳氧双键等。

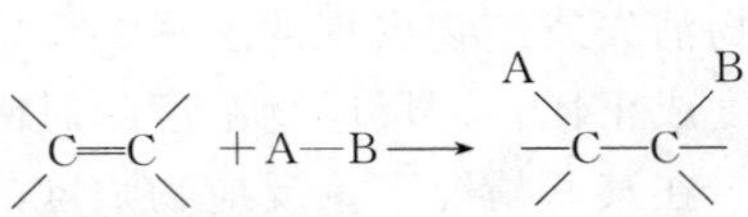

加成试剂主要分为三类，亲电试剂、亲核试剂还有自由基，根据加成试剂的不同种类可以将加成反应分为亲电加成反应、亲核加成反应和自由基加成反应。例如，烯烃的亲电加成、羰基的亲核加成是最常见的加成反应。

亲电加成反应和亲核加成反应是由于发生了共价键的异裂，故属于离子型反应；而自由基加成反应则是由于发生了共价键的均裂，故属于自由基型反应。以上三种加成反应有一个共同的特点即反应均是分步进行的。除此之外，还有一类加成反应既不涉及离子中间体也不涉及自由基中间体，反应一步完成，故称为协同加成反应。

（2）取代反应

取代反应是一个基团被另一个基团所取代的反应，在取代反应中共价键的数目保持不变。

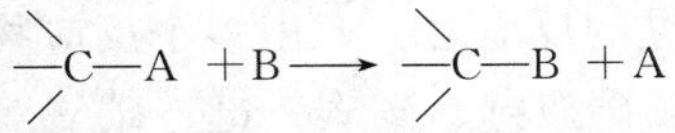

$$-\!\!\overset{|}{\underset{|}{C}}\!-\!A + B \longrightarrow -\!\!\overset{|}{\underset{|}{C}}\!-\!B + A$$

根据取代试剂种类的不同，也可以将取代反应分为亲核取代反应、亲电取代反应和自由基取代反应三种类型。例如，饱和碳原子上的亲核取代反应，芳烃的亲电取代反应以及烯丙基上的自由基取代反应是较常见的涉及三种不同反应机理的取代反应。

亲核取代反应：

$$CH_3-Br + OH^- \longrightarrow CH_3OH + Br^-$$

亲电取代反应：

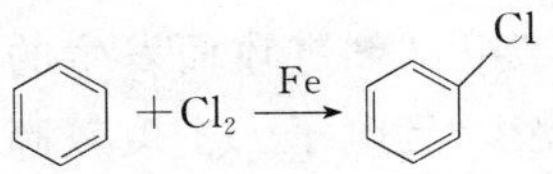

$$\text{苯} + Cl_2 \xrightarrow{Fe} \text{氯苯}$$

自由基取代反应：

$$CH_2\!=\!CH\!-\!CH_3 + Br_2 \longrightarrow CH_2\!=\!CH\!-\!CH_2Br$$

（3）消除反应

消除反应是由一个化合物中脱去一个小分子的有机反应，和加成反应相反，通常是从一个化合物变成两个化合物，它是以 σ 键数目减少和 π 键数目增多为主要特征的。例如，醇的脱水反应、卤代烃的脱卤化氢反应都是较为常见的消除反应。

（4）重排反应

重排反应是指原子或基团从一个原子迁移至另一个原子的有机反应，大部分重排反应会转变为异构体，甚至改变有机分子的骨架。

根据迁移原子或基团带有的电子数不同，可以将重排反应分为如下三类：

① 带着一对电子迁移（亲核型）：

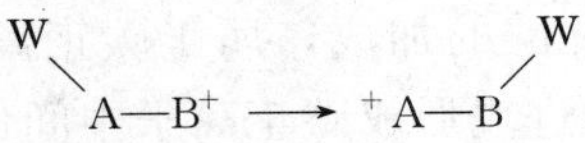

$$\overset{W}{\underset{}{\diagdown}}A\!-\!B^+ \longrightarrow\ ^+A\!-\!B\overset{W}{\diagup}$$

② 带一个电子迁移（自由基型）：

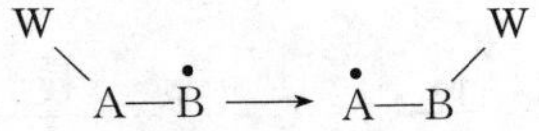

$$\overset{W}{\diagdown}A\!-\!\dot{B} \longrightarrow \dot{A}\!-\!B\overset{W}{\diagup}$$

③ 不带电子迁移（亲电型，较少）：

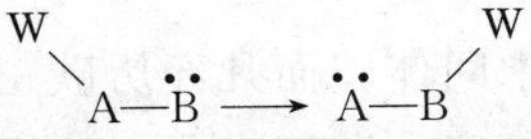

$$\overset{W}{\diagdown}A\!-\!\ddot{B} \longrightarrow \ddot{A}\!-\!B\overset{W}{\diagup}$$

上图所示的是重排反应均是迁移基团迁移至相邻的原子，故称为 1,2-重排，它是最常见重排反应，但是也有可能发生更远距离的重排，例如 1,5-重排、3,3'-重排等。具体的重排反应相关知识本书将在第 7 章重排反应做更为详细的介绍。

事实上，很多有机反应并不会简单地仅涉及上述四种反应类型当中的某一种反应类型，而是可以看成上述四类反应的组合，例如酯的水解、醇解和氨解反应即可以看成是加成反应和消除反应的组合反应，经历了加成-消除的反应机理。因此，掌握以上四种最重要的基本反应及其机理对理解更为复杂的有机反应机理具有至关重要的作用，下面将对这四种基本有机反应做进一步详细的介绍。

6.2 加成反应

加成反应是有机反应中最常见的反应之一，由多个反应物加和生成一个新的产物，被加成的反应物常含有不饱和键，例如碳碳双键、碳碳三键、碳氧双键、碳氮双键等，涉及不饱和化合物的两个重键碳原子重新杂化（$sp^2 \rightarrow sp^3$ 或 $sp \rightarrow sp^2 \rightarrow sp^3$）的有关过程，最终生成稳定的加成产物，并且加成过程中不饱和键数目减少，单键的数目增多。根据加成试剂的性质不同，一般可分为亲电加成反应、亲核加成反应、自由基加成反应和环加成反应，其中环加成反应按协同反应机理进行，在第 2 章周环反应中介绍，本章重点介绍其他三类加成反应及机理。

6.2.1 亲电加成反应

在决定反应速率的步骤中，由亲电试剂进攻而发生的加成反应称为亲电加成反应。烯烃或者炔烃等不饱和键中的 π 键较活泼，且电子云密度较高，因此很容易进攻缺电子的亲电试剂发生亲电加成反应（electrophilic addition reaction）。其通式为：

$$\text{C=C} + E-Nu \longrightarrow -\overset{|}{\underset{E}{C}}-\overset{|}{\underset{Nu}{C}}-$$

能与烯烃发生亲电加成反应的试剂主要有：HX、HXO、H_2SO_4、H_2O、X_2 等。

（1）亲电加成反应机理

亲电加成反应通常分为两步：第一步，富电子的烯烃或者炔烃的 π 电子进攻缺电子的亲电试剂，形成碳正离子或者环状的鎓离子中间体；第二步，碳正离子中间体接受富电子的亲核试剂的进攻，生成稳定的加成产物。第一步反应是慢反应，是整个反应的速控步骤，因此碳碳重键的电子云密度越大，生成的碳正离子中间体越稳定，反应速率越快。根据第一步生成的中间体是碳正离子还是鎓离子，可以将亲电加成反应细化为两类即碳正离子历程和桥鎓离子历程。

① 碳正离子历程　烯烃与各种酸的加成，属于碳正离子反应历程。亲电性的质子由酸离解产生，首先接受富电子烯烃的进攻形成碳正离子中间体，该步骤反应速率较慢，是该反应的决速步骤；然后碳正离子接受负离子的进攻生成最终产物。

$$\text{C=C} + H^+ \xrightarrow{\text{慢}} -\overset{|}{\underset{H}{C}}-\overset{|}{\overset{+}{C}}- \xrightarrow[X^-]{\text{快}} -\overset{|}{\underset{H}{C}}-\overset{|}{\underset{X}{C}}-$$

由于该反应历程经历碳正离子中间体，而凡经历碳正离子中间体的反应历程都常伴随着重排，重排的动力是倾向于生成更稳定的碳正离子，该反应也不例外。某些烯烃的加成反应除得到正常加成产物以外，还会得到重排产物，例如 3,3-二甲基-1-丁烯与溴化氢的亲电加成反应，主要得到重排产物，原因在于首先烯烃进攻氢离子得到的是二级碳正离子，而二级碳正离子不稳定，通过邻位甲基的迁移可以重排为更稳定的三级碳正离子。

② 桥鎓离子历程　环状卤鎓离子最初是为合理解释立体化学的现象而提出的，但随后就发现了确切的证据，1967 年 Olah 制得了一些正离子，其核磁共振谱只出现一个信号，说明四个甲基是完全等同的，这个事实也证明了这些正离子确实是环状鎓离子。

$$(H_3C)_2C\!\!-\!\!C(CH_3)_2 + SbF_5 \xrightarrow[-60℃]{SO_2} (H_3C)_2HC\!\!-\!\!CH(CH_3)_2 \cdot SbF_6^-$$
$$\quad\quad\; | \quad\; | \qquad\qquad\qquad\qquad\qquad\qquad\quad |$$
$$\quad\quad F \quad Br \qquad\qquad\qquad\qquad\qquad\qquad Br^+$$

不饱和烃与卤素的加成反应通常属于卤鎓离子反应历程。以环己烯与 Br_2 的反应为例，介绍卤鎓离子的反应历程。第一步，溴在烯烃 π 电子的作用下产生诱导偶极，靠近烯烃的溴原子带部分正电荷，远离烯烃的溴原子带部分负电荷，烯烃进攻带部分正电荷的溴原子，形成溴鎓离子中间体，环状结构的溴鎓离子中间体阻止了碳碳单键的自由旋转，另一个溴原子以溴离子的形式离去，该步骤反应速率较慢，是决定整个反应速率的决速步骤；第二步，溴离子从溴鎓离子的背面进攻溴鎓离子环中的两个碳原子，且机会均等（如下列反应式所示两种进攻方式），故最终得到的产物为反-1,2-二溴环己烷的一对对映体。

碳正离子　　　　　　　　　　溴鎓离子　　　　　　　　a　　　　　　b

(2) 不饱和烃与 Brønsted 酸的亲电加成反应

① 不饱和烃与 HX 的亲电加成反应　烯烃与卤化氢发生亲电加成反应得到卤代烃，该反应可以实现烯烃到卤代烃的转化，其通式如下：

烯烃　　　　（HX＝HCl，HBr，HI）　卤代烷

该反应的区域选择性遵循马尔科夫尼科夫（Markovnikov）规则（马氏规则），卤化氢的反应活性顺序为 HI＞HBr＞HCl。反应的机理涉及碳正离子中间体，故常有重排产物的生成。多数情况下主要得到反式产物，但随着烯烃结构的不同、温度及溶剂等外界条件的不同，也会有不同量的顺式加成产物。

② 不饱和烃与 H_2O 的亲电加成反应　烯烃和炔烃与 H_2O 的亲电加成反应也叫作水合反应，分为直接水合和间接水合。浓硫酸作为强的质子酸，可以与烯烃发生亲电加成反应得到硫酸氢酯，硫酸氢酯可以进一步水解为醇，该反应称为烯烃的间接水合。

烯烃　　　　　　　　　　　　硫酸氢酯　　　　　　　　　醇

水的酸性太弱，不能直接与烯烃发生水合反应，可以用强质子酸例如硫酸作催化剂，直接发生水合反应得到醇。

烯烃　　　　　　　　　　　　　　　　　　　　　　　　　醇

该反应的机理也经历碳正离子过程，确定主产物时需要充分考虑可能发生的重排反应，其区域选择性也遵循马氏规则，实现了烯烃到醇的转化。

炔烃的水合反应生成的产物为醛或者酮，需要用 $HgSO_4$-H_2SO_4 作催化剂，实际上炔烃的水合反应生成的加成产物仍为烯醇，而烯醇不稳定会迅速转变为结构更加稳定的醛或酮，该反应实现了炔烃到醛或者酮的转化。

(3) 不饱和烃与 Lewis 酸的亲电加成反应

烯烃、炔烃除了可以和 Bronsted 酸发生亲电加成反应之外，还可以和卤素、硼烷、一些过渡金属等 Lewis 酸发生亲电加成反应。

① 不饱和烃与 X_2 的亲电加成反应　卤素可以作为亲电试剂和烯烃发生亲电加成反应生成邻二卤代烃，该反应实现了烯烃向邻二卤代烃的转化。不同卤素与烯烃发生亲电加成反应的相对反应活性顺序为：$F_2 > Cl_2 > Br_2 > I_2$。烯烃与 F_2 的反应过于激烈，很难控制；与 I_2 的反应为可逆反应，平衡偏向于原料烯烃。因此烯烃与卤素的亲电加成反应一般指的是加 Cl_2 或者 Br_2。

$$\underset{\text{烯烃}}{-\overset{|}{C}=\overset{|}{C}-} + X_2 \longrightarrow \underset{\text{邻二卤代烷}}{-\overset{|}{\underset{|}{C}}-\overset{X}{\underset{X}{\overset{|}{C}}}-}$$

烯烃与卤素的加成反应机理历经卤鎓离子过程，一般得到反式产物，但当烯烃的双键连有芳基时，顺式加成产物会有一定程度的增加，有时甚至会得到顺式加成主产物。烯烃与溴的亲电加成反应的立体专一性比氯强，原因可能在于氯与烯烃形成的氯鎓离子中间体不及溴鎓离子中间体稳定。

② 不饱和烃与硼烷的亲电加成反应　烯烃和乙硼烷（B_2H_6）可以迅速反应生成三烷基硼，然后用碱性过氧化氢（H_2O_2）水解即可得到伯醇，这一反应称为硼氢化-氧化反应（hydroboration reaction），是一种由烯烃制备伯醇的重要反应策略，该反应由美国科学家布朗（C. H. Brown）首先提出，布朗也因此获得了 1979 年的诺贝尔化学奖。

BH_3 中的硼是六电子体系，是一种缺电子的 Lewis 酸，分子中存在一个空轨道可以接受一对电子，故可以与烯烃的 π 电子结合，硼原子加到取代基较少、含氢较多的双键碳原子上，而氢加到取代基较多、含氢较少的双键碳原子上，加成的区域选择性遵循反马氏规则，并且总是生成顺式加成产物。

$$R-CH=CH_2 + HBH_2 \longrightarrow \underset{\text{一烷基硼}}{RCH_2CH_2BH_2} \longrightarrow \underset{\text{三烷基硼}}{(RCH_2CH_2)_3B}$$

硼氢化-氧化反应的净结果是烯烃形式上的加水反应，最后的产物为醇。反应具有区域选择性，得到反马氏加成产物，且为顺式加成；在随后的水解反应当中烷基带着一对电子迁移，使得顺式加成的立体化学得到保留，生成形式上反马规则顺式加水产物，因此硼氢化-氧化反应具有立体选择性。例如，1-甲基环己烯发生硼氢化-氧化反应最终得到反-2-甲基环己醇，加上去的 H 和 OH 总是在烯烃的同侧。

　　三烷基硼用碱性的过氧化氢氧化水解，当 C—B 键转化为 C—OH 键时，如果中心碳原子为手性碳，其构型保持不变，因此可以利用该方法对映选择性地合成手性醇。例如（*Z*）-2-丁烯与乙硼烷发生硼氢化-氧化反应可以得到手性 2-丁醇。

　　③ 不饱和烃与过渡金属的亲电加成反应　烯烃可以和汞盐（注：常用的汞盐为乙酸汞）发生亲电加成反应，汞加到含氢较多的碳原子上，溶剂负离子加到含氢较少的碳原子上，符合广义的马氏规则（即带正电性的基团加到含氢较多的碳原子上，带负电性的基团加到含氢较少的碳原子上），形成含 C—Hg 键的中间体；该中间体经过 NaBH$_4$ 还原，可将产物中的汞原子用氢取代，此过程又称为"去汞"，最终可以制得醇、醚、酯等产物，该反应称为羟汞化-还原反应（oxymercuration-reduction）。

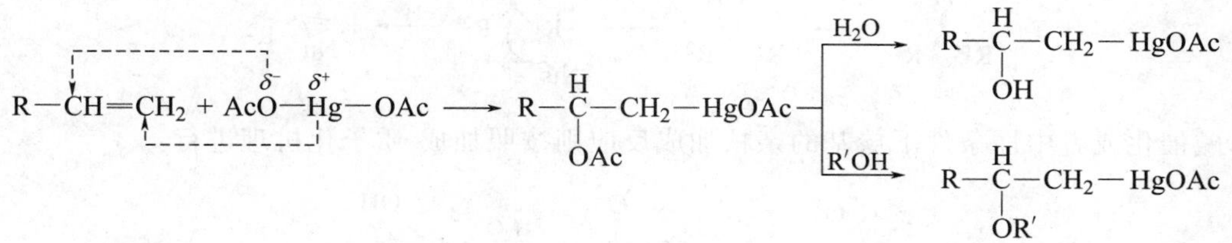

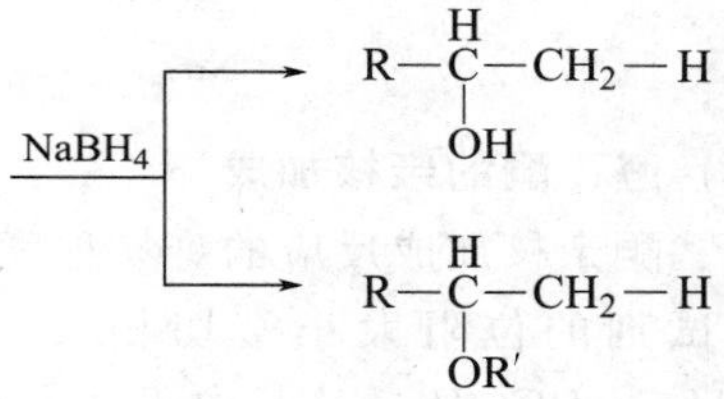

　　羟汞化-还原反应，如果用乙酸汞的 THF-H$_2$O 溶液作溶剂，反应的净结果相当于形式上加水反应，加成符合马氏规则，具有区域选择性。但是在最后一步还原消除反应当中，反应却失去了立体选择性。和酸催化的烯烃水合反应相比较，羟汞化-还原反应避免生成了碳正离子中间体，从而避免了重排反应的发生，且反应条件温和，因此在实验室制备醇时发挥着更多的优势。绝大部分脂肪链烃和单环烯烃的羟汞化-还原反应都以反式加成的方式进行，反应可能的机理过程如下：

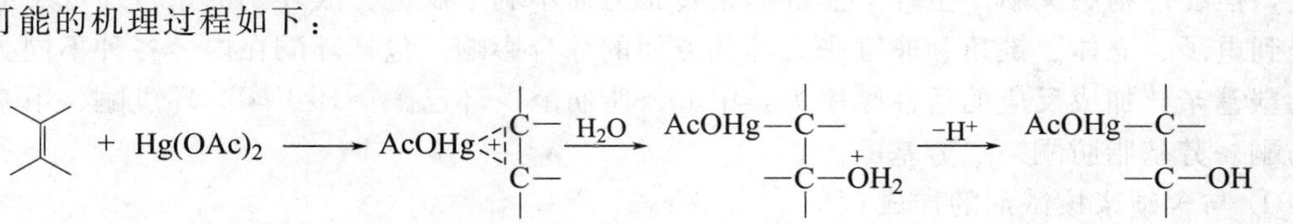

6.2.2　羰基的亲核加成反应

　　碳氧双键官能团称为羰基，羰基化合物中 π 键的不均匀极化导致碳原子部分带正电荷，氧原子部分带负电荷，带部分正电荷的碳原子容易接受负电性亲核试剂的进攻，发生亲核加成反应，羰基的亲核加成反应也是羰基最重要的化学性质。

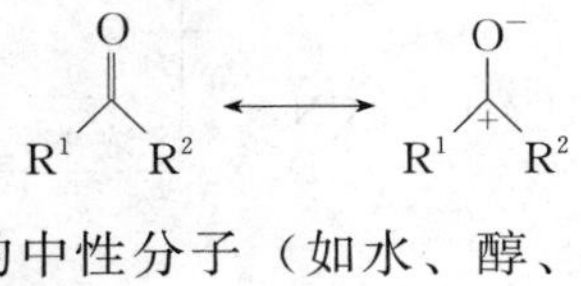

　　亲核试剂可以是含孤对电子的中性分子（如水、醇、硫醇、胺等），也可以是碳负离子

及其等价试剂（例如 CN⁻、RMgX、RLi）。

如果羰基和吸电子基相连，则能进一步增加羰基碳原子的缺电子性，更容易接受亲核试剂的进攻。亲核加成反应过程中，羰基碳原子的杂化形态也会发生变化，从平面形的 sp^2 杂化转化为四面体形的 sp^3 杂化，空间位阻增大，因此，羰基所连基团的体积大小即羰基所处化学环境的空间位阻也会直接影响亲核加成反应的活性。

（1）亲核加成反应机理

亲核加成反应可以在酸性条件下进行，也可以在中性或碱性条件下进行，但是机理确有所不同。酸催化下羰基的亲核加成反应按照质子化-加成反应机理进行：

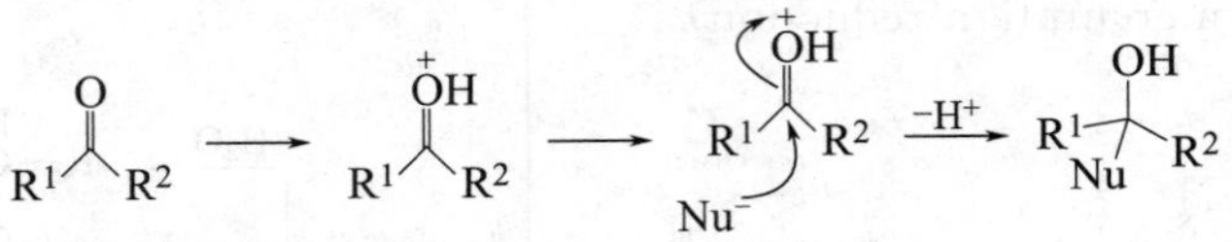

碱催化或者中性条件下羰基的亲核加成反应则按照加成-质子化机理进行：

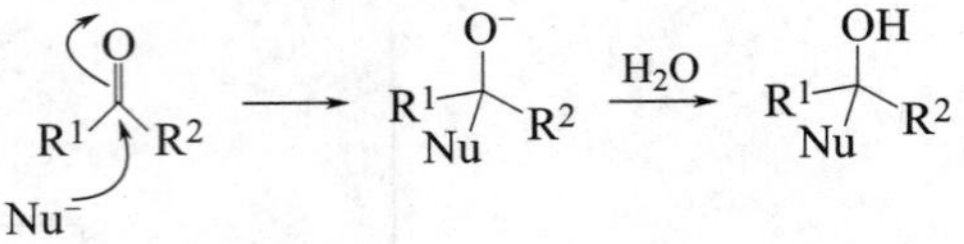

（2）醛、酮的亲核加成

醛、酮亲核加成反应的难易程度与羰基碳原子的亲电性大小、亲核试剂的亲核性大小及羰基和试剂的位阻大小密切相关。一般而言，羰基的活性顺序为：$HCHO > RCHO > RCOCH_3 > RCOR'$。这是由于从氢到甲基到烃基的体积依次变大，使亲核试剂不易接近羰基碳原子。而且给电子性能也是依氢到甲基到烃基的顺序变大，因此羰基碳原子的电正性依次变小，不利于带负电的亲核试剂的进攻。综合这两方面因素，羰基的活性是醛为最大，甲基酮次之，一般酮较小。位阻大的酮是相当稳定的，芳香酮的活性最低。

开链酮中的羰基受到相连烃基较大的体积屏蔽效应的影响。环酮的羰基突出在外，活性也较大。反应后中心碳原子由 sp^2 变为 sp^3，对小环酮而言，角张力得到部分解除而有利于反应，但在产物中又新产生环上非键的扭转张力而不利于反应。故环酮的亲核加成反应的活性受到电子、立体、键角和非键张力等几方面的综合影响。包括环酮在内，各种不同类型醛酮的羰基亲核加成反应的活性顺序为：甲醛＞脂肪醛＞环己酮＞环丁酮＞环戊酮＞甲基酮＞脂肪酮＞芳基脂肪酮＞二芳基酮。

① 与含碳亲核试剂的加成

a. 与 HCN 的加成 醛、酮可以和氢氰酸发生加成反应，生成 α-羟基腈（又名氰醇），α-羟基腈可以进一步水解反应生成 α-羟基羧酸，故该反应在有机合成上常用来制备 α-羟基羧酸和 α,β-不饱和羧酸，该反应也是在碳链上增加一个碳原子的重要方法之一。例如：

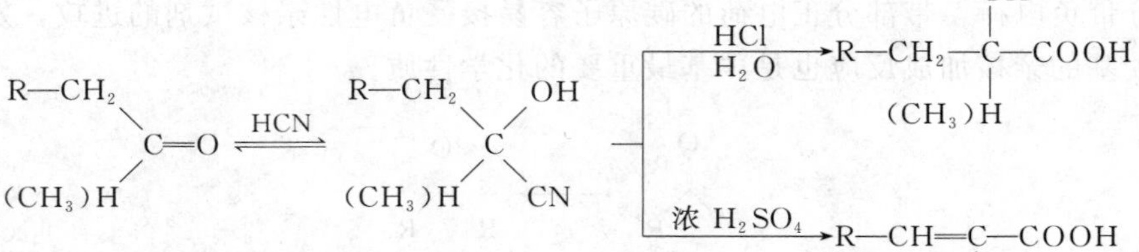

　　氢氰酸在碱性催化剂的存在下，与醛酮的反应进行得很快，产率也较高。例如，在氢氰酸与丙酮的反应中，没有催化剂的存在下，3～4h 只有一半的原料起反应；若滴入一滴氢氧化钾溶液，则反应在 2min 内即完成；如果加入酸，则反应速率减慢，加入大量的酸，则反应几天也不能进行。以上事实表明，在氢氰酸与羰基的加成反应中，关键的亲核试剂是 CN^-。氢氰酸是弱酸，加碱能促进氢氰酸的电离，增加 CN^- 的浓度，有利于反应的进行；加酸则降低 CN^- 的浓度，不利于反应的进行。

$$HCN \underset{H^+}{\overset{OH^-}{\rightleftharpoons}} H^+ + CN^-$$

　　一般认为碱催化下氢氰酸与羰基的加成反应的机理如下：

$$\underset{(CH_3)H}{\overset{R}{>}}C=O + CN^- \overset{慢}{\rightleftharpoons} \underset{(CH_3)H}{\overset{R}{\underset{CN}{C}}}O^- \underset{快}{\overset{HCN}{\rightleftharpoons}} \underset{(CH_3)H}{\overset{R}{\underset{CN}{C}}}OH + CN^-$$

　　反应分两步进行，首先，亲核试剂 CN^- 进攻羰基，为反应中最慢的一步，也是决定反应速率的一步；然后，氧负离子中间体发生质子化生成 α-羟基腈。

　　氢氰酸是剧毒品，使用不便，所以在与羰基化合物进行加成反应时，通常是将羰基化合物与氰化钠（钾）混合，加入无机酸，使生成的氢氰酸立即与醛酮反应。但在加无机酸时要注意控制溶液的 pH 值，pH 值为 8 时，有利于反应进行。

　　该反应在有机合成上用途广泛，例如丙酮与氢氰酸作用生成丙酮氰醇，然后在酸性条件下与甲醇作用，发生水解、酯化、脱水等反应，生成 α-甲基丙烯酸甲酯，α-甲基丙烯酸甲酯在自由基引发剂的作用下聚合成聚 α-甲基丙烯酸甲酯，俗称有机玻璃，它具有良好的光学性质，可用作光学仪器上的透镜等。

$$\underset{CH_3}{\overset{CH_3}{>}}C=O \xrightarrow{CN^-} \underset{CH_3}{\overset{CH_3}{\underset{CN}{C}}}OH \xrightarrow[H_2SO_4]{CH_3OH} CH_2=\underset{CH_3}{\underset{|}{C}}CO_2CH_3$$

$$CH_2=\underset{CH_3}{\underset{|}{C}}CO_2CH_3 \xrightarrow{引发剂} \left[CH_2-\underset{CO_2CH_3}{\overset{CH_3}{\underset{|}{\overset{|}{C}}}} \right]_n$$

　　【例 6-1】　下列化合物与 HCN 反应，（　　）的活性最大。

A　<化合物 苯甲醛 CHO>　　　B　<化合物 Cl—C₆H₄—CHO>　　　C　<化合物 H₃CO—C₆H₄—CHO>

　　解　B。醛、酮与 HCN 的反应为亲核加成反应，而亲核加成反应的活性与羰基碳原子电子云密度有关。B 的对位为氯原子，为吸电子效应（$-I > +C$），使苯甲醛羰基碳的电正性增大，与 HCN 发生亲核加成反应活性增大；相反，C 的对位为对甲氧基，表现为给电子效应（$+C > -I$），使苯甲醛羰基碳的电子云密度降低，反应活性减小。因此，三种芳醛与 HCN 反应的活性由大到小顺序依次为 B＞A＞C。

　　b. 与金属有机试剂的加成　醛、酮能与格氏试剂加成，加成产物水解后生成醇，在有机合成上格氏试剂法制备不同级别的醇是制备醇最重要的方法之一。

　　格氏试剂和甲醛或环氧乙烷反应可以分别合成增加一个碳原子和两个碳原子的伯醇。

$$\overset{-}{R}\overset{+}{M}gX \quad \underset{\text{O}}{\overset{\text{O}}{\diagdown}} \longrightarrow \quad R\diagup\text{OMgX} \quad \xrightarrow{H_2O} \quad R\diagup\text{OH}$$

$$RMgX \quad \begin{cases} \xrightarrow{HCHO} \xrightarrow{H_3O^+} RCH_2OH \quad \text{增加一个碳原子的伯醇} \\[2mm] \xrightarrow[\text{O}]{\triangledown} \xrightarrow{H_3O^+} RCH_2CH_2OH \quad \text{增加两个碳原子的伯醇} \end{cases}$$

例如：

$$CH_3CH_2CH_2CH_2MgBr \xrightarrow{HCHO} \xrightarrow{H_3O^+} CH_3CH_2CH_2CH_2CH_2OH$$
1-戊醇(92%)

$$CH_3CH_2CH_2CH_2MgBr \xrightarrow{\triangledown_O} \xrightarrow{H_3O^+} CH_3CH_2CH_2CH_2CH_2CH_2OH$$
1-己醇(61%)

格氏试剂与醛、取代环氧乙烷或甲酸酯反应生成仲醇。

$$RMgX \quad \begin{cases} \xrightarrow{R'CHO} \xrightarrow{H_3O^+} \underset{}{R\text{CHOH}}\ (R') \\[2mm] \xrightarrow[\text{O}]{\triangle R'} \xrightarrow{H_3O^+} RCH_2\text{CHOH}\ (R') \\[2mm] \xrightarrow{HCOOCH_3} \xrightarrow{H_3O^+} R_2\text{CHOH} \end{cases}$$

例如：

$$CH_3CH_2MgBr + CH_3CHO \xrightarrow[2)H_3O^+]{1)\text{干醚}} CH_3CH_2\underset{}{\text{CHOH}}(CH_3)$$
乙醛   2-丁醇(85%)

格氏试剂与酮或酯反应生成叔醇。

$$RMgX \quad \begin{cases} \xrightarrow{R'COR''} \xrightarrow{H_3O^+} R'\!-\!\underset{R}{\overset{R''}{\text{COH}}} \\[4mm] \xrightarrow{R'COOR''} \xrightarrow{H_3O^+} R'\!-\!\underset{R}{\text{COH}} \end{cases}$$

例如：

$$CH_3CH_2MgBr + CH_3CH_2CH_2COCH_3 \xrightarrow[2)H_3O^+]{1)\text{干醚}} CH_3CH_2\!-\!\underset{CH_3}{\overset{CH_2CH_2CH_3}{\text{C}-\text{OH}}}$$
2-戊酮   3-甲基-3-己醇(90%)

因为卤代烃常常由醇来制备，故格氏试剂法提供了一条由简单醇和卤代烃合成复杂醇的有效路线。

醛、酮还可以与有机锂化合物进行加成反应生成醇，反应机理与格氏试剂相似。

醛、酮也可以与炔钠反应,形成炔醇。例如:

$$\text{环己酮} \xrightarrow[\text{2)H}_3\text{O}^+]{\text{1) CH}\equiv\text{C}-\text{Na}^+,\text{液 NH}_3,-33℃} \text{1-乙炔基环己醇}$$

【例 6-2】 以环己醇、丙烯为原料合成 1-甲基-1-异丙基环己醇。

解 本题考查利用格氏试剂法由简单醇合成复杂醇,还涉及烯烃的水合及醇的氧化,由醇制备卤代烃等知识点,综合性较强,具体合成路线如下:

$$\text{CH}_3\text{CH}=\text{CH}_2 \xrightarrow{\text{H}^+/\text{H}_2\text{O}} \underset{\text{OH}}{\text{CH}_3\text{CHCH}_3} \xrightarrow[\text{H}^+]{\text{KMnO}_4} \underset{\text{O}}{\text{CH}_3\text{CCH}_3}$$

$$\underset{\text{OH}}{\text{环己醇}} \xrightarrow{\text{PBr}_3} \underset{\text{Br}}{\text{环己基溴}} \xrightarrow[\text{干醚}]{\text{Mg}} \underset{\text{MgBr}}{\text{环己基溴化镁}} \xrightarrow[\text{干醚}]{\text{CH}_3\text{CCH}_3} \xrightarrow{\text{H}_3\text{O}^+} \text{TM}$$

② 与含硫亲核试剂的加成 醛、脂肪族甲基酮以及 C$_8$ 以下的环酮都能与亚硫酸氢钠加成,生成 α-羟基磺酸钠。

$$\underset{(\text{CH}_3)\text{H}}{\overset{R}{}}\text{C}=\text{O} \underset{}{\overset{\text{NaHSO}_3}{\rightleftharpoons}} \underset{(\text{CH}_3)\text{H}}{\overset{R\ \ \ \ \text{OH}}{}}\text{C}\underset{\text{SO}_3\text{Na}}{}$$

HSO$_3^-$ 的亲核性与 CN$^-$ 接近,羰基与 NaHSO$_3$ 的加成反应的机理也和 HCN 的加成反应机理相似,在加成时,羰基与 HSO$_3^-$ 中硫原子相结合,生成磺酸盐。由于 HSO$_3^-$ 的体积较大,因此非甲基酮类很难与 NaHSO$_3$ 加成。

加成反应生成的 α-羟基磺酸钠易溶于水,但不溶于饱和的 NaHSO$_3$ 溶液中。将醛、甲基酮等与过量的饱和的 NaHSO$_3$ 溶液(40%)混合在一起,α-羟基磺酸钠经常会结晶出来。此法可以用来鉴别醛、脂肪族甲基酮和低级的环酮(C$_8$ 以下)。这个反应也是可逆的,在 α-羟基磺酸钠的水溶液里加入酸或碱,可以使 α-羟基磺酸钠不断地分解形成醛或酮。因此利用 NaHSO$_3$ 与羰基的加成和分解,可以用来分离或提纯醛、脂肪族甲基酮和 C$_8$ 以下的环酮。

将 α-羟基磺酸钠与 NaCN 反应,则磺酸基可被氰基取代,生成 α-羟基腈,此法的优点是可以避免使用有毒的氢氰酸,而且产率也比较高,因此该方法也常用来间接制 α-羟基腈。

$$\underset{\text{H(CH}_3)}{\overset{\text{OH}}{}}\text{R}-\text{C}-\text{SO}_3^-\text{Na}^+ \xrightarrow{\text{NaCN}} \underset{\text{H(CH}_3)}{\overset{\text{OH}}{}}\text{R}-\text{C}-\text{CN}+\text{Na}_2\text{SO}_3$$

【例 6-3】 下列化合物分别与饱和亚硫酸氢钠反应,活性大小顺序应该是(　　　　)。

(a) $\text{C}_6\text{H}_5\text{COCH}_3$　　　　(b) $\text{CH}_3\text{CH}_2\text{COCH}_3$　　　(c) CH_3CHO　　　(d) $\text{CH}_3\text{CH}_2\text{CHO}$

A. a>b>c>d　　　　　　B. b>c>d>a　　　　　C. c>d>b>a　　　　　D. d>c>b>a

解 C。醛、酮与饱和亚硫酸氢钠的反应为亲核加成反应,而亲核加成反应的活性与羰基碳原子的电子云密度有关,故醛的活性大于酮,脂肪族的活性大于芳酮,因此上述四种醛、酮的活性由大到小的顺序为选项 C。

③ 与含氧亲核试剂的加成　在干燥的氯化氢或硫酸的催化作用下，一分子的醛或酮能与一分子的醇发生加成反应，生成半缩醛（semi-acetal）或半缩酮（semi-ketal）。

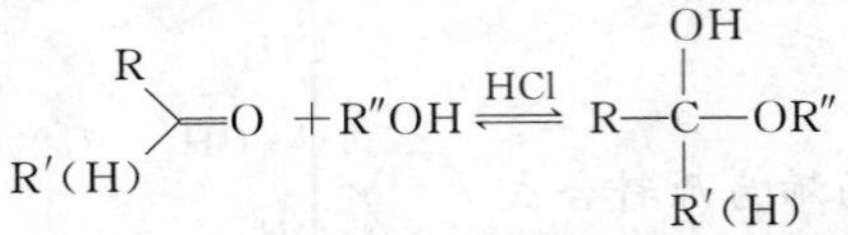

$$
\begin{array}{c}
R \\
 \diagdown \\
 C = O \\
\diagup \\
R'(H)
\end{array}
+ R''OH \xrightleftharpoons{HCl}
\begin{array}{c}
OH \\
| \\
R - C - OR'' \\
| \\
R'(H)
\end{array}
$$

半缩醛或半缩酮一般是不稳定的，它容易分解成原来的醛或酮，一般很难分离得到，但环状的半缩醛（酮）较稳定，能够分离得到。例如，γ-和 δ-羟基醛（酮）易发生分子内的半缩醛（酮）反应。

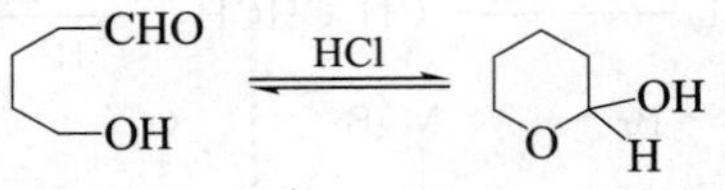

半缩醛（酮）中的羟基很活泼，在酸的催化下能继续与另一分子醇反应，生成稳定的缩醛或缩酮，并且能从过量的醇中分离得到。所以醛（酮）在酸性的过量醇中反应，得到的是与两分子醇作用的产物——缩醛（酮）。

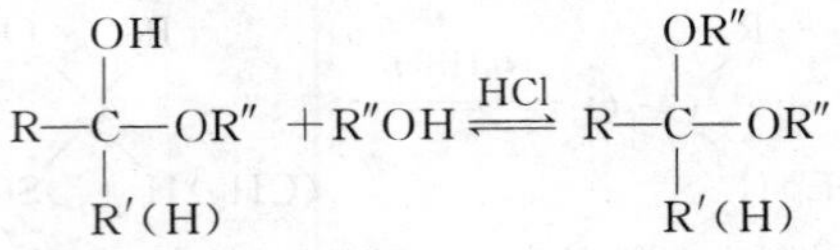

$$
\begin{array}{c}
OH \\
| \\
R - C - OR'' \\
| \\
R'(H)
\end{array}
+ R''OH \xrightleftharpoons{HCl}
\begin{array}{c}
OR'' \\
| \\
R - C - OR'' \\
| \\
R'(H)
\end{array}
$$

反应机理如下：

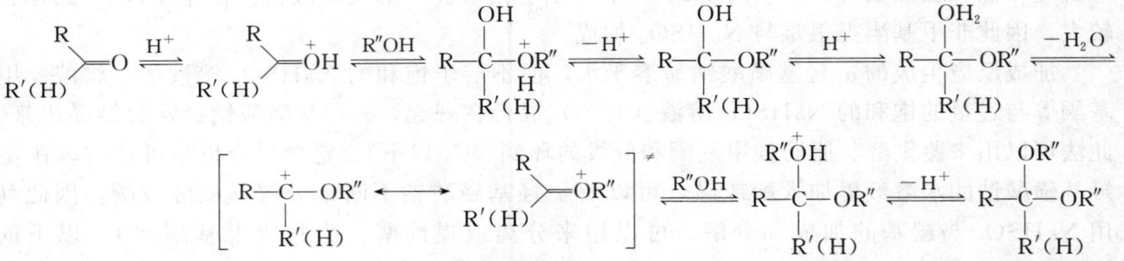

缩醛（酮）可以看作是同碳二元醇的醚，性质与醚有相似之处，不受碱的影响，对氧化剂及还原剂也很稳定。但在酸存在下，缩醛（酮）可以水解成原来的醛（酮）。在有机合成中常利用生成缩醛（酮）的反应来保护醛酮的羰基。

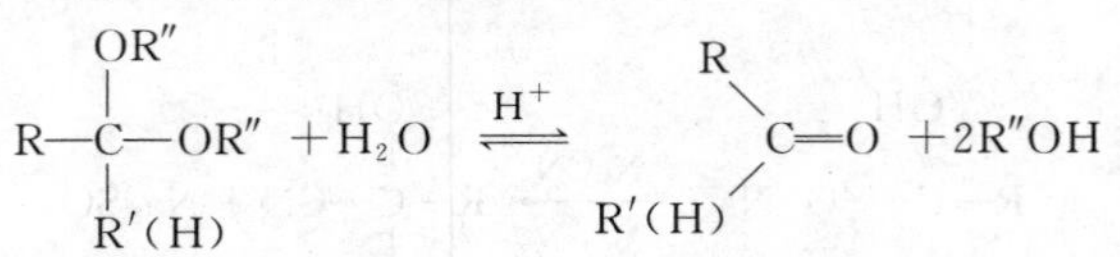

$$
\begin{array}{c}
OR'' \\
| \\
R - C - OR'' \\
| \\
R'(H)
\end{array}
+ H_2O \xrightleftharpoons{H^+}
\begin{array}{c}
R \\
\diagdown \\
C = O \\
\diagup \\
R'(H)
\end{array}
+ 2R''OH
$$

醛容易与醇反应生成缩醛，但酮与醇反应比较困难，制备缩酮可以采用其他的方法。例如，丙酮缩二乙醇，不是利用两分子乙醇与丙酮的反应，而是采用原甲酸酯和丙酮的反应来得到的。

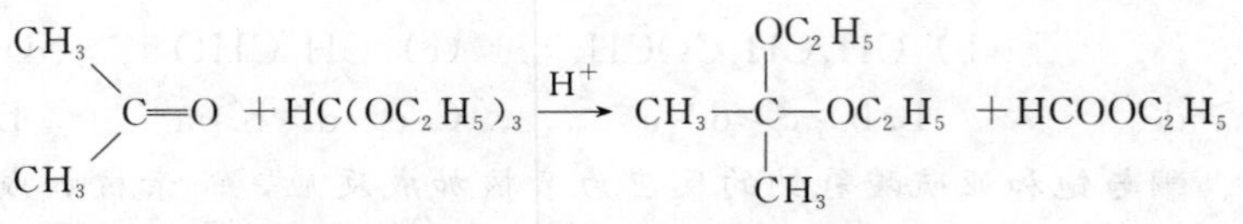

$$
\begin{array}{c}
CH_3 \\
\diagdown \\
C = O \\
\diagup \\
CH_3
\end{array}
+ HC(OC_2H_5)_3 \xrightarrow{H^+}
\begin{array}{c}
OC_2H_5 \\
| \\
CH_3 - C - OC_2H_5 \\
| \\
CH_3
\end{array}
+ HCOOC_2H_5
$$

酮在酸催化下与乙二醇反应，可以得到环状的缩酮。

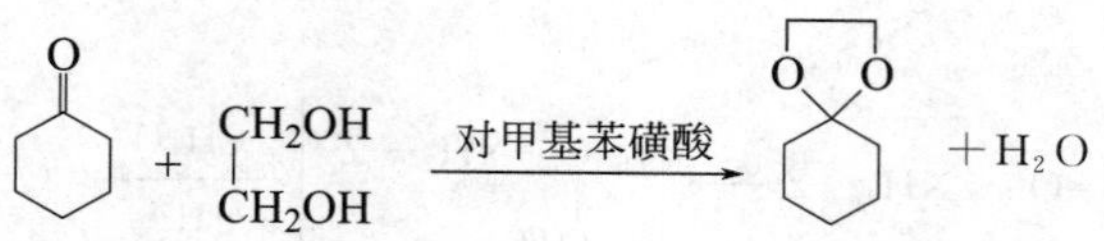

醛或酮与二醇的缩合产物在工业上有重要的应用。例如，在制造合成纤维维尼纶时就用甲醛和聚乙烯醇进行缩合反应，提高其耐水性。

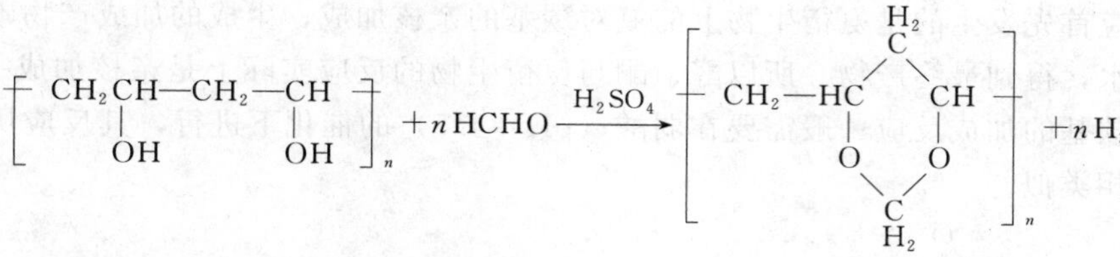

【例 6-4】 由

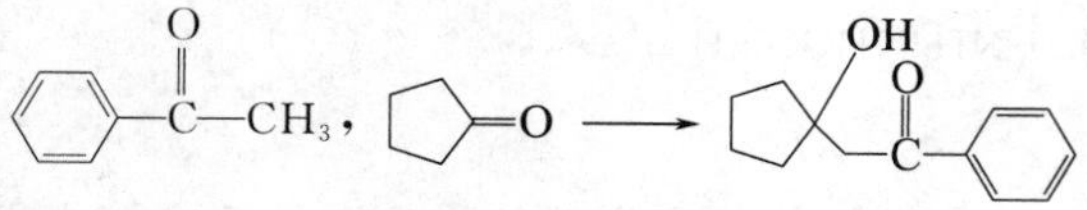

解 此题产物为 β-OH 酮，首先会考虑到使用羟醛缩合反应进行合成，但是由于本题提供的两个反应原料均含有 α-H，如果用稀碱催化的羟醛缩合反应合成副产物较多，因此考虑利用格氏试剂法制备叔醇的方法，这就涉及制备格氏试剂之前，羰基的保护问题，就需要用到上述缩醛（酮）保护羰基的合成策略，具体合成路线如下：

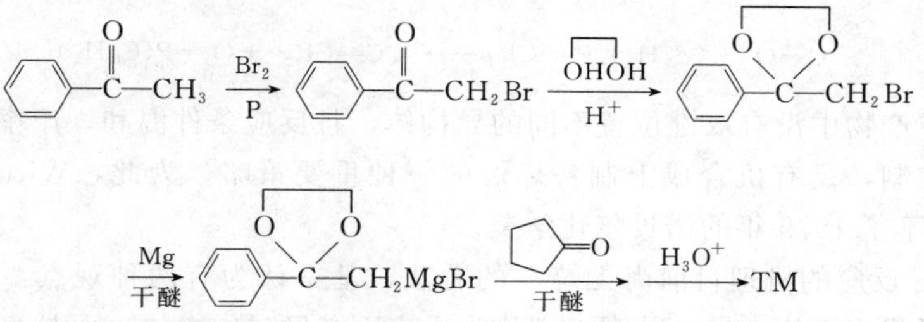

④ 与含氮亲核试剂的加成 醛、酮能与氨的衍生物，如羟氨（NH$_2$OH）、肼（NH$_2$NH$_2$）、2,4-二硝基苯肼、氨基脲等作用，分别生成肟、腙、2,4-二硝基苯腙和缩氨脲等。例如：

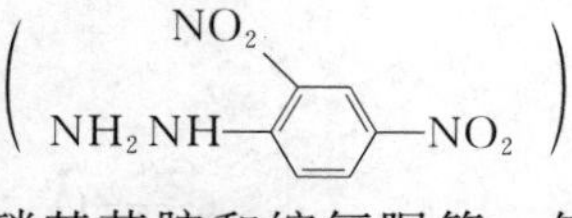

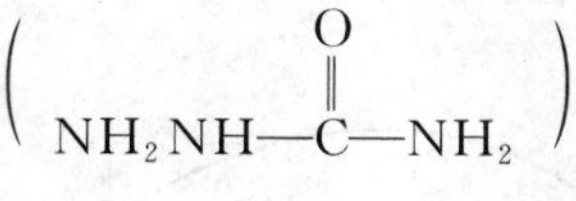

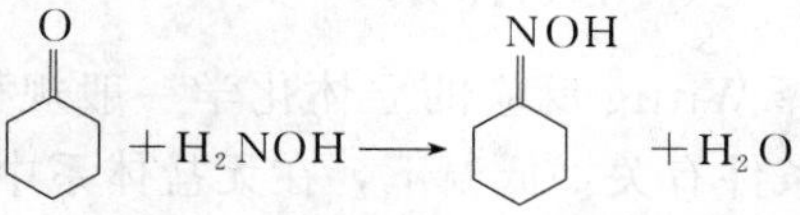

环己酮肟

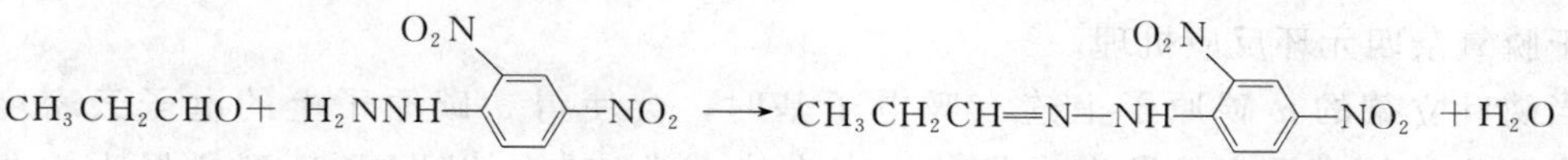

丙醛-2,4-二硝基苯腙

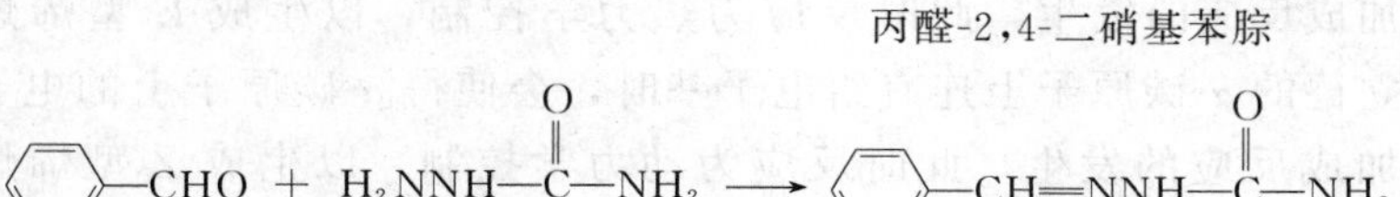

苯甲醛缩氨脲

反应通式如下：

$$\diagdown C=O \ + NH_2-Z \longrightarrow \left[\begin{array}{c} \diagup C-\overset{+}{N}H_2-Z \\ | \\ OH \end{array} \right] \xrightarrow[-H^+]{-H_2O} \diagdown C=N-Z$$

Z＝—OH，—NH₂，苯基，—NH苯基(邻硝基对硝基)，—NHCNH₂…

上述反应首先发生的是氨衍生物上的氮对羰基的亲核加成，生成的加成产物不稳定，失去一分子的水，得到最终产物。所以醛、酮与氨衍生物的反应实际上是亲核加成-消除反应。氨衍生物与羰基的加成反应一般需要在弱酸（pH＝4.5）的催化下进行，其反应历程与醇和羰基的加成相类似。

【例 6-5】 苯基-C(=O)-CH₃ +NH₂NHCONH₂ ⟶ （　　　　）

解　苯基-C(CH₃)=N-NHCONH₂。该题考查的是醛酮与尿素的反应，生成缩氨脲。

⑤ 与叶立德的亲核加成

a. 与磷叶立德的加成　1954 年，Wittig 发现，磷叶立德与醛、酮发生亲核加成反应结果导致叶立德的亚甲基碳与醛、酮的羰基氧相互交换而生成烯烃，该反应被称为 Wittig 反应。

$$\diagdown C=O \ + (C_6H_5)_3P=CR_2 \longrightarrow \diagdown C=CR_2 \ + O=P(C_6H_5)_3$$

Wittig 反应产物中没有双键位置不同的异构体，且反应条件温和，产率较高，但产物双键的构型较难控制，是有机合成上制备烯烃的一种重要策略。为此，Wittig 也因该工作与 H. C. Brown 共享了 1979 年的诺贝尔化学奖。

关于 Wittig 反应的机理目前尚无统一的看法，基本认为有两种观点：一种观点认为该反应必须首先形成内鎓盐，另一种观点则认为反应不必经过内鎓盐，而是直接形成膦氧杂四元环。

$$\diagdown C=O \ + (C_6H_5)_3\overset{+}{P}-\overset{-}{C}R_2 \longrightarrow \begin{array}{c} \diagdown C-O^- \\ | \\ CR_2-\overset{+}{P}(C_6H_5)_3 \end{array} \longrightarrow \left[\begin{array}{c} \diagdown C-O \\ | \quad | \\ CR_2-P(C_6H_5)_3 \end{array} \right] \longrightarrow \begin{array}{c} \diagdown C \\ || \\ CR_2 \end{array} + \begin{array}{c} O \\ || \\ P(C_6H_5)_3 \end{array}$$

这种机理可以较好地解释 Wittig 反应的立体化学一般规律，现在一般认为 Wittig 反应的机理与反应物结构及反应条件有关：低温下，在无盐体系中，活泼的磷叶立德是通过膦氧杂四元环的机理进行反应；在有盐体系当中，则可能是通过形成内鎓盐进行的。但多数报道倾向于膦氧杂四元环反应机理。

当磷叶立德的 α-碳原子上连有吸电子基时，会使得 α-碳原子上的电子云密度降低，将不利于亲核加成反应的发生，此时反应为热力学控制，以生成 E 型烯烃为主要产物；反之，当磷叶立德的 α-碳原子上连有给电子基时，会使得 α-碳原子上的电子云密度升高，将有利于亲核加成反应的发生，此时反应为动力学控制，以生成 Z 型烯烃为主要产物。例如：

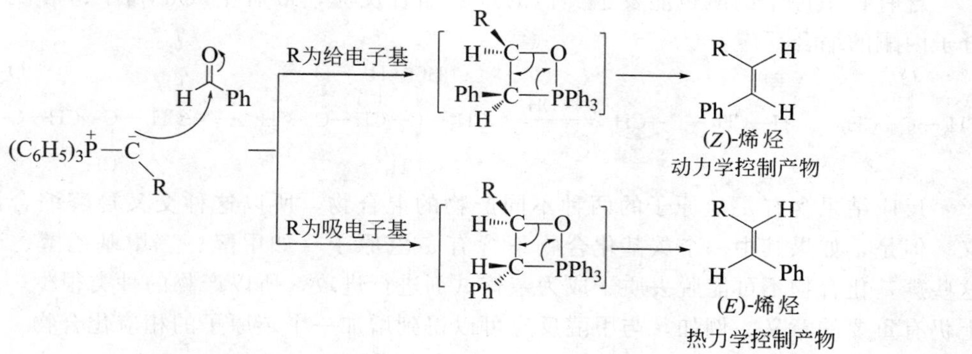

b. 与硫叶立德的反应　硫叶立德中碳负离子具有较强的亲核性，可以与醛、酮先发生亲核加成，再经过分子内亲核取代，得到环氧化物。例如：

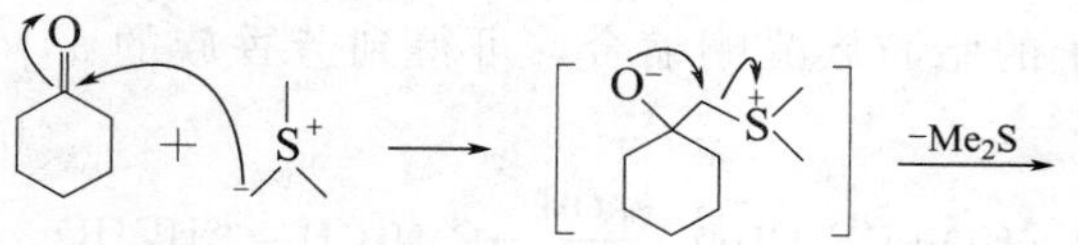

⑥ 几种重要的缩合反应

醛酮参与的几种缩合反应机理很相似，都是首先通过酸或者碱的催化形成亲核试剂，然后对羰基进行亲核加成，最后生成缩合产物，因此将几类醛酮参与的缩合反应归纳到羰基的亲核加成反应范畴进行介绍：

a. 羟醛缩合反应　在稀碱的存在下，一分子醛酮的α-氢原子加到另一分子醛酮的羰基氧原子上，其余部分通过α-碳加到羰基的碳原子上，生成β-羟基醛酮，这类反应称为羟醛缩合或醇醛缩合。羟醛缩合又常称为aldol反应，表示产物包括ald（英文醛aldehyde的词首）和ol（英文醇alcohol的词尾）。以乙醛的羟醛缩合反应为例：

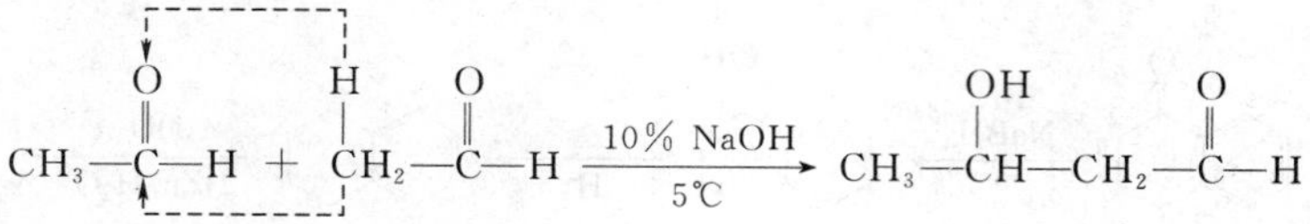

其反应历程表示如下：

$$CH_3CHO \xrightarrow{\text{稀 } OH^-} {}^-CH_2CHO \xrightarrow{CH_3CHO} CH_3\underset{}{\overset{O^-}{\overset{|}{C}}}HCH_2CHO \xrightarrow[-OH^-]{H_2O} CH_3\overset{OH}{\overset{|}{C}}HCH_2CHO$$

反应主要分两步进行：第一步是稀碱夺取一分子乙醛中的α-氢原子，生成碳负离子；第二步是这一碳负离子作为亲核试剂与另外一分子乙醛发生亲核加成反应，生成一个烷氧负离子，后者夺取一个质子而生成β-羟基醛。

一般来说，凡是α-碳上有氢原子的β-羟基醛受热都容易失去一分子水，生成α，β-不饱和醛，这是因为α-氢原子较活泼，并且失去水后生成的α,β-不饱和醛具有共轭双键，比较稳定。例如：

$$CH_3\overset{OH}{\overset{|}{C}}HCH_2CHO \xrightarrow{\triangle} CH_3CH{=}CHCHO + H_2O$$

含有 α-氢原子的酮也能发生类似的羟醛缩合反应，最后生成 α,β-不饱和酮。例如，两分子丙酮的缩合反应：

$$CH_3-\overset{O}{\overset{\|}{C}}-CH_3 + H-CH_2-\overset{O}{\overset{\|}{C}}-CH_3 \rightleftharpoons CH_3-\overset{HO}{\underset{CH_3}{\overset{|}{C}}}-\overset{H}{\underset{}{\overset{|}{C}}}-\overset{O}{\overset{\|}{C}}-CH_3 \xrightarrow{\triangle} CH_3-\underset{CH_3}{\overset{|}{C}}=C-\overset{O}{\overset{\|}{C}}-CH_3 + H_2O$$

反应结果含有 α-氢原子的两种不同产物的混合物，所以这种交叉羟醛缩合没有实用意义。但是，如果其中一个羰基化合物不含有 α-氢原子（如甲醛、三甲基乙醛、苯甲醛等），这些羰基化合物不可能脱去质子成为亲核试剂进行进攻，所以产物的种类很少，在有机合成上仍有重要的意义。例如，与甲醛反应可以得到增加一个碳原子的相应化合物。

$$CH_3-\underset{}{\overset{CH_3}{\overset{|}{CH}}}CHO + HCHO \xrightarrow{稀 OH^-} CH_3-\underset{CHO}{\overset{CH_3}{\overset{|}{\underset{|}{C}}}}-CH_2OH$$

苯甲醛与含有 α-氢原子的脂肪族醛酮缩合，可得到芳香族的 α,β-不饱和醛酮。例如，与乙醛缩合后生成肉桂醛。

$$C_6H_5CHO + CH_3CHO \xrightarrow{稀 OH^-} \underset{肉桂醛}{C_6H_5CH=CHCHO}$$

α,β-不饱和醛酮进一步转化可制备许多其他的各类芳香族化合物，如肉桂醛进行选择性氧化可得到肉桂酸，选择性还原可以得到肉桂醇等。

【例 6-6】

解 本题考查羟醛缩合反应、羰基的选择性还原以及烯烃的臭氧化反应等知识点，综合性较强，产物为 α,β-不饱和醇，可以通过羟醛缩合反应先合成 α,β-不饱和醛，再通过还原得到 α,β-不饱和醇。其合成路线如下：

b. Knoevenagel 缩合反应   1894 年，Knoevenagel 报道了在二乙胺的催化下，丙二酸二乙酯可以和甲醛发生缩合反应，随后，他又发现乙酰乙酸乙酯也可以和醛在碱催化下发生缩合反应。实际上，能够在碱性条件下形成碳负离子的化合物都可以和醛、酮发生缩合反应，生成 α,β-不饱和羰基化合物。催化剂可以是伯胺、仲胺、叔胺或季铵盐，也可以是无机碱或烷氧基盐等。这类反应由 Knoevenagel 首先发现，故统称为 Knoevenagel 缩合。

$$\underset{}{\overset{}{\overset{}{C}}}=O + H_2C\underset{Y}{\overset{X}{<}} \xrightarrow{碱} \underset{}{\overset{}{C}}=C\underset{Y}{\overset{X}{<}}$$

$$(X=COOH, -\overset{O}{\overset{\|}{C}}-R, -CN, -NO_2, -H; Y=-COOH, -COOR, -NO_2 \ 等)$$

c. Mannich 反应　含有 α-氢原子的化合物（如醛、酮等）在酸性或碱性条件下，与醛和胺（或伯胺、仲胺）之间发生缩合生成 β-氨基羰基化合物的反应称为 Mannich 反应。换句话说就是使含活泼氢的化合物发生氨甲基化反应。例如：

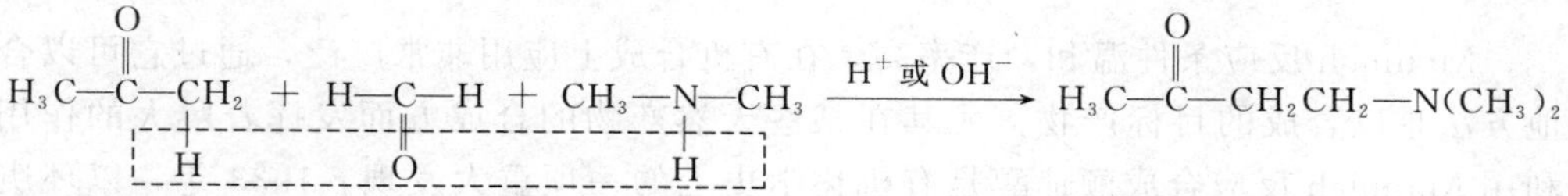

$$H_3C-\underset{\underset{\displaystyle H}{|}}{\overset{\overset{\displaystyle O}{\|}}{C}}-CH_2 \;+\; H-\underset{\underset{\displaystyle O}{|}}{\overset{}{C}}-H \;+\; CH_3-\underset{\underset{\displaystyle H}{|}}{N}-CH_3 \xrightarrow{\;H^+ \text{或} OH^-\;} H_3C-\overset{\overset{\displaystyle O}{\|}}{C}-CH_2CH_2-N(CH_3)_2$$

丙酮分子中甲基上的 α-氢原子被二氨甲基所取代，生成了 β-氨基酮。由于 β-氨基酮容易分解为氨（或胺）和 α,β-不饱和酮，所以 Mannich 反应提供了一个间接制备 α,β-不饱和酮的方法。例如：

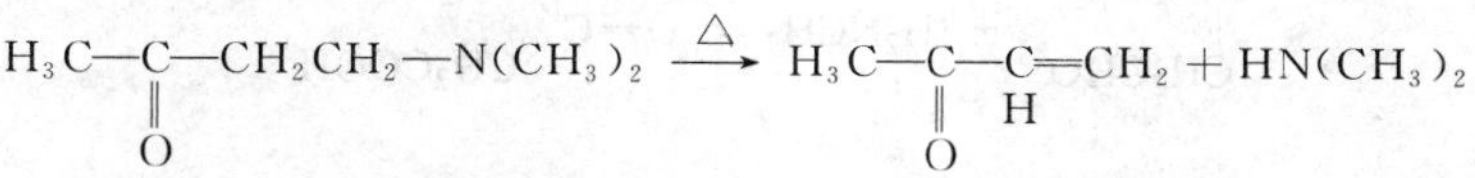

$$H_3C-\underset{\underset{\displaystyle O}{\|}}{C}-CH_2CH_2-N(CH_3)_2 \xrightarrow{\;\triangle\;} H_3C-\underset{\underset{\displaystyle O}{\|}}{C}-C=CH_2 \;+\; HN(CH_3)_2$$

Mannich 反应的反应历程，曾有多年争论，主要是醛首先被活性氢进攻还是被胺进攻的问题，现在一般认为该反应历程类似于前面所提到的羟醛缩合反应，只不过是把羰基变成了亚胺。根据所用催化剂种类的不同，存在两种假说，即酸催化反应历程和碱催化反应历程，两种历程分别如下：

ⅰ. 酸催化反应历程：醛首先和胺缩合成亚胺盐，含活泼氢的羰基化合物会异构化为烯醇，烯醇和亚胺盐会进一步发生缩合反应，生成 β-氨基羰基化合物。

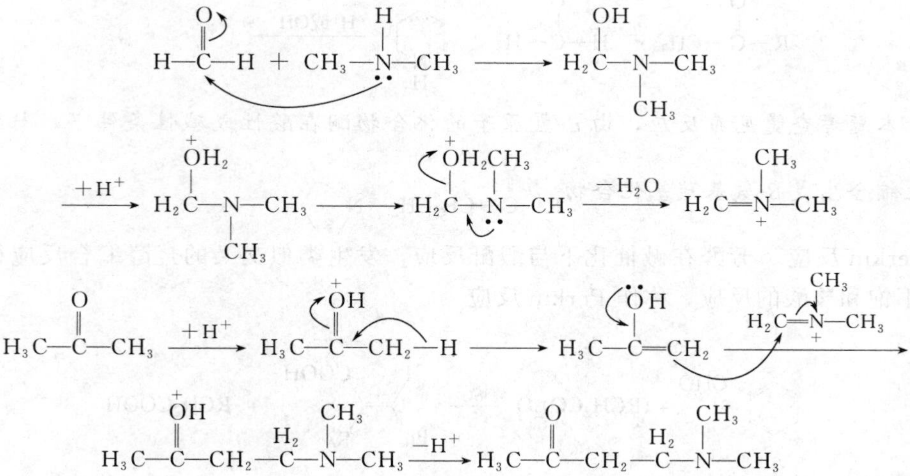

ⅱ. 碱催化反应历程：首先，胺作为亲核试剂，进攻醛、酮发生亲核加成反应生成氨基醇；活泼氢具有一定的酸性，会被碱夺取，生成碳负离子中间体；碳负离子中间体可以作为亲核试剂，进攻氨基醇的中心碳原子，发生亲核取代反应生成 β-氨基羰基化合物，该步亲核取代反应为 S_N2 反应历程。

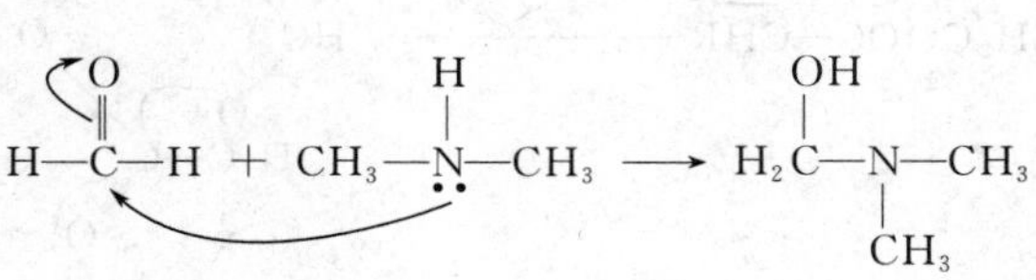

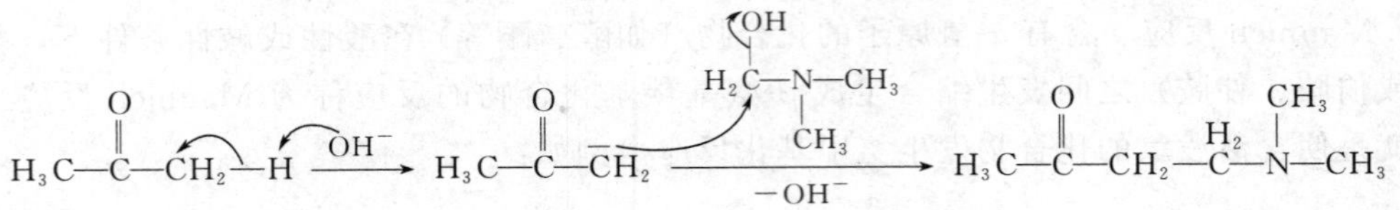

Mannich 反应条件温和，产率高，在有机合成上应用非常广泛，通过它可以合成许多其他方法难以合成的目标产物，尤其在某些天然产物的合成方面发挥着巨大的作用。例如：利用 Mannich 反应合成颠茄醇是有机化学史上的一项重大发现。1933 年，以环庚酮为原料，经 14 步反应才能合成颠茄醇；而采用 Mannich 反应只需两步即可得到托品酮，托品酮再进行一步简单还原即可得到颠茄醇，大大缩减了反应步骤。

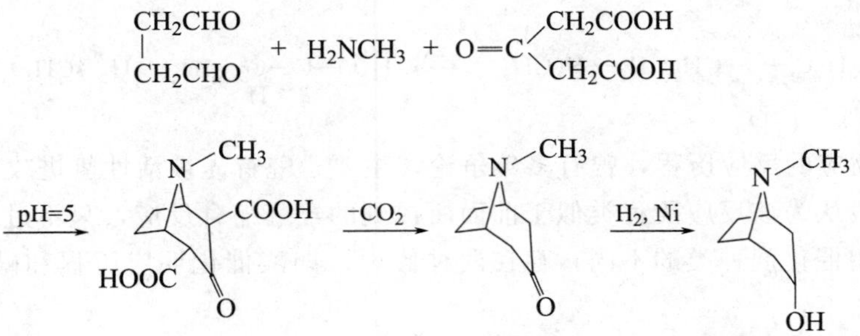

【例 6-7】 完成下列反应方程式。

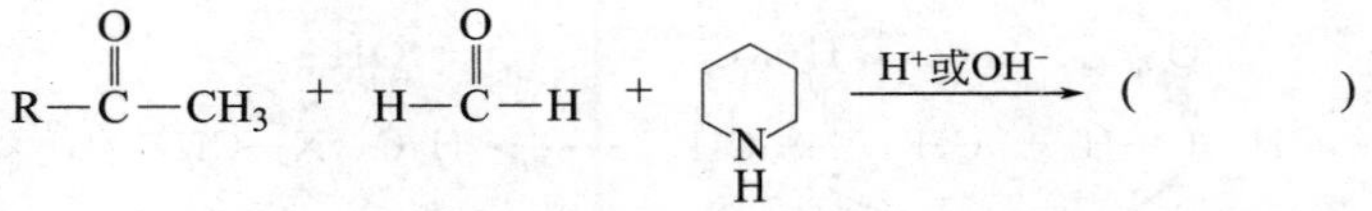

解 本题考查曼尼希反应，由 α-氢原子的化合物酮在酸性或碱性条件下，与醛、环状仲胺发生缩合生成 β-氨基羰基化合物

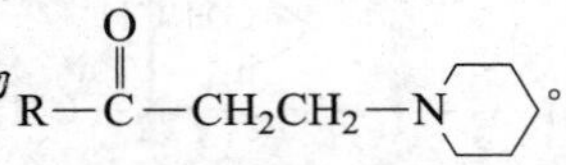

d. Perkin 反应 芳醛在碱催化下与酸酐反应，发生类似交叉的羟醛缩合反应得到 β-芳基-α,β-不饱和羧酸的反应，称作 Perkin 反应。

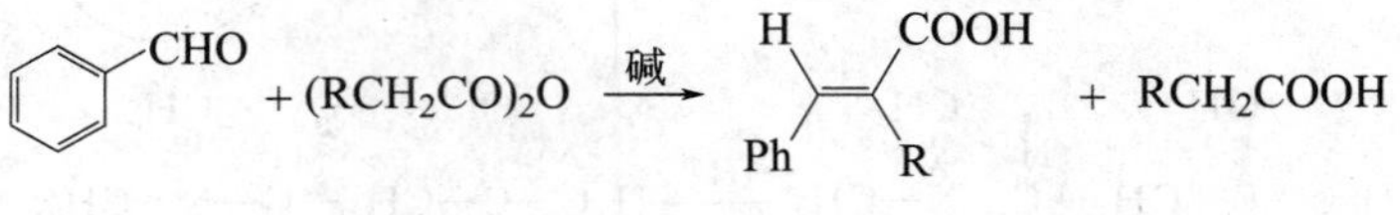

其反应机理为：

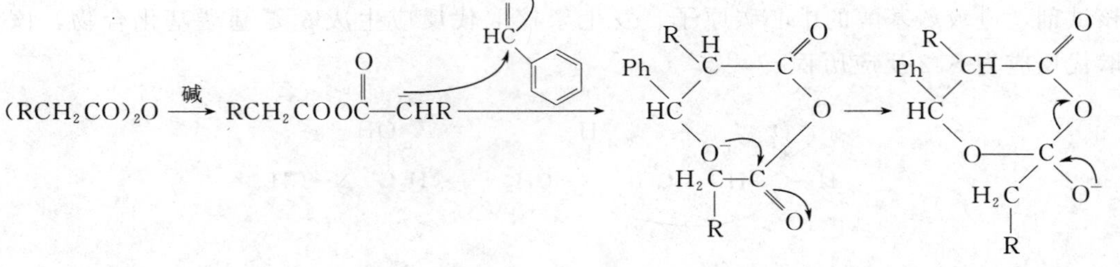

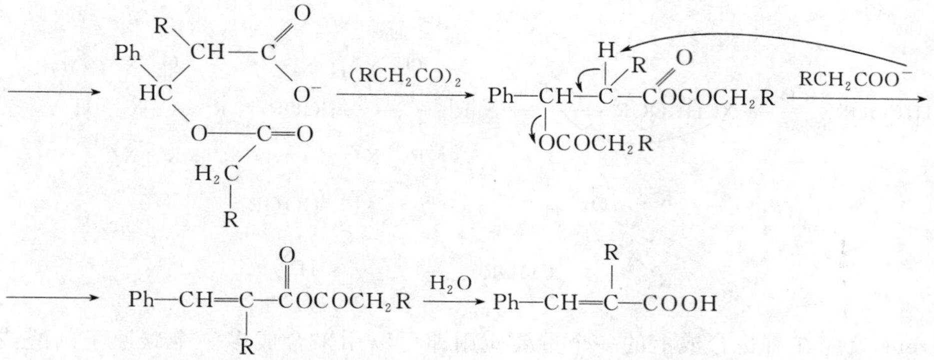

Perkin 反应的产率与芳醛上的取代基性质有关，芳环上连有吸电子基将有利于反应的进行，而给电子基却得根据其取代位置的不同而对反应产生不同的影响。例如，芳醛邻位若连有给电子基团将对反应有利，而给电子基如果连在间位或者对位则对反应不利，反应甚至难以进行。

Perkin 反应所需温度较高，耗时长，且反应产率通常不高，但是由于反应原料廉价易得，在工业上用途仍较为广泛。

e. Reformatsky 反应　醛、酮与 α-卤代酸酯的有机锌试剂反应生成 β-羟基酸酯的反应，称作 Reformatsky 反应。

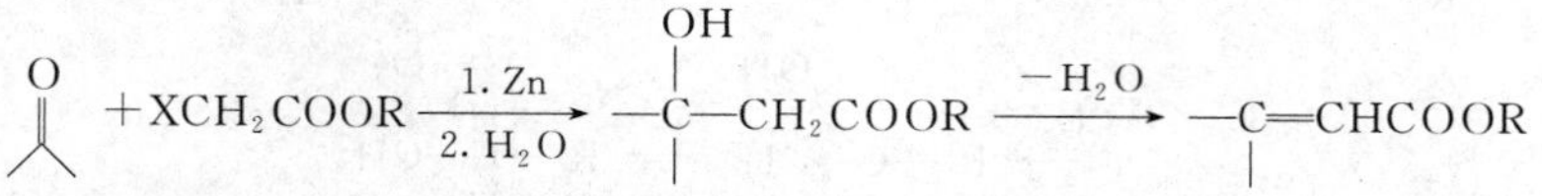

该反应的机理同格氏试剂与醛、酮的反应机理类似，α-卤代酸酯首先和金属锌生成有机锌试剂，然后有机锌试剂与醛、酮发生亲核加成反应，再水解得到 β-羟基酸酯：

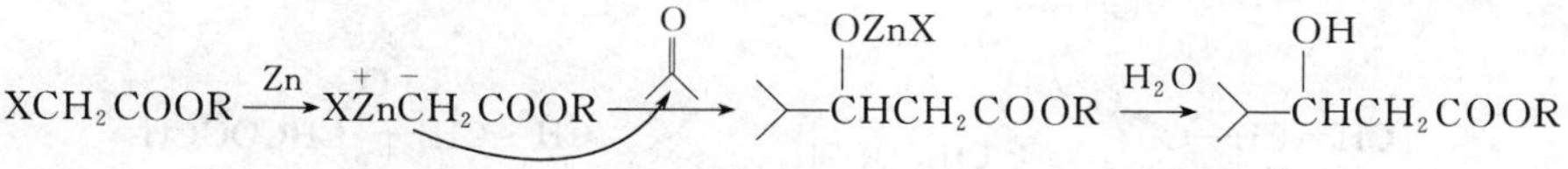

脂肪族或者芳香族醛、酮均可以发生该反应，但是若其空间位阻太大，反应则将难以进行。该反应不能用镁替代锌，因为有机镁试剂太活泼，还可以也和酯发生反应，而有机锌试剂性质较稳定，只可以与醛、酮中的羰基发生反应，而不会与酯发生反应。

Reformatsky 反应在有机合成上最重要的用途为制备 β-羟基酸酯、α,β-羟基酸酯或其他 α,β-不饱和衍生物。此外，还可以利用该反应在醛、酮上引入一个含有取代基的二碳碳链，因此该方法还提供了一种使醛、酮碳链增长的有效方法。例如：

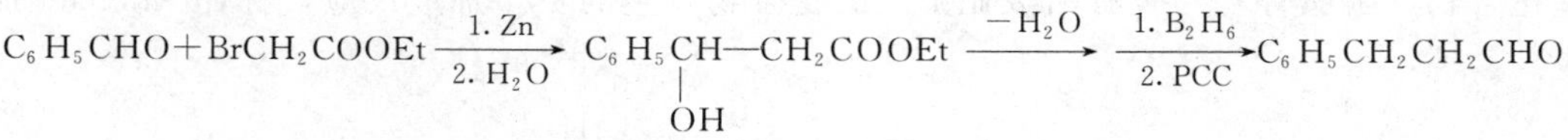

f. Darzens 反应　醛、酮和 α-卤代酸酯在强碱（如 RONa、$NaNH_2$、Me_3COK 等）的催化作用下反应生成 α,β-环氧酸酯的反应，称为 Darzens 反应。除了 α-卤代酸酯以外，Darzens 反应还可以用 α-卤代酮、α-卤代腈、α-卤代酰胺、α-卤代磺酸酯、硫羟酸酯及对硝基苄氯等进行反应。

反应的立体选择性较差，如果用不对称酮进行反应得到的通常为异构体的混合物。其反应机理如下：

$$XCH_2COOR \xrightarrow{R'ONa} XCHCOOR \xrightarrow{R^1\ R^2} R^1-\overset{O^-}{\underset{R^2}{\underset{|}{C}}}-\overset{H}{\underset{X}{\underset{|}{C}}}-COOR + R^1-\overset{O^-}{\underset{R^2}{\underset{|}{C}}}-\overset{COOR}{\underset{X}{\underset{|}{C}}}-H \xrightarrow{-X^-}$$

$$R^1-\overset{O}{\underset{R^2}{C}}\overset{H}{\underset{COOR}{C}} + R^1-\overset{O}{\underset{R^2}{C}}\overset{COOR}{\underset{H}{C}}$$

Darzens 反应在有机合成上的一个重要应用即可以用来合成多一个碳原子的醛或酮。首先，环氧酸酯在等物质的量的碱溶液中可以水解为钠盐，然后加酸中和钠盐，所得的酸可以发生历经双环过渡态的协同加热脱羧反应得到烯醇，最后烯醇可以异构化为多一个碳原子的醛或酮。

$$R^1-\overset{O}{\underset{R^2}{C}}CHCOOR \xrightarrow{NaOH} R^1-\overset{O}{\underset{R^2}{C}}CHCOONa \xrightarrow{H^+} R^1-\overset{O}{\underset{R^2}{C}}CH-\overset{O^-}{C}\overset{H^+}{\overset{\parallel}{O}}$$

$$\xrightarrow{-CO_2} R^1-\overset{OH}{\underset{R^2}{C}}=CH \rightleftharpoons R^1-\overset{H}{\underset{R^2}{C}}-CH$$

维生素 A 合成中间体的制备，就用到了 Darzens 反应和酸作用的失羧开环过程。

$$\text{(环己烯基)}-CH=CH-\overset{O}{\underset{CH_3}{C}} \xrightarrow[CH_3ONa,\ 吡啶]{ClCH_2COOCH_3} \text{(环己烯基)}-CH=CH-\overset{O}{\underset{CH_3}{C}}CHCOOCH_3$$

$$\xrightarrow[H_2O]{NaOH} \xrightarrow[\triangle,\ -CO_2]{H^+} \text{(环己烯基)}-CH=CH-\overset{OH}{\underset{CH_3}{C}}=CH \rightleftharpoons \text{(环己烯基)}-CH=CH-\overset{H}{\underset{CH_3}{C}}-\overset{O}{C}H$$

g. Michael 加成反应　α,β-不饱和羰基化合物（包括 α,β-不饱和醛酮、羧酸、酯、腈、硝基化合物、酰胺等）与含有活泼亚甲基的化合物发生的 1,4-加成反应，称作 Michael 加成反应。

$$C=C-Z + R^- \longrightarrow -\overset{|}{\underset{|}{C}}-\overset{H}{\underset{R}{\underset{|}{C}}}-Z$$

(Z=CHO,COR,COOR,CN,NO_2,CONH_2 等)

$$CH_2=CH-\overset{O}{C}-CH_3 + CH_2(COOC_2H_5)_2 \xrightarrow[C_2H_5OH]{C_2H_5ONa} CH_2-\overset{H_2}{C}-\overset{O}{C}-CH_3$$
$$\underset{CH(COOC_2H_5)_2}{|}$$

其反应机理为：

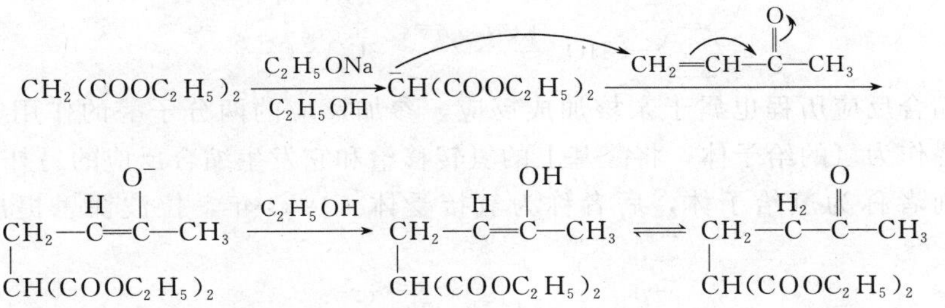

Michael 加成反应在有机合成上还常用来合成环状化合物，通常是在一个六元环状体系上，再引入一个含四个碳原子的基团，构建一个二并六元体系，这个反应过程也叫作 Robinson 环化反应，该方法在有机杂环合成领域具有广泛的应用。例如：α-甲基环己酮和甲基乙烯基酮之间发生 Michael 加成，α-甲基环己酮叔碳原子上引入了一个含四个碳的基团，然后发生分子内的羟醛缩合反应，生成环状 β-羟基酮，然后加热脱水制得环状 α,β-不饱和酮，此外该反应还顺利有效地引入了甾族体系所特有的角甲基，可以用于甾族化合物的全合成。

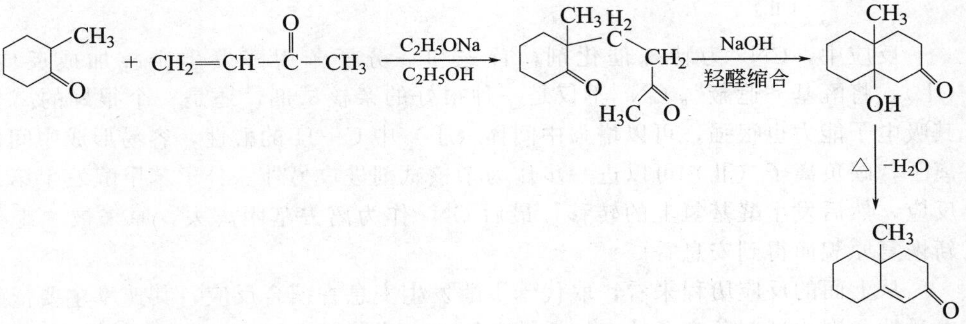

【例 6-8】 请用丙二酸二乙酯及其他有机原料合成

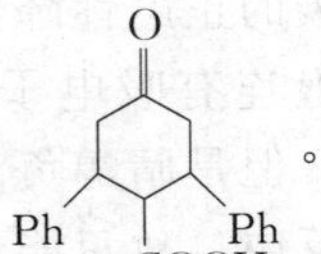

。

解 本题考查羟醛缩合反应、Michael 加成反应以及丙二酸二乙酯合成法在有机合成中的应用等知识点，综合性较强，具体合成路线如下：

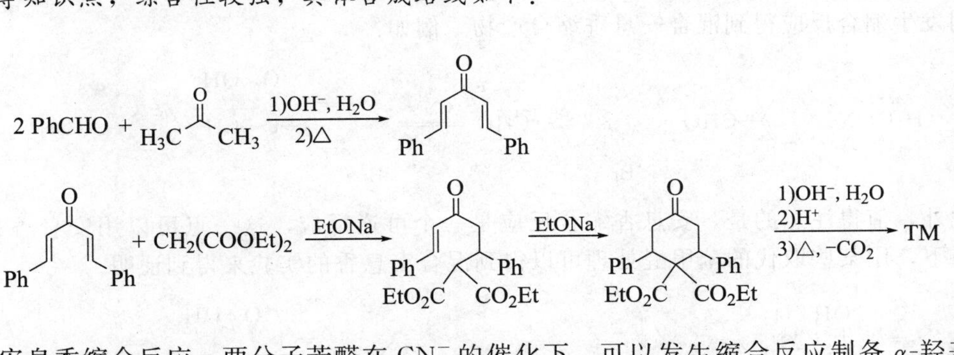

h. 安息香缩合反应 两分子芳醛在 CN^- 的催化下，可以发生缩合反应制备 α-羟基酮衍生物，两分子苯甲醛缩合生成的二苯基羟基酮叫作安息香，因此该类缩合反应称为安息香缩

合反应。

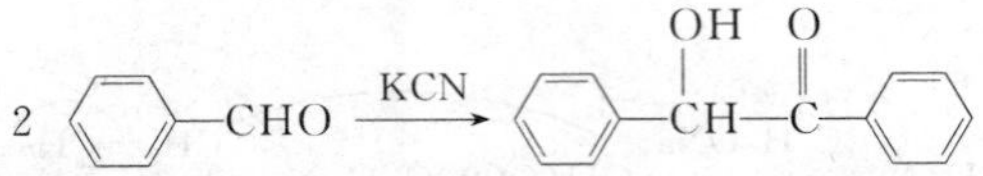

$$2 \text{ Ph—CHO} \xrightarrow{\text{KCN}} \text{Ph—CH(OH)—C(O)—Ph}$$

安息香缩合反应历程也属于亲核加成反应，参加反应的两分子醛的作用实际上是不同的，一分子醛作为氢的给予体，将醛基上的氢转移给和它发生缩合反应的另外一分子醛的醛基氧原子，前者称为氢给予体，后者称为氢接受体。1903 年，拉波沃思提出了该反应的机理：

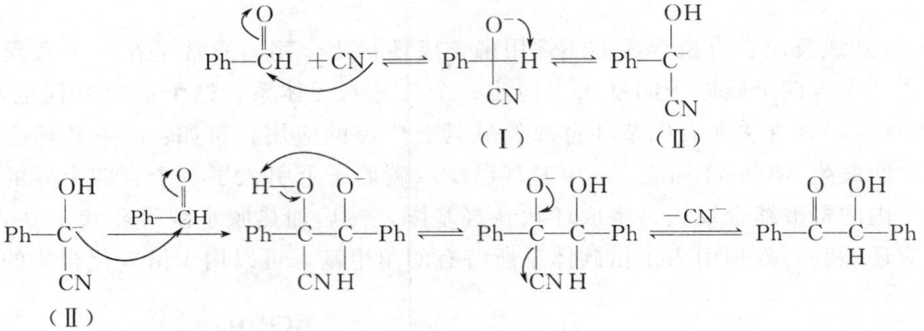

反应中，CN⁻ 为特殊催化剂，首先和一分子苯甲醛发生亲核加成反应生成中间体（Ⅰ），将醛基"遮蔽"。CN⁻ 不仅是一种很好的亲核试剂，还是一个很好的离去基团，而且其吸电子能力也很强，可以增强中间体（Ⅰ）中 C—H 的酸性，容易形成中间体（Ⅱ）碳负离子，碳负离子（Ⅱ）可以进一步作为亲核试剂进攻另外一分子苯甲醛发生第二次亲核加成反应，然后发生醛基氢上的转移，最后 CN⁻ 作为离去基团离去，原来被"遮蔽"的羰基重新恢复原貌而得到安息香。

从上面的反应历程来看，取代苯甲醛发生安息香缩合反应，其速率主要依赖于羰基的亲电活性和进攻试剂负离子的亲核活性。因此，当芳环上连有—OH、—OCH₃、—N（CH₃）₂等给电子基团时，羰基碳的正电性降低，这类醛仅能作为氢原子给予体，不能发生自身的安息香缩合反应。当芳环上连有吸电子基时，羰基的亲电性增加，与 CN⁻ 的结合能力增强，很容易形成腈醇负离子，但是腈醇负离子上的碳的负电荷降低，亲核性减弱，不容易与另外一分子醛发生亲核加成反应，故只能作为氢原子的接受体，也很难发生自身的安息香缩合反应。根据上述分析，不难得出如下结论，一分子带有吸电子基的芳醛和一分子带有给电子基的芳醛发生混合缩合反应是很容易进行的，即两分子均不易发生自身缩合反应的芳醛，可以彼此间发生缩合反应得到混合安息香缩合产物。例如：

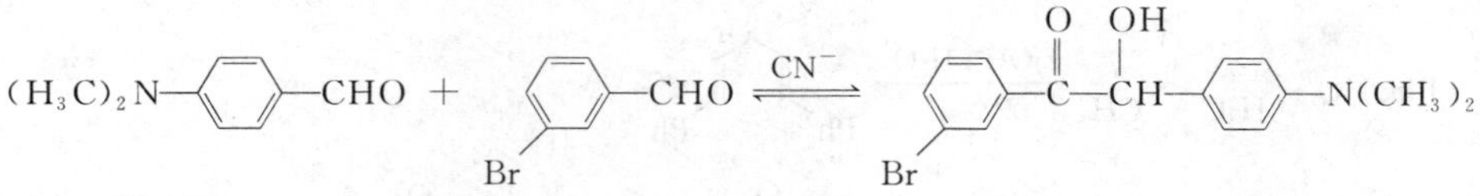

此外，值得注意的是，安息香缩合反应是一个可逆反应，这一点可以用安息香在 CN⁻ 的存在下，用某些取代的苯甲醛处理可以得到混合安息香的实验来得到证明。

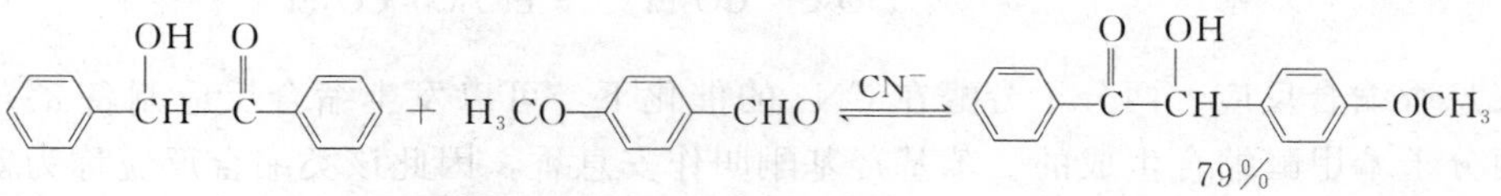

【例 6-9】

$$\begin{array}{c} \text{（呋喃）—CHO} \longrightarrow \text{（呋喃）—C（OH）（COOH）—（呋喃）} \end{array}$$

解　本题主要考查安息香缩合反应和二苯羟乙酸重排反应，具体合成路线如下：

$$\text{（呋喃）—CHO} \xrightarrow{CN^-} \text{中间体} \xrightarrow[Cu(OAc)_2]{[O]} \text{二酮} \xrightarrow[H^+]{浓OH^-} TM$$

（3）羧酸及其衍生物的亲核加成反应

羧酸及其衍生物的亲核加成反应包括羧酸、酰卤、酸酐、酯、酰胺发生水解、醇解、氨解等一系列反应，该系列反应经历的反应历程通常为先加成后消除的反应机理，形式上相当于亲核试剂 Nu^- 取代了离去基团 L^-，因此某些教材也称这个反应为亲核取代反应，事实上这仅仅是一个形式上的亲核取代反应：

$$R-\overset{O}{\underset{}{C}}-L \;+Nu^- \rightleftharpoons R-\underset{Nu}{\overset{O}{\underset{|}{C}}}-L \rightleftharpoons R-\overset{O}{\underset{}{C}}-Nu \;+L^-$$

$$L=Cl,OCOR,OR,NH_2 \qquad\qquad 消除$$
$$亲核加成$$

羧酸衍生物的反应活性为：酰卤＞酸酐＞酯＞酰胺。

下面以酯的水解为例，讨论羧酸及其衍生物发生亲核加成反应时几种可能的反应机理及其影响因素。

① 亲核加成-消除反应机理

a. 碱催化双分子酰氧键断裂水解机理（$B_{Ac}2$）　在碱性条件下，酯在发生水解反应的时候，酯分子中的羰基首先接受亲核试剂的进攻，生成四面体中间体，然后再脱去一个离去基团发生消除反应，得到最终的产物羧酸和醇。如果羧酸和手性醇形成的酯发生水解反应时，得到的醇将保持原来的构型，这也说明在酯的水解过程中醇分子中的烃基没有转变为碳正离子（因为这样会得到外消旋化的醇），也没有经历类似于 S_N2 的反应历程（因为这样会得到构型翻转的醇），而是在整个反应过程中始终保持与氧相连，经历先加成后消除的反应历程：

$$R-\overset{O}{\underset{}{C}}-OR' \underset{OH^-}{\overset{慢}{\rightleftharpoons}} R-\underset{OH}{\overset{O}{\underset{|}{C}}}-OR' \overset{快}{\rightleftharpoons} R-\overset{O}{\underset{}{C}}-OH +R'O^- \overset{快}{\rightleftharpoons} R-\overset{O}{\underset{}{C}}-O^- +R'OH$$

在 $B_{Ac}2$ 水解反应机理中，亲核加成反应步骤为该反应的速控步骤，影响反应速率的主要因素是电子效应和取代基的体积。若酯分子上连有吸电子基团，将提高羰基的缺电子程度，有利于亲核加成反应的进行，同时也有利于四面体上负电荷的分散，会加快总的反应速率；此外，在亲核加成反应过程中，中心碳原子的杂化形式从 sp^2 转变为 sp^3，基团的拥挤程度增加，张力增大，故取代基的体积越大，张力也越大，反应所需的活化能越高，反应速率越慢。

值得注意的是，虽然酯的水解反应是可逆反应，但在 $B_{Ac}2$ 历程的碱性催化条件下，实际上该反应的逆反应基本没有可能发生，即在碱性条件下，只能由水解反应制备羧酸，却很难发生醇和羧酸的酯化反应。原因在于，碱性条件下，羧酸会立即与碱发生酸碱中和反应转化为羧酸负离子，羧酸负离子中羰基的活性很低，不能接受亲核试剂的进攻，因此酯在碱性条件下水解更为彻底。

b. 酸催化双分子酰氧键断裂水解机理（$A_{Ac}2$）　在酸性条件下，酯可以水解为羧酸和醇，也可以发生其逆反应由羧酸和醇酯化生成酯，根据微观可逆性原理，这两个反应经历相似的反应历程：

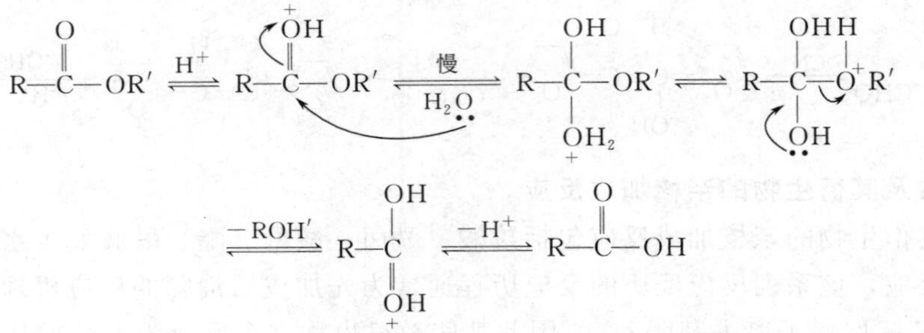

$$\text{（反应机理图示）}$$

在 $A_{Ac}2$ 水解反应机理中，亲核加成反应步骤仍为该反应的速控步骤，但影响反应速率的主要因素是取代基的体积大小即四面体中间体空间张力的大小，而取代基的电子效应对该反应的影响却不大。原因在于，若酯分子上连有吸电子基，虽然可以提高羰基的缺电子程度对亲核加成反应有利，但是却不利于羰基的质子化（吸电子基会降低羰基的电子云密度，使其不容易与质子结合发生质子化），同样，给电子基虽有利于羰基的质子化，但又不利于羰基的亲核加成反应，故两种因素几乎可以互相抵消，因此电子效应对于该种反应历程的影响不大。

c. 酸催化单分子酰氧键断裂水解机理（$A_{Ac}1$）　当一些位阻很大的酯发生水解反应时，在一般的酸或碱催化条件下很难发生水解反应，只有经过一些特殊的处理如使用酸度很强的酸作催化剂才能得到相应的水解产物。例如，2,4,6-三甲基苯甲酸甲酯，由于 2 位和 6 位两个甲基的位阻作用，发生加成反应时不能生成上述两种机理的四面体中间体，故通常情况下不能发生水解反应，但先将其溶解在浓硫酸中再加水分解，则可以得到相应的水解产物：

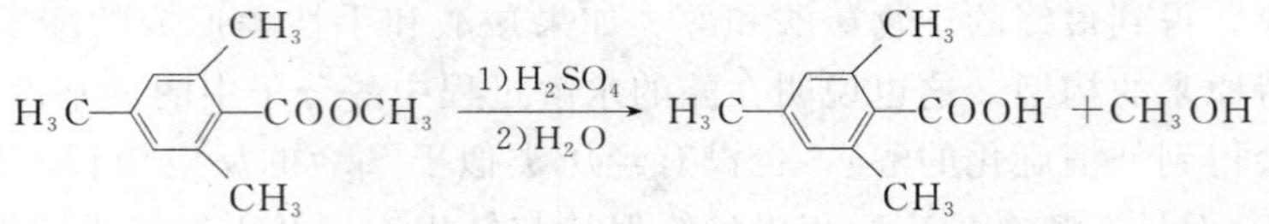

$$\text{（反应方程式图示）}$$

在强酸硫酸介质中，不仅由于 2 位和 6 位甲基的位阻大不易发生亲核加成反应生成四面体中间体，还由于在强酸体系中水的亲核性也会显著减小，酯发生质子化之后，水分子还未来得及进攻羰基发生亲核加成反应之前，即会先失去一分子甲醇生成酰基正离子，酰基正离子中间体是直线形的离子，克服了形成四面体张力过大的问题，虽然有两个甲基的存在，正反应的进行仍会受到阻碍，但是相比之前的两种反应机理 $B_{Ac}2$ 和 $A_{Ac}2$，$A_{Ac}1$ 机理已经将位阻因素对反应的影响大大降低，使得该反应能够顺利进行。

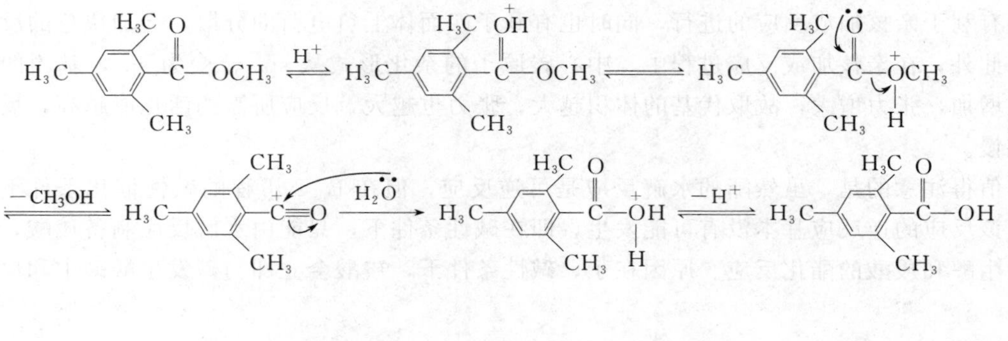

$$\text{（反应机理图示）}$$

d. 酸催化单分子烷氧键断裂水解机理（$A_{Al}1$）　酯的水解所涉及的上述三种反应机理均是由于酰氧键断裂引起的亲核加成反应，而某些酯当其分子中的醇组分能够形成稳定的碳正离子时，其酸性水解则可以按照烷氧键断裂单分子历程（$A_{Al}1$）进行。例如叔醇、苄醇、烯丙基醇等形成的酯进行水解反应时，常按照 $A_{Al}1$ 机理进行，并且由动力学实验测定，该反应为一级反应。

$$R-\overset{O}{\overset{\|}{C}}-OCR_3' \overset{H^+}{\rightleftharpoons} R-\overset{\overset{+}{O}H}{\overset{|}{C}}-O-CR_3' \rightleftharpoons R-\overset{O}{\overset{\|}{C}}-OH + \overset{+}{C}R_3'$$

$$\overset{H_2\overset{..}{O}}{CR_3'\rightleftharpoons} H_2\overset{+}{O}-CR_3' \overset{-H^+}{\rightleftharpoons} R_3'COH$$

在 $A_{Al}1$ 反应机理当中，影响反应速率的主要因素是碳正离子的稳定性，能生成较稳定碳正离子的酯容易按此反应历程进行反应，例如叔碳正离子、苄基碳正离子、烯丙基碳正离子等。

② 几种重要的酯缩合反应

a. Claisen 酯缩合反应　具有 α-氢的酯在碱的作用下，可以与另外一分子酯发生缩合反应，失去一分子醇得到 β-酮酸酯，该反应也称为 Claisen 酯缩合反应。例如，乙酸乙酯在乙醇钠作用下发生 Claisen 酯缩合反应，失去一分子乙醇，生成乙酰乙酸乙酯：

$$2\ CH_3COOC_2H_5 \xrightarrow{C_2H_5ONa} CH_3COCH_2COOC_2H_5 + C_2H_5OH$$

首先，酯分子中 α-碳上的氢具有一定的酸性，强碱乙醇钠可以夺取带有酸性的 α-氢形成碳负离子；然后，碳负离子可以作为亲核试剂进攻另外一分子乙酸乙酯的羰基，发生亲核加成反应，最后烷氧基离去形成乙酰乙酸乙酯。以上三步反应均是可逆的，而且平衡倾向于原料，必须使用化学计量的乙醇钠，使生成的 β-酮酸酯转变为相应的烯醇盐沉淀，同时产生酸性较弱的乙醇且可以不断蒸出，促使反应向正反应方向进行，最后用酸处理得到最终产物，其反应历程如下：

（反应历程略）

理论上所有含 α-H 的酯都可以发生 Claisen 酯缩合反应，不同的酯之间也可以发生缩合。如果选用两个不同的均含有 α-H 的酯进行反应，理论上则会至少产生四种缩合产物，由于混合物分离困难，这种缩合在合成上意义不大。而如果选择苯甲酸酯、甲酸酯、碳酸酯、草酸酯等不含 α-H 的酯与另外一分子有 α-H 的酯缩合，则可以大大减少副产物的种类，这种在合成上更有意义的缩合反应也被称为交叉的 Claisen 酯缩合反应。在交叉的 Claisen 酯缩合反应当中，有 α-H 的酯作为亲核试剂，无 α-H 的酯则作为亲电试剂，尤其当作为亲电组分的酯中羰基的活性比亲核试剂大时，该反应更容易进行。

$$HCOOC_2H_5 + CH_3COOC_2H_5 \xrightarrow[2)H^+]{1)C_2H_5ONa} HCOCH_2COOC_2H_5$$

$$C_2H_5OCCOC_2H_5 + CH_3CH_2COOC_2H_5 \xrightarrow[2)H^+]{1)C_2H_5ONa} C_2H_5OCCCHCOOC_2H_5$$

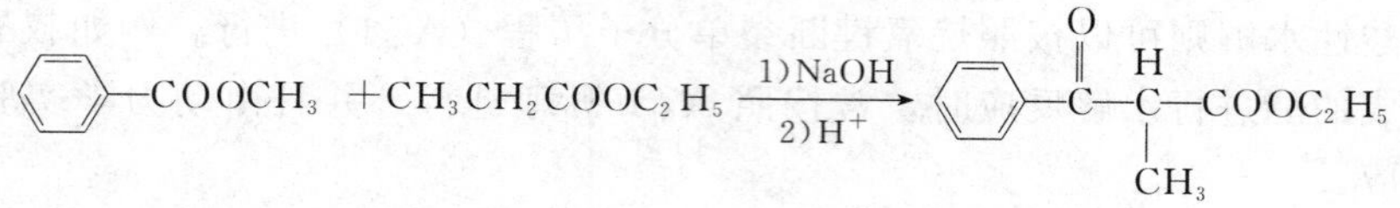

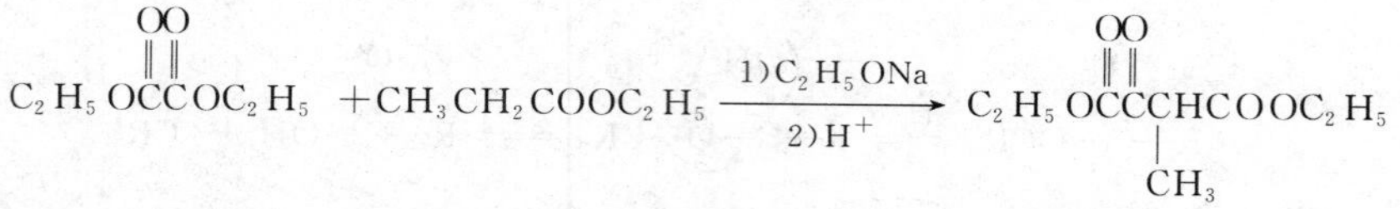

b. Dieckmann 缩合反应　　Claisen 酯缩合反应不仅可以在分子间进行，也可以在分子内进行，这种分子内的酯缩合反应称为 Dieckmann 缩合反应，在合成上主要用来制备五元或六元环状 β-酮酸酯。例如：

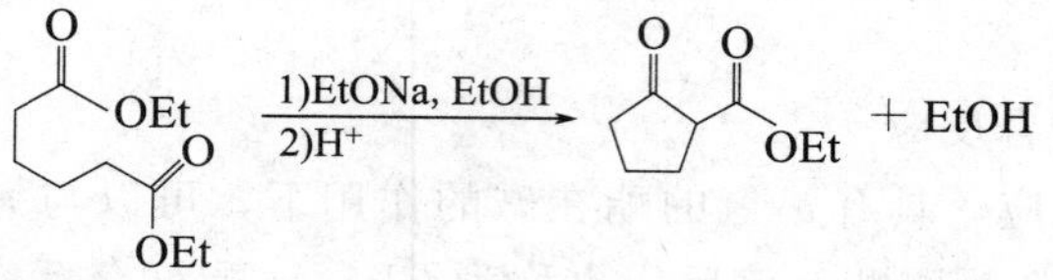

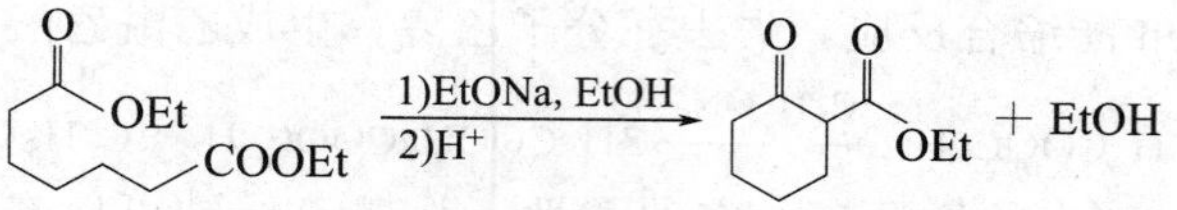

在 Dieckmann 缩合反应中，如果含有两种酸性不同的 α-H 时，则酸性较大的 α-H 优先被碱夺取，由此来决定环化的方向，例如：

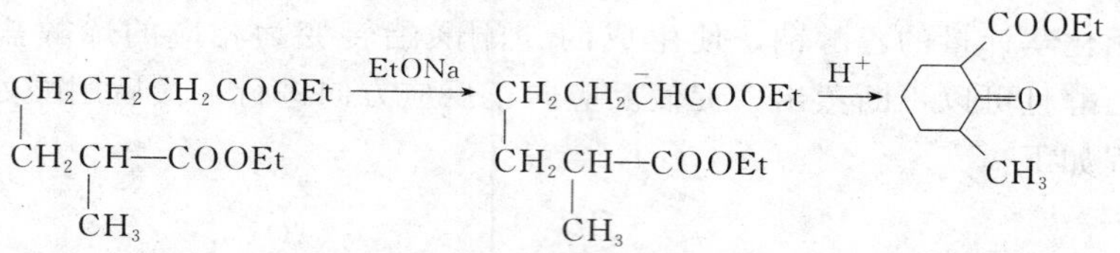

而如果两个 α-H 的酸性相当，则由位阻大小来决定环化的方向，例如：

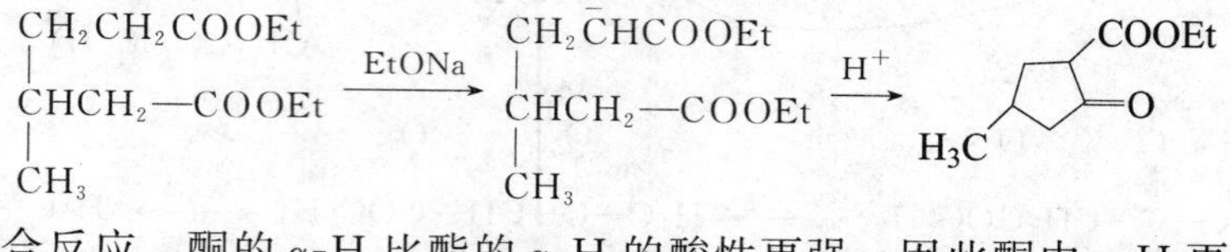

c. 酮、酯缩合反应　　酮的 α-H 比酯的 α-H 的酸性更强，因此酮中 α-H 更容易被碱夺取，形成碳负离子，碳负离子作为亲核试剂，进攻酯的羰基碳，发生亲核加成反应，然后烷氧基离去形成酸性更强的产物 β-羰基酮，该反应为酮与酯之间发生的缩合反应，因此在合成上被称为酮-酯缩合反应。例如：

$$CH_3COCH_3 + C_2H_5O^- \rightleftharpoons CH_3COCH_2^- + C_2H_5OH$$

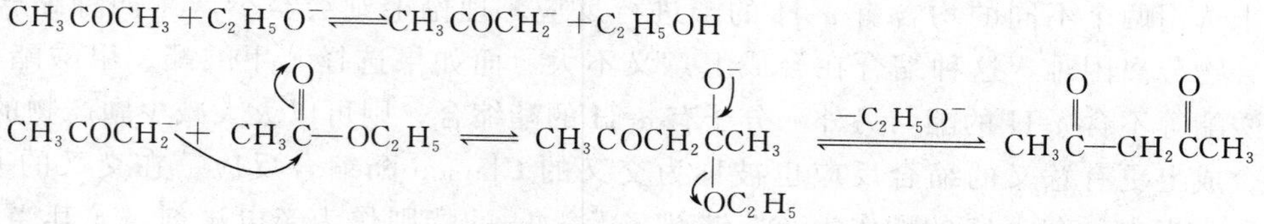

为避免自身发生缩合，通常选用无 α-H 的酯和酮进行反应。

6.2.3　自由基加成反应

烯烃受自由基的进攻而发生的加成反应称为自由基加成反应。烯烃可以与溴化氢、卤代烷、醛、含硫化合物等发生自由基加成反应。除烯烃外，炔烃、亚胺等不饱和化合物也可以发生自由基加成反应，本节重点介绍烯烃参与的几种自由基加成反应。

（1）烯烃与溴化氢的自由基加成反应

通常情况下，烯烃与溴化氢的加成符合马氏规则，但是在有过氧化物存在时，烯烃和溴化氢的加成却符合反马氏规则，叫作烯烃与溴化氢加成的过氧化物效应（peroxide effect）。

$$R-CH=CH_2 + HBr \quad \begin{cases} \xrightarrow[\text{符合马氏规则}]{\text{无过氧化物}} R-\underset{Br}{CH}-CH_3 \\ \xrightarrow[\text{符合反马氏规则}]{\text{过氧化物}} R-CH_2-CH_2-Br \end{cases}$$

两者之所以得到不同的加成产物，原因在于前者为烯烃的亲电加成反应，是一个离子型反应，而后者却为自由基加成反应，经历的是自由基加成反应机理。

自由基加成反应机理通常包括三个阶段，链引发、链传递和链终止。自由基链的增长主要取决于新自由基的相对稳定性，这也决定了自由基加成反应的区域选择性。烯烃的自由基加成反应机理如下：

链引发：

$$RO:OR \longrightarrow 2RO\cdot$$
$$RO\cdot + HBr \longrightarrow ROH + Br\cdot$$

链传递：

$$RHC=CH_2 + Br\cdot \longrightarrow R\overset{\cdot}{C}HCH_2Br + R\overset{\cdot}{CHCH_2} \underset{Br}{|}$$

$$\text{A 较稳定} \qquad\qquad \text{B}$$

$$R\overset{\cdot}{CHCH_2Br + H-Br} \longrightarrow RCH_2CH_2Br + Br\cdot$$
$$\text{主产物}$$

链终止：

$$Br\cdot + Br\cdot \longrightarrow Br_2$$

$$R\overset{\cdot}{CHCH_2Br} + Br\cdot \longrightarrow R\underset{Br}{CH}-CH_2Br$$

$$R\overset{\cdot}{CHCH_2Br} + R\overset{\cdot}{CHCH_2Br} \longrightarrow \begin{matrix} RCH-CH_2Br \\ | \\ RCH-CH_2Br \end{matrix}$$

在该反应中，过氧化物首先分解为烷基自由基，烷基自由基可以和溴化氢作用，引发溴自由基的生成；产生的溴自由基可以加成到烯烃双键上，引发新的烷基自由基 A 和 B 的生成，其中 A 为仲碳自由基，B 为伯碳自由基，A 自由基较 B 自由基的稳定性更强，会优先于 B 生成，它会进一步夺取溴化氢中的氢自由基结合生成最终的主产物，同时生成一个新的溴自由基，该过程称为链的传递；最后直至两个自由基相互结合，使链的反应终止为止。

（2）烯烃与卤代烷的自由基加成反应

在光照、加热或者自由基引发剂存在的条件下，卤甲烷可以与烯烃发生自由基加成反应，尤其是四卤甲烷或者三卤甲烷参与的反应更具合成价值，末端烯烃与卤代烷的自由基加成反应还具有区域选择性。例如：

$$R-CH=CH_2+BrCCl_3 \xrightarrow{\text{光照}} R-\underset{\underset{Br}{|}}{CH}-CH_2CCl_3$$

该反应机理与烯烃与溴化氢的自由基加成反应机理类似，首先在光照条件下，$BrCCl_3$ 中的 C—Br 键发生均裂产生 $Br\cdot$ 和 $Cl_3C\cdot$；然后 $Cl_3C\cdot$ 加成到烯烃末端碳原子上，形成较稳定的仲碳自由基，仲碳自由基会夺取 $BrCCl_3$ 中的 $Br\cdot$，生成加成主产物，同时生成新的 $Cl_3C\cdot$；最后所有的自由基之间会自由结合直至链的终止。

烯烃中 R 基对反应具有一定的影响，一般情况下，对于末端烯烃，CX_3- 加成到烯烃的末端碳原子上，如果 R 基是一个给电子基团，该反应速率会加快，该事实也证明了该反应具有一定的亲电性。此外，多卤代甲烷对反应的活性也有一定的影响：$CBr_4 > CBrCl_3 > CCl_4 > CH_2Cl_2 > CH_3Cl$。

（3）烯烃与醛和硫醇的自由基加成反应

醛基上的 C—H 键和硫醇中的 S—H 键的均裂能量和 H—Br 的键能相近，因此醛和硫醇也可以和烯烃发生自由基加成反应，例如：

$$CH_3CHO+PhCH=CH_2 \xrightarrow{ROOR} PhCH_2CH_2-COCH_3$$

$$CH_3CH_2SH+PhCH=CH_2 \xrightarrow{ROOR} PhCH_2CH_2-SCH_2CH_3$$

在这个反应过程当中，$RCO\cdot$ 和 $RS\cdot$ 是链的主要传递者，反应机理如下：

$$ROOR \longrightarrow 2RO\cdot \xrightarrow{CH_3CHO} H_3C-\overset{O}{\overset{||}{C}}\cdot \xrightarrow{PhCH=CH_2} Ph-\overset{COCH_3}{\underset{\cdot}{\overset{|}{C}}}-CH_2 \xrightarrow[-CH_3\overset{.}{C}=O]{CH_3CHO} Ph-\overset{COCH_3}{\underset{}{\overset{|}{C}}}-CH_2$$

$$ROOR \longrightarrow 2RO\cdot \xrightarrow{CH_3CH_2SH} CH_3CH_2S\cdot \xrightarrow{PhCH=CH_2} Ph-\overset{SCH_2CH_3}{\underset{\cdot}{\overset{|}{C}}}-CH_2 \xrightarrow[-CH_3CH_2S\cdot]{CH_3CH_2SH} Ph-\overset{SCH_2CH_3}{\underset{}{\overset{|}{C}}}-CH_2$$

6.3 取代反应

有机物分子中任意一个原子或基团被其他试剂中同类型的其他原子或基团所取代的反应称为取代反应（substitution reaction），可用如下通式进行表示：

$$R-L + A \longrightarrow R-A + L$$

按照反应机理的不同，可以将取代反应分为亲核取代反应（nucleophilic substitution reaction）、亲电取代反应（electrophilic substitution reaction）和自由基取代反应（free radical substitution reaction）三大类。

6.3.1 亲核取代反应

亲核取代反应通常发生在带有正电或部分正电荷的碳上，碳原子被带有负电或部分负电的亲核试剂（nucleophilic agent，简称 Nu⁻）取代。亲核试剂一般带有负电荷或者具有孤对电子。亲核取代反应的通式如下（其中的 L 代表离去基团（leaving group）：

$$Nu^- + R-L \longrightarrow R-Nu + L^-$$

饱和碳原子上的亲核取代反应是亲核取代反应最重要的一种反应类型，本书重点介绍饱和碳原子上亲核取代反应的机理。发生在卤代烷、醇、磺酸酯等有机化合物饱和碳原子上的亲核取代反应主要涉及两种反应机理，即单分子的亲核取代反应历程（用 S_N1 表示）和双分子亲核取代反应历程（用 S_N2 表示），其中 S 代表取代（substitution），N 代表亲核（nucleophilic）（1 代表单分子，2 代表双分子）。此外，在少数情况下，还存在分子内的亲核取代反应（internal substitution reaction），用 $S_N i$ 表示，其中 i 代表分子内。

（1）单分子亲核取代反应机理（S_N1）

单分子亲核取代反应机理以叔丁基溴的水解反应为例进行介绍，叔丁基溴在碱的水溶液中可以发生水解反应生成叔丁醇。

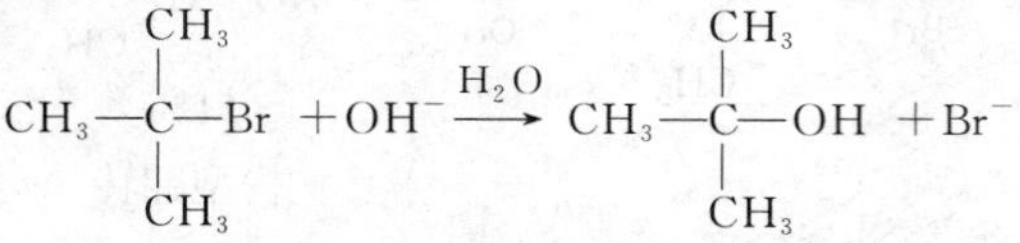

反应动力学研究是揭示有机反应机理的一种重要方法和策略，通过动力学实验测定叔丁基溴的水解反应，其反应速率仅与底物叔丁基溴的浓度有关，而与亲核试剂（OH⁻）的浓度无关，在动力学上表现为一个一级反应：

$$v = k[(CH_3)_3CBr]$$

这是由于叔丁基溴在碱性溶液中水解的反应是分两步进行的：第一步是叔丁基溴在溶液中首先经过一个 C—Br 键将断未断的能量较高的过渡态，然后解离成叔丁基碳正离子和溴负离子：

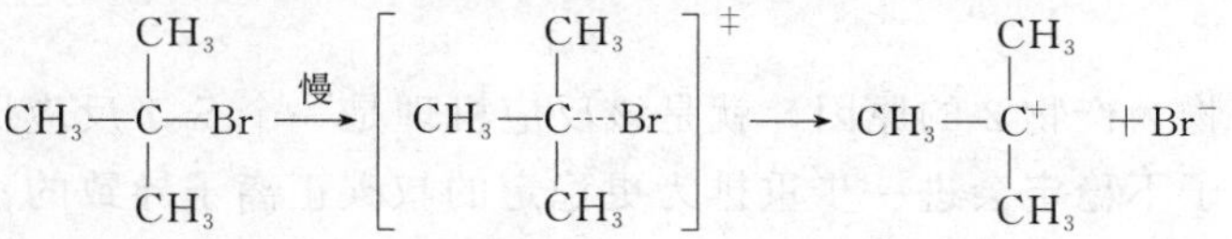

过渡态

第二步是生成的碳正离子迅速与 OH⁻ 作用生成产物叔丁醇。

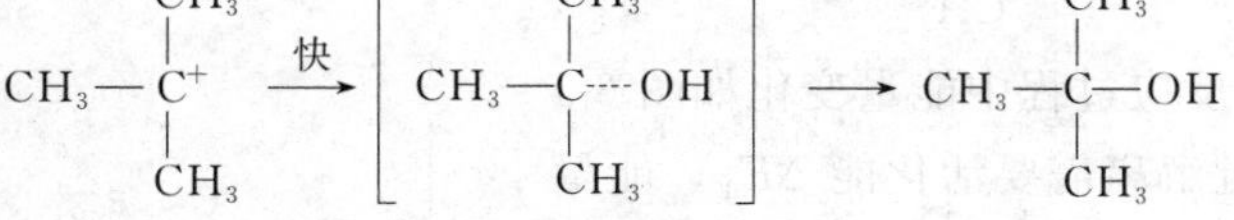

过渡态

对于分步反应而言，其决速步骤是反应中最慢的一步，因此对于上述反应其决定整个反应速率的步骤是第一步，而这一步的反应速率仅仅与反应底物卤代烃的浓度成正比，所以整个反应的速率只与叔丁基溴的浓度有关，而与亲核试剂（OH⁻）的浓度无关。诸如上述反应这样，反应速率仅与一种分子有关，或者说在决定反应速率的步骤里发生共价键变化的只有一种分子，这样的亲核取代反应就称为单分子亲核取代反应（unimolecular nucleophilic substitution，简写为 S_N1），其所涉及的反应机理类型也被称为单分子亲核取代反应机理。

单分子亲核取代反应（S_N1）的通式为：

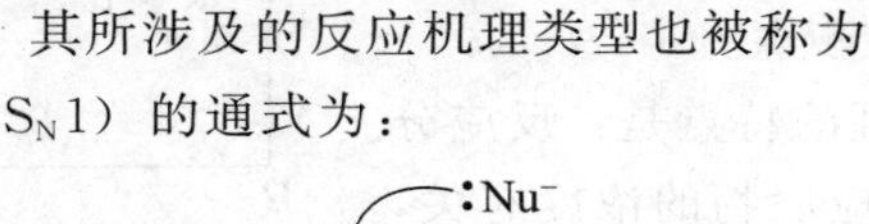

下面也以上述反应为例，介绍单分子亲核取代反应的机理过程：第一步叔丁基溴首先解离成叔丁基碳正离子，碳溴键断裂，溴带着一对电子离开，形成叔丁基碳正离子。在叔丁基溴当中，饱和碳原子是 sp^3 四面体结构，转化为叔丁基正离子之后，转变为 sp^2 平面三角形结构，当亲核试剂进攻碳正离子时，从前后两侧进攻的机会是均等的：

$$H_3C-\underset{\substack{|\\CH_3}}{\overset{\substack{CH_3\\|}}{C}}-Br \longrightarrow \overset{\substack{CH_3\quad CH_3}}{\underset{\substack{CH_3\\OH^-}}{C^+}} \longrightarrow HO-\underset{\substack{|\\CH_3}}{\overset{\substack{CH_3\\|}}{C}}-CH_3 + H_3C-\underset{\substack{|\\H_3C}}{\overset{\substack{H_3C\\|}}{C}}-OH$$

因此，如果该饱和碳原子为一个手性碳原子，那么发生 S_N1 反应，就会得到构型保持和构型翻转几乎等量的两种化合物，即外消旋体，例如：

$$C_6H_5-\underset{\substack{|\\CH_3}}{\overset{\substack{H\\|}}{C}}-Br \xrightarrow[-Br^-]{\text{慢}} \underset{\substack{|\\CH_3}}{\overset{\substack{H\quad C_6H_5}}{C^+}} \xrightarrow[OH^-]{\text{快}} HO-\underset{\substack{|\\CH_3}}{\overset{\substack{H\\|}}{C}}-C_6H_5 + C_6H_5-\underset{\substack{|\\H_3C}}{\overset{\substack{H\\|}}{C}}-OH$$

$$\qquad\qquad\qquad\qquad\qquad\qquad\qquad\qquad\qquad\qquad\qquad\quad 51\% \qquad\qquad\qquad 49\%$$

$$\qquad\qquad\qquad\qquad\qquad\qquad\qquad\qquad\qquad\qquad\quad 构型翻转 \qquad\qquad 构型保持$$

由于 S_N1 反应过程中会产生碳正离子中间体，而所有涉及碳正离子中间体过程的有机反应常会伴随重排，重排的动力是生成更稳定的碳正离子，因此 S_N1 反应还经常会观察到重排产物的生成，例如：

$$CH_3-\underset{\substack{|\\CH_3}}{\overset{\substack{CH_3\\|}}{C}}-CH_2Br \xrightarrow{CH_3OH} CH_3-\underset{\substack{|\\CH_3}}{\overset{\substack{CH_3\\|}}{C}}-CH_2OCH_3 + CH_3-\underset{\substack{|\\OCH_3}}{\overset{\substack{CH_3\\|}}{C}}-CH_2CH_3$$

$$\qquad\qquad\qquad\qquad\qquad\qquad\qquad\qquad\qquad\quad 1 \qquad\qquad\qquad\qquad\qquad\qquad 2$$

上述反应主产物为产物 2 的原因，就是该反应机理是一个 S_N1 反应历程，形成伯碳正离子之后，伯碳正离子不稳定会进一步重排为更稳定的叔碳正离子导致的。

$$CH_3-\underset{\substack{|\\CH_3}}{\overset{\substack{CH_3\\|}}{C}}-\overset{+}{C}H_2 \longrightarrow CH_3-\underset{\substack{CH_3}}{\overset{+}{C}}-CH_2CH_3 \longrightarrow 2$$

单分子亲核取代反应过程中能量变化如图 6-1 所示。图中，C—L 键解离需要活化能 ΔE_1，能量最高点 B 对应的是第一过渡态，然后能量降低，C—L 键解离成活性中间体碳正离子，能量位于 C 点。当亲核试剂与碳正离子接触形成新键时需要活化能 ΔE_2，能量点 D 对应的是第二过渡态，然后释放能量，得到产物。从活化能可以判断反应的难易，$\Delta E_1 > \Delta E_2$，故第一步反应困难，反应速率慢，是决定整个反应的速控步骤。

综上所述，S_N1 反应机理的特点是：反应分两步进行，反应速率只与反应底物的浓度有关，而与亲核试剂的浓度无关，反应过程中有活性中

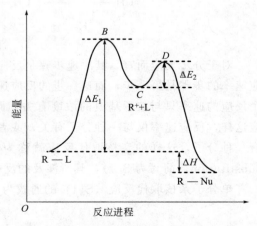

图 6-1 单分子亲核取代反应能量曲线图

间体碳正离子的生成，如果饱和碳原子为手性碳，得到的产物基本上是外消旋体。

（2）双分子亲核取代反应机理（S_N2）

双分子亲核取代反应（S_N2）一步完成，其通式为：

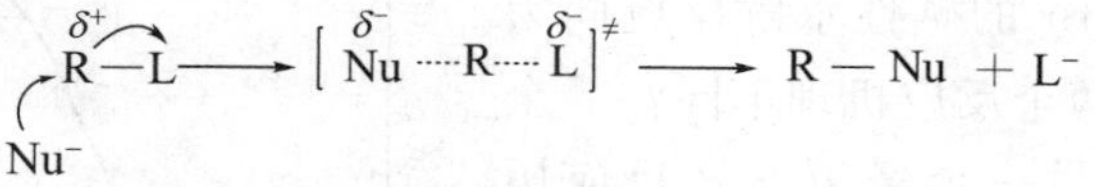

$$R\!-\!L \longrightarrow \left[\overset{\delta^-}{Nu}\cdots R\cdots\overset{\delta^-}{L}\right]^{\neq} \longrightarrow R\!-\!Nu + L^-$$

双分子亲核取代反应经历的反应历程为双分子亲核取代反应机理，下面以溴甲烷在氢氧化钠水溶液中的反应为例加以说明：

$$CH_3\!-\!Br + OH^- \xrightarrow{H_2O} CH_3\!-\!OH + Br^-$$

通过动力学实验测定，上述反应的速率不仅与卤代烷的浓度成正比，还与亲核试剂（OH^-）的浓度成正比，即在该反应中 CH_3Br 和 OH^- 发生了碰撞，反应才得以发生，在动力学上该反应是一个二级反应：

$$v = k[CH_3Br][OH^-]$$

诸如上述反应，其反应速率不仅和反应底物浓度有关，还和亲核试剂的浓度有关，和两个分子均有关系，这种反应称为双分子亲核取代反应（bimolecular nucleophilic substitution，简写为 S_N2），其所经历的反应历程为双分子亲核取代反应机理。

上述 S_N2 反应的历程为：亲核试剂 OH^- 从离去基团 Br 的背面进攻缺电子性的碳原子，在亲核试剂 OH^- 接近碳原子的过程中，逐渐部分形成 C—O 键，同时 C—Br 键逐渐伸长和变弱；经历 C—O 键欲形成还没有形成，C—Br 键欲断裂还没有断裂的过渡态，到达过渡态时，亲核试剂、中心碳原子和离去基团三者处在同一条直线上，而三个氢处于垂直于这条直线的平面上，HO 和 Br 分别处在该平面的两侧；OH^- 继续进一步接近碳原子，Br 也进一步远离碳原子，与此同时中心碳原子上的三个氢原子由于受到亲核试剂的排斥向离去基团 Br 方向偏转；最后，Br 带着一对电子彻底离开中心碳原子，以 Br^- 形式离去，C—Br 键彻底断裂，C—O 键彻底形成，碳原子的构型也发生了翻转。整个反应过程中，新键的形成和旧键的断裂几乎是同时进行的，故反应是一步完成的：

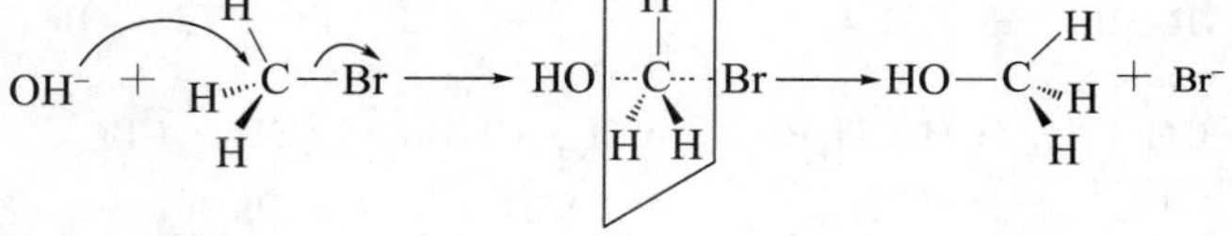

由于在 S_N2 反应中亲核试剂是从离去基团的背后进攻碳原子的，如果中心碳原子为手性碳原子，则得到的产物构型即和原来的底物构型恰恰相反，就像下雨天风大把雨伞吹翻了一样，这个构型转化的过程在有机化学上称为瓦尔登（P. Walden）转化。

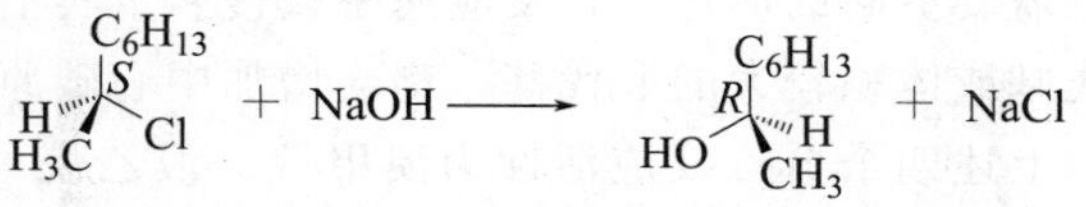

溴甲烷碱性水解过程的能量曲线如图 6-2 所示。由图可见，在反应过程中体系的能量不断变化，到达过渡态 B 点时，五个原子同时挤在碳原子的周围，能量到达最高点。

综上所述，S_N2 反应的特点是：反应速率不仅与反应底物的浓度有关，还与亲核试剂的浓度有关；反应中旧键的断裂和新键的形成是同步进行的，共价键的变化发生在两种分子之

间，称为双分子亲核取代；其立体化学上的特点
为产物构型发生翻转，经历瓦尔登转化。

（3）影响亲核取代反应的因素

$(CH_3)_3CBr$ 和 CH_3Br 的碱性水解反应同为
亲核取代反应，为什么两个反应机理不同？一个
经历 S_N1 反应历程，而另一个经历 S_N2 反应历
程呢？实验表明，很多反应因素影响亲核取代反
应历程，其中最重要的因素有四个：底物结构、
亲核试剂的浓度和活性、溶剂效应和离去基团。
下面逐一进行介绍：

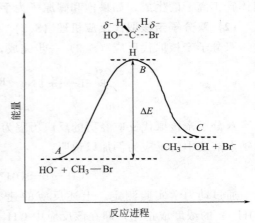

图6-2　溴甲烷水解反应能量曲线

① 底物结构的影响　卤代烃在极性很强的
甲酸水溶液中发生水解反应为 S_N1 反应历程，
选择不同烃基的卤代烃进行该反应，考查烃基结
构对该反应的影响，经过实验测定得其相对反应速率为：

$$R-Br + H_2O \xrightarrow{HCOOH} R-OH + HBr$$

	CH_3Br	CH_3CH_2Br	$(CH_3)_2CHBr$	$(CH_3)_3CBr$
相对速率	1.0	1.7	45	10^8

由于该反应的机理为 S_N1 反应历程，反应为两步反应，其中生成碳正离子的第一步慢
反应是该反应的决速步骤，而以上四个反应形成的碳正离子中间体及其稳定性顺序刚好为3°
＞2°＞1°＞甲基，和相对反应速率的大小顺序刚好一致，这也是上述四个反应速率存在差异
的本质原因。因此，不同卤代烃发生 S_N1 反应的活性顺序为：叔卤代烷＞仲卤代烷＞伯卤
代烷＞卤甲烷。

溴代烃在极性较小的丙酮中与碘化钾生成碘代烷的反应为 S_N2 反应历程，选择不同烃
基结构的溴代烃进行该反应，考查烃基结构对该反应的影响，经过实验测定得其相对速
率为：

$$R-Br + I^- \xrightarrow{CH_3COCH_3} R-I + Br^-$$

	CH_3Br	CH_3CH_2Br	$(CH_3)_2CHBr$	$(CH_3)_3CBr$
相对速率	150	1	0.01	0.001

由于该反应是 S_N2 反应历程，反应是一步完成的，反应速率的快慢取决于反应活化能
的大小，即活化过渡态稳定性的大小。亲核试剂从离去基团的背面进攻碳原子，碳原子周围
的位阻直接影响亲核试剂进攻中心碳原子的难易程度，如果中心碳原子周围存在体积较大的
基团即位阻较大，反应则需要更高的活化能，反应速率较慢。事实上，溴代烃的 α 位和 β 位
的碳原子上存在较多取代基或体积较大的取代基，都会增加中心碳原子周围的位阻，影响反
应速率。由此可以推出，上述四个 S_N2 反应活性为溴甲烷＞溴乙烷＞异丙基溴＞叔丁基溴，
刚好和实验测定的相对反应速率顺序一致。因此，不同卤代烃发生 S_N2 反应的活性顺序为：
卤甲烷＞伯卤代烷＞仲卤代烷＞叔卤代烷。

值得注意的是，尽管新戊基卤是一级卤代烃，但因 β 位的位阻很大，也非常不活泼。

此外，苄基卤、烯丙基卤在 S_N1 和 S_N2 反应中都很活泼。苄基卤、烯丙基卤在 S_N2 反

应中很活泼，这是因为它们在过渡态时有了初步的共轭体系结构，使过渡态的负电荷得到分散，所以过渡态比较稳定，易于到达。S_N2 过渡态：

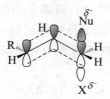

烯丙基碳正离子和苄基碳正离子因 p-π 共轭而较易生成，故也有利于 S_N1 反应进行。S_N1 中间体：

$$RCH=CH-\overset{+}{C}H_2 \longleftrightarrow RCH-CH=\overset{+}{C}H_2$$

氯苯和氯乙烯在 S_N1 和 S_N2 反应中都不活泼，这是因为在氯苯和氯乙烯中卤素与双键或大 π 键发生 p-π 共轭，电子云分布平均化，C—Cl 键之间电子云密度增大，结合更紧密，具有部分双键特征，键能增高，氯原子难以离去。另一方面，即使卤素离去以后，氯苯和氯乙烯形成的烯基碳正离子也高度不稳定；而在 S_N2 反应中，双键和苯环排斥亲核试剂从后面进攻带部分正电荷的碳原子，故氯苯和氯乙烯难以发生亲核取代反应。

$$RCH=\overset{+}{CH} + X^-$$

p-π共轭　　　　　　　　　　　　　　　　　　　很不稳定

从上述讨论可以看出，卤代烷分子中烃基结构对反应按何种历程进行有很大影响。叔卤代烷易于失去卤原子而形成稳定的碳正离子，所以，它主要按 S_N1 历程进行亲核取代反应；伯卤代烷则反之，主要按 S_N2 历程进行亲核取代反应；仲卤代烷处于二者之间，反应可同时按 S_N1 和 S_N2 两种历程进行。

②　亲核试剂的浓度和强度　S_N1 反应的决速步骤为底物形成碳正离子的一步，其中不涉及亲核试剂，故 S_N1 的反应速率不受亲核试剂的影响，仅和底物的浓度有关。在 S_N2 反应中反应速率随亲核试剂浓度和亲核能力的增加而增加。那么，亲核试剂的亲核性又与哪些因素有关呢？一般来讲，亲核试剂的亲核性与它的碱性和可极化性等因素有关。

a.亲核试剂的亲核性与碱性　亲核性与碱性有关，但它们并不完全相同。试剂的亲核性是指试剂与缺电子性的碳原子结合的能力，它是根据试剂对取代反应速率的影响来衡量的；而碱性是指试剂与质子或 Lewis 酸结合的能力，用 pK_b 来表示。一般情况下，亲核试剂都是 Lewis 碱，碱性强的试剂，亲核性也强。当亲核试剂的亲核原子相同时，则其亲核性和碱性是一致的。例如：

$$RO^- > HO^- > RCO_2^- > ROH > H_2O$$

当试剂的亲核原子是周期表中同一周期元素时，则其亲核性也呈对应关系。例如：

$$R_3C^- > R_2N^- > RO^- > F^-$$

b.亲核试剂的亲核性与可极化性　试剂的亲核性除与碱性有关外，还与可极化性有关。

卤素原子的碱性强弱顺序为 $F^- > Cl^- > Br^- > I^-$，而在质子性溶剂中，亲核性强弱顺序与碱性正好相反，为 $I^- > Br^- > Cl^- > F^-$。这是由于离子半径小的负离子如 F^-，电荷集中，不易极化，尽管碱性强却很难与碳原子结合；而离子半径较大的负离子如 I^-，原子核对核外电子的束缚力较差，容易极化，当碳原子与它靠近时，它的电子云极易变形可以伸向碳原子，显示出较强的亲核性。即当试剂的亲核原子是周期表中同一族的元素时，从上到下，体积依次增大，亲核性也依次增强。例如：

$$F^- < Cl^- < Br^- < I^-$$

在质子性溶剂中一些常用的亲核试剂的相对亲核性如下：

$$RS^- > CN^- > I^- > NH_3 > OH^- > N_3^- > Br^- > CH_3CO_2^- > Cl^- > H_2O > F^-$$

c. 溶剂效应　在 S_N1 反应中，由原来极性较小的底物 R—X 变成极性较大过渡态 R^+ 和 X^-，极性较大的质子溶剂可以与反应中产生的负离子通过氢键溶剂化，这样负电荷分散，使负离子更加稳定，有利于离解反应，从而有利于 S_N1 反应的进行。而在 S_N2 反应中形成过渡态时，由原来极性较大的电荷分离状态变成极性较小的过渡态，极性大的质子溶剂会使亲核试剂被溶剂分子包围，亲核试剂必须脱去溶剂才能与底物接触发生反应，因此不利于 S_N2 反应中过渡态的形成。

非质子极性溶剂，如二甲基亚砜（DMSO）、N,N-二甲基甲酰胺（DMF）和六甲基磷酰三胺（HMPT）对 S_N2 反应是有利的。它们的偶极负端暴露在外，正极隐蔽在内，因此不会对富电的亲核试剂溶剂化，较少溶剂化的亲核试剂有更强的亲核性，因此 S_N2 反应在这些溶剂中进行比在质子性溶剂中进行要快得多。

DMSO　　　　　　　　　DMF　　　　　　　　　HMPT

d. 离去基团的影响　亲核取代反应中离去基团的离去倾向越大，反应越容易进行，反应速率也越快。亲核取代反应决定反应速率的步骤中都涉及 C—L 键的断裂，因此离去基团的离去对 S_N1 和 S_N2 反应都很重要。C—L 键越弱，L^- 越容易离去，C—L 键越强，L^- 越不易离去。C—L 键的强弱主要与 L 的电负性及碱性有关。离去基团的碱性越弱，形成的负离子就越稳定，这样的离去基团就是好的离去基团，如 I^-、Br^-、Cl^- 都是弱碱，很稳定，容易离去，所以都是好的离去基团。卤素负离子离去能力的大小次序为 $I^- > Br^- > Cl^-$；而 OH^-、OR^-、NH_2^-、NHR^- 等碱性较强，一般不容易离去，是差的离去基团。

总之，有利于 S_N1 反应的因素包括能形成稳定的碳正离子的反应底物及强极性质子溶剂等。有利于 S_N2 反应的因素包括位阻小的底物、强的亲核试剂及强极性质子溶剂或极性的非质子溶剂等。在 S_N1 和 S_N2 反应中离去基团的影响相同，离去基团的碱性越弱，离去能力越强。

（4）分子内亲核取代反应机理（$S_N i$）

分子内亲核取代反应用 $S_N i$ 表示，以醇和亚硫酰氯的反应为例进行介绍：

$$\overset{*}{R}—OH + SO_2Cl \longrightarrow \overset{*}{R}—Cl + SO_2 + HCl$$

醇与亚硫酰氯的反应是制备卤代烃的重要反应策略，如果该反应中醇羟基所连的碳为手性碳的话，反应后生成的卤代烃的中心碳原子构型将保持不变，试推测如果为 S_N1 反应机理得到的产物应该是外消旋体，如果是 S_N2 反应得到的应该是构型翻转的产物，很显然该反应用这两种反应机理均解释不通，诸如此类反应可以用第三种反应机理得到解释，即分子内亲核取代反应（S_Ni）机理：

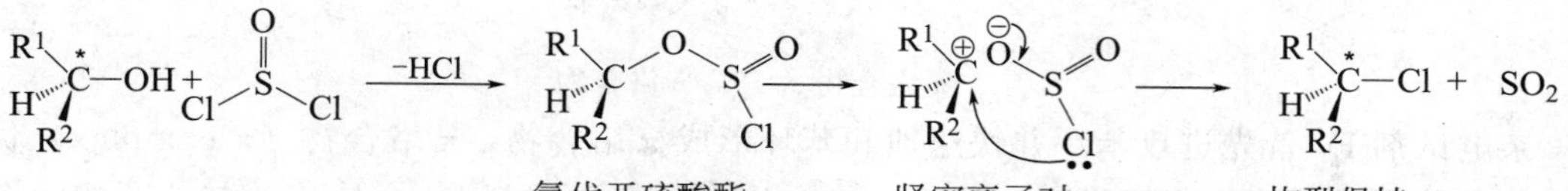

氯代亚硫酸酯　　　　　紧密离子对　　　　构型保持

　　反应先形成中间体氯代亚硫酸酯，氯代亚硫酸酯分解为一对紧密离子对，在—OSOCl 作为离去基团离去的同时，其中的氯可以作为亲核试剂进攻中心碳原子，形成 C—Cl 键并失去 SO_2，生成的卤代烃的构型保持不变。

　　如果在反应体系中加入吡啶，则在生成氯代亚硫酸酯时释放的 HCl 可以和吡啶成盐，或氯代亚硫酸酯可以与吡啶成盐，相应的盐中 Cl^- 是处于游离状态的，它可以从氯代亚硫酸酯的背面进攻中心碳原子，得到构型翻转的氯代烃，这个实验也可以用来证明 S_Ni 机理的存在，同时也可以得出上述构型保持的产物。必须要在无溶剂或者非亲核性溶剂（如二氯甲烷）中进行，才可以保证反应按照 S_Ni 机理进行，得到构型保持的产物。

【例 6-10】　完成下列反应：

（1）

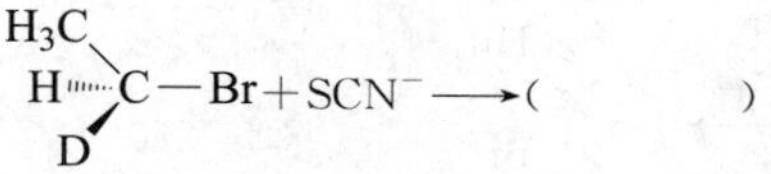

（2）

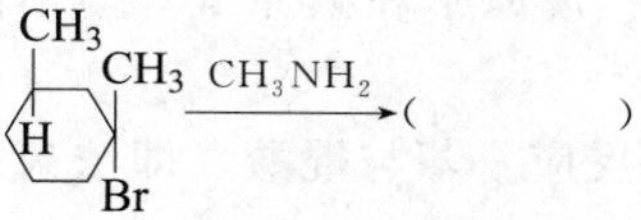

解

（1） 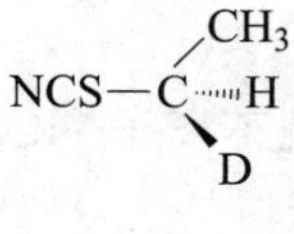
S_N2，构型翻转。

（2） 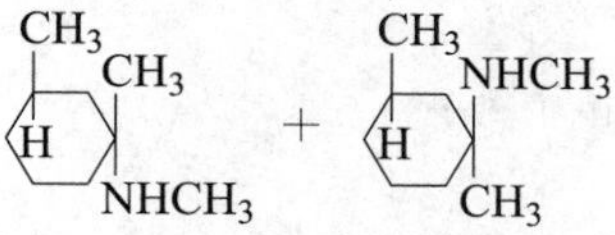
S_N1，外消旋体。

6.3.2　亲电取代反应

　　亲电取代反应是芳香烃的重要化学性质，本节重点介绍芳烃的亲电取代反应。

　　芳烃的亲电取代反应即芳烃上的氢原子被亲电试剂所取代的反应，根据亲电试剂的不同，可以分为卤化（halogenation）、硝化（nitration）、磺化（sulfonation）、烷基化（alkylation）和酰基化（acylation）等。

（1）芳环上亲电取代反应及机理

　　在芳香化合物中，由于芳环上下均分布着环状的 π 电子云，容易受到带正电荷的亲电试剂（electrophilic agent）的进攻，芳烃的亲电取代反应通式为：

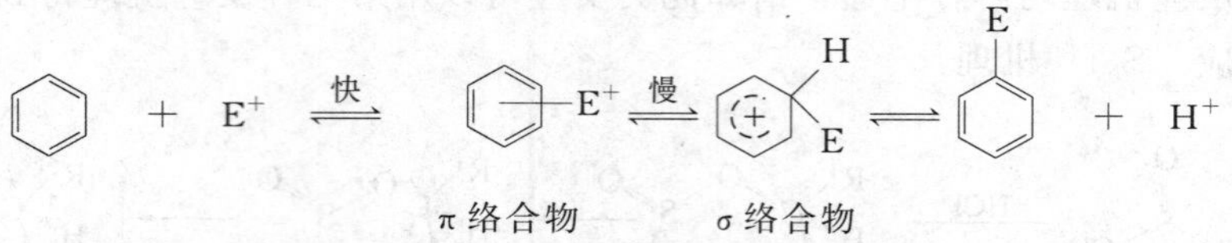

亲电试剂 E^+ 首先进攻苯环并快速地和苯环形成 π 络合物，π 络合物（π complex）仍然还保持着苯环的结构，很不稳定，然后 π 络合物中的亲电试剂 E^+ 会快速地与苯环的一个碳原子直接连接形成 σ 键，形成比 π 络合物更加稳定的中间体 σ 络合物（σ complex）。该步骤反应速率较慢，也是该反应的决速步骤，最后是亲电试剂离开，回归苯环的共轭结构得到亲电取代产物。

① 卤化反应　和烯烃的亲电加成反应相比，芳香烃的卤代反应速率较慢，需要在路易斯酸 FeX_3、AlX_3 等催化剂催化下才能进行，如苯的溴化反应需要在三溴化铁作催化剂下进行：

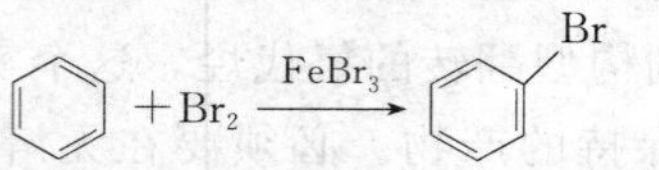

溴在路易斯酸的作用下极化，产生溴正离子，溴正离子便是该反应的亲电试剂，芳香烃作为富电子体系进攻溴正离子，按照上述通式机理进行，最后生成产物溴苯。

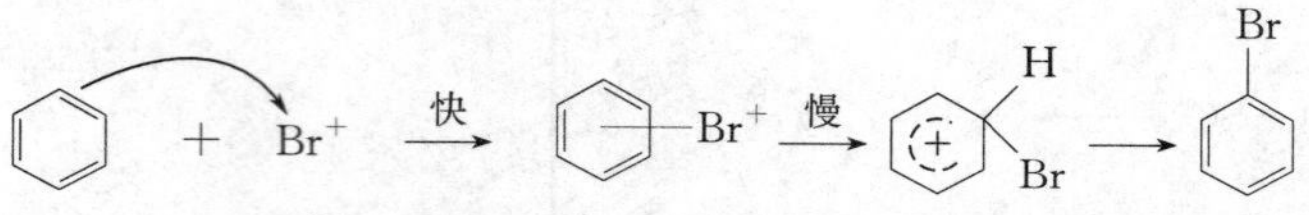

芳香烃亲电取代反应可以在芳环上直接导入氯原子、溴原子和碘原子，但不能导入氟原子。

② 硝化反应　苯环上的氢被硝基取代的反应叫硝化反应。苯与混酸，即浓硫酸和浓硝酸的混合物在 60℃ 反应，可制得硝基苯：

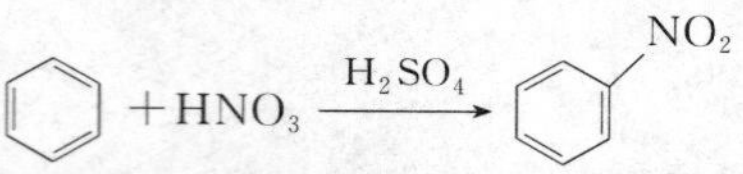

浓硝酸在浓硫酸的作用下发生质子化脱水，形成硝酰正离子，硝酰正离子 NO_2^+ 即为该反应历程当中的亲电试剂 E^+。

$$HO-NO_2 \underset{}{\overset{H^+}{\rightleftharpoons}} H_2\overset{+}{O}NO_2 \xrightarrow{-H_2O} \overset{+}{O}=N=O$$
硝酰正离子

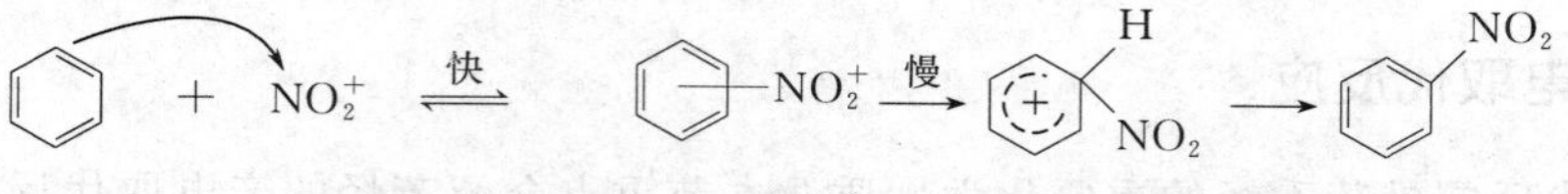

硫酸在硝化反应中，不仅作为脱水剂，而且还与硝酸作用生成亲电试剂 NO_2^+，即硝基正离子，也称硝酰正离子，可以接受富电子苯环的进攻，历经 π 络合物和 σ 络合物两种中间体，最终形成硝基苯。

③ 磺化反应　苯的磺化反应是苯与浓硫酸微热至 35～50℃，芳环上的氢被磺酸基取代的反应：

$$\text{C}_6\text{H}_6 + \text{HO—SO}_3\text{H} \rightleftharpoons \text{C}_6\text{H}_5\text{—SO}_3\text{H} + \text{H}_2\text{O}$$

在苯的磺化反应中，作为亲电试剂 E^+ 的是 SO_3，也有人认为是 $^+SO_3H$：

$$2\text{H}_2\text{SO}_4 \rightleftharpoons \text{SO}_3 + \text{H}_3\text{O}^+ + \text{HSO}_4^-$$

SO_3 因为极化硫原子显正电性，可以接受苯环的进攻，形成 σ 络合物，机理如下：

$$\text{C}_6\text{H}_6 + \text{SO}_3 \xrightarrow{\text{慢}} \left[\text{复合物} \right] \xrightarrow[\text{快}]{-\text{H}^+} \text{C}_6\text{H}_5\text{SO}_3^- \xrightarrow[\text{快}]{+\text{H}^+} \text{C}_6\text{H}_5\text{SO}_3\text{H}$$

　　磺化反应和其他芳香烃取代反应不同，是可逆反应，因此，在合成上常可以利用其可逆的性质在芳环的某位置引入磺酸基占位，然后进行必要的化学反应之后，再利用水解反应去除磺酸基，从而达到保护芳环上该位置的目的。

　　④ Friedel-Crafts 烷基化反应　　卤代烃可以在路易斯酸如无水 $AlCl_3$ 等作用下发生极化，断裂 C—X 键，形成碳正离子，而碳正离子可以作为芳烃亲电取代反应当中的亲电试剂 E^+，接受富电子苯环的进攻，发生亲电取代反应，其反应机理如下：

$$\text{RCl} + \text{AlCl}_3 \longrightarrow \text{R}^+ + \text{AlCl}_4^-$$

$$\text{C}_6\text{H}_6 + \text{R}^+ \longrightarrow \left[\text{复合物} \right] \xrightarrow{\text{AlCl}_4^-} \text{C}_6\text{H}_5\text{R} + \text{HCl} + \text{AlCl}_3$$

　　除卤代烃可以作为 Friedel-Crafts 烷基化反应的烷基化试剂以外，烯烃或醇也可以作为烷基化试剂，工业上，采用乙烯和丙烯作为烷基化试剂来制取乙苯和异丙苯：

$$\text{C}_6\text{H}_6 + \text{CH}_2=\text{CH}_2 \xrightarrow{\text{无水 AlCl}_3} \text{C}_6\text{H}_5\text{CH}_2\text{CH}_3$$

$$\text{C}_6\text{H}_6 + \text{CH}_3\text{—HC}=\text{CH}_2 \xrightarrow{\text{无水 AlCl}_3} \text{C}_6\text{H}_5\text{CH(CH}_3)_2$$

　　烷基化反应中常用的催化剂是三氯化铝，此外 $FeCl_3$、$SnCl_4$、$ZnCl_2$、BF_3、HF、H_2SO_4 等均可作为催化剂。

　　由于 Friedel-Crafts 烷基化反应的亲电试剂是碳正离子，而碳正离子中间体参与的反应均可能发生重排，因此 Friedel-Crafts 烷基化反应有两个明显的缺点：a. 由于烷基为给电子基，得到的烷基苯会比原来的苯环具有更高的电子云密度，发生亲电取代反应的活性更强，会继续和亲电试剂碳正离子反应得到多取代苯；b. 所有经历碳正离子中间体过程的反应都会伴随着重排，因此反应很容易发生重排，使产物变得复杂，故超过三个碳的正构烷基取代苯很难通过 Friedel-Crafts 烷基化反应合成。

　　⑤ Friedel-Crafts 酰基化反应　　Friedel-Crafts 酰基化反应指的是芳烃在路易斯酸作用下可以和酰卤或酸酐等酰基化试剂发生反应，生成酰基化产物：

$$\text{C}_6\text{H}_6 + \text{RCOL} \xrightarrow{\text{Lewis 酸}} \text{C}_6\text{H}_5\text{COR}$$
$$(\text{L}=\text{X, OCOR})$$

　　酰卤或酸酐在路易斯酸作用下，先生成路易斯酸络合物，再生成酰基正离子，酰基正离子是 Friedel-Crafts 酰基化反应的亲电试剂，接受富电子苯环的进攻发生亲电取代反应，生

成酰基化产物, 机理如下:

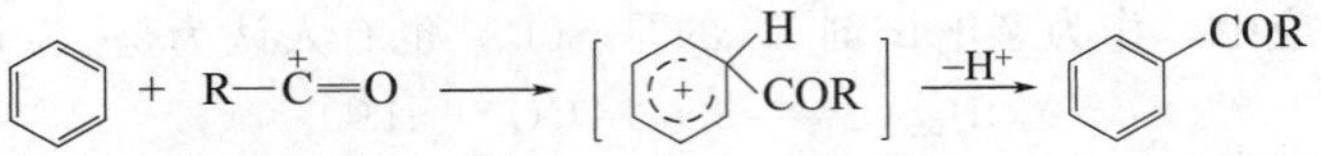

与 Friedel-Crafts 烷基化反应相比, Friedel-Crafts 酰基化反应生成的酰基苯电子云密度降低, 活性较弱, 一般不会继续发生酰基化反应生成多酰基化产物; 此外, 更重要的一个不同之处, 也是 Friedel-Crafts 酰基化反应的一个优势, 即反应过程中不会发生重排, 可以避免重排反应的进行。因此, 在有机合成上常利用 Friedel-Crafts 酰基化反应不发生重排的特点, 在苯环上间接引入正构烷基, 合成正烷基苯。例如:

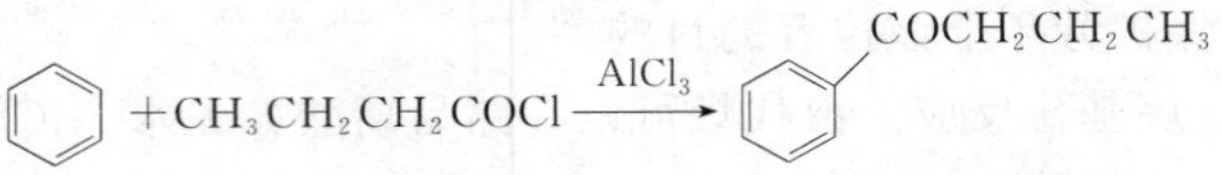

生成的酮可以用锌汞齐加浓盐酸或者用黄鸣龙法还原为亚甲基, 成功合成正丁苯。

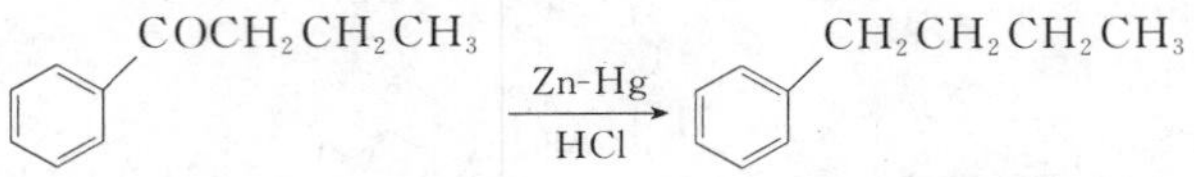

(2) 芳环上亲电取代反应的活性

如果苯环上连有给电子基团, 使苯环的电子云密度升高, 将有利于苯环的亲电取代反应, 使苯环的亲电取代反应更容易进行, 反应速率更快, 这种基团称为活化基团或致活基团 (activating group); 反之, 如果取代基为吸电子基, 使苯环的电子云密度降低, 将不利于苯环的亲电取代反应, 使苯环的亲电取代反应变得更困难, 反应速率减慢, 这种基团称为钝化基团或致钝基团 (passivating group)。

常见的致活基团有: $-O^-$、$-OH$、$-OR$、$-OC_6H_5$、$-OCOCH_3$、$-NH_2$、$-NHR$、$-NR_2$、$-NHCOCH_3$、$-R$ 等。

常见的致钝基团有: $-NO_2$、$-SO_3H$、$-SO_2R$、$-COOH$、$-COOR$、$-CONH_2$、$-CHO$、$-COR$、$-CN$、$-F$、$-Cl$、$-Br$、$-I$ 等。

杂芳环也可以大致分为两类, 一类电子云密度大于苯环, 另一类电子云密度小于苯环, 这取决于环中杂原子上孤对电子所占据的轨道。以吡咯和吡啶为例: 吡咯的 N 采用等性的 sp^2 杂化, 孤对电子占据 p 轨道, 参与环的共轭, 形成五中心六电子的大 π 键, 电子云密度高于苯环, 比苯环具有更高的亲电取代反应活性。

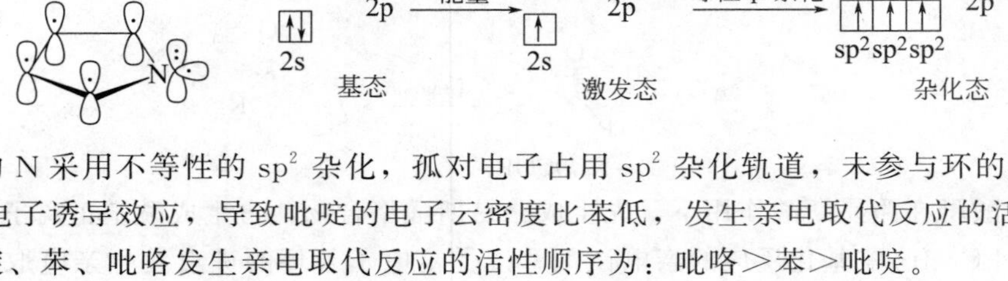

吡啶的 N 采用不等性的 sp^2 杂化, 孤对电子占用 sp^2 杂化轨道, 未参与环的共轭, 且由于 N 的吸电子诱导效应, 导致吡啶的电子云密度比苯低, 发生亲电取代反应的活性比苯弱。因此, 吡啶、苯、吡咯发生亲电取代反应的活性顺序为: 吡咯＞苯＞吡啶。

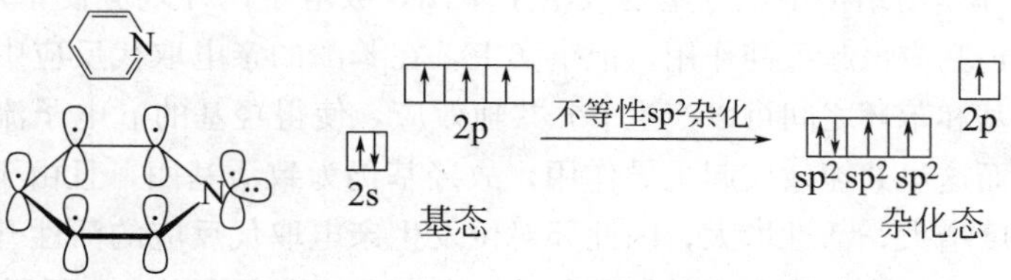

　　呋喃、噻吩、吡咯杂原子上的孤对电子使环的电子云密度升高，使得它们发生亲电取代反应的活性均强于苯，反应活性与苯酚、苯胺类似；而吡啶杂原子上的孤对电子未参与共轭，其电子云密度弱于苯，发生亲电取代反应的活性较弱，活性则类比于硝基苯。例如：噻吩在室温下即可以和 95％浓硫酸发生磺化反应；吡咯、呋喃、噻吩的氯代反应无需铁盐作催化剂等。

（3）芳环上亲电取代反应的定位规律

　　对于苯系芳烃，苯环上取代基的存在对于亲电试剂的导入具有定位作用（orientation），原有的取代基被称作定位基。苯环上的取代基如果能使新导入的基团进入邻、对位的，就称为邻对位定位基，也叫作第一类定位基；苯环上的取代基如果能使新导入的基团进入间位的，就称为间位定位基，也叫作第二类定位基。

　　① 邻对位定位基　　常见的邻对位定位基有：—NH_2、—NHR、—NR_2、—OH、—OCH_3、—$NHCOCH_3$、—OCOR、—C_6H_5、—CH_3、—X 等。这些取代基的共同特点为：与苯环直接相连的原子上通常只有单键或带负电荷，使其发生亲电取代反应时，第二个取代基主要进入它们的邻位和对位。

　　这类定位基之所以会产生邻对位的定位作用，原因可以从取代基所产生的电子效应来解释。例如甲苯，甲基为给电子基团，一方面，甲基的给电子诱导效应可使苯环的电子云密度增大；另一方面，甲基与苯环还存在超共轭效应，这也会导致苯环电子云密度增大，因此甲基为活化苯环的基团，使得甲苯发生亲电取代反应的活性强于苯。

　　另外，从苯环上发生亲电反应的历程看，当亲电试剂 E^+ 进攻甲苯的不同位置时，可分别得到稳定性不同的碳正离子中间体（σ络合物）。当取代反应发生在邻位和对位时，形成的中间体碳正离子正好是甲基与苯环上带部分正电荷的碳正离子直接相连，由于甲基的给电子作用，使苯环上的正电荷得到很好的分散。电荷越分散，体系越稳定，也越易形成。当取代反应发生在甲苯的间位时，由于甲基的给电子作用恰好与苯环上的富电子部位相连，因而不利于苯环上电荷的分散，从而使间位取代的中间体不稳定，因此取代产物以邻位和对位为主。

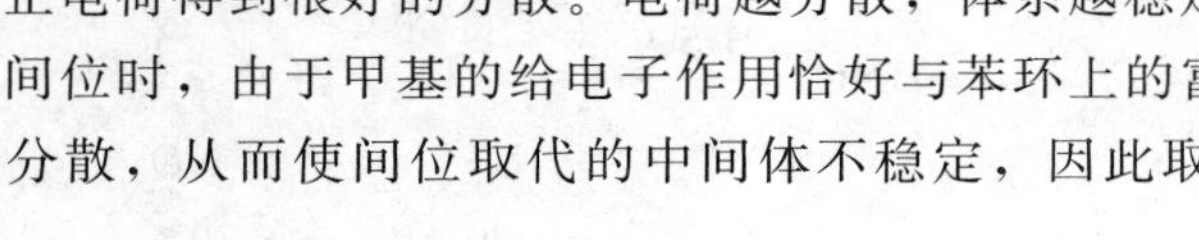

邻位取代　　　　　间位取代　　　　　对位取代

和甲基不同，在苯酚结构中，羟基是吸电子基团，吸电子诱导效应使苯环电子云密度减小，从这个角度看来，羟基应该起致钝作用。但事实上，在苯酚的亲电取代反应中羟基却起着活化作用，原因在于：羟基和苯环之间可以产生 p-π 共轭效应，使得羟基的 p 电子流向苯环，使苯环的电子云密度升高，而这里共轭效应起主导作用，故羟基仍为致活基团，且由于 p-π 共轭效应，其邻、对位电子云密度增大，活性增大，因此邻对位发生亲电取代反应的活性升高，羟基为邻对位定位基，苯酚的 p-π 共轭效应及羟基对苯环电子云密度重新排布的影响如下所示：

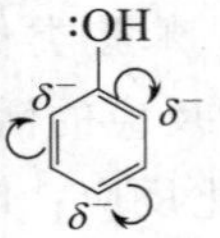

② 间位定位基　常见的间位定位基有：—N$^+$（CH$_3$）$_3$、—NO$_2$、—CN、—COOH、—SO$_3$H、—CHO、—COR 等。这些取代基的共同特点在于：与苯环直接连接的原子上，通常具有重键或带正电荷使其发生亲电取代反应时，第二个取代基主要进入它们的间位。

间位定位基之所以具有间位定位作用，原因在于间位定位基都是吸电子基，具有吸电子诱导效应，可使苯环的电子云密度减小，使其发生亲电取代反应的活性降低，间位定位基都是致钝基团。例如硝基苯，硝基是吸电子基，具有吸电子的诱导效应，使得苯环的电子云密度降低，发生亲电取代反应的活性降低。当硝基苯再进一步硝化时，可能生成三种碳正离子中间体（σ络合物）。

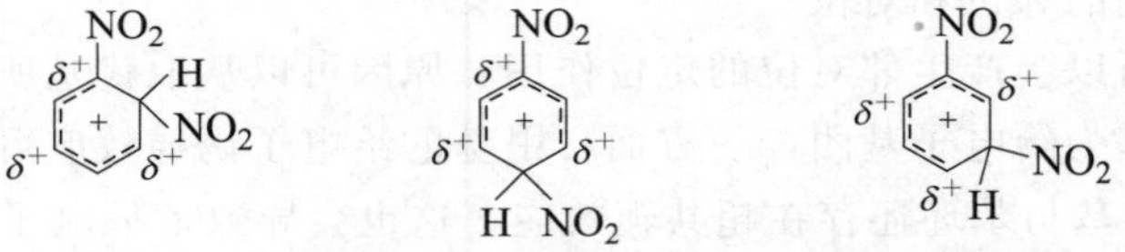

邻位硝代　　　　　对位硝代　　　　　间位硝代

与甲苯不同的是，在这三种中间体中，间位硝化产物更稳定，因为在邻位和对位硝化产物中，吸电子的硝基和带部分正电荷的碳原子直接相连，使邻、对位碳原子上缺电子程度更高。相比而言，间位硝化产物相对要稳定一些，更容易发生亲电取代反应，因此亲电取代反应主要发生在硝基苯的间位。磺酸基、羰基、羧酸酯基等其他间位定位基的定位原理与此相同。

应该指出，卤素的定位效应有些特别，它具有致钝作用，但是属于邻对位定位基。例如，氯苯硝化时，其产物主要是邻、对位产物。

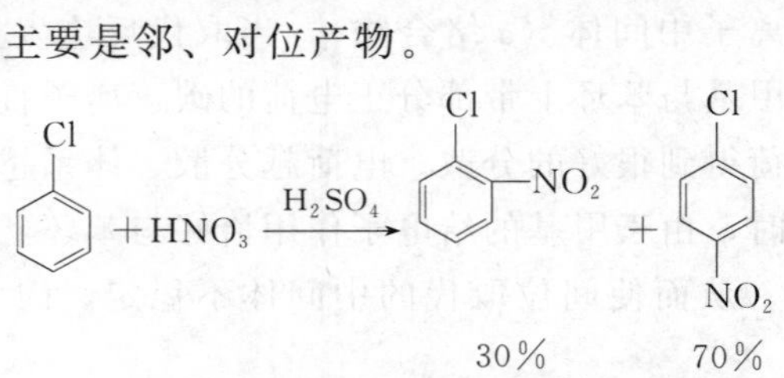

由于氯原子具有较强的电负性，因此它具有较强的负诱导效应，氯原子的诱导效应降低了苯环上的电子云密度，因而对亲电反应而言具有致钝作用。同时又由于氯原子上未共用电子对和苯环上的大 π 键共轭而向苯环离域，因此又产生了给电子的 p-π 共轭效应，使邻、对位的电子云密度较间位大，所以氯原子属于邻对位定位基。

　　应该指出，除了电子诱导效应、p-π 共轭效应以及超共轭效应外，还有其他因素也会对苯环产生一定的定位效应。例如，试剂的性质、反应的温度、催化剂的影响、溶剂以及空间效应都会对定位产生影响，不过，在这些影响因素中，起主导作用的是取代基的定位效应。一取代苯硝化时的异构体分布及相对反应速率见表 6-1

表 6-1　一取代苯硝化时的异构体分布及相对反应速率

取代基			异构体分布/%			硝化速率(以苯＝1 为标准)	
			邻位	对位	间位	致活	致钝
邻对位定位基	致活	—OH	55	45	痕量	强烈	
		—NHCOCH₃	19	79	微量	中等	
		—OCH₃	74	11	4	约 2×10^5	
		—CH₂CH₃	55	45	<1	弱	
		—CH₃	59	37		24.5	
		—C(CH₃)₃	16	73		15.5	
	致钝	—F	12	88	痕量		0.03
		—Cl	30	70	痕量		0.03
		—Br	36	62.9	1.1		0.03
		—I	38	60	2		0.18
间位定位基	致钝	—COOC₂H₅	24	4	72		约 3.67×10^{-3}
		—COOH	19	1	80		$<10^{-3}$
		—CHO	19	9	72		中等
		—SO₃H	21	7	72		中等
		—NO₂	6	痕量	93		约 10^{-7}
		—N⁺(CH₃)₃	0	11	89		约 10^{-8}
		—CN	17	2	81		慢

　　③ 二取代苯的定位规则　当苯环上有两个取代基时，第三个基团进入苯环的位置，主要由原有两个取代基的定位效应来决定。

　　a. 当两个取代基的定位效应一致时，第三个取代基进入的位置由上述取代基的定位规则来决定。例如：

（箭头表示取代基进入的位置）

　　当然，新导入的基团进入到苯环的什么位置有时也要受到其他一些因素的影响，例如物质 C 所示，1,3-二甲基苯的 2 位，虽然是两个甲基的邻位，但由于空间效应的影响，新的取代基很难进入到 2 位，而是优先进入到 4 位。

　　b. 当两个取代基属同一类定位基，但是定位效应不一致时，第三个取代基进入的位置主要由定位效应强的取代基决定。例如：

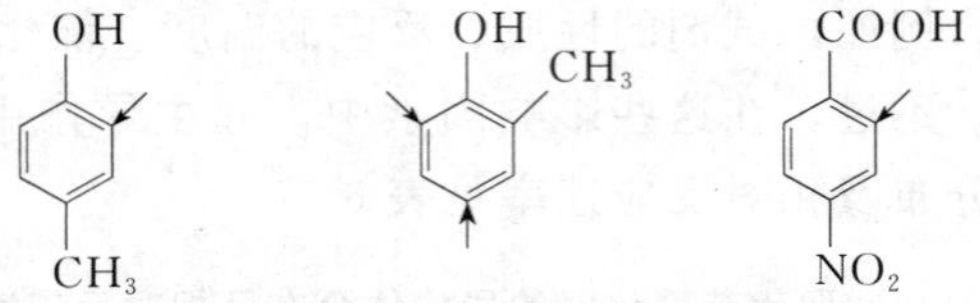

c.当两个取代基属于不同类定位基时，第三个取代基进入的位置一般由邻对位定位基决定。例如：

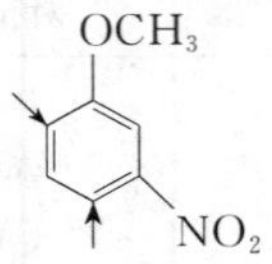

【例 6-11】 由

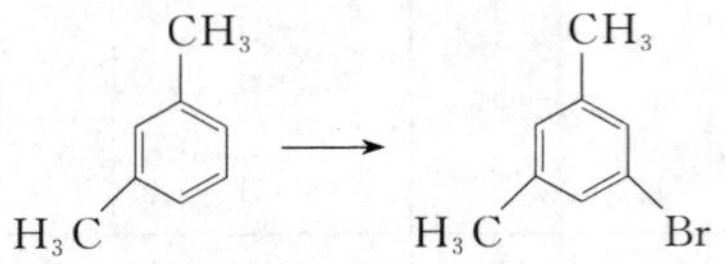

解 本题主要考查苯环亲电取代反应的定位规则及重氮盐在有机合成上的应用等知识点，具体合成步骤如下：

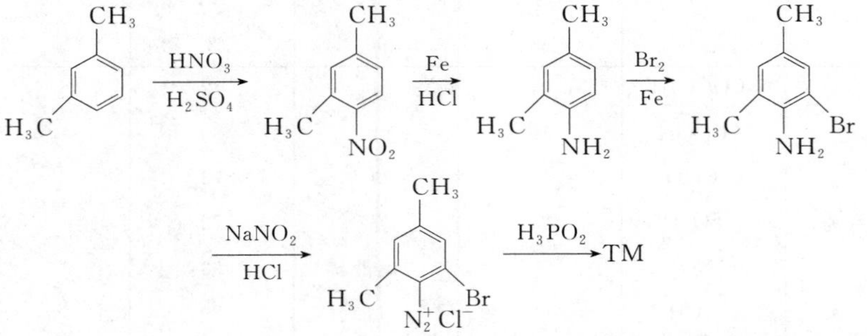

④ 萘环的定位规律　与苯相比，萘环上取代基的定位作用更加复杂。由于萘环 α 位的活性高，新导入的取代基更容易进入 α 位。环上的原有取代基主要决定是发生同环取代还是异环取代。第二个取代基进入的位置与萘环上原有取代基的性质、位置以及反应条件都有关系。

a.如果萘环上原有取代基是邻对位定位基，它对自身所在的环具有活化作用，因此第二个取代基就进入该环，即发生"同环取代"。如果原来取代基是在 α 位，则第二个取代基主要进入同环的另一 α 位。例如：

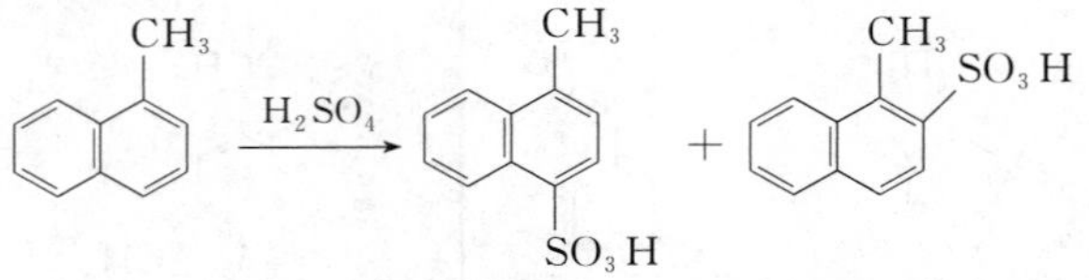

如果原有取代基是在 β 位，则第二个取代基主要进入与它相邻的 α 位。例如：

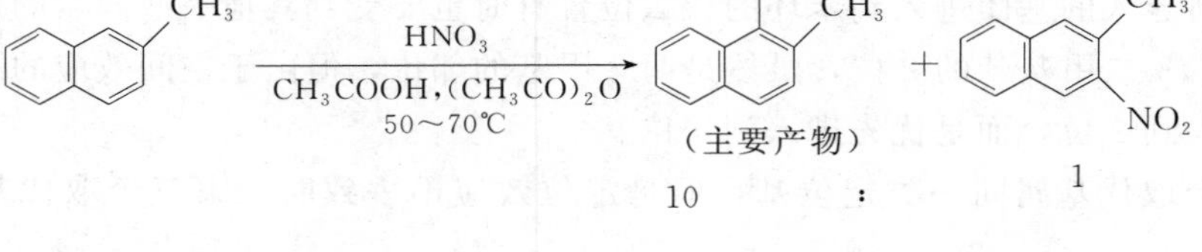

b. 如果第一个取代基是间位定位基，它就会使其所连接的环钝化，第二个取代基便进入另一环上，发生"异环取代"。此时，无论原有取代基是在 α 位还是 β 位，第二个取代基通常都是进入另一环上的 α 位。例如：

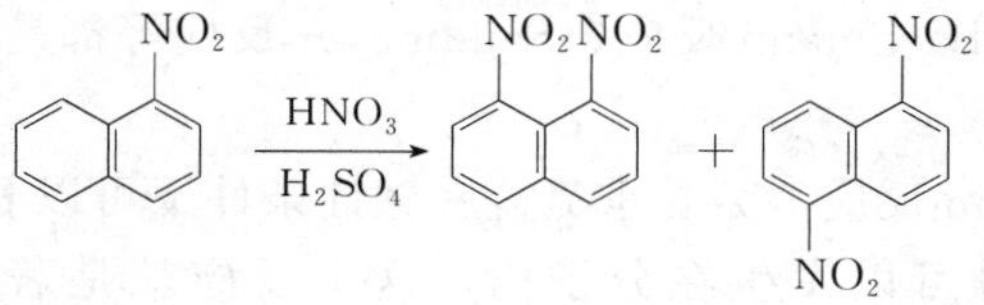

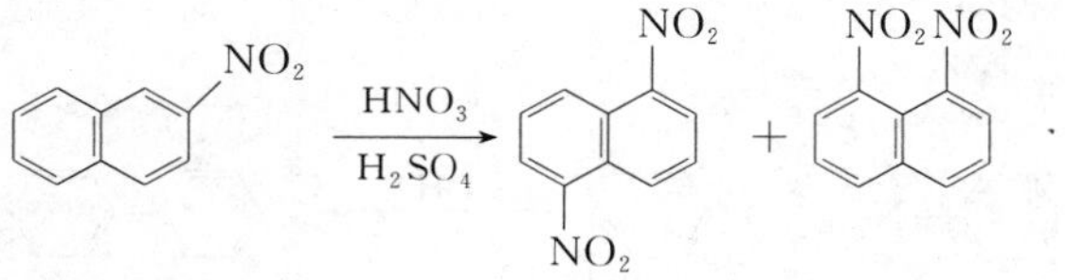

6.3.3　自由基取代反应

如果取代反应是由分子的共价键均裂产生自由基而引发的，则反应为自由基取代反应，和之前介绍的自由基加成反应类似，其反应历程通常也包含三个阶段：链的引发、链的传递和链的终止。

（1）烷烃的自由基卤代反应

烷烃分子中的原子或者基团被卤原子取代的反应称为卤代反应。例如，甲烷与氯气在室温、黑暗的环境中不反应，但在紫外线（$h\nu$）照射下或在 $250\sim400℃$ 高温下，氯原子可取代甲烷中的氢原子，首先生成氯化氢和氯甲烷，该反应称为氯代（chlorination）反应：

$$CH_4 + Cl_2 \xrightarrow{h\nu\ 或\triangle} CH_3Cl + HCl$$

$$CH_3Cl \xrightarrow[h\nu\ 或\triangle]{Cl_2} CH_2Cl_2 + CHCl_3 + CCl_4$$

该反应为自由基取代反应机理，其反应历程如下：

链引发：

$$Cl_2 \xrightarrow{光或热} 2Cl\cdot$$

链传递：

$$Cl\cdot + CH_4 \longrightarrow CH_3\cdot + HCl$$
$$CH_3\cdot + Cl_2 \longrightarrow CH_3Cl + Cl\cdot$$

链终止：

$$CH_3\cdot + Cl\cdot \longrightarrow CH_3Cl$$
$$CH_3\cdot + CH_3\cdot \longrightarrow CH_3CH_3$$
$$Cl\cdot + Cl\cdot \longrightarrow Cl_2$$

一氯甲烷与氯的反应活性和甲烷类似，它和甲烷将竞争与氯的反应，以相同的方式依次生成二氯甲烷 CH_2Cl_2、三氯甲烷 $CHCl_3$ 和四氯甲烷 CCl_4。

烷烃在发生自由基取代反应时，不同的氢表现出来的反应活性是不同的，通常情况下，反应速率伯氢最慢，叔氢最快，仲氢介于两者之间，这和中间体自由基的稳定性有关。此外，烷烃和不同的卤素发生自由基取代反应也表现出不同的反应活性，活性大小顺序依次为：氟＞氯＞溴＞碘。其中烷烃和氟的反应速率太快，和碘的反应过慢，最常见的自由基卤代反应即为氯代和溴代反应，虽然溴代反应速率较氯代反应慢，但是溴代反应却具有更好的选择性。

(2) 芳香烃的自由基取代反应

芳基重氮盐 C—N 键的均裂是产生芳基自由基的重要途径之一，它可以解决芳香卤代物不容易和连有−I、−C 效应取代基的芳香烃发生亲核取代反应的难题，在有机合成领域具有广泛的应用。Gomberg-Bachmann 反应、Sandmeyer 反应等都是涉及芳香自由基取代反应的经典人名反应。

① Gomberg-Bachmann 反应　芳香重氮盐在碱性条件下可以和芳烃偶联，生成联芳烃，反应可以发生在分子间也可以发生在分子内，这个反应就是著名的 Gomberg-Bachmann 反应。

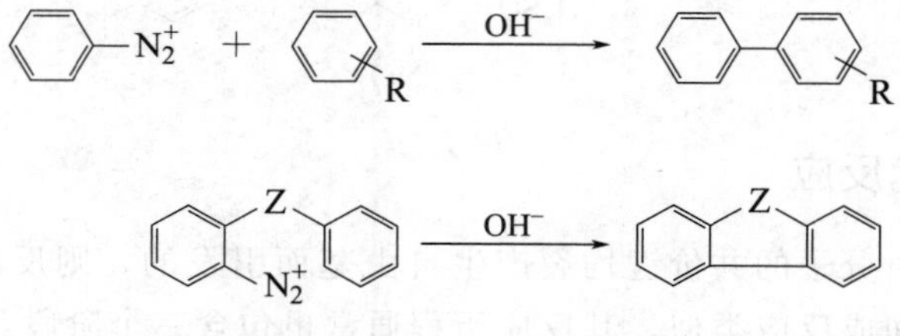

($Z=CH_2$，O，NH，CO，CH=CH，CH_2CH_2)

该反应经历了芳香自由基中间体，为自由基取代反应历程。首先，芳基重氮盐在碱性条件下，形成类似于酸酐的中间体 A，中间体 A 会进一步分解为芳基自由基、氮气和中间体 B；然后，芳基自由基与底物芳烃会历经中间体 C 发生自由基取代反应，生成主产物联苯芳烃，同时，中间体 B 会夺取中间体 C 的氢原子生成稳定产物。

$$2Ar-N_2^+ \xrightarrow{OH^-} \underset{A}{Ar-N=N-O-N=N-Ar} \longrightarrow Ar\cdot + N_2 + \underset{B}{\cdot O-N=N-Ar}$$

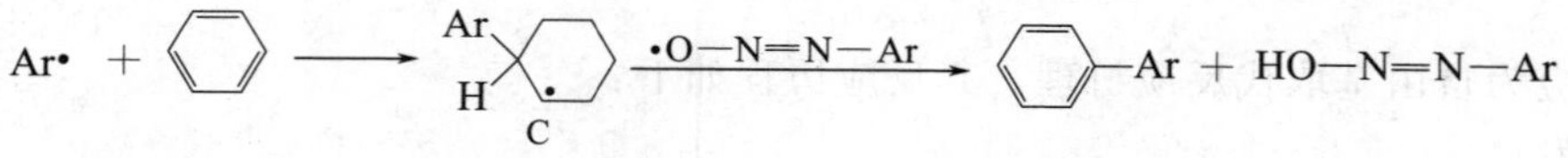

② Sandmeyer 反应　芳香重氮盐在铜（Ⅰ）盐催化下被阴离子取代的反应，称为 Sandmeyer 反应。发生该反应常见的阴离子有 CN^-、Cl^-、NO_2^-、Br^- 等，其中芳香重氮盐和碘化钾的反应无须亚铜盐作催化剂可以直接反应得到芳基碘。

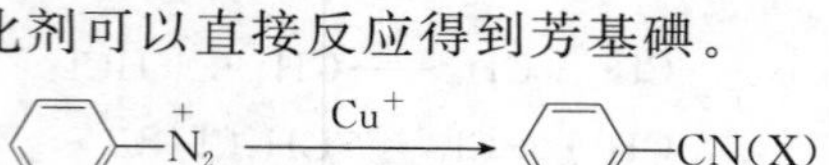

该反应目前比较公认的反应机理为芳基自由基反应机理。首先，亚铜和芳基重氮盐发生单电子转移，生成二价铜和芳基重氮自由基，芳基重氮自由基失去氮气生成芳基自由基；然后芳基自由基继续通过单电子转移形成芳香铜配合物，配合物经过还原消除可以得到芳基卤，并再生成一价铜。

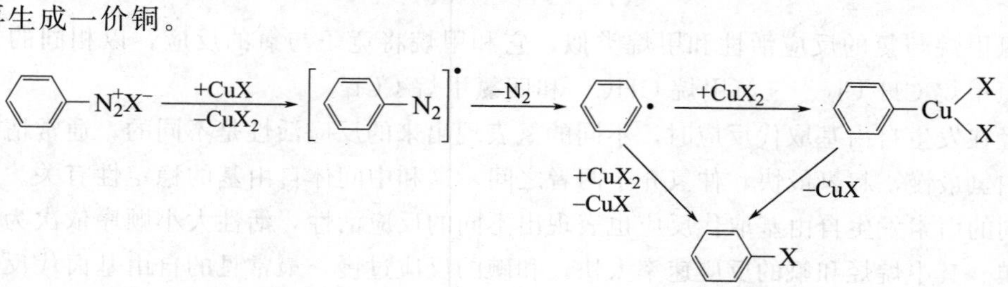

6.4　消除反应

　　分子内失去两个基团或原子而形成新产物的反应称为消除反应（elimination reactions）。消除反应按照消除两个基团的相对位置可分为 α-消除反应、β-消除反应和 γ-消除反应等。α-消除反应是同一个原子上消除两个基团或原子，形成不稳定的卡宾或者乃春等活性中间体。β-消除反应与加成反应相反，β-消除反应是单键减少，不饱和键增多的反应。γ-消除反应是指分子内两个不相邻的原子上各失去一个基团，最终形成环状化合物的反应。一般，最常见的消除反应为 β-消除反应。

6.4.1　α-消除反应

（1）卤代烷的 α-消除反应

　　卤代烷在碱性条件下失去同碳原子上的卤素和氢得到卡宾中间体的反应称为卤代烷的 α-消除反应。例如氯仿在氢氧化钠作用下生成二氯卡宾，后者被烯烃所捕获，生成环丙烷衍生物。

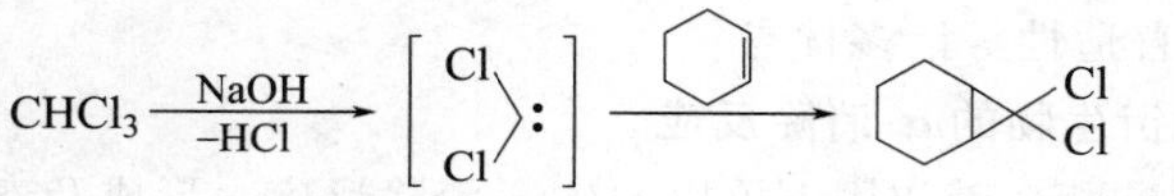

　　该反应主要分两个阶段进行。第一阶段为 α-消除反应，在氢氧化钠作用下，氯仿失去一个质子，产生三氯甲基负离子，然后氯负离子离去，形成二氯卡宾中间体；第二阶段为二氯卡宾对富电子烯烃的加成反应，即环丙烷化反应。

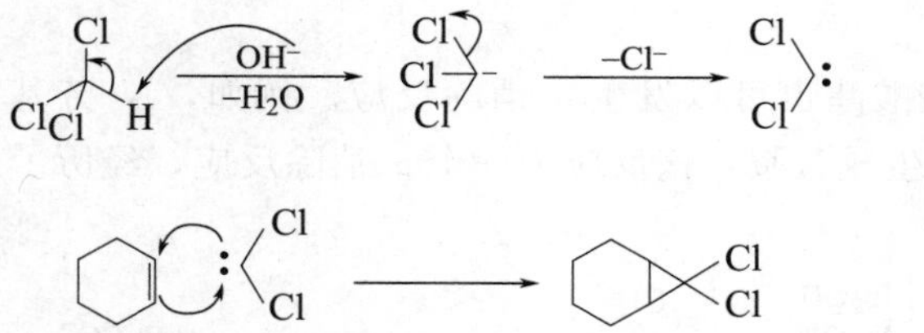

　　除氯仿之外，三氯乙酸钠盐在加热条件下也可以发生 α-消除反应生成二氯卡宾。二氯甲烷在强碱作用下也可以发生 α-消除反应生成一氯卡宾，而且通过该方法生成的一氯卡宾比二氯卡宾更活泼，甚至可以和苯、吲哚、吡咯等双键发生环丙烷化反应生成扩环产物。

（2）烯酮、重氮化合物、叠氮化合物的光解或热解

　　烯酮、重氮化合物、叠氮化合物的光解或热解能产生卡宾或乃春。与卡宾很类似，乃春很不稳定，一旦形成会立即发生重排、环加成、C—H 插入反应等。

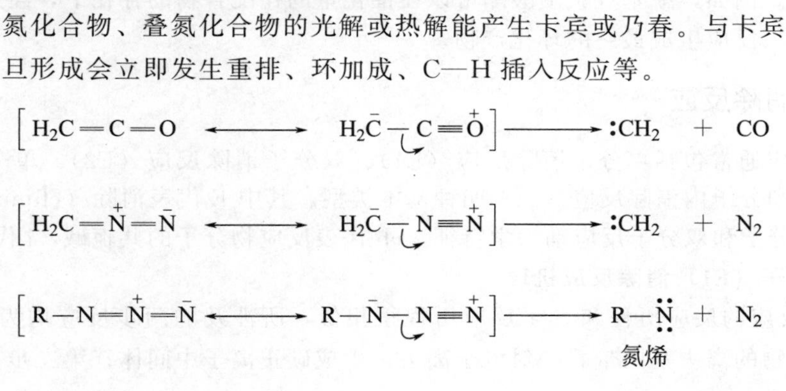

氮烯

α-重氮酮的 α-消除反应在有机合成上应用非常广泛。例如，α-重氮酮可以在光照条件下失去氮气，形成卡宾，卡宾可以被烯烃捕获，合成 3,3-螺环丙烷基吲哚酮。

(3) α-卤代金属化合物的 α-消除反应

卡宾非常活泼，除了可以和碳碳双键或碳杂原子发生加成反应，还可以对 C—H 键发生插入反应，因此产物比较复杂。环丙烷化的一个改进方法是 Simmons-Smith 反应，即将锌铜合金和二碘甲烷在醚中混合，由此而得到的试剂可以将烯烃立体专一性地转化成环丙烷，该方法是合成环丙烷衍生物的重要方法之一。

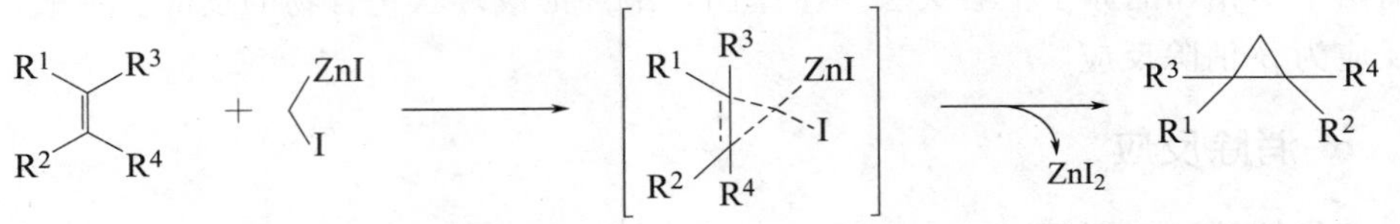

Simmons-Smith 反应过程中生成的金属卡宾是缺电子性的，因此，它和富电子性烯烃的反应活性优于和缺电子性烯烃的反应活性。由于反应过程中没有生成自由的卡宾中间体，故而反应得到比较单一的环丙烷化产物。此外，该反应还具有良好的立体选择性，底物烯烃上的取代基有很好的普适性等诸多优点。

(4) N-烃基羟胺衍生物的 α-消除反应

N-烃基羟胺的磺酸酯在碱作用下可以发生 α-消除反应，形成乃春中间体。

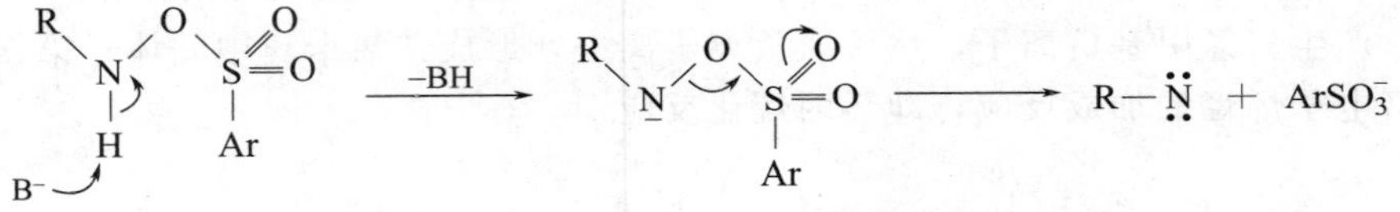

N-烃基羟胺的羧酸酯也可以发生 α-消除反应。例如，N-芳基-O-酰基羟胺在二乙胺的甲醇溶液中可以分解生成芳胺，该反应为一个 α-消除反应，经历了乃春中间体过程。

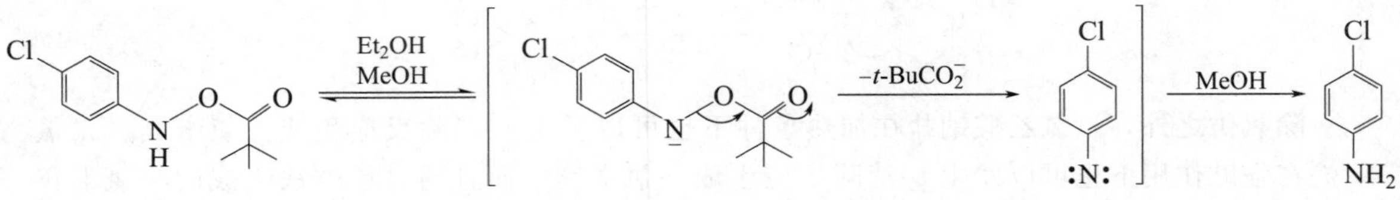

过渡金属可以和氮烯形成较稳定的金属氮烯，金属氮烯的应用极大地拓宽了氮烯在有机合成中的应用。例如，酰基羟胺磺酸酯可以在催化量的铑配合物的存在下，经过铑氮烯中间体的分子内插入反应生成最终的环化产物。

6.4.2 β-消除反应

β-消除反应通常包括单分子消除反应（E1）、双分子消除反应（E2）、单分子共轭消除反应（E1$_{cb}$）和分子内消除反应（Ei）四种基本类型，其中 E 代表消除（elimination）；1 和 2 分别代表单分子和双分子反应动力学特征，cb 代表反应物分子的共轭碱，i 代表分子内。

(1) 单分子（E1）消除反应机理

E1 消除反应的反应历程和 S$_N$1 反应历程很相似，所涉及的两步反应均为单分子反应。第一步，反应物的离去基团带着一对电子离去，生成碳正离子中间体；第二步，碳正离子的

β-H 以质子形式被碱夺取，生成不饱和双键。与 S$_N$1 反应相似，E1 反应的第一步也为决速步骤。

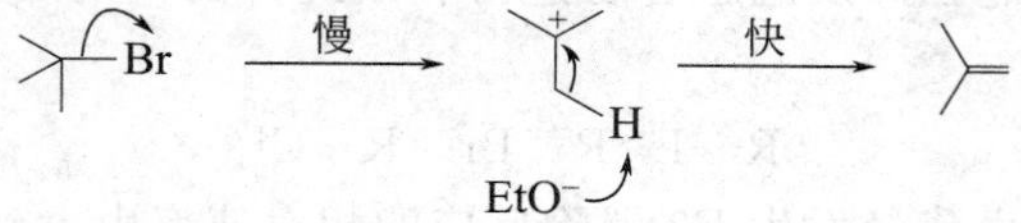

E1 反应的特征：反应分步进行，C—X 键的异裂是反应的决速步骤，反应速率只和卤代烃的浓度有关，和碱的浓度无关，为一级反应动力学，因此称为单分子反应；由于第一步反应和 S$_N$1 反应第一步反应机理一样。因此，E1 反应和 S$_N$1 反应是竞争反应，提高反应温度有利于消除反应；离去基团的离去能力越强，反应越容易进行。因此，卤代烷发生 E1 消除反应的相对速率为：

$$R—I > R—Br > R—Cl$$

由于反应的中间体为碳正离子，卤代烷进行 E1 消除反应的相对速率为：

$$R_3CX > R_2CHX > RCH_2X$$

通常只有叔卤代烷和仲卤代烷发生 E1 消除反应，而且经常伴随着碳正离子的重排。

E1 消除反应具有良好的区域选择性，仲或叔取代的电中性化合物发生消除反应时，一般生成双键上连有取代基较多的烯烃即查依采夫（Zaitsev）烯烃，这一规律称为查依采夫（Zaitsev）规则。例如：

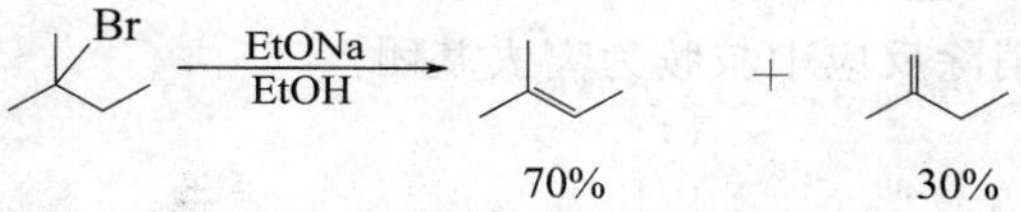

（2）单分子（E2）消除反应机理

E2 消除反应的反应历程和 S$_N$2 反应历程相似，反应动力学特征是双分子消除，反应速率不仅和底物的浓度有关还和碱的浓度有关，为二级动力学反应，离去基团和 β-H 质子几乎同时离去，反应一步进行。

根据消除反应的区域选择性，一般将 E2 消除反应分为 Zaitsev 消除反应和 Hofmann 消除反应两类。在 Zaitsev 消除反应中，含取代基较多的 β-碳原子上的质子优先被碱夺取，生成热力学控制的烯烃产物，又称为 Zaitsev 烯烃（如下列反应途径 a 所示）。在 Hofmann 消除反应中，碱优先夺取含取代基较少的 β-碳原子上的质子，由于该种进攻方式位阻较小，反应动力学上比较有利，因此产物为动力学控制的烯烃，也称为 Hofmann 烯烃（如下列反应途径 b 所示）。

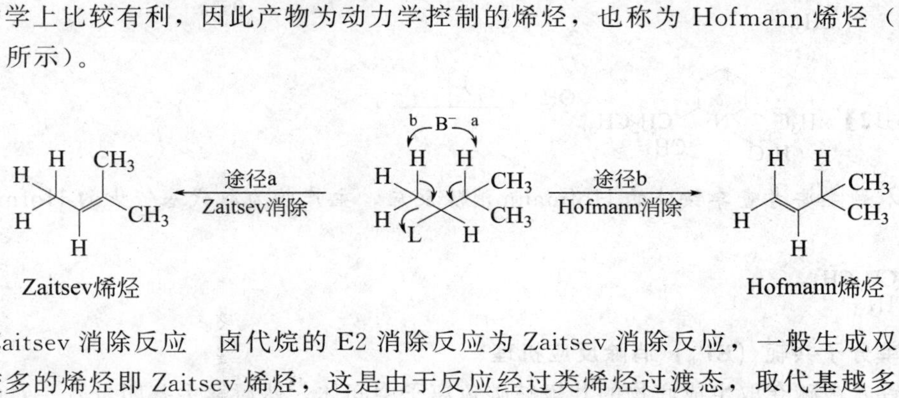

Zaitsev烯烃 　　　　　　　　　　　　　　　　　　　　　　　　　　Hofmann烯烃

① Zaitsev 消除反应　卤代烷的 E2 消除反应为 Zaitsev 消除反应，一般生成双键上连有取代基较多的烯烃即 Zaitsev 烯烃，这是由于反应经过类烯烃过渡态，取代基越多越有利于

过渡态的稳定。

E2 反应和 S_N2 反应机理类似,因此,二者也是竞争反应,提高反应温度有利于消除反应;离去基团的离去能力越强,反应越容易进行。因此,卤代烷发生 E2 消除反应的相对速率为:

$$R—I > R—Br > R—Cl$$

具有相同离去基团的卤代烃发生 E2 消除反应的相对速率由大到小的顺序为:

$$R_3CX > R_2CHX > RCH_2X$$

E2 消除反应具有较高的立体专一性。在 E2 消除反应中,离去基团和消除的质子须处于反式共平面构象即交叉式构象,原因在于这种构象更有利于过渡态的稳定。因此,E2 消除反应需要满足反式共平面的立体化学要求。例如,(1R,2R)-1-溴-1,2-二苯丙烷在碱性条件下发生 E2 消除反应,为反式消除,只能生成顺式-1,2-二苯丙烯。

② Hofmann 消除反应 胺与过量的碘甲烷反应生成季铵盐,季铵盐和氢氧化银作用转化为季铵碱,季铵碱可以发生 E2 消除反应,生成烯烃、叔胺和水,该反应称为 Hofmann 消除反应。在 Hofmann 消除反应中叔胺为离去基团。

当季铵碱的一个基团上有多个 β-氢时,主要消除酸性较强的氢,也就是 β-碳上取代基较少的 β-氢,生成取代基较少的烯烃即 Hofmann 烯烃,这种消除规则和卤代烃或醇发生消除反应时所遵循的 Zaitsev 规则正好相反,称为 Hofmann 规则。

【例 6-12】

解 本题主要考查季铵碱的 Hofmann 消除反应,主产物为取代基较少的 Hofmann 烯烃

。

(3) 单分子共轭 (E1$_{cb}$) 消除反应机理

β-H 首先被碱夺取生成底物的共轭碱碳负离子中间体,然后离去基团带着一对电子离去

形成不饱和双键的消除反应称为 E1cb 消除反应，经历 E1cb 反应机理。

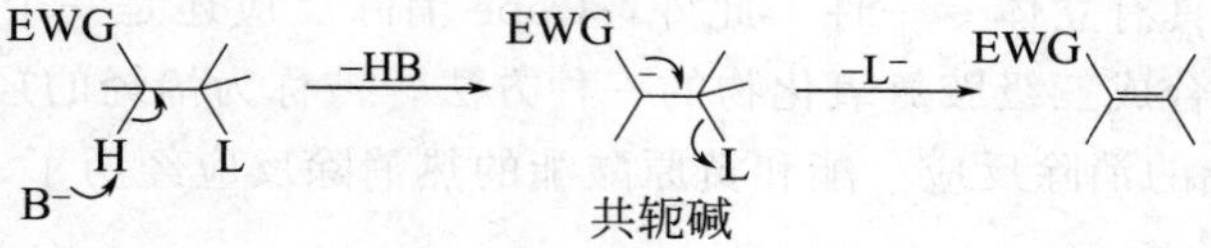

E1cb 反应和 E1 反应类似，也是两步反应，两者最大的不同之处在于前者的中间体是碳负离子，而后者的中间体为碳正离子。E1cb 反应实际上表现为一个动力学二级反应，反应的速率不仅和碱的浓度有关，还和底物的浓度有关。

通过 E1cb 机理进行的反应一般需要 β-H 的酸性足够强，以便能够形成稳定的共轭碱碳负离子中间体，简单的卤代烷和磺酸烷基酯一般不发生 E1cb 反应，只有在碳链上连有强的吸电子基例如硝基、氰基等，反应才能以 E1cb 反应机理进行。例如，2-苯基-1-氯丙烷在乙醇溶液中用乙醇钠处理时发生 E2 消除反应，生成 2-苯丙烯。

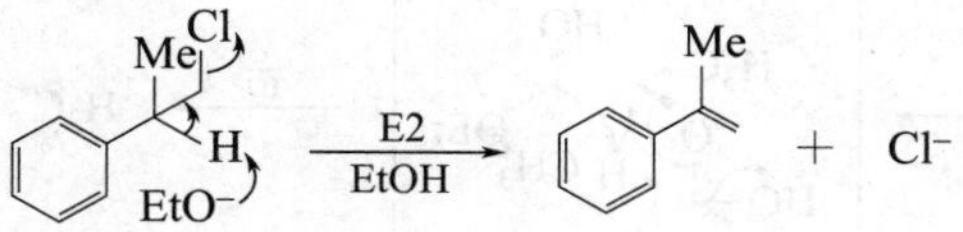

而结构相似的 1,1-二(4-硝基苯基)-2,2-二氯乙烷在同样条件下则发生 E1cb 消除反应。这是因为后者的 β-H 酸性较强，硝基的强吸电子性共轭效应稳定了碳负离子中间体。

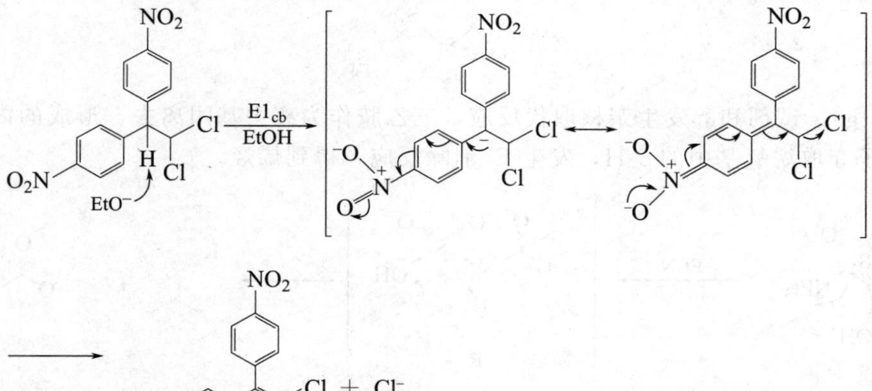

（4）Ei 机理

分子内消除用 Ei 表示。Ei 机理常见于一些热解反应中，反应经过五、六元环过渡态，立体化学特征为顺式消除。氮氧化合物、亚砜和硒氧化物的热消除，以及酯的裂解等都属于 Ei 消除反应。

① 氮、硫和硒的氧化物的消除反应 三级胺的氮氧化物发生分子内顺式消除反应，生成烯烃和羟胺，这个反应称为 Cope 消除反应。

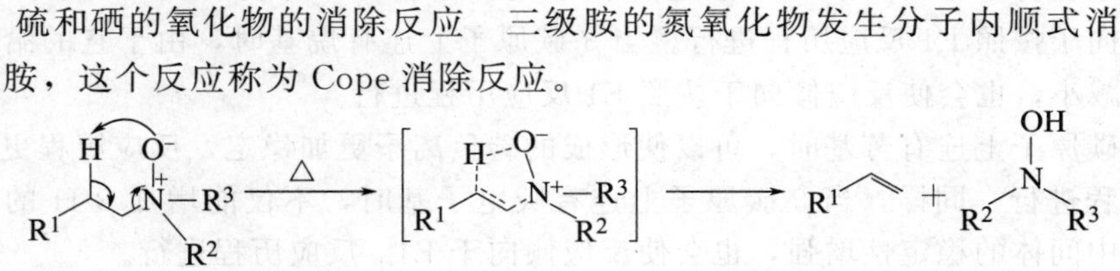

Cope 消除反应经过五元环过渡态，过渡态中离去的基团处于顺式共平面位置，故发生顺式消除反应，反应具有立体专一性。此外，Cope 消除反应还是一个可逆反应，其逆反应是由烯烃和取代羟胺合成三级胺氮氧化物的一种方法，被称为烯烃的羟胺化反应。

② 酯和黄原酸酯的消除反应　酯和黄原酸酯的热消除反应经历了一个六元环的过渡态，属于协同反应。

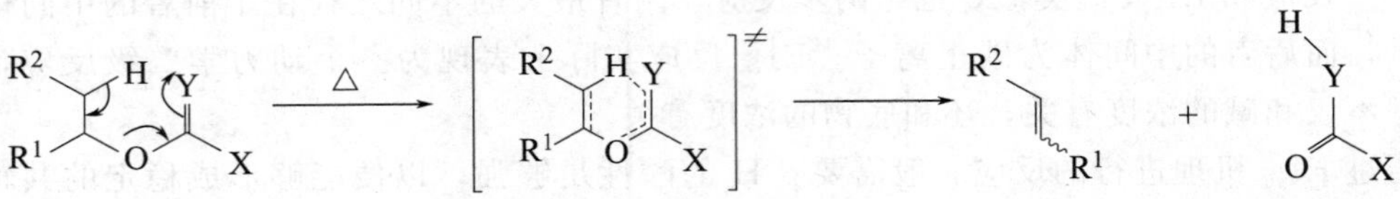

③ 其他 Ei 消除反应　一些 Ei 消除反应是在碱促进下进行的。例如，β-乙酰氧基酯在碱性条件下发生 Ei 消除反应，生成 α,β-不饱和酯和乙酸：

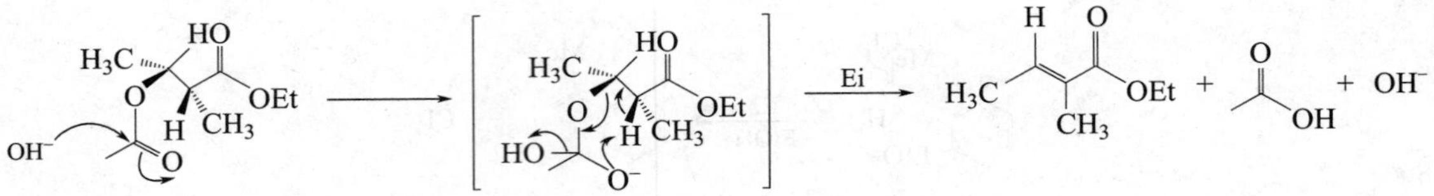

Burgess 试剂是含有碳酰胺的内盐，其结构如下：

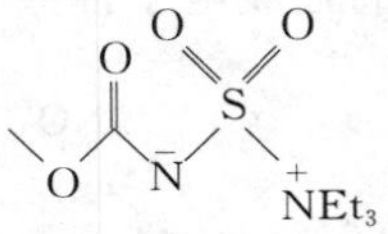

当 Burgess 试剂和醇发生亲核取代反应，三乙胺作为离去基团离去，形成的内盐中间体中氮负离子夺取烷氧基中的 β-H，发生 Ei 消除反应，得到烯烃。

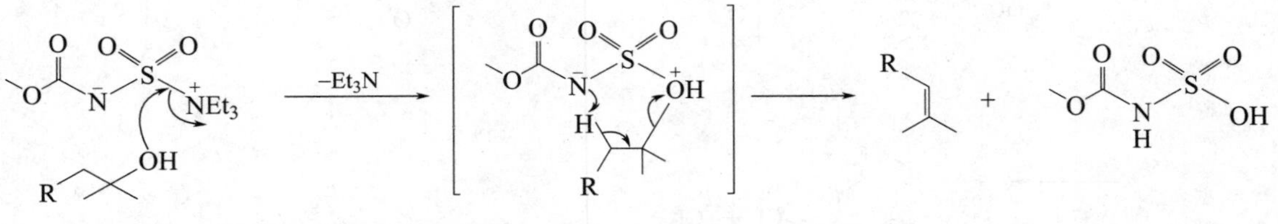

(5) 影响 β-消除反应历程的因素

影响消除反应历程的主要因素有反应物的结构、试剂的碱性、溶剂极性等，这些因素对不同消除反应历程有不同的影响。

① 反应底物结构的影响

a. 当 α-碳原子或 β-碳原子上连有芳基、碳碳双键、碳氧双键等基团时，由于消除后能生成较稳定的共轭烯烃，无论是 E1 还是 E2 反应，都会加快反应的速率。

b. 当反应物分子中的 α-碳原子上连有烷基或者芳基时，能使形成的碳正离子中间体稳定，反应倾向于按照 E1 反应历程进行。当 β-碳原子上连有烷基时，由于它的给电子效应使 β-H 的酸性减小，也会使反应倾向于按照 E1 反应历程进行。

c. 当 β-碳原子上连有芳基时，可以使形成的碳负离子更加稳定，反应历程更倾向于按照 E1cb 反应历程进行。同样，当 β-碳原子上连有吸电子基时，不仅能增加 β-H 的酸性，又能使碳负离子中间体的稳定性增强，也会使反应倾向于 E1cb 反应历程进行。

② 试剂的影响　对于 E1 反应来说，在反应的决速步骤中没有亲核试剂的参加，故 E1 的反应速率不受试剂的影响。而对 E2 反应来说，反应速率与反应底物及碱的浓度呈正比，因此，增加碱试剂的强度或用浓度更强的碱，反应历程向 E1—E2—E1$_{cb}$ 历程方向移动。

③ 溶剂的影响　一般来说，极性大溶剂有利于 E1，而不利于 E2，因为极性大的溶剂有利于 E1 过渡态中的电荷集中，而不利于 E2 过渡态的电荷分布。极性小的溶剂，则反之。

④ 离去基团的影响　较好的离去基团，有利于离子化作用，对 E1 和 E2 反应均有利。较差的离去基团或带正电荷的离去基团则会使反应按照 E1$_{cb}$ 历程进行，因为强的吸电子基会使 β-H 的酸性增加，有利于 E1$_{cb}$ 历程。

6.4.3　其他消除反应

(1) 羧酸及其衍生物的消除反应

羧酸和酰胺加热进行分解，消除一分子水，分别生成烯酮和烯酮亚胺。也可以用 TsCl、DCC 等脱水剂对羧酸进行脱水，用 P$_2$O$_5$、吡啶、Al$_2$O$_3$ 等对酰胺进行脱水。

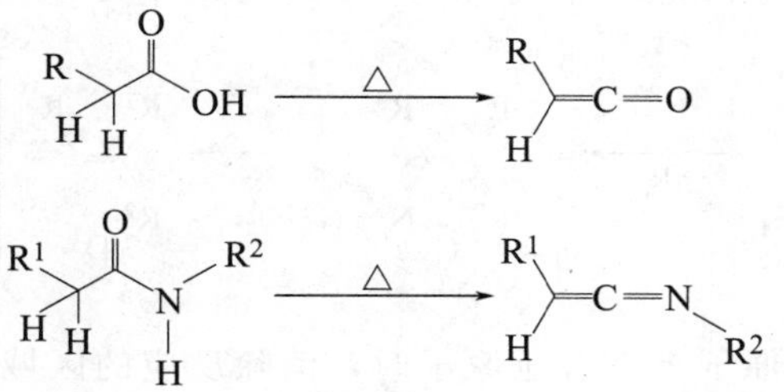

酰氯在碱（如三乙胺）作用下可以脱去一分子 HCl，生成烯酮。该方法是有机合成中制备烯酮的一种重要的方法。

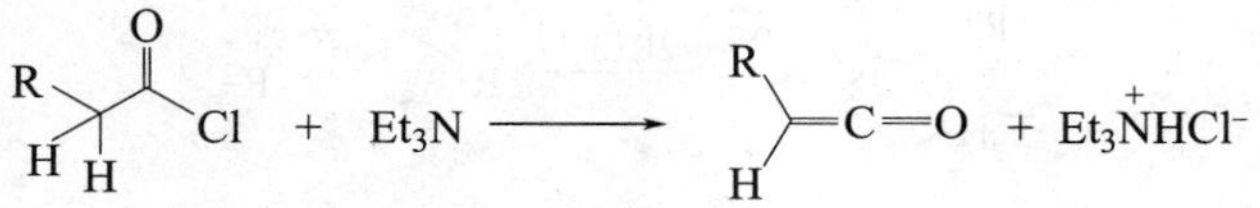

(2) 环氧化合物的脱氧反应

环氧化合物在三苯基膦的作用下脱氧生成烯烃的反应被称为环氧化合物的脱氧反应，反应具有较强的立体专一性：

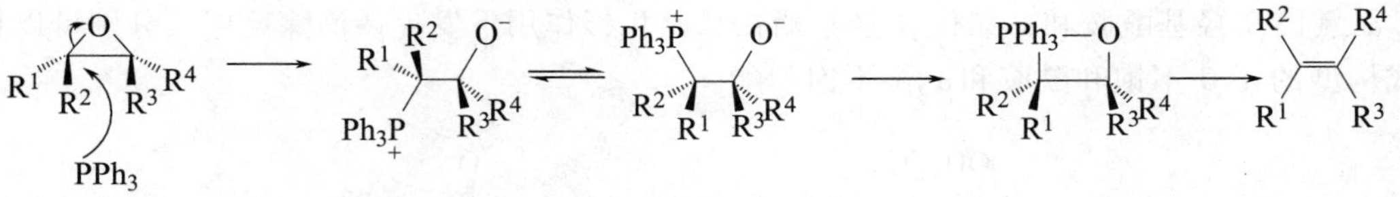

经过四元环过渡态顺式消除膦氧化物的例子很多，例如 α-羰基磷叶立德的热解反应。

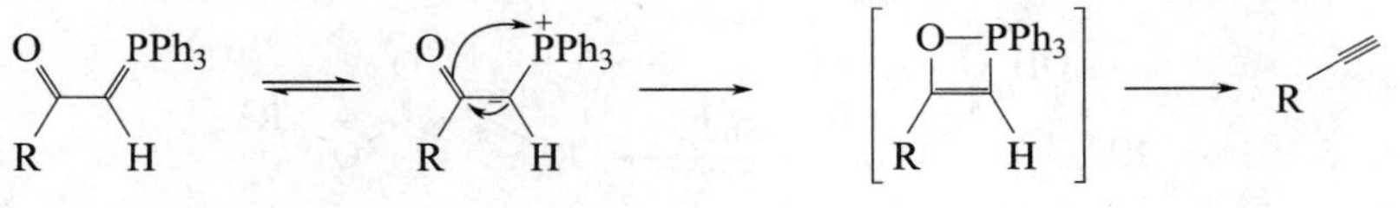

(3) Shapiro 反应

酮和对甲苯磺酰肼缩合得到的对甲苯磺酰腙在 1mol 强碱（烷基锂）作用下，酸性较大的 H 离去成为氮负离子中间体 A，A 能够分解生成卡宾。如果用 2mol 的锂试剂，A 将失去 α-H，形成双负离子 B；然后，双负离子 B 再脱去 Ts⁻ 和 N₂ 产生烯基负离子中间体 D；最后，烯基负离子中间体 D 获得 H⁺ 后生成烯烃，这个反应称为 Shapiro 反应。其中的 D 烯基负离子中间体还可以被多种亲电试剂捕获，生成多取代烯烃。

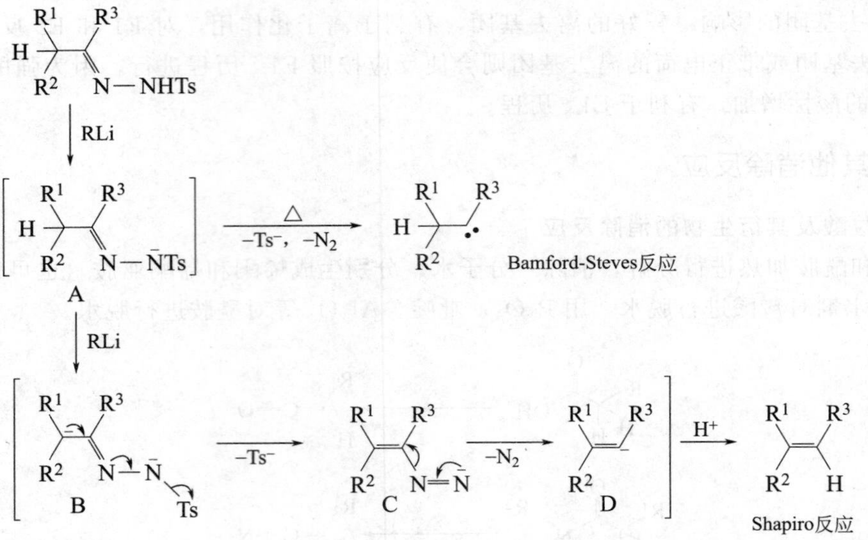

当腙的两个不同 α-碳原子上都有氢原子时，消除反应的区域选择性取决于腙的构型和溶剂的极性。在非极性溶剂（如烃类和醚类溶剂）中，上述双负离子 B 以顺式构型存在，因此与对甲苯磺酰氨基（NHTs）处于顺式的氢原子发生消除。

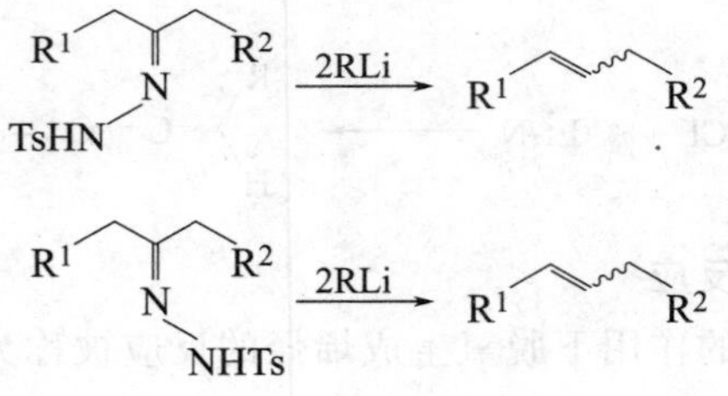

(4) α-氯代-β-羟基酰胺（酯）的消除反应

α-氯代-β-羟基酰胺和 α-氯代-β-羟基酯在二碘化钐作用下发生 β-消除反应，分别可以得到反式构型的 α,β-不饱和酰胺和 α,β-不饱和酯。

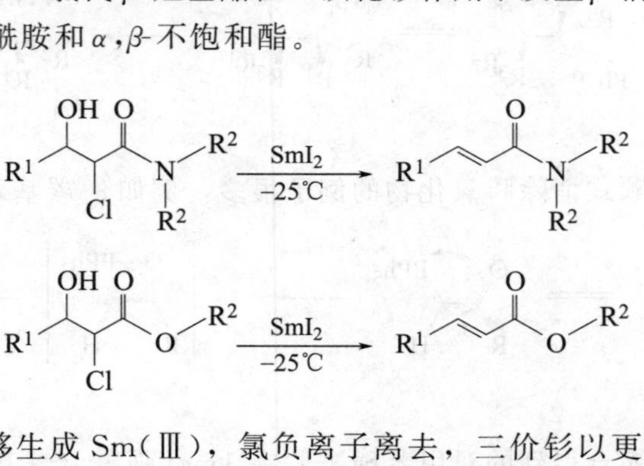

二碘化钐单电子转移生成 Sm(Ⅲ)，氯负离子离去，三价钐以更稳定的烯醇钐盐形式存

在，消除得到 α,β-不饱和酰胺。

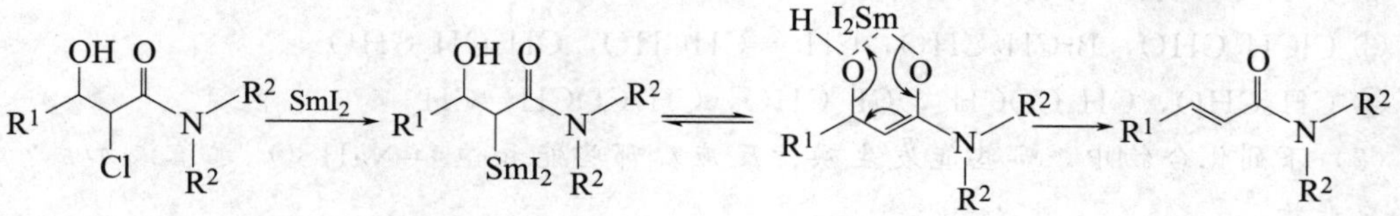

(5) 醛和酮的光解

当醛或酮分子内存在 γ-H 时，在光照条件下能够脱除一分子烯烃。如下面所示的醛或酮，在光照条件下脱去一分子乙烯，生成少了两个碳原子的醛或酮。

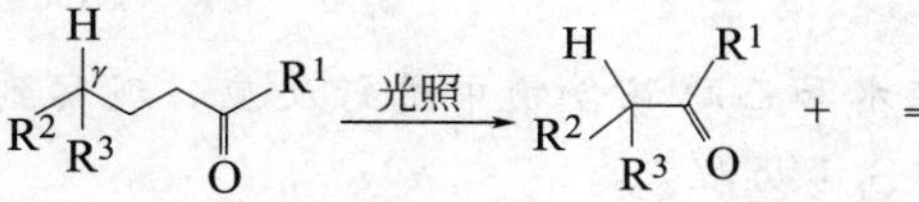

光照条件下，羰基的 π 电子发生均裂，形成双自由基 A；然后，氧自由基夺取分子内的 γ-H，形成双碳自由基 B；接着，B 经分子内偶联形成四元环 C；C 经历 [2＋2] 环加成反应的逆反应，消除一分子烯烃，得到烯醇 D，烯醇 D 可以互变异构为酮。

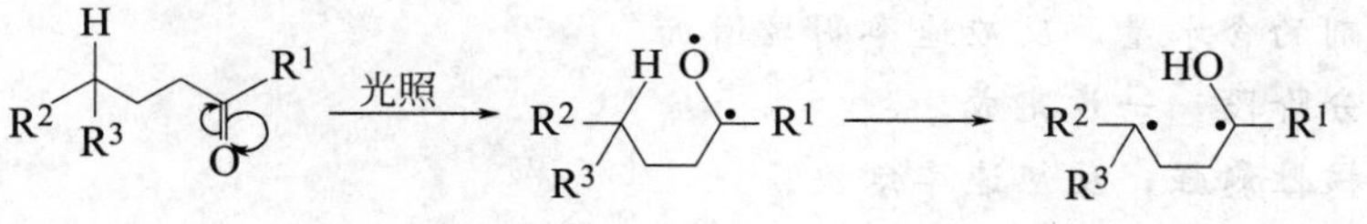

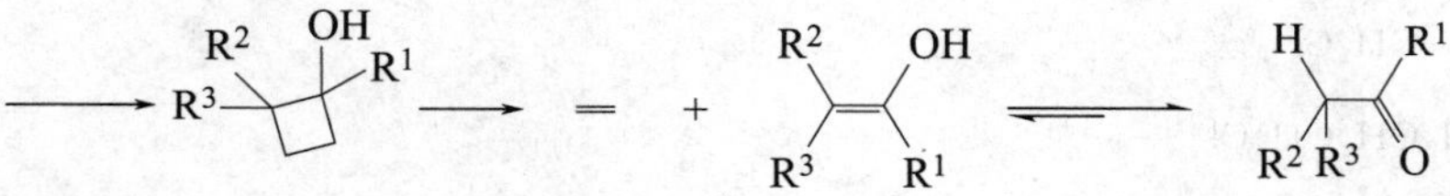

习　题

▶ 基本训练

6-1　按要求回答下列问题。

（1）比较下列烯烃与溴亲电加成反应的相对速率，按由快到慢排列。

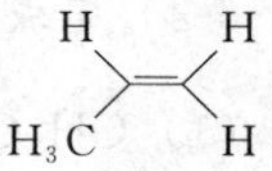

（2）比较下列化合物和 HCN 的反应速率，按由快到慢排列。

A. 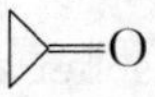 　　B. $C_6H_5COCH_3$　　C. CH_3CHO

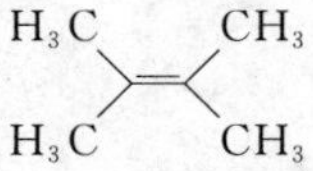

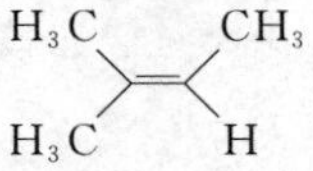

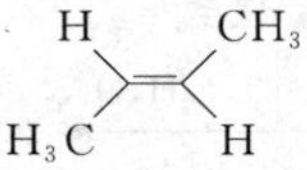

D. CH_3COCH_3　　　　　　　　　　　E. $BrCH_2CHO$

（3）比较下列化合物水解反应速率，按快到慢排列。

A. 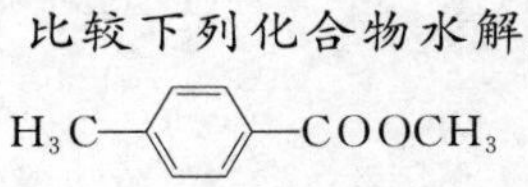 　　　　　　　　　B.

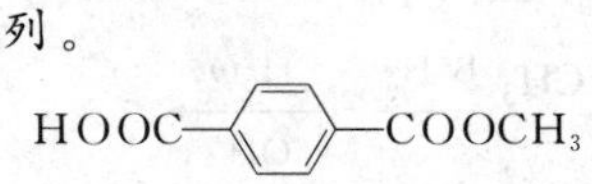

C. 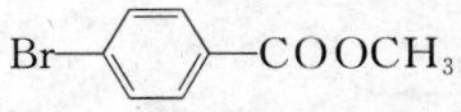 　　　　　　　　　D.

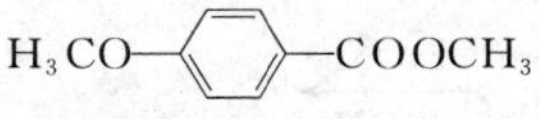

（4）将下列各组化合物按羰基加成的反应活性由大到小顺序排列。

① CH_3CHO，CH_3COCHO，$CH_3COCH_2CH_3$，$(CH_3)_3CCOC(CH_3)_3$

② $C_2H_5COCH_3$，CH_3COCCl_3

③ $ClCH_2CHO$，$BrCH_2CHO$，$CH_2\!=\!CHCHO$，CH_3CH_2CHO

④ CH_3CHO，CH_3COCH_3，CF_3CHO，$CH_3COCH\!=\!CH_2$

（5）下列化合物中，哪些能发生碘仿反应？哪些能和饱和 $NaHSO_3$ 水溶液加成？写出各反应产物。

① $CH_3COCH_2CH_3$ ② $CH_3CH_2CH_2CHO$

③ CH_3CH_2OH ④ $CH_3CH_2COCH_2CH_3$

⑤ $CH_3CHOHCH_2CH_3$ ⑥ $CH_2\!=\!CHCOCH_3$

⑦ ⟨ ⟩—CHO   ⑧ ⟨ ⟩—COCH₃

（6）卤代烷与 $NaOH$ 在水和乙醇混合物中进行反应，观察到了以下实验现象，指出哪些属于 S_N2 历程，哪些属于 S_N1 历程。

① 产物构型完全转化。

② 有重排产物。

③ 碱浓度增加，反应速率增加。

④ 叔卤代烷反应速率大于仲卤代烷。

⑤ 增加溶剂的含水量，反应速率明显增加。

⑥ 反应不分阶段，一步完成。

⑦ 试剂亲核性愈强，反应速率愈快。

（7）下列三个化合物与硝酸银的乙醇溶液反应，其反应速率大小顺序如何？为什么？

A. ⟨ ⟩—CH₂Cl

B. $CH_3CH_2CH_2CH_2Cl$

C. ⟨ ⟩—Cl

（8）试将下列各组化合物按环上硝化反应的活泼性顺序排列。

① 苯，甲苯，间甲苯，对二甲苯

② 苯，溴苯，硝基苯，甲苯

③ 对苯二甲酸，甲苯，对甲苯甲酸，对二甲苯

④ 氯苯，对氯硝基苯，2，4-二硝基氯苯

6-2 完成下列反应方程式。

（1）$CH_3CH\!=\!CH_2 \xrightarrow{Cl_2,\ H_2O}$ （　　　　　）

（2）$H_3CC\!\equiv\!CCH_3 \xrightarrow{\text{Lindlar Pd}/H_2}$ （　　　　　）$\xrightarrow{Br_2/CCl_4}$ （　　　　）＋（　　　　）

（Fischer 投影式）

（3）$C_4H_9C\!\equiv\!CCH_3 \xrightarrow{Li/NH_3\ (l)}$ （　　　　）$\xrightarrow{KMnO_4/OH^-}$ （　　　　）（Fischer 投影式）

（4） ⟨CH₃⟩ $\xrightarrow{B_2H_6} \xrightarrow[OH^-]{H_2O_2}$ （　　　　）

（5） ⟨H₃C, Br⟩ $\xrightarrow[EtOH]{EtONa}$ （　　　　）$\xrightarrow[\triangle]{CN}$ （　　　　）$\xrightarrow[ROOR']{HBr}$ （　　　　）

(6) PhCH₂COPh $\xrightarrow[\text{H}_2\text{SO}_4]{\text{HNO}_3}$ (　　　　　)

(7) 2-甲基-1,3-环己二酮 + $CH_2=CHCOCH_3$ $\xrightarrow{\text{EtONa}}$ (　　　　) $\xrightarrow[\triangle]{\text{OH}^-}$ (　　　　　)

(8) $CH_3COCH_2CH_2Br$ $\xrightarrow[\text{无水 HCl}]{\text{OHCH}_2\text{CH}_2\text{OH}}$ (　　　) $\xrightarrow[\text{醚}]{\text{Mg}}$ (　　　) $\xrightarrow[\text{2)H}_2\text{O, H}^+]{\text{1) 环氧乙烷}}$ (　　　　)

(9) PhCOCH₃ + $\underset{\underset{Br}{|}}{CH_3CHCO_2CH_2CH_3}$ $\xrightarrow[\text{2) H}_3\text{O}^+]{\text{1) Zn}}$ (　　　　)

(10) 2-环己烯酮 + $CH_2(CO_2Et)_2$ $\xrightarrow{\text{EtONa}}$ (　　　　)

(11) 呋喃-2-甲醛 + $(CH_3CH_2CO)_2O$ $\xrightarrow[\triangle]{CH_3CH_2CO\text{—OK}}$ (　　　　)

(12) 环己酮 + $Ph_3P=CHOCH_3$ $\longrightarrow$ (　　　) $\xrightarrow{\text{H}_3\text{O}^+}$ (　　　　)

(13) $\underset{\underset{CH_2OH}{|}}{\overset{\overset{CHO}{|}}{H-C-OH}}$ + HCN $\longrightarrow$ (　　　　)

(14) $\underset{\underset{CO_2Et}{|}}{\overset{\overset{CO_2Et}{|}}{(CH_2)_n}}$ $\xrightarrow{\text{EtONa}}$ (　　　) $\xrightarrow{\text{PhNHNH}_2}$ (　　　　)

(15) $2CH_3CH_2CO_2Et$ $\xrightarrow{\text{EtONa}}$ (　　　) $\xrightarrow[\text{2. C}_2\text{H}_5\text{Cl}]{\text{1. EtONa}}$ (　　　) $\xrightarrow{5\%\text{NaOH}}$ (　　　　)

(16) 环己酮 + $ClCH_2CO_2Et$ $\xrightarrow[t\text{-BuOH}]{t\text{-BuOK}}$ (　　　　)

(17) $CH_2=CHCH_2CH_2COOH + HOBr \longrightarrow$ (　　　)

(18) $\underset{\underset{H_2C-C=O}{|}}{\overset{\overset{H_2C=C-O}{|}}{}}$ + EtOH $\longrightarrow$ (　　　)

(19) $\underset{\underset{CH_2Ph}{|}}{\overset{\overset{CH_3}{|}}{H-C-COCl}}$ $\xrightarrow[\text{2)Br}_2\text{, NaOH}]{\text{1)NH}_3}$ (　　　)

(20) $\xrightarrow[-\text{HBr}]{\text{EtO}^-}$ (　　　)

6-3　用反应机理解释，当 $\underset{H_3C}{\overset{H_3C}{\diagup}}C=CHCH_2Cl$ 在碱性条件下水解时，可生成几种产物？

哪种产物为主？为什么？

6-4 下列反应过程中得到两种异构体，请说明为什么？

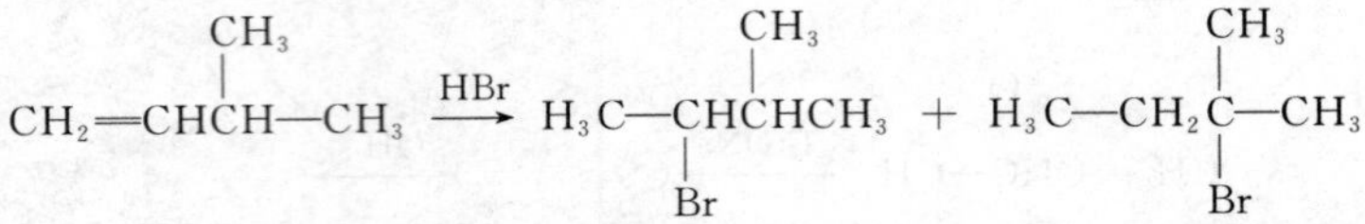

$$CH_2=CHCH-CH_3 \xrightarrow{HBr} H_3C-CHCHCH_3 + H_3C-CH_2-C-CH_3$$

（式中含有 CH_3、Br 取代基）

6-5 为什么醛、酮和氨的衍生物进行反应时，在微酸性（pH 值大约为 3.5）条件下反应速率最大？而碱性和较高的酸性条件则使反应速率降低？

6-6 用化学方法鉴别下列物质。

（1）$CH_3CH_2CH_2CHO$，$CH_3COCH_2CH_3$，$CH_3CH(OH)-CH_2CH_3$，$CH_3CH_2CH_2CH_2OH$

（2）苯甲醇(CH_2OH)、苯甲醛(CHO)、苯甲酸($COOH$)

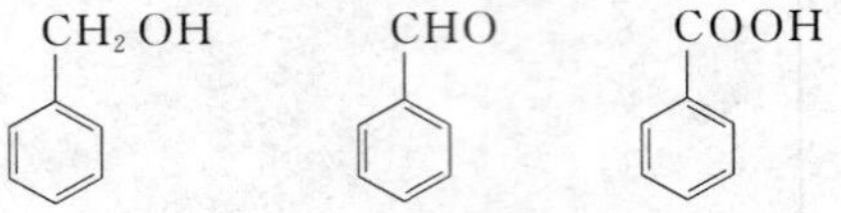

6-7 给出下列反应的机理。

（1）环己二酮 $\xrightarrow[CH_3OH]{CH_3ONa}$ 环戊烷(OH)(COOCH_3)

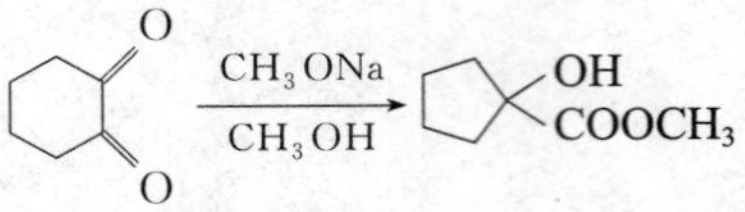

（2）$CH_3C(CH_3)=CH_2 \xrightarrow{60\% H_2SO_4}$ 产物 + 产物

（3）$CH_3C(CH_3)=CHCH_2CH_2C(CH_3)=CHCHO \xrightarrow{H_2O, H^+}$ 产物

（4）环戊酮-CHO + $CH_3COCH_2CO_2Et \xrightarrow[\triangle]{EtONa/EtOH}$ 产物(OH)(CO_2Et)

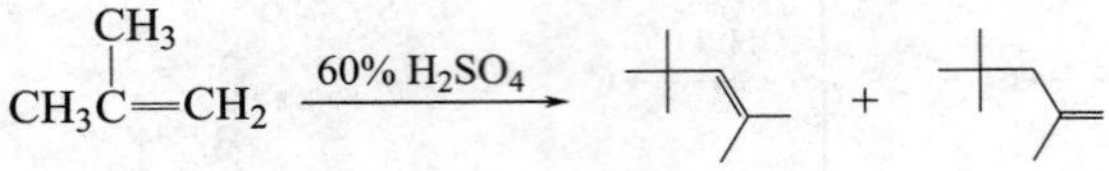

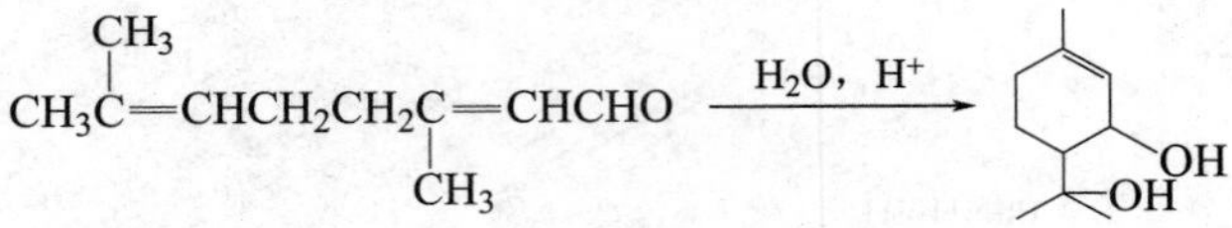

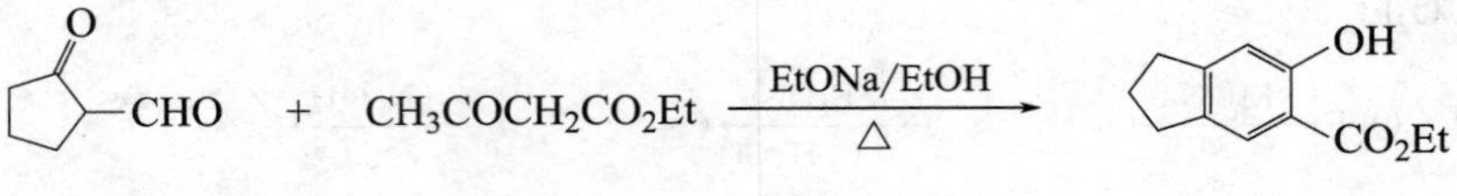

（5）邻苯二甲酸二乙酯(CO_2Et)(CO_2Et) $\xrightarrow[EtONa]{CH_3CH_2COOCH_2CH_3}$ 产物

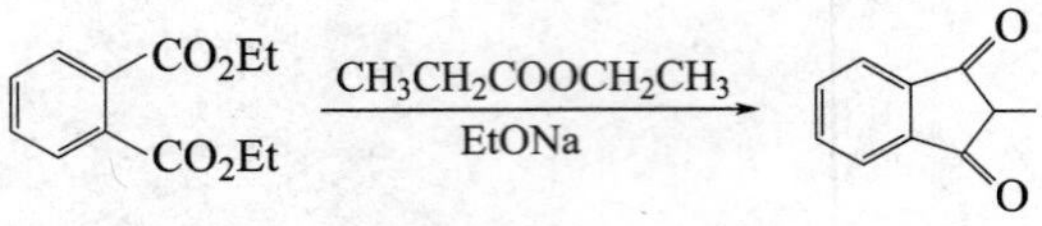

6-8 合成下列物质。

（1）由乙炔和必要的无机试剂合成己-3-炔。

（2）用丙二酸二乙酯法合成 环丁烷-COOH。

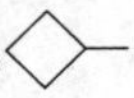

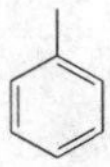

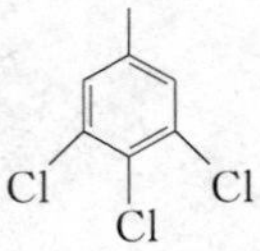

（3）由 苯 合成 二氯取代苯(Cl)(Cl)。

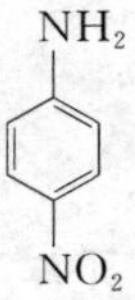

（4）由 对硝基苯胺(NH_2)(NO_2) 合成 三溴取代苯(Br)(Br)。

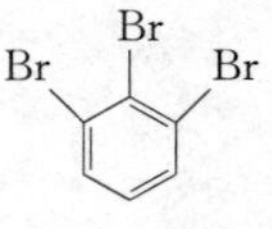

（5）以含四个碳的不饱和烃为原料经乙酰乙酸乙酯法合成甲基环戊基酮。

（6）以不超过两个碳的有机物为原料经丙二酸二乙酯法合成 $CH_3CH_2\underset{\underset{CH_3}{|}}{CH}COOH$ 。

（7）由 ⬡ 合成 [结构图：1,3,5-三溴苯]。

（8）以 $BrCH_2CH_2CHO$ 及不超过两个碳的有机物为原料合成 $CH_3\underset{\underset{OH}{|}}{CH}CH_2CH_2CHO$ 。

（9）以不超过三个碳的有机物为原料经乙酰乙酸乙酯法合成 $CH_3\overset{\overset{O}{\|}}{C}-\underset{\underset{CH_3}{|}}{CH}-CH_2CH_2CH_3$ 。

（10）[环己烷]=CH$_2$ ⟶ [环己烷]-CH$_2$COOH 。

6-9　化合物 A 分子式为 $C_8H_{14}O$，A 能很快地使溴水褪色，并可以与苯肼反应。A 氧化得一分子丙酮及另一化合物 B，B 具有酸性，与碘的氢氧化钠溶液反应生成碘仿及一分子丁二酸，试写出 A、B 的构造式，并规范写出各步反应方程式。

6-10　某化合物 A 的分子式为 $C_6H_{12}O$，它能与羟胺作用，但与饱和亚硫酸氢钠不作用，也不能与菲林试剂作用。将 A 催化加氢，得化合物 B，分子式为 $C_6H_{14}O$，B 去水得化合物 C，C 分子式为 C_6H_{12}，C 经臭氧化及还原水解后得到两个化合物 D 和 E。D 能发生碘仿反应，但不与托伦试剂反应；E 不发生碘仿反应，但能与托伦试剂反应。试推断 A、B、C、D 和 E 的构造式，并规范写出各步反应方程式。

▶ 拓展训练

6-11　由丙二酸二乙酯和不超过 4 个碳的有机原料，以及其他必要试剂合成 [环戊酮结构，带 CH$_2$CH$_2$COOH 取代基] 。

6-12　由苯和不超过 3 个碳的有机原料，以及其他必要试剂合成 [苯基-C(CH$_3$)$_2$-CH$_2$CH$_2$OCH$_2$CH$_3$] 。

6-13　6-甲基香豆素（6-methylcoumarin）是一种重要的有机合成中间体和香料，合成路线如下所示

A $\xrightarrow[\text{EtONa, EtOH}]{CH_2(CO_2Et)_2}$ B($C_{13}H_{12}O_4$) $\xrightarrow[\text{2)H}^+, \triangle]{\text{1)H}_2O, \text{ OH}^-}$ [6-甲基香豆素结构]

（1）试指出 A、B 的结构。
（2）写出由 A 到 B 的反应机理。
（3）从简单芳香化合物出发合成 A。

6-14　某化合物 A（C_8H_{12}）有旋光性，在 Pt 催化下氢化得 B（C_8H_{18}），无旋光性。A 如果用 Lindlar 氢化得到 C（C_8H_{14}），有旋光性。A 和 Na 在液 NH$_3$ 中反应则得 D（C_8H_{14}），无旋光性，推测 A、B、C、D 的结构式。

6-15　一羧酸衍生物 A 的分子式 $C_5H_6O_3$，它与乙醇反应生成两个互为异构体的化合物 B 和 C，B 和 C 在 PCl$_3$ 反应后再与乙醇作用都得到同一化合物 D。分别写出 A、B、C、D

的结构式。

6-16 下列对硝基苯甲酸酯在高温下水解时，产物的结构受取代基 X 的影响：当 X 为 H 或三氟甲基时，得到构型保持的产物；当 X 为甲氧基或 (CH₃)₂N 时，则得到构型保持和构型翻转的混合物，试解释这一现象。

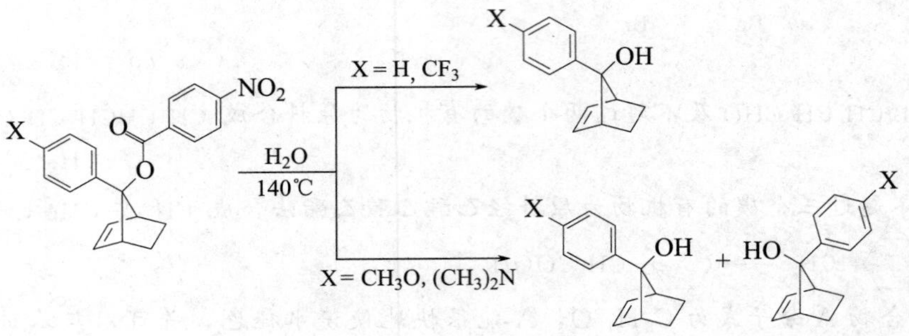

第 **7** 章

▶▶▶

分子重排反应

学习目标

▶ **知识目标**

    了解分子重排反应的概念、基本类型及分类的方法。

    理解并掌握重要的缺电子重排反应及其机理。

    理解并掌握重要的富电子重排反应及其机理。

    了解自由基重排反应及其机理。

    理解并掌握重要的芳环上的重排反应及其机理。

▶ **能力目标**

    能够根据反应原料及反应条件判断重排反应的类型，并能提出可能的反应机理，给出相应的重排产物。

    能够理解文献上出现的涉及重排反应的各种新型有机反应及其机理。

    分子重排反应（rearrangement reaction）是指分子中的某些原子或者基团发生位置的变化即发生迁移而使分子碳架发生改变的一类反应。下列反应式为重排反应，W 代表迁移基团，A 代表重排或者迁移的起点原子，B 代表重排或者迁移的终点原子，A 和 B 通常情况下为碳原子，也可以是 N、O 等原子，迁移基团 W 可以是烷基、芳基、炔基、氢原子等。

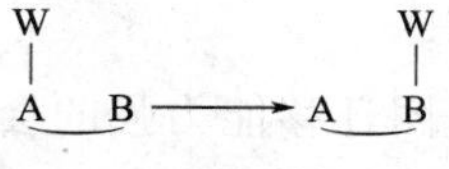

$$\overset{\displaystyle W}{\underset{A \quad B}{|}} \longrightarrow \overset{\displaystyle W}{\underset{A \quad B}{|}}$$

    根据起点原子和终点原子的相对位置可以将重排反应分为 1,2-重排、1,3-重排、1,5-重排等，但大多数重排属于 1,2-重排；根据反应机理中迁移终点原子上的电子多少可以分为缺电子重排（亲核重排）、富电子重排（亲电重排）和自由基重排。

    重排反应通常分为三步：生成活性中间体（碳正离子、碳烯、氮烯、碳负离子、自由基等）；发生重排；生成消除和取代产物。但也有一些重排反应经历一个协同的环状过渡态，例如 Claisen 重排、Cope 重排、H [1,5] 迁移、C [1,5] 迁移等，它们属于周环反应，详见本书的第 2 章周环反应。重排反应是一种不可逆的过程，它和可逆的互变异构有着本质的区别。本章着重介绍在有机合成反应中应用较为广泛的经典分子重排反应。

7.1 缺电子重排反应

缺电子重排又称亲核重排，是一个原子或基团带着一对电子迁移到相邻的缺电子原子上的反应过程。缺电子重排通常为1,2-重排，是分子重排反应中最为常见的一种。这类重排反应最显著的特点就是反应过程中总要产生缺电子的中间体，这个缺电子中间体可以是正离子，也可以是碳烯或者氮烯等，其共同特点为外层只有六个电子。缺电子重排反应历程通常分为三步，如下所示：

$$\underset{\underset{L}{\overset{W}{\underset{|}{A-B}}}}{} \xrightarrow{-L^-} \underset{\underset{}{\overset{W}{\underset{|}{A-B}}}}{\overset{\,\,+}{}} \longrightarrow \underset{\overset{W}{\underset{|}{A-B}}}{\overset{+}{}} \xrightarrow{Nu^-} \underset{\overset{Nu\ W}{\underset{|\ \ \ |}{A-B}}}{}$$

下面将根据缺电子原子的不同，对缺电子重排反应进行介绍。

7.1.1 缺电子碳的重排

缺电子碳的重排，反应的活性中心多为碳正离子，重排基团一般为烃基或氢，基本包括改变碳骨架和不改变碳骨架两种情况。

(1) Wagner-Meerwein 重排

在质子酸或者 Lewis 酸的存在下，由醇、卤代烃或者烯烃等形成的碳正离子发生氢或者烃基的1,2-迁移，从而生成一个新的更稳定的碳正离子，重排后的碳正离子可以接受亲核试剂的进攻或者发生 β-消除，这类重排反应称为 Wagner-Meerwein 重排。

Wagner-Meerwein 重排属于分子内的 C—C 重排，实际上，只要能够形成碳正离子，Wagner-Meerwein 重排就有可能发生。Wagner-Meerwein 重排的趋势，一般取决于碳正离子的相对稳定性，即重排的动力为得到更稳定的碳正离子或者降低环的张力。例如，2,2-二甲基-3-溴丁烷在 S_N1 反应条件下发生水解首先形成伯碳正离子，而邻位的甲基发生迁移，重排到伯碳原子上以后可以生成稳定性更强的叔碳正离子，然后后者再接受亲核试剂的进攻或者发生 β-消除形成新的稳定产物，这里重排的动力在于形成更稳定的碳正离子。

当重排基团有选择性时，重排基团迁移能力强的会优先发生迁移，由此产生的相应重排产物为反应的主产物，常见基团的迁移能力由强到弱的顺序为：

其中苯基的迁移速度大概为甲基的 3000 倍。

【例 7-1】 写出下列反应历程：

解 该题主要考查 Wagner-Meerwein 的扩环重排机理，重排的动力为生成更稳定的碳正离子，其反应历程如下：

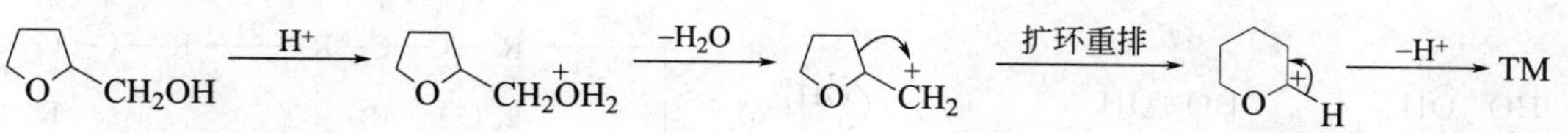

【例 7-2】 写出下列反应历程：

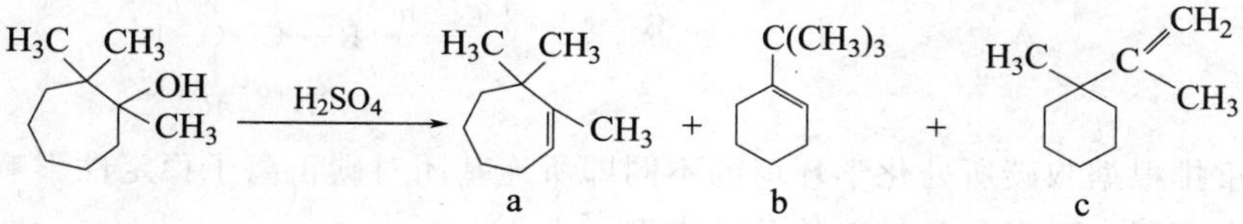

解 该题主要考查 Wagner-Meerwein 的重排机理，反应历程如下：

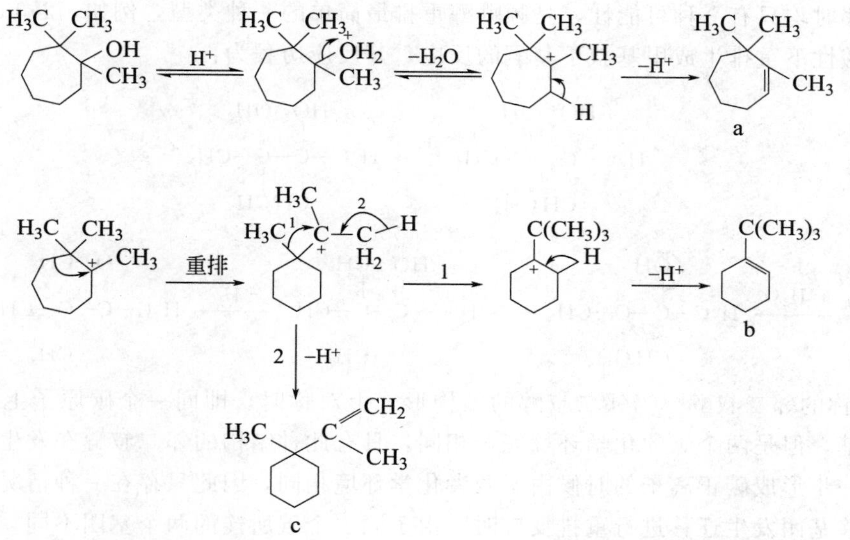

（2）频哪醇重排

邻二叔醇（频哪醇，pinacol）在酸性条件下重排生成酮的反应称为频哪醇重排（pinacol rearrangement）。

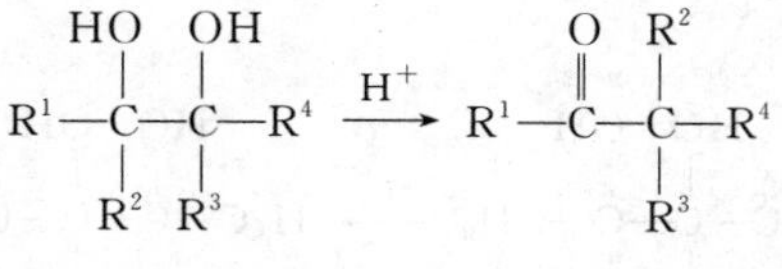

$$R^1-\underset{R^2}{\underset{|}{C}}-\underset{R^3}{\underset{|}{\overset{\overset{HO}{|}\ \ \overset{OH}{|}}{C}}}-R^4 \xrightarrow{H^+} R^1-\underset{}{\overset{\overset{O}{\|}}{C}}-\underset{R^3}{\underset{|}{C}}\overset{R^2}{}-R^4$$

频哪醇重排是经过缺电子的碳正离子中间体进行重排反应的，大致分为三步，第一步形成碳正离子，第二步迁移基团发生迁移，第三步脱去质子形成酮，其具体重排历程如下所示。首先，在酸性条件下，频哪醇的杂原子 O 很容易结合质子发生质子化形成中间体 A，A 不稳定很容易脱水得到碳正离子中间体 B。由中间体 B 转化到 C 存在两种可能的解释：一种是 B 经过 Wagner-Meerwein 重排先生成中间体 D，中间体 D 会转化为其更稳定的共振式 C（路径 b）；另一种为氧原子提供孤对电子形成碳氧双键，提供动力促进 R² 基团迁移到邻位直接形成中间体 C（路径 a）。最后，中间体 C 脱去质子形成产物酮。实质上，不论哪种解释，重排的动力都是形成更稳定的碳氧双键。

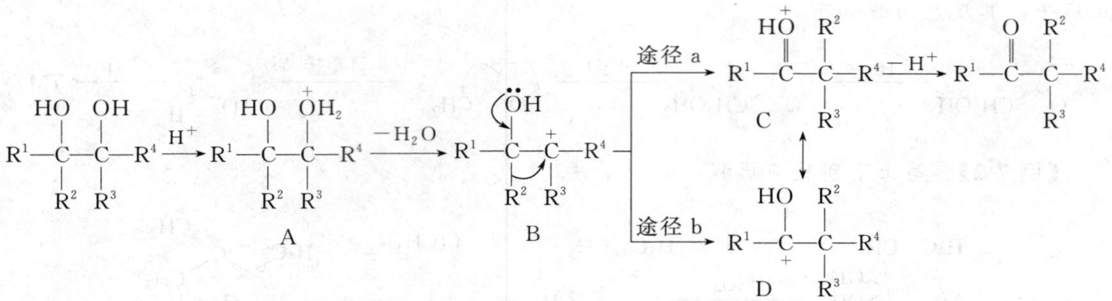

频哪醇重排根据叔碳所处化学环境的不同即所连基团对碳正离子稳定性影响的差异和迁移能力大小的不同，可以分为如下的几种类型：

① 四个取代基相同　当频哪醇所连的四个基团均相同时，第一步形成碳正离子和第二步发生迁移时均只有一种可能性，是频哪醇重排最简单的一种类型，例如，2,3-二甲基-2,3-丁二醇在酸性下重排生成甲基叔丁基酮的反应，其反应历程为：

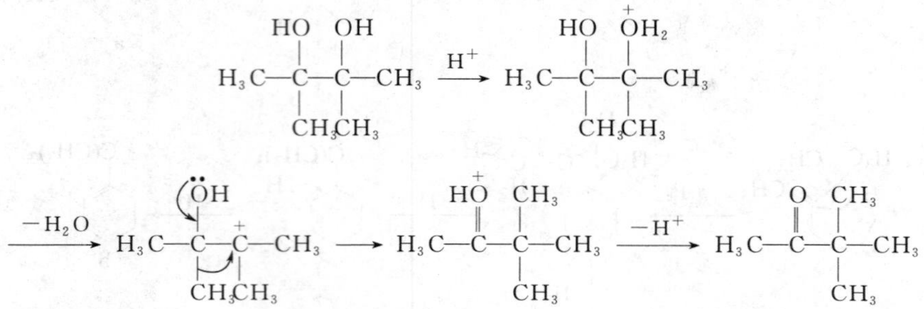

② 对称的邻二叔醇　当邻二叔醇的结构形式上对称时，即同一个碳原子上连有两个不同的取代基，但是两个碳的化学环境完全相同，具有此种结构的邻二叔醇在发生频哪醇重排时，在第一步形成碳正离子的时候由于两者化学环境相同，因此只存在一种情况；但是，在第二步迁移基团发生迁移进行重排反应时，由于同一个碳所连的两个基团不同，两者的迁移能力存在差距，故存在两种可能性，且一般情况下，迁移能力强的基团优先进行迁移，所得到的对应产物为反应的主产物。例如，2,3-二苯基-2,3-丁二醇的重排反应，其反应历程如下所示。在第二步发生迁移进行重排反应时，由于苯基的迁移能力远大于甲基，因此苯基优先发生迁移。

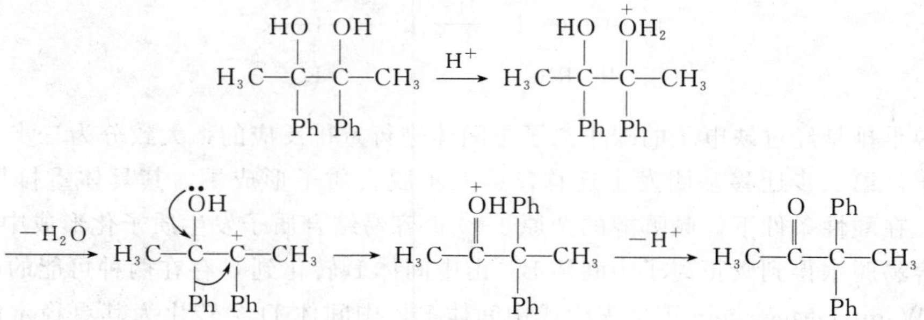

一般情况下，迁移基团的电子云密度越高，其迁移能力越强，但是某些情况受到空间位阻因素的影响，电子云密度高的基团未必迁移能力强，例如邻甲氧基苯基和苯基的迁移能力的大小就属于该种情况，虽然邻甲氧基苯基的电子云密度较高，但是其迁移能力不如苯基，

原因就在于甲氧基处于邻位，由于空间位阻因素制约了其迁移能力。例如下图所示的邻二醇发生的频哪醇重排反应，其反应历程如下所示：

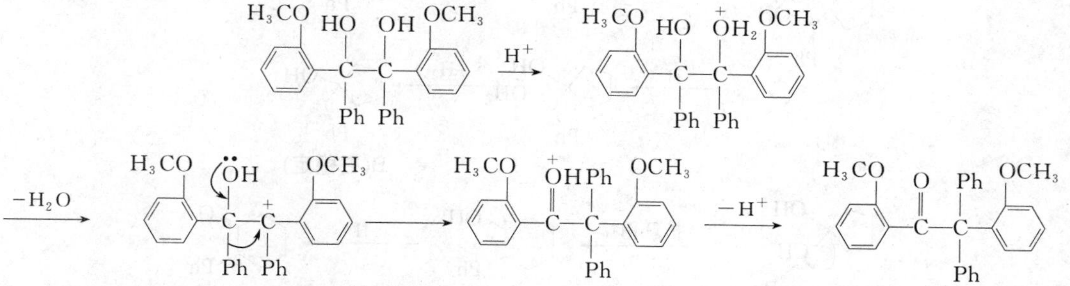

③ 不对称的邻二叔醇　不对称的邻二叔醇这里指的是同一个碳上连有相同基团，而相邻两个碳原子上所连基团不同的简单情况。对于这种不对称的邻二叔醇发生频哪醇重排反应时，在第一步形成碳正离子的时候，由于相邻两个碳原子上所连的基团不同，将会导致形成两种不同的碳正离子中间体，究竟以哪个中间体为主取决于形成的碳正离子的稳定性，形成稳定的碳正离子之后，第二步发生迁移时由于同一个碳上连有的基团相同，所以只有一种可能性。例如 2-甲基-1,1-二苯基-1,2-丙二醇参与的频哪醇反应，第一步形成碳正离子时有可能生成 A 和 B 两种碳正离子中间体，A 碳正离子中间体较 B 更加稳定，因此优先生成中间体 A，然后发生迁移最后脱去质子形成相应的重排主产物酮。

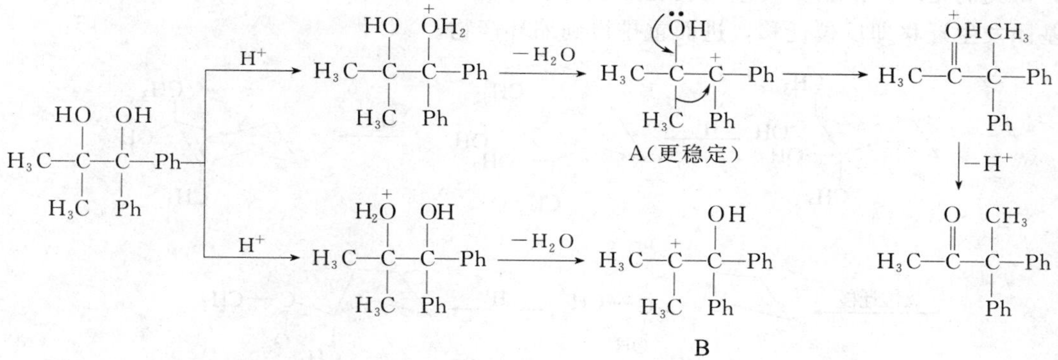

④ 羟基位于脂环上的邻二叔醇重排　上述三种频哪醇重排均为羟基连在链状碳原子上的情况，那么羟基连在脂环上又会发生哪些变化呢？下面将分析羟基连在脂环上的几种频哪醇重排，总体上可以分为如下三种类型：

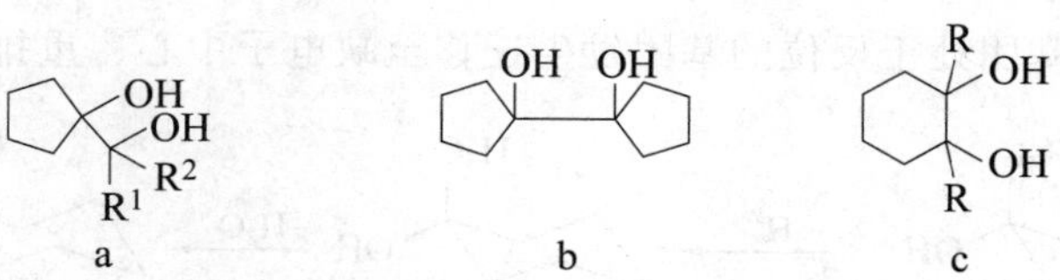

对于 a 类型的频哪醇，反应的机理依然和之前分析的一样也要历经三步。首先，在第一步形成碳正离子中间体的过程中，有两种可能性，可能生成 A 和 B 两种中间体，由于 B 为苄基位碳正离子，其稳定性较强，因此优先生成中间体 B；第二步，碳正离子发生重排的动力在于生成张力更小的六元环；最后脱去质子形成相应的主产物。该反应的具体反应机理过程如下所示：

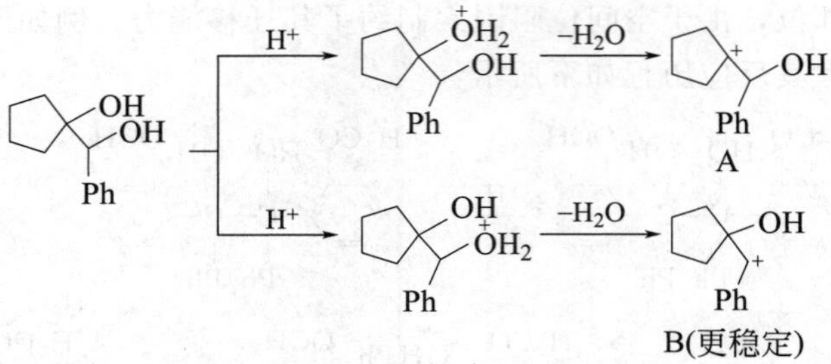

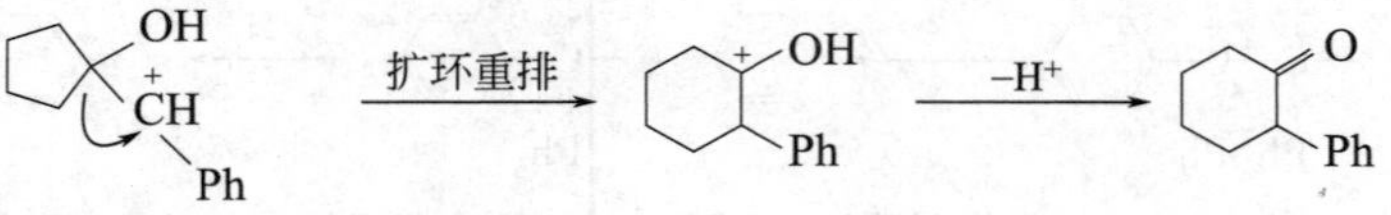

对于 b 类型的频哪醇，即两个羟基分别连在两个脂环上，反应的机理如下所示。该反应发生重排的动力也在于生成张力更小的六元环，生成扩环重排产物。

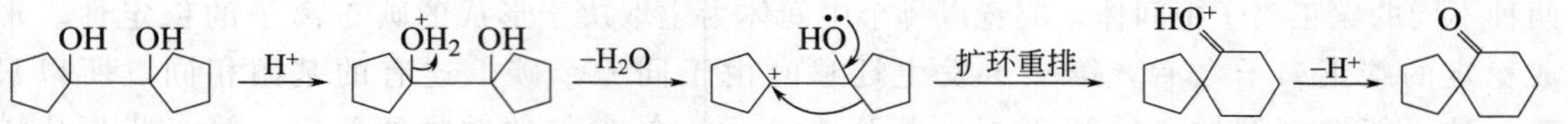

对于 c 类型的频哪醇，以 1,2-二甲基-1,2-环己二醇为例分析其反应历程。若 1,2-二甲基-1,2-环己二醇的两个羟基位于反式，即反-1,2-二甲基-1,2-环己二醇参与的频哪醇重排反应，得到的是缩环产物，反应的机理如下所示。第一步形成碳正离子之后，与羟基处于反位的基团发生迁移即反位迁移，进而重排得到缩环产物。

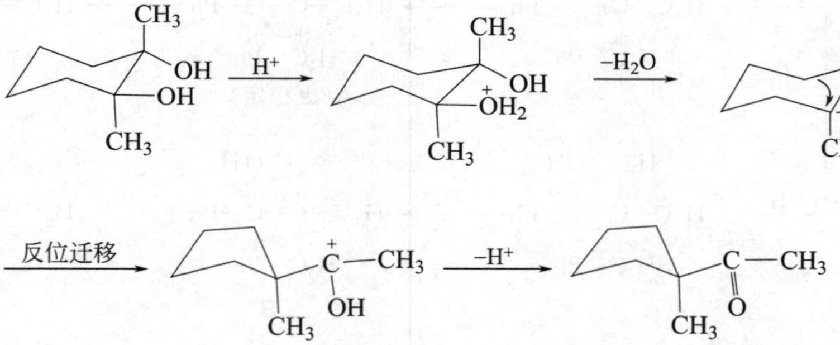

若 1,2-二甲基-1,2-环己二醇的两个羟基位于顺式即顺-1,2-二甲基-1,2-环己二醇参与的频哪醇重排反应，其反应的历程如下所示。在第一步形成碳正离子之后，也是与羟基处于反位的甲基发生迁移、重排得到缩环产物酮。不管羟基为顺式还是反式，频哪醇重排的立体化学特点均为：和离去基团处于反位的基团发生迁移至缺电子中心、重排得到相应的产物。

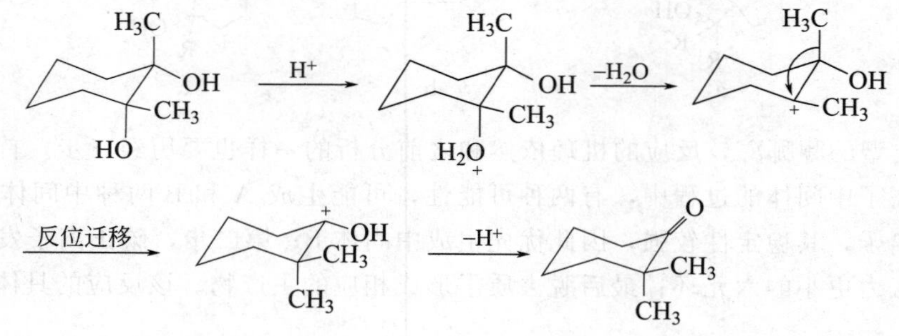

【例 7-3】 完成下列反应式：

$$\text{(Ph)(Ph)C(OH)-C(CH_3)(CH_3)(OH)} \xrightarrow{H_2SO_4} (\quad) \xrightarrow[\text{2)}H_3O^+]{\text{1)}NaOH,I_2} (\quad)$$

解 Ph-C(Ph)(H_3C)-C(=O)-CH_3 、 Ph-C(Ph)(H_3C)-C(=O)-OH 。该题主要考查两个知识点，第一个主要考查不对称的频哪醇重排，在第一步形成碳正离子时倾向于生成更加稳定的苄基正离子，反应机理详见上述正文分析部分；第二，考查的是甲基酮的碘仿反应。

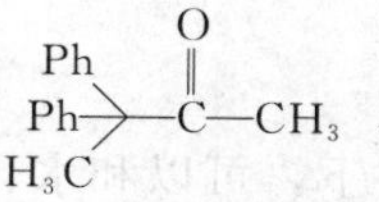

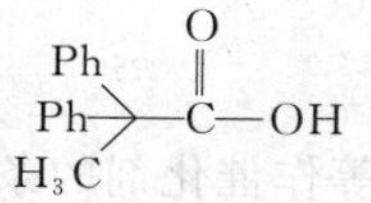

（3）Demyannov 重排

脂环伯胺在亚硝酸作用下发生的重排反应称为 Demyannov 重排。该反应也是一种经历碳正离子中间体的重排反应，可以看作 Wagner-Meerwein 重排的拓展，常常伴随着环的扩大和缩小，在有机合成上常用来合成三元到八元环的脂环化合物。例如下面四元环伯胺参与的 Demyannov 重排，发生扩环重排的动力在于生成张力更小的环，相应的扩环五元重排产物为该反应的主产物，形成碳正离子之后一般有两种方式生成最终的稳定产物，一种为接受亲核试剂例如水等的进攻生成醇等化合物，第二种为脱去质子生成烯烃。

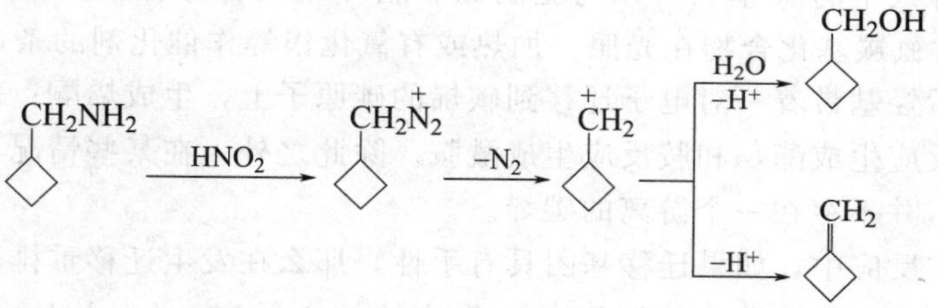

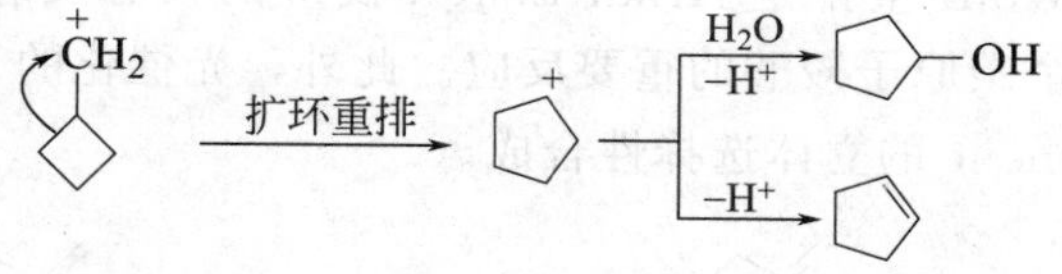

（4）二苯乙二酮重排

邻二羰基化合物在碱性条件下发生分子内重排生成 α-羟基酸的反应称为二苯乙二酮重排或者二苯羟乙酸重排。

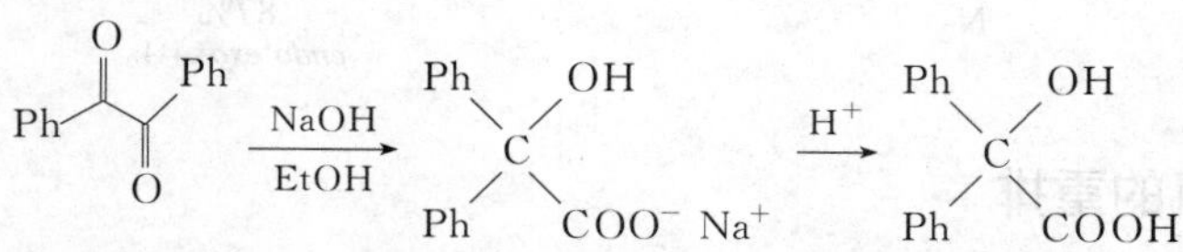

首先，碱作为亲核试剂进攻邻二羰基化合物中的一个羰基碳原子，发生亲核加成反应生成氧负离子中间体；然后，苯基迁移到邻位缺电子性的羰基碳原子上发生分子内的重排反应；最后经过质子交换生成 α-羟基酸盐。该反应与上述三个反应的不同之处在于迁移基团不再是迁移到碳正离子中间体上，而是迁移到带有缺电子性的羰基碳原子上，但是该反应依然属于缺电子碳的亲核重排反应。

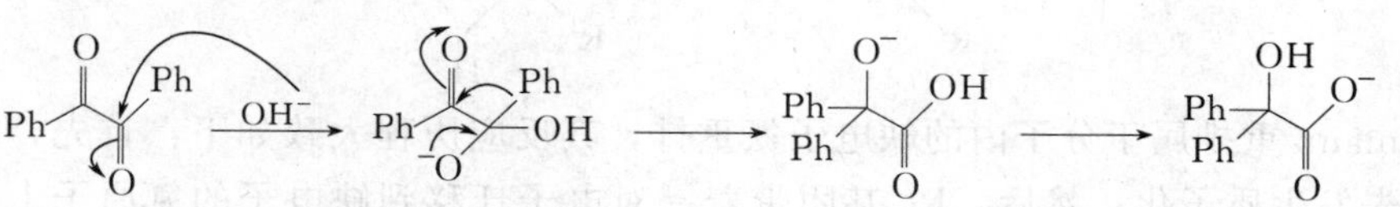

如果为不对称的邻二羰基化合物发生二苯羟乙酸重排反应，在第一步发生亲核加成反应时具有选择性，羰基碳原子的电子云密度低的优先发生加成反应即连有吸电子基的碳基碳原子优先发生亲核加成反应。若用烷氧基负离子代替羟基负离子作为亲核试剂，最终将得到酯。

（5）Wolff 重排

α-重氮羰基化合物在光照、加热或有氧化银等作催化剂的条件下，可以和水、醇或胺发生反应，生成相应的羧酸及其衍生物，该反应称为 Wolff 重排。

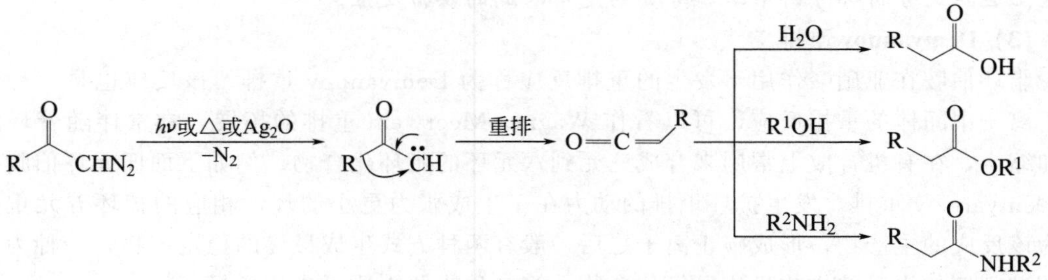

上述反应方程式中的 R 基团可以为脂肪族、脂环族或者芳香族烃基，反应的历程大致如下：首先，α-重氮羰基化合物在光照、加热或有氧化银等作催化剂的条件下脱去一分子氮气生成碳烯；然后烃基带着一对电子迁移到碳烯的碳原子上，生成烯酮；烯酮可以和水反应生成羧酸，和醇反应生成酯，和胺反应生成酰胺。除此之外，在某些情况下也认为前两步反应是协同进行的，并不存在一个游离的碳烯。

在 Wolff 重排反应中，如果迁移基团具有手性，那么在发生迁移重排反应前后其立体构型将保持不变。Wolff 重排是 Arndt-Eistert 反应的核心反应，Arndt-Eistert 反应是由一个羧酸合成增加一个碳原子羧酸的重要反应。此外，光催化的 Wolff 重排反应还成功地用于天然产物 campherenone 的立体选择性合成。

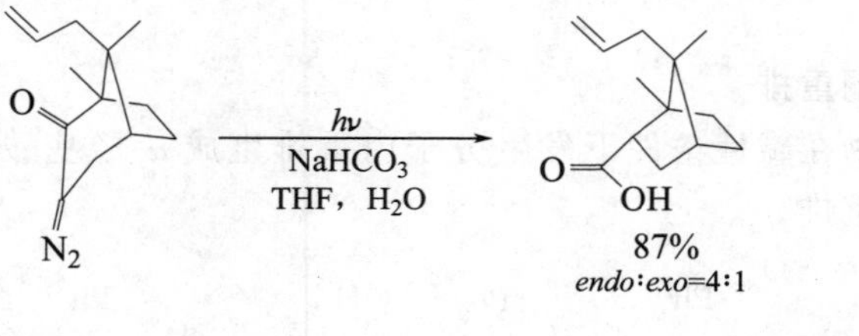

7.1.2 缺电子氮的重排

（1）Beckmann 重排

肟在酸性条件下重排生成酰胺的反应称为 Beckmann 重排反应。酸性催化剂既可以为质子酸如 H_2SO_4、HCl、AcOH 等，也可以为 Lewis 酸。

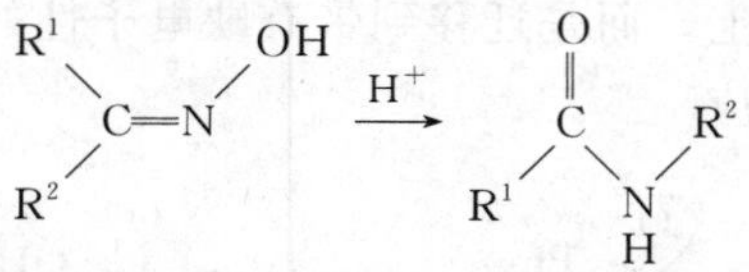

Beckmann 重排属于分子内的缺电子氮重排，其反应历程大致如下：首先，羟基在酸的催化下首先发生质子化；然后，R^2 基团带着一对电子迁移到缺电子的氮原子上，同时水作

为中性分子离去，形成碳正离子中间体；水作为亲核试剂进攻缺电子的碳原子发生亲核加成反应，进而转化为最终的产物酰胺。

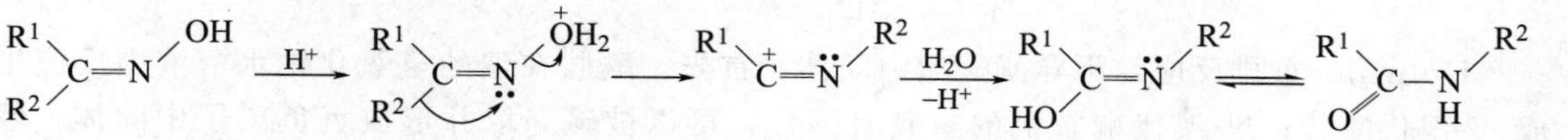

在上述反应机理当中，迁移基团的迁移规律为：与离去基团处于反位的基团发生迁移，因此，Beckmann 重排具有较好的区域选择性。

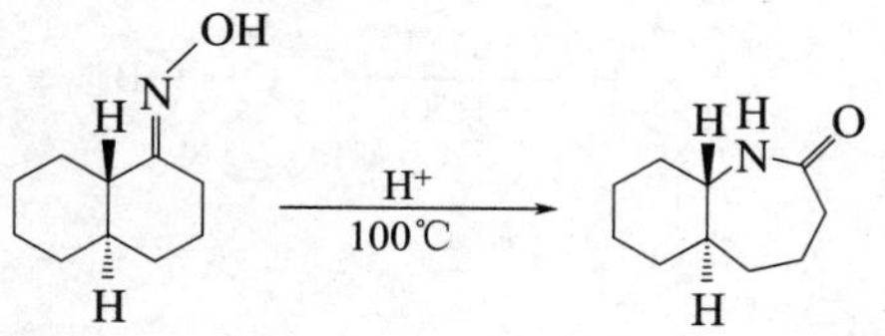

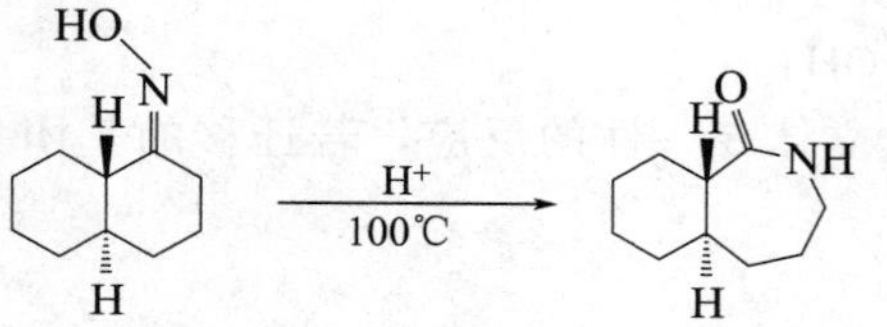

此外，在 Beckmann 重排中，如果迁移基团具有手性，迁移前后其立体构型也将继续得到保持。

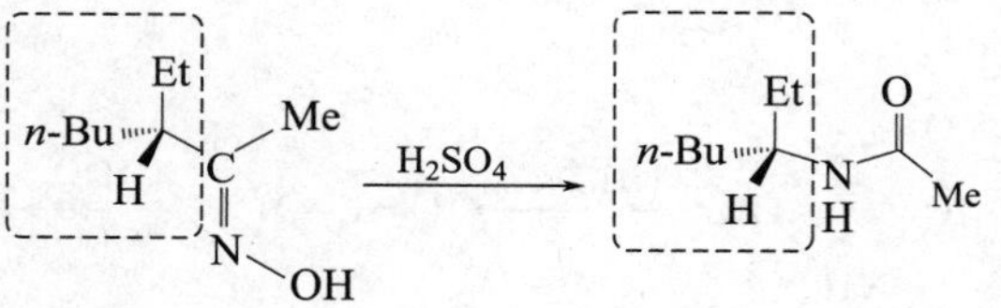

【例 7-4】 写出下列反应历程：

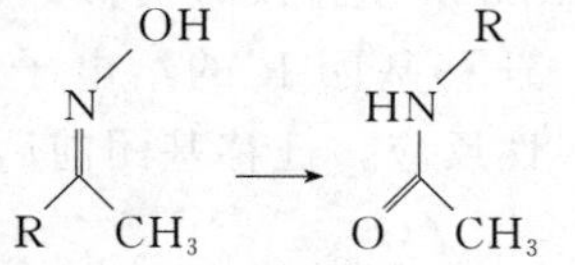

解 该题主要考查 Beckmann 重排反应机理，重排过程中电子云密度高的基团优先发生迁移，其反应历程如下：

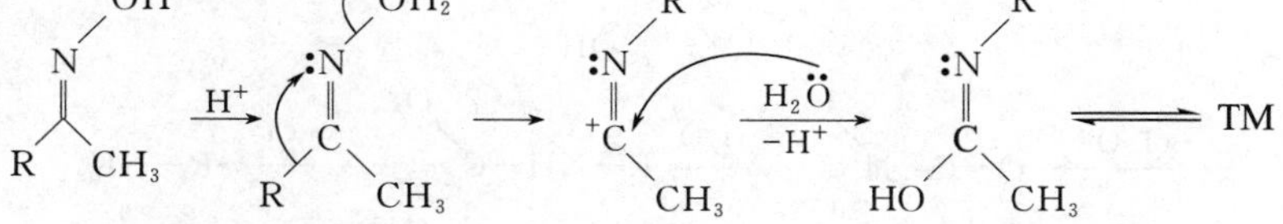

(2) Hofmann 重排

酰胺在溴的氢氧化钠水溶液中，释放出 CO_2 降解为少一个碳的伯胺的反应称为 Hofmann 重排反应，也叫作 Hofmann 重排反应。该反应中的酰胺可以为脂肪族、芳香族、杂环族等各种酰胺。

$$\underset{\substack{\text{R} \quad \text{NH}_2}}{\text{O}}\ \xrightarrow{\text{Br}_2,\text{NaOH}}\ \text{R}-\text{NH}_2$$

Hofmann 重排反应经历异氰酸酯中间体。首先，酰胺在溴的氢氧化钠水溶液中反应生成 N-溴代酰胺；N-溴代酰胺上的氢具有酸性，可以被碱夺取并形成氧负离子中间体；然后，烃基 R 迁移到缺电子的氮原子上，同时脱去一个溴离子形成异氰酸酯中间体；最后，异氰酸酯发生水解脱羧生成最终少一个碳原子的伯胺。

$$\underset{\substack{\text{R} \quad \text{NH}_2}}{\text{O}}\ \xrightarrow{\text{NaBrO}}\ \underset{\substack{\text{R} \quad \text{N} \\ \quad \text{Br}}}{\text{O}}\!\!-\!\!\text{H}\ \xrightarrow[-\text{H}_2\text{O}]{\text{OH}^-}\ \underset{\substack{\text{R} \quad \text{N}}}{\text{O}^-}\ \text{Br}\ \xrightarrow{-\text{Br}^-}\ \text{O}\!=\!\text{C}\!=\!\text{N}\!-\!\text{R}$$

$$\xrightarrow{\text{H}_2\text{O}}\ \underset{\substack{\quad \text{OH}}}{\text{R}-\text{NH}-\text{C}}\!\!=\!\!\text{O}\ \xrightarrow{-\text{CO}_2}\ \text{R}-\text{NH}_2$$

Hofmann 重排也是一个立体专一性的反应，若迁移的基团具有手性，其发生迁移重排反应前后的构型将保持不变。

(3) Lossen 重排

当伯酰胺的氮原子上连有酰氧基或者磺酰氧基等吸电子基团时，在加热或者碱性条件下这些基团容易离去发生类似于 Hofmann 重排的反应，该反应称为 Lossen 重排。Lossen 重排中常用的碱除了无机碱氢氧化钠或氢氧化钾之外，DBU 和 DIPEA 等有机碱也可以催化该反应的发生。

$$\underset{\substack{\text{R} \quad \text{NH}}}{\underset{\text{C}}{\text{O}}}\!\!-\!\!\text{OR}'\ \xrightarrow{\text{OH}^-\text{或}\triangle}\ \text{O}\!=\!\text{C}\!=\!\text{N}\!-\!\text{R}\ \xrightarrow[-\text{CO}_2]{\text{H}_2\text{O}}\ \text{R}-\text{NH}_2$$

$$\text{R}'=\text{H},\text{SO}_2\text{Ar},\text{COAr}$$

Lossen 重排的反应机理和 Hofmann 重排反应类似，也经历异氰酸酯中间体，具体反应历程如下所示。动力学研究表明，迁移基团 R 的给电子性越强，反应的速率越快。此外，Lossen 重排同样也是一个立体专一性反应，迁移基团前后的立体构型保持不变。

$$\underset{\substack{\text{R} \quad \text{NH}}}{\underset{\text{C}}{\text{O}}}\!\!-\!\!\text{OH}\ \xrightarrow{\text{TsCl}}\ \underset{\substack{\text{R} \quad \text{N} \\ \quad \text{H}}}{\underset{\text{C}}{\text{O}}}\!\!-\!\!\text{OTs}\ \xrightarrow{-\text{H}_2\text{O}}\ \underset{\substack{\text{R} \quad \text{N}}}{\underset{\text{C}}{\text{O}^-}}\ \text{OTs}$$

$$\text{OH}^-$$

$$\xrightarrow{-\text{TsO}^-}\ \text{O}\!=\!\text{C}\!=\!\text{N}\!-\!\text{R}\ \xrightarrow{\text{H}_2\text{O}}\ \underset{\substack{\quad \text{OH}}}{\text{R}-\text{NH}-\text{C}}\!\!=\!\!\text{O}\ \xrightarrow{-\text{CO}_2}\ \text{R}-\text{NH}_2$$

(4) Curtius 重排

酰基叠氮化物受热解或光解可以生成异氰酸酯，进而水解脱羧生成伯胺，该反应称为 Curtius 重排反应。该反应通常需要在苯、甲苯、环己烷等惰性有机溶剂中进行，与之前讨论的 Hofmann 重排和 Lossen 重排类似，可以用来制备少一个碳原子的伯胺。若溶剂中含醇或者伯胺、仲胺等，则还可以分别形成氨基甲酸酯或取代脲素。酰基叠氮化物可以由羧酸制备得到。Curtius 重排应用范围较广，对于脂肪族、芳香族和杂环族化合物均适用。

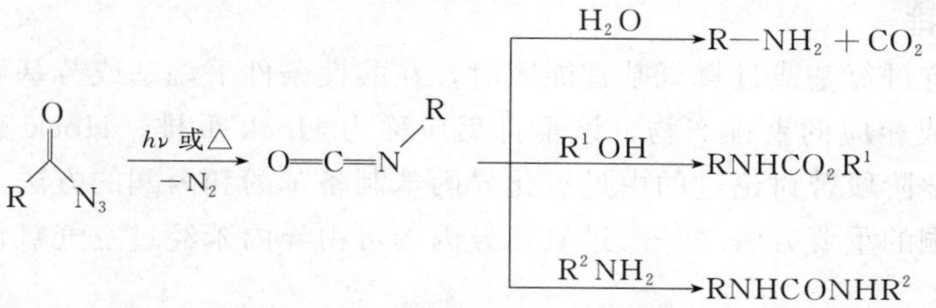

Curtius 重排和 Lossen 重排、Hofmann 重排反应类似，也经历异氰酸酯中间体，且如果迁移基团具有手性，迁移前后的立体构型将保持不变，该事实同时也证明 Curtius 重排是一个分子内重排，具体反应历程如下所示：

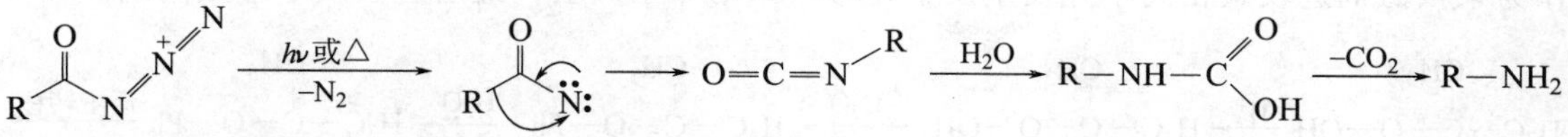

（5）Schmidt 重排

羧酸、醛或酮与叠氮酸在质子酸或 Lewis 酸催化下，放出氮气，发生烷基迁移，生成伯胺、腈或酰胺的重排反应被称为 Schmidt 重排。该反应是 K. F. Schmidt 在 1923 年首次报道的，因此以他的名字命名。

$$RCOOH + HN_3 \xrightarrow{H^+} RNH_2$$

$$RCOR' + HN_3 \xrightarrow{H^+} RCONHR'$$

$$RCHO + HN_3 \xrightarrow{H^+} RCN$$

Schmidt 重排最一般的反应是羧酸与叠氮酸的反应，一般用硫酸作催化剂。当烃基 R 为脂肪族长链烃基时，产率较高。该方法和 Hofmann 重排和 Curtius 重排相比具备两个突出的优点：一是产率较高；二是操作步骤简单，仅为一步反应。Schmidt 重排的反应机理和上述 Hofmann 重排和 Curtius 重排反应机理类似，其历程如下：

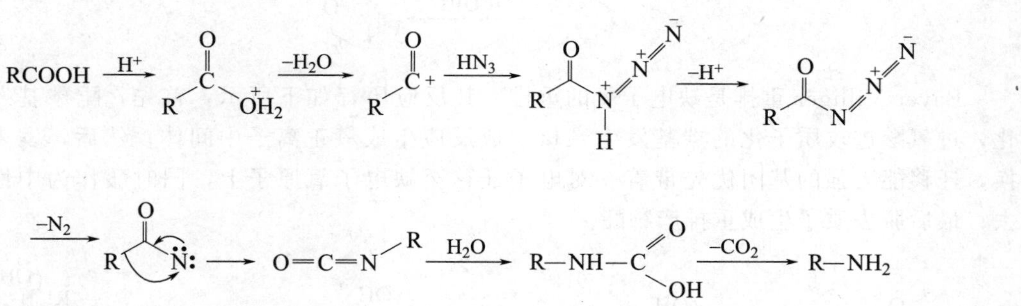

首先，羧酸的羟基氧原子发生质子化、脱水生成酰基正离子；然后，叠氮酸进攻酰基正离子发生亲核加成反应生成叠氮化物；叠氮化物脱去一分子氮气生成酰基氮烯，烃基带着一对电子迁移到缺电子的氮原子上生成异氰酸酯中间体；最后异氰酸酯中间体发生水解脱羧反应生成少一个碳原子的伯胺。醛或酮的 Schmidt 重排反应机理和羧酸相似。

7.1.3 缺电子氧的重排

（1） Hock 重排

当有机物连有过氧基或过氧氢基官能团时，在酸性条件下烷基或芳基可以迁移至缺电子氧原子上从而生成相应的重排产物，该重排反应称为 Hock 重排。Hock 重排最经典的例子就是基础有机化学阶段曾讨论过的由过氧化异丙苯制备苯酚和丙酮的方法，该反应也是工业上制备苯酚和丙酮的重要方法之一。过氧化异丙苯可由异丙苯经过空气氧化历经自由基反应历程制备。

以过氧化异丙苯制备苯酚和丙酮的反应为例，介绍 Hock 重排的反应历程。首先，过氧化异丙苯在酸性条件下发生质子化，促使 C—O 键发生极化；然后，苯基优先于烷基带着一对电子迁移至缺电子氧原子上，同时水以中性水分子的形式离去，得到碳正离子中间体；水作为亲核试剂进攻碳正离子并发生质子转移，苯酚分子离去；最后脱去质子形成丙酮。

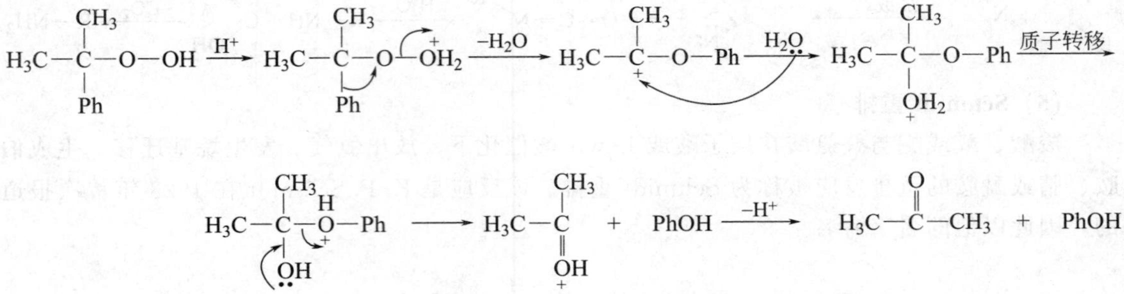

（2） Bayer-Villiger 重排

酮被过氧酸氧化，在分子中插入氧生成酯的反应被称为 Bayer-Villiger 重排。这里的酮既可以为链状的酮，也可以为环酮。

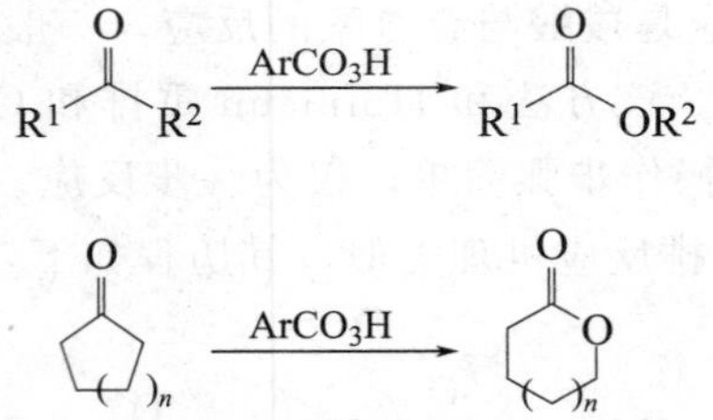

Bayer-Villiger 重排是缺电子氧的重排，其反应历程如下所示：首先，酮羰基发生质子化，过氧酸进攻质子化的羰基发生亲核加成反应生成氧正离子中间体；然后，发生质子交换，迁移能力强的基团优先带着一对电子迁移至缺电子氧原子上，同时酸作为中性分子离去；最后脱去质子生成重排产物酯。

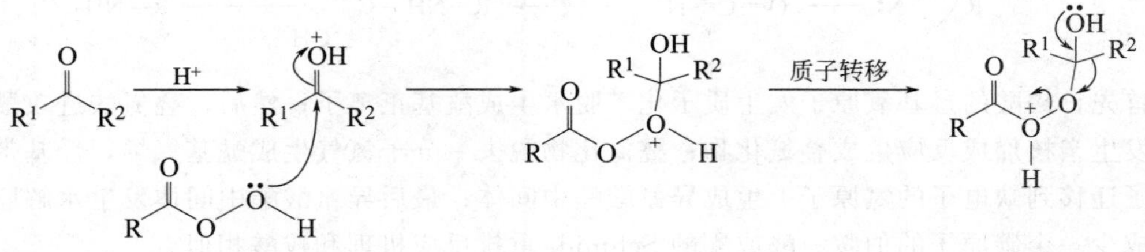

$$\longrightarrow \quad R^1\underset{O\atop R^2}{\overset{+OH}{C}} \quad + \quad R\underset{O-H}{\overset{O}{C}} \quad \xrightarrow{-H^+} \quad R^1\underset{O\atop R^2}{\overset{O}{C}}$$

对于不对称的酮，发生 Bayer-Villiger 重排时，在第二步发生迁移时，基团迁移的能力和之前介绍 Wagner-Meerwein 重排时描述的常见基团迁移能力顺序一致：Ph—＞3°R—＞2°R—＞1°R—＞CH₃—；在位阻因素可以忽略不计的情况下，电子云密度高的基团优先发生迁移，生成的产物酯的结构形式上相当于在迁移基团和羰基碳原子中间插入一个氧原子。例如：

$$CH_3CH_2\underset{O}{\overset{O}{C}}C(CH_3)_3 \xrightarrow[CH_2Cl_2]{CF_3COOH} CH_3CH_2\underset{O}{\overset{O}{C}}OC(CH_3)_3$$

$$C_6H_5\underset{O}{\overset{O}{C}}CH_2CH_3 \xrightarrow[CH_2Cl_2]{CF_3COOH} C_6H_5O\underset{O}{\overset{O}{C}}CH_2CH_3$$

$$C_6H_5\underset{O}{\overset{O}{C}}C_6H_{11} \xrightarrow[CH_2Cl_2]{CF_3COOH} C_6H_5O\underset{O}{\overset{O}{C}}C_6H_{11}$$

Bayer-Villiger 重排还具有高度的立体专一性，如果迁移基团具有手性，在反应过程中其构型保持。例如 3-苯基-2-丁酮在过氧化苯甲酸作用下发生重排，得到具有光学活性构型不变的酯。

$$H_3C\underset{O}{\overset{O}{C}}\underset{CH_3}{\overset{H}{C}}C_6H_5 \xrightarrow[CHCl_3]{C_6H_5CO_3H} H_3C\underset{O}{\overset{O}{C}}O\underset{CH_3}{\overset{H}{C}}C_6H_5$$

7.2　富电子重排反应

富电子重排又称亲电重排，是分子中脱去一个正离子，留下碳负离子或者具有未共用电子对的活泼富电子中心，相邻基团会以正离子形式迁移过来，该迁移基团遗留下来的一对电子可以接受质子最终形成稳定产物。富电子重排大多数也为 1,2-重排，一般在碱性条件下进行，不像缺电子重排那么普遍。这类重排反应最显著的特点就是反应过程中总要产生富电子的中间体，这个富电子中间体一般为碳负离子，其反应历程大致如下所示：

$$\underset{Y}{\overset{W}{A-B}} \xrightarrow{-Y^+} \overset{W}{A-B} \longrightarrow \overset{W}{A-\bar{B}} \xrightarrow[\text{或ROH}]{H_2O} \overset{H\ W}{A-B}$$

下面介绍几种常见的富电子重排。

7.2.1　Favorskii 重排

α-卤代酮在碱的催化下重排生成羧酸或酯的反应被称为 Favorskii 重排。α-卤代酮可以是链状酮也可以为环状酮。一般环状酮参与的 Favorskii 重排反应将得到环的缩小产物，因此该方法常用来合成具有张力的环。

$$\underset{\underset{Br}{\overset{\overset{Ph}{|}}{Ph-C}}}{\overset{\overset{O}{\parallel}}{-C}}-CH_3 \xrightarrow[EtOH]{EtONa} \underset{\underset{H}{\overset{\overset{Ph}{|}}{Ph-C}}}{}-CH_2COOEt$$

$$\overset{O}{\overset{\parallel}{\bigcirc}}\!\!\!-Cl \xrightarrow[EtOH]{EtONa} \bigcirc\!\!-COOEt$$

Favorskii 重排经历碳负离子中间体，是一种富电子重排。首先，α-卤代酮的 α′-H 具有酸性，可以被碱夺取质子，形成碳负离子中间体；碳负离子中间体可以作为亲核试剂，进攻卤代烃的中心碳原子推走卤负离子，发生分子内的亲核取代反应生成三元环中间体；烷氧基负离子作为亲核试剂，进攻三元环中间体的羰基碳原子，发生亲核加成反应打开碳氧双键，形成氧负离子中间体；然后，氧负离子回归羰基结构导致三元环中间体开环，再次形成碳负离子中间体；最后，碳负离子中间体夺取水分子或醇分子中的质子氢生成最终的产物羧酸或酯。

值得注意的是，在三元环开环这一步，究竟以何种方式开环，取决于生成碳负离子中间体的稳定性，即以生成较稳定碳负离子中间体的方式优先开环，相应的产物为反应的主产物。

上述反应要求在 α-卤代酮的 α′位要有酸性氢原子，实际上，当 α-卤代酮的 α′位无酸性的氢原子时，在碱的作用下，依然可以发生重排，称为似 Favorskii 重排。该反应的机理却和之前介绍的二苯羟乙酸重排很类似，因此该重排反应还被称为半二苯羟乙酸重排，反应机理如下所示：

$$\underset{\underset{X}{\overset{\overset{O}{\parallel}}{R-C}}}{}-\underset{\underset{}{\overset{}{CH}}}{}-R' \xrightarrow{R''O^-} \underset{\underset{R}{\overset{\overset{O^-}{|}}{R''O-C}}}{}-CH-R' \longrightarrow \underset{\underset{R}{\overset{\overset{O}{\parallel}}{R''O-C}}}{}-CH-R'$$

【例 7-5】 完成下列反应方程式：

(1) $\underset{\underset{Br}{}}{(H_3C)_2C}\overset{\overset{O}{\parallel}}{-C}-CH_3 \xrightarrow[EtOH]{NaOEt}$

(2) $\bigsquare \xrightarrow[2.\ H^+]{1.\ OH^-}$ (环丁酮，带 Br)

(3)

$$\text{1)NaOH/H}_2\text{O} \quad \text{2)H}_3\text{O}^+$$

解　三题考查的均是对 Favorskii 重排反应的理解，产物分别为：

(1) $(\text{H}_3\text{C})_2\overset{\displaystyle|}{\underset{\displaystyle \text{CH}_3}{\text{C}}}-\overset{\displaystyle O}{\overset{\displaystyle \|}{\text{C}}}-\text{OEt}$　　　(2) ▷—COOH　　　(3)

7.2.2　Stevens 重排

含有 α-H 的季铵盐或锍盐在强碱的作用下，脱去质子形成碳负离子，烃基从氮原子或硫原子上迁移至碳负离子上而生成叔胺的反应被称为 Stevens 重排。

$$R=\text{PhCO}-,\text{Ph}-,\text{CH}_2=\text{CH}-$$

氮叶立德

Stevens 重排中的季铵盐的 α 位一般连有强的吸电子基，这样 α-H 受到季铵基及强吸电子基的双重影响，酸性较强，容易被碱夺取，生成碳负离子中间体，这种碳负离子的邻位具有氮正离子，在有机化学中将具有这种 N^+-C^- 结构的化合物称为氮叶立德。

Stevens 重排的反应历程经历了碳负离子中间体，是分子内的富电子重排。首先，碱夺取酸性的 α 质子氢，生成氮叶立德；然后烃基 R′ 以正离子形式迁移至富电子的碳原子上，烃基 R′ 遗留的一对电子转移给氮正离子，中和氮原子上多余的正电荷，形成电中性的叔胺分子。锍盐参与的 Stevens 重排机理和上述机理类似。

在 Stevens 重排反应当中，碳负离子总是进攻"中心原子"正电性更大的迁移基团，即电子云密度较高的基团迁移能力越强，将优先发生迁移，形成反应的主产物。若迁移基团具有手性，那么在发生重排反应前后，中心原子的构型将保持不变，故 Stevens 重排具有高度的立体专一性。

$$\text{Ph}-\overset{\displaystyle O}{\overset{\displaystyle \|}{\text{C}}}-\overset{\displaystyle H_2}{\text{C}}-\overset{+}{\text{N}}(\text{CH}_3)_2 \quad \xrightarrow{\text{OH}^-} \quad \text{Ph}-\overset{\displaystyle O}{\overset{\displaystyle \|}{\text{C}}}-\overset{\displaystyle H}{\underset{\displaystyle -}{\text{C}}}-\overset{+}{\text{N}}(\text{CH}_3)_2 \quad \xrightarrow{\text{重排}} \quad \text{Ph}-\overset{\displaystyle O}{\overset{\displaystyle \|}{\text{C}}}-\overset{\displaystyle H}{\text{C}}-\text{N}(\text{CH}_3)_2$$

【**例 7-6**】　写出下列反应历程：

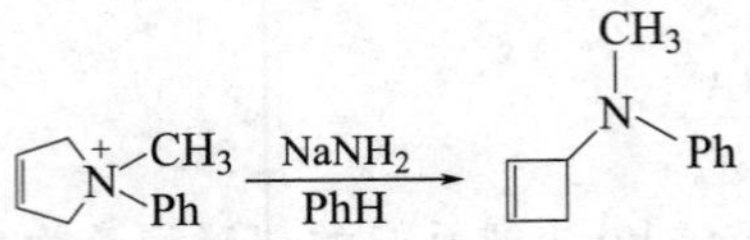

解 该题主要考查 Stevens 重排反应机理，电子云密度高的基团优先发生迁移。该反应在发生迁移的时候有三个基团可能以正离子形式发生迁移，分别为烯丙基、苯基和甲基，三个基团迁移能力由大到小的顺序为烯丙基＞苯基＞甲基，故烯丙基优先发生迁移，生成的产物为该反应的主产物，其反应历程如下：

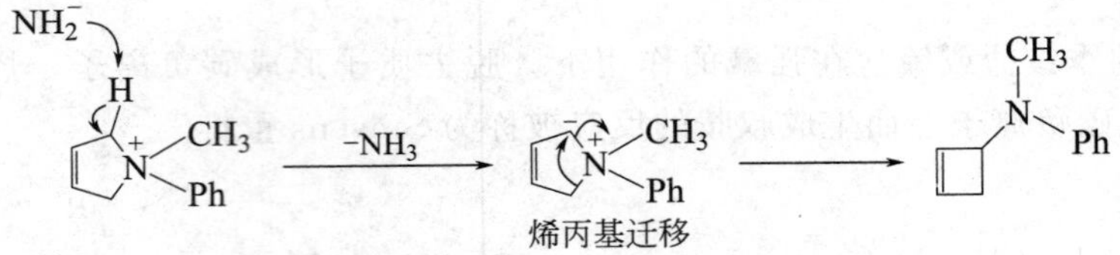

7.2.3 Wittig 重排

在醇溶液中，醚在强碱作用下，醚分子中的烃基发生迁移而得到醇的反应称为 Wittig 重排。该反应中，R 和 R′既可以为烷基，也可以为芳基，还可以是不饱和基团烯基等，碱一般为碱性较强的烷基锂、苯基钾、氨基钠等。

$$R{-}CH_2OR' \xrightarrow{R''Li} R{-}\underset{\displaystyle |\atop R'}{CH}{-}OLi \xrightarrow{H_2O} R{-}\underset{\displaystyle |\atop R'}{CH}{-}OH$$

Wittig 重排的反应机理和 Stevens 重排相类似，也经历碳负离子中间体，是一个分子内的富电子重排，其反应机理如下：

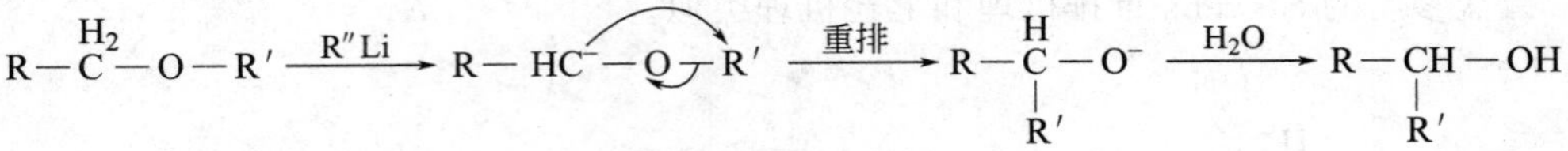

【例 7-7】 完成下列反应方程式：

（1） $RhCH_2{-}OMe \xrightarrow[2)H_3O^+]{1)PhLi}$

（2） $H_2C{=}\underset{H}{C}{-}\overset{H_2}{C}{-}O{-}\underset{H_2}{C}{-}\underset{H}{C}{=}CH_2 \xrightarrow[2.\ H_3O^+]{1.\ PhLi}$

（3） 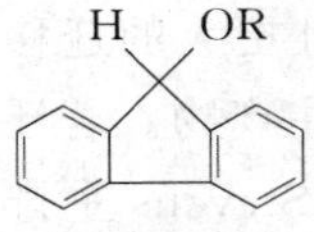 $\xrightarrow[2)H_3O^+]{1)PhLi/THF}$

（4） $PhCH_2{-}O{-}CH_2Ph \xrightarrow[2.\ H_3O^+]{1.\ PhLi}$

解 四题考查的均是对 Wittig 重排反应的理解，答案分别如下：

（1） $Ph\underset{\displaystyle |\atop OH}{CH}{-}Me$

（2） $H_2C{=}\underset{H}{C}{-}\overset{H}{\underset{\displaystyle |\atop OH}{C}}{-}\overset{H_2}{C}{-}\underset{H}{C}{=}CH_2$

（3） 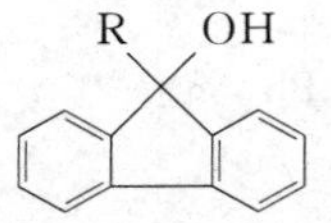

（4） $Ph\underset{\displaystyle |\atop OH}{CH}{-}CH_2Ph$

7.2.4 Sommlet 重排

苯甲基三烷基季铵盐（或锍盐）在苯基锂、氨基锂等强碱作用下，苯环发生亲核烷基化反应重排生成叔胺的反应。

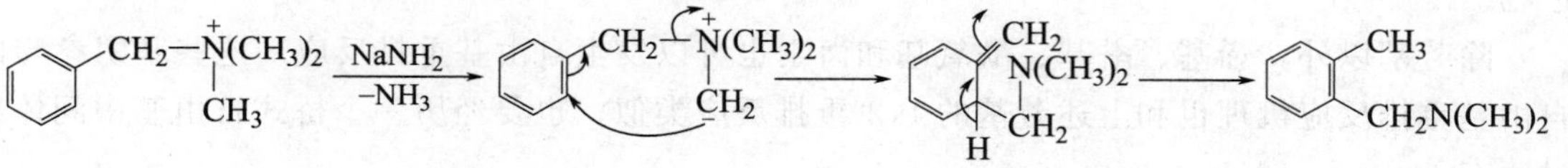

该重排反应和 Stevens 重排相类似。首先，在强碱作用下，生成碳负离子即氮叶立德；然后碳负离子进攻苯环发生苯环的亲核加成反应迁移至苯环的邻位碳原子上，同时碳氮键发生断裂，碳氮键之间的一对电子全部转移给氮正离子，来中和氮上的正电荷；最后，回归苯环的稳定结构得到邻甲基叔胺。

实验表明，反应过程中甲基与氮原子并未分离，而是以（CH_3）$_2NCH_2$—的形式发生迁移进行重排的，和上述反应机理吻合，说明 Sommlet 重排是一种分子内富电子重排。该反应可以很便捷地在芳环的邻位引入一个甲基，因此该反应是在芳环邻位引入一个甲基的重要反应策略。

7.3 自由基重排反应

自由基重排反应比离子型重排反应少得多。当发生自由基重排反应时，一般要先生成自由基，然后再发生基团的迁移，而迁移基团也必须是带有单个电子。

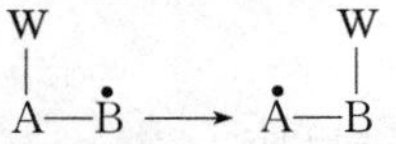

自由基重排过程往往经历一个桥式自由基中间体或过渡态，通常情况下烷基不发生迁移，迁移基团大多为芳基，而 1,2-芳基重排可能涉及一个取代的芳桥自由基中间体或过渡态。以 3,3-二苯基丁醛和 $Me_3COOCMe_3$ 在光照的条件下发生的自由基重排反应为例，介绍自由基重排反应的历程：

$$(H_3C)_3C—O—O—C(CH_3)_3 \xrightarrow{光照} 2(H_3C)_3C—O\cdot$$

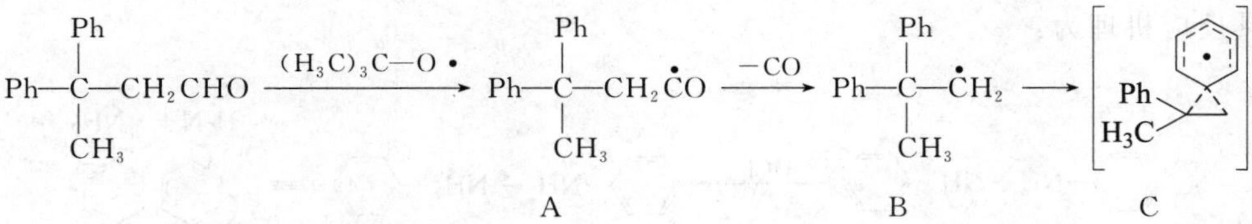

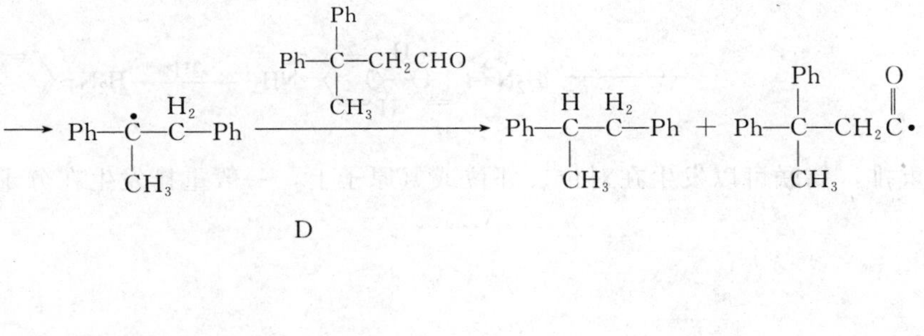

首先，$Me_3COOCMe_3$ 在光照条件下生成 $Me_3CO\cdot$；然后在 $Me_3CO\cdot$ 引发下，3,3-二苯基丁醛发生醛基上碳氢键的均裂，生成酰基自由基 A，酰基自由基失去一分子 CO 转化为伯碳自由基 B，而伯碳自由基不稳定，可能会历经一个芳桥自由基过渡态 C，发生迁移转化为叔碳自由基 D；最后，叔碳自由基 D 和 3,3-二苯基丁醛的 H· 结合生成最终的重排产物。

除芳基以外，烯基、酰基、酰氧基和卤素也可以发生自由基重排反应，这些基团参与的自由基重排反应机理也和上述芳基的 1,2-重排反应类似，也要经历一个桥式自由基中间体或过渡态。

总之，1,2-自由基重排反应没有缺电子重排和富电子重排那样普遍，一般只有芳基、烯基、酰基、酰氧基和卤素发生迁移，其中最为常见的是芳基的自由基迁移反应，迁移的过程往往经历桥式自由基中间体或过渡态，迁移的方向一般倾向于生成更稳定的自由基。

7.4　芳环上的重排反应

除了上述三种基本重排反应之外，有些重排反应涉及芳环，在合成上应用也较为广泛，称为芳环上的重排。例如，下列反应所示的芳香族化合物中，与 A 取代基相连的原子或原子团，在酸的作用下，会迁移到芳环的邻位和对位。

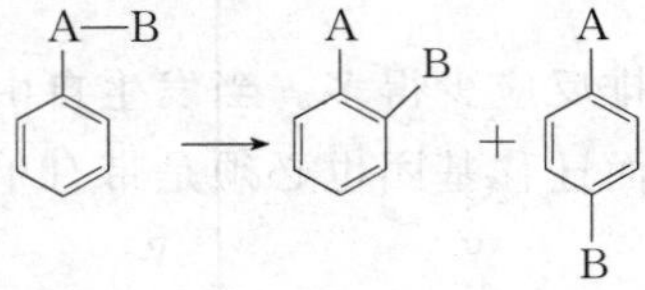

下面介绍几种常见的芳环上的重排反应。

7.4.1　联苯胺重排

氢化偶氮苯用强酸处理时，会发生重排生成联苯胺的反应，被称为联苯胺重排。

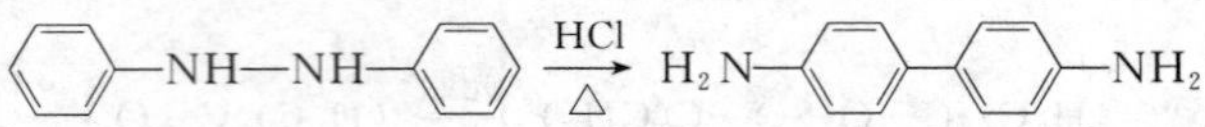

其反应机理为：

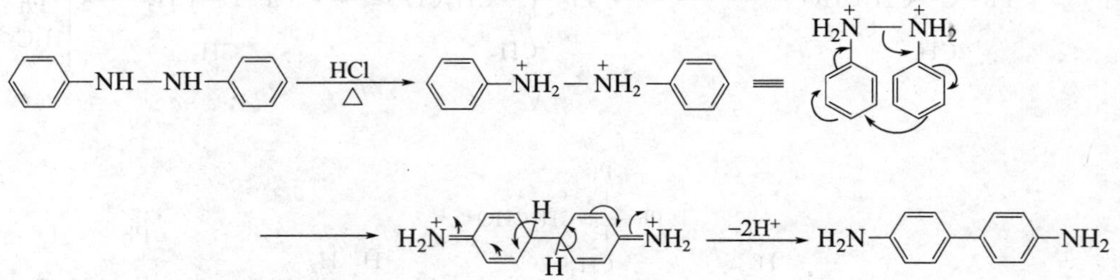

联苯胺重排，偶联可以发生在对位、邻位或氮原子上，一般重排发生在分子内部，不发生交叉重排。

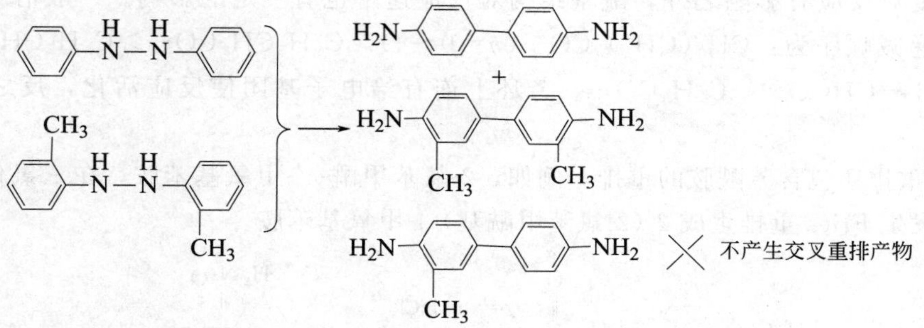

【例 7-8】 以甲苯及其他无机原料合成化合物：

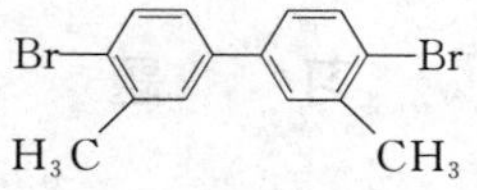

解 本题考查联苯胺的重排及重氮盐在有机合成中的应用等知识点，综合性较强，逆合成分析过程如下：

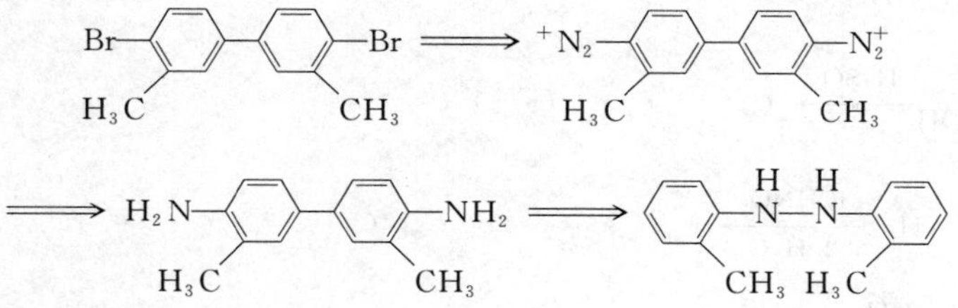

其具体合成路线如下所示：

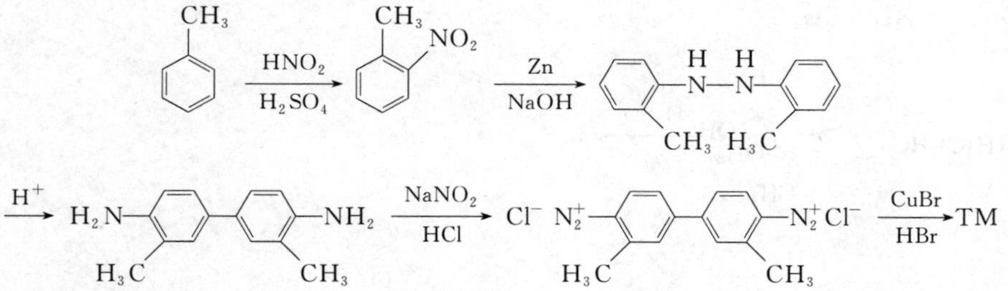

7.4.2 Fries 重排

酚酯类化合物在 Lewis 酸催化剂如 $AlCl_3$、$FeCl_3$、$ZnCl_2$ 等催化下，发生酰基迁移到芳环的邻位或者对位，生成邻对位酚酮的反应，称为 Fries 重排反应。

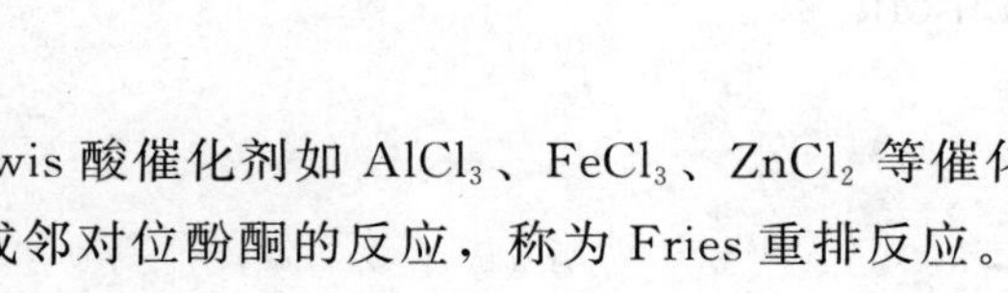

产物中酰基和酚羟基的相对位置和反应温度有关，低温下主要生成对位异构体，在较高温度下主要生成邻位异构体。

除温度对反应有影响之外，酰基结构对反应速率也有一定的影响。一般情况下，反应速率依次递减顺序为：$CH_3(CH_2)_nCO—(n=0\sim4)>C_6H_5CH_2CO—>C_6H_5CH_2CH_2CO—>C_6H_5CH=CHCO—>C_6H_5CO—$。芳环上连有给电子基团使反应活化，反之将使反应钝化。

Fries 重排还包含芳酰胺的重排，例如，2-氯苯甲酰-4′-甲氧基苯胺，在三氯化铋的催化下，可以发生 Fries 重排生成 2-(2-氯苯甲酰基)-4-甲氧基苯胺。

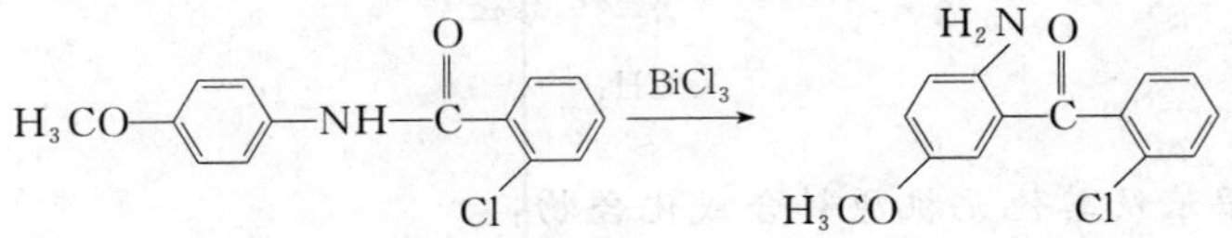

习　　题

▶ **基本训练**

7-1　完成下列反应，并指出属于哪一类重排反应。

（1） 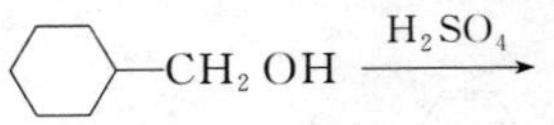 $\xrightarrow{H_2SO_4}$ （　　　　　　　）（　　　　　　　）

（2） $\xrightarrow{H_2SO_4}$ （　　　　　　　）（　　　　　　　）

（3） $\xrightarrow[\text{2. H}_2\text{O}]{\text{1. HNO}_2}$ （　　　　　　　）（　　　　　　　）

（4） $\xrightarrow{HNO_2}$ （　　　　　　　）（　　　　　　　）

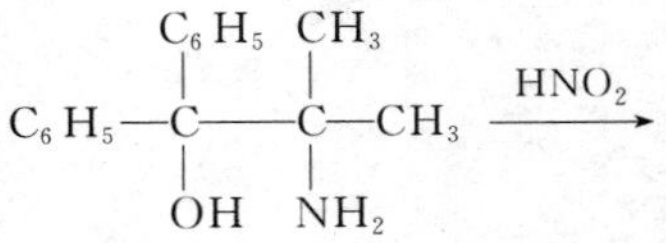

（5） 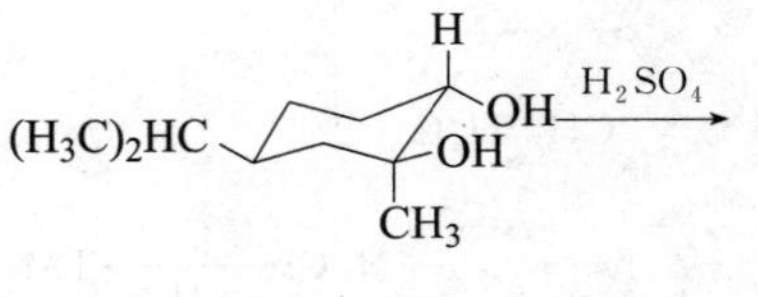 $\xrightarrow{H_2SO_4}$ （　　　　　　　）（　　　　　　　）

（6） 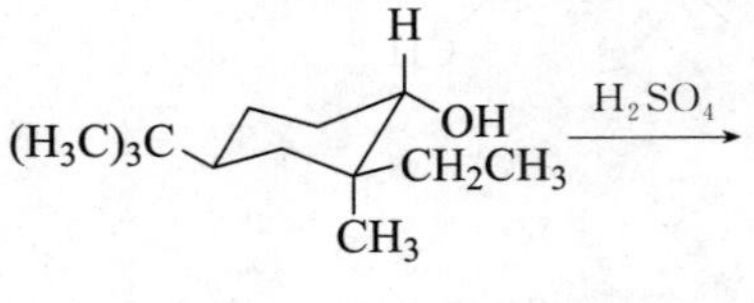 $\xrightarrow{H_2SO_4}$ （　　　　　　　）（　　　　　　　）

（7） 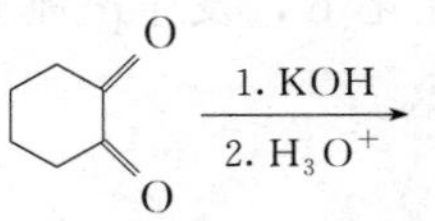 $\xrightarrow[\text{2. H}_3\text{O}^+]{\text{1. KOH}}$ （　　　　　　　）（　　　　　　　）

（8） 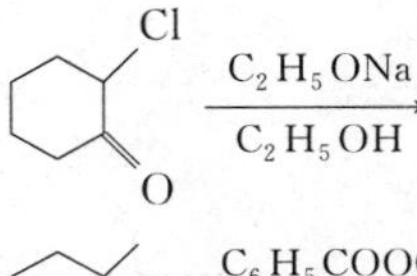 $\xrightarrow[\text{C}_2\text{H}_5\text{OH}]{\text{C}_2\text{H}_5\text{ONa}}$ （　　　　　　　）（　　　　　　　）

（9） 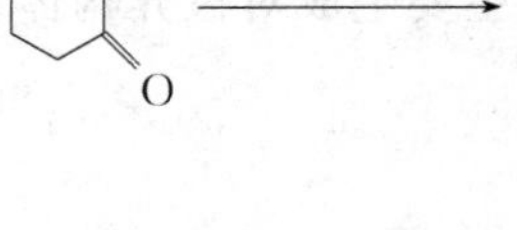 $\xrightarrow{C_6H_5COOOH}$ （　　　　　　　）（　　　　　　　）

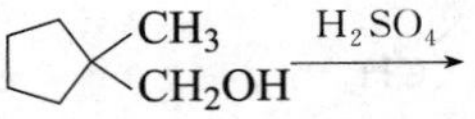

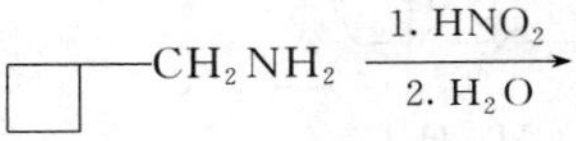

(10)
$$\text{naphthalene-COCl} \xrightarrow[\text{2. Ag}_2\text{O,H}_2\text{O}]{\text{1. CH}_2\text{N}_2} (\qquad\qquad)(\qquad\qquad)$$

(11)
$$\text{2-Cl-benzyl-CH}_2\text{CONH}_2 \xrightarrow{\text{Br}_2\text{,NaOH}} (\qquad\qquad)(\qquad\qquad)$$

(12)
$$\text{C}_6\text{H}_5-\overset{\text{CH}_3}{\underset{*}{\text{CH}}}-\overset{\text{NOH}}{\text{C}}-\text{C}_2\text{H}_5 \xrightarrow{\text{H}_2\text{SO}_4} (\qquad\qquad)(\qquad\qquad)$$

(13)
$$\text{bicyclic oxime} \xrightarrow{\text{H}_2\text{SO}_4} (\qquad\qquad)(\qquad\qquad)$$

(14)
$$\text{naphthalene-CH}_2\text{COOH} \xrightarrow[\text{H}_2\text{SO}_4]{\text{HN}_3} (\qquad\qquad)(\qquad\qquad)$$

(15)
$$\text{3-CH}_3\text{-C}_6\text{H}_4-\text{NH}-\text{NH}-\text{C}_6\text{H}_4\text{-3-CH}_3 \xrightarrow{\text{H}^+} (\qquad\qquad)(\qquad\qquad)$$

(16)
$$\text{benzene with OCOCH}_3, \text{OCH}_3, \text{COCH}_3 \xrightarrow{\text{AlCl}_3} (\qquad\qquad)(\qquad\qquad)$$

7-2 写出下列反应的机理。

(1)
$$\text{HO}-\text{cyclohexane-CH}_2\text{NH}_2 \xrightarrow{\text{HNO}_2} \text{cycloheptanone}$$

(2)
$$(\text{C}_6\text{H}_5)_3\text{C}-\overset{\text{O}}{\text{C}}-\text{naphthalene} \xrightarrow{\text{H}^+} (\text{C}_6\text{H}_5)_2\text{C}-\overset{\text{OH}}{\text{C}}-\text{C}_6\text{H}_5 \text{ (acenaphthene)}$$

(3)
$$\text{indane-1,2-diol} \xrightarrow{\text{H}_2\text{SO}_4} \text{indanone}$$

(4)
$$\text{H}_3\text{C}-\text{cyclopentane-CH=CH}_2 + \text{H}_2\text{O} \xrightarrow{\text{H}_2\text{SO}_4} \text{H}_3\text{C,OH cyclohexane-CH}_3$$

7-3 频哪醇重排产物为相应的频哪酮，为什么下列两个反应得到不同的产物？写出其相应的反应机理。

(1)

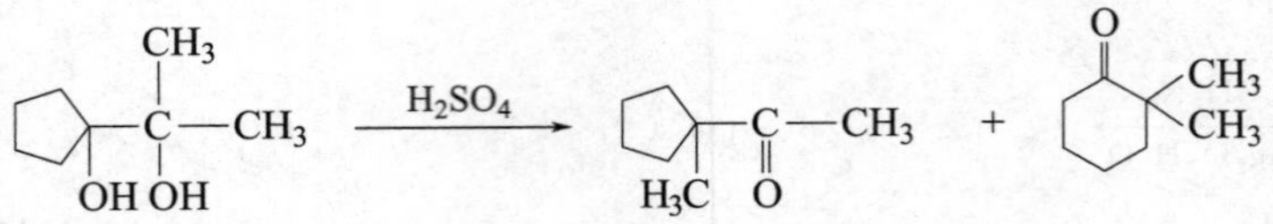

(2)

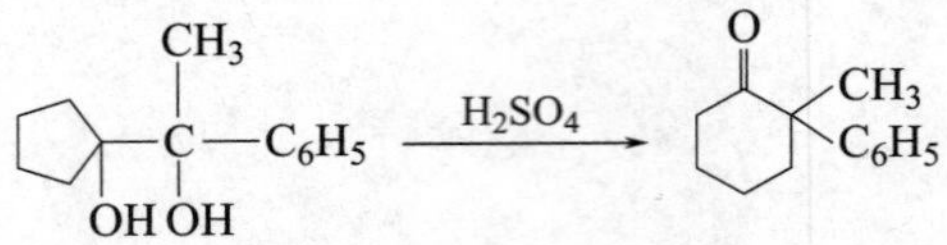

7-4 二苯乙二酮在 NaOH-H$_2$O 作用下可以重排成二苯羟乙酸，如果在 CH$_3$ONa-CH$_3$OH 体系中，则能得到什么产物？并写出反应机理。

7-5 2,7-二甲基-2,6-辛二烯用磷酸处理转变成下列化合物，试为该反应提出一个合理的机理。

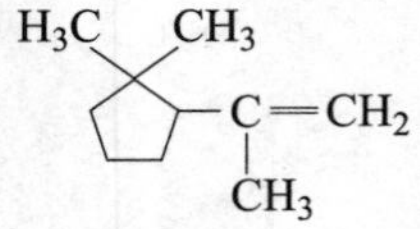

7-6 由苯乙酮及其他无机试剂合成下列化合物。

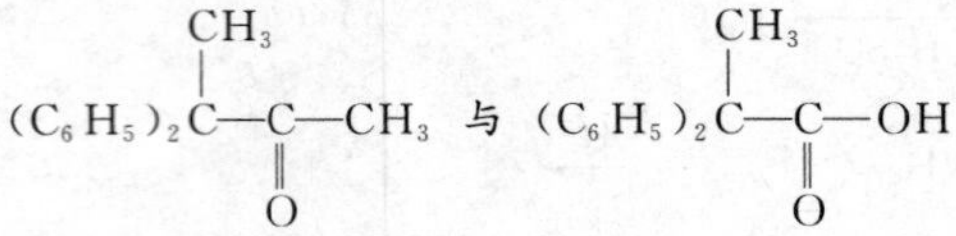

7-7 外消旋肾上腺素是以邻羟基苯酚的酯为原料合成的，请设计合成步骤完成外消旋肾上腺素的合成。

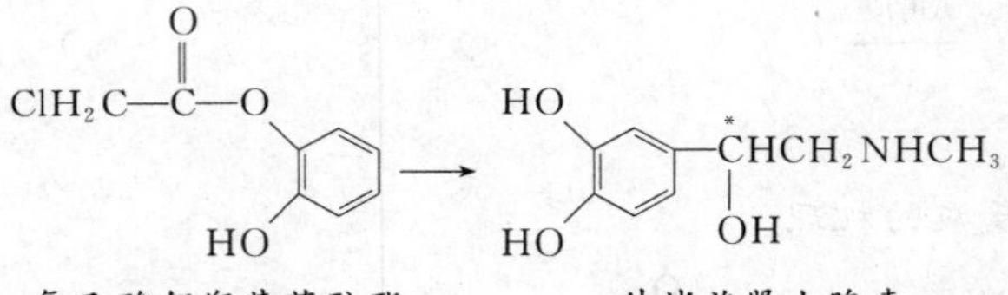

氯乙酸邻羟基苯酚酯　　　　　　外消旋肾上腺素

▶ 拓展训练

7-8 $\xrightarrow{\text{H}_2\text{SO}_4}$ (　　　　　　　)

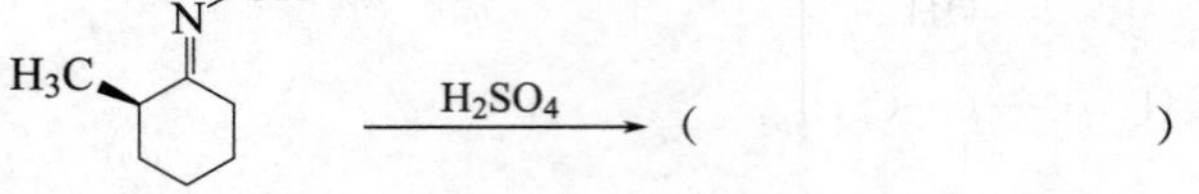

7-9 $\xrightarrow{\triangle}$ (　　　　　)

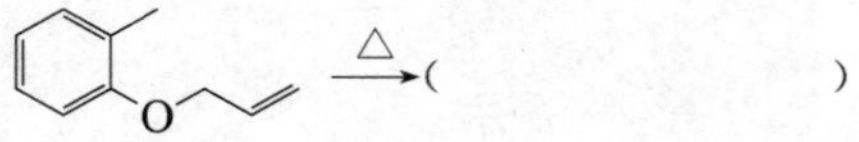

7-10 $\xrightarrow{\triangle}$ (　　　　　)

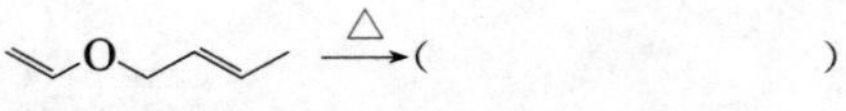

7-11 $\xrightarrow{\triangle}$ (　　　　　)

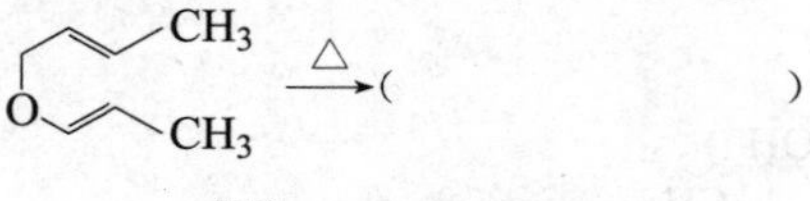

7-12 $\xrightarrow{\text{HBr}}$ (　　　　　)

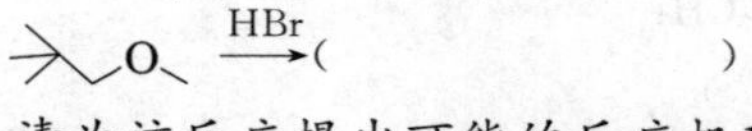

7-13 请为该反应提出可能的反应机理。

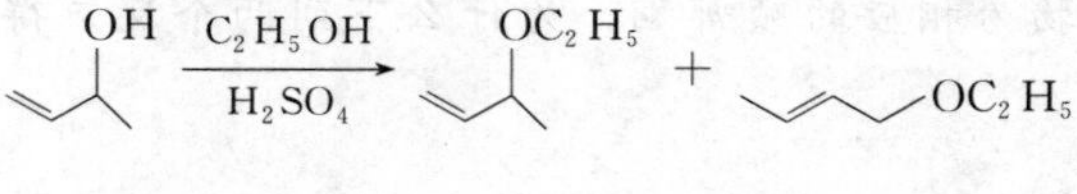

7-14 用反应历程解释下面的反应事实。

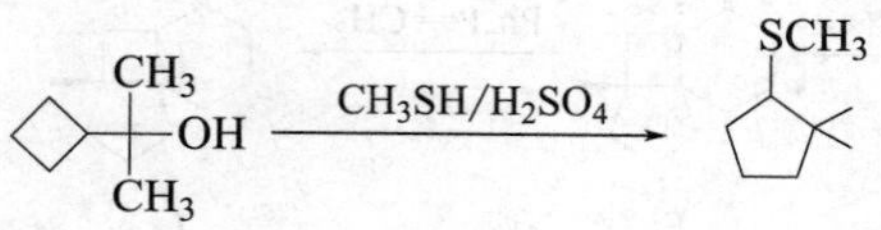

7-15 写出下列反应的机理。

（1）OHCCH₂CH₂CH₂CHCHO ——OH⁻→

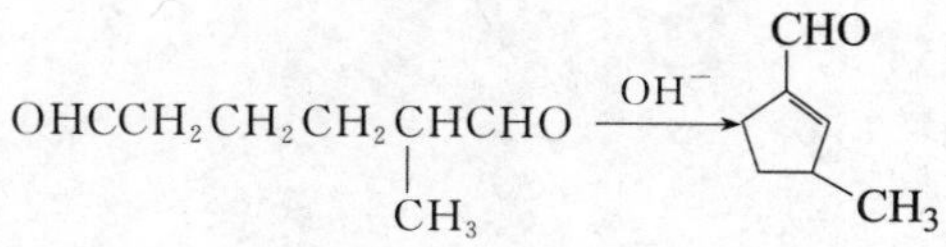

（2）

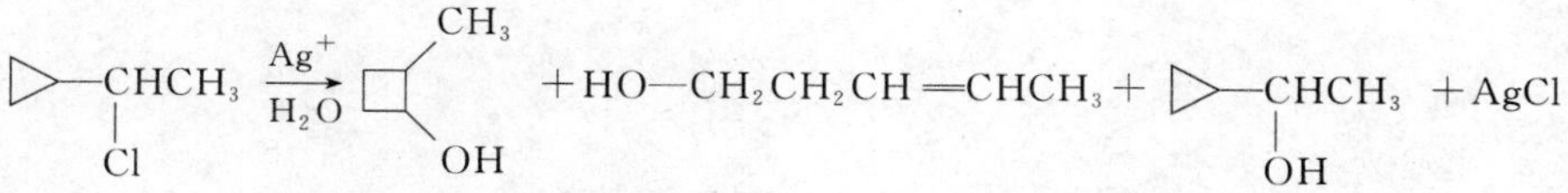

7-16 不饱和化合物 A（C₁₆H₁₆）与 OsO₄ 反应，再用亚硫酸钠处理得 B（C₁₆H₁₈O₂），B 与四乙酸铅反应生成 C（C₈H₈O），C 经黄鸣龙还原得 D（C₈H₁₀），D 只能生成一种单硝基化合物。B 用无机酸处理能重排为 E（C₁₆H₁₆O），E 用湿 Ag₂O 氧化得酸 F（C₁₆H₁₆O₂）。写出化合物 A、B、C、D、E、F 的化学结构式。

7-17 下列反应中 A、B、C 三种产物不能全部得到，请判断哪一些化合物不能得到，并写出合适的反应机理说明此实验结果。

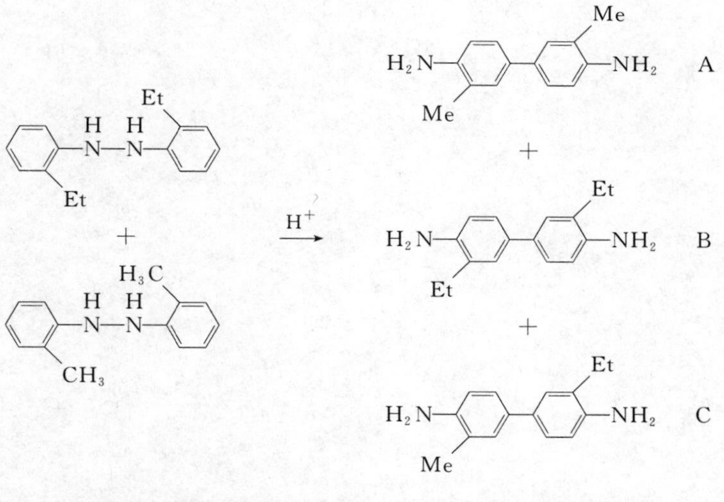

7-18 Isocomene 是一种结构非常特殊的倍半萜，15 个碳原子形成 4 个手性中心。合成路线如下所示：

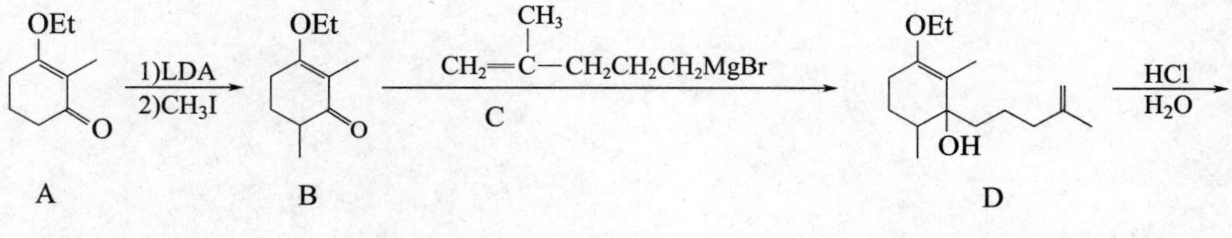

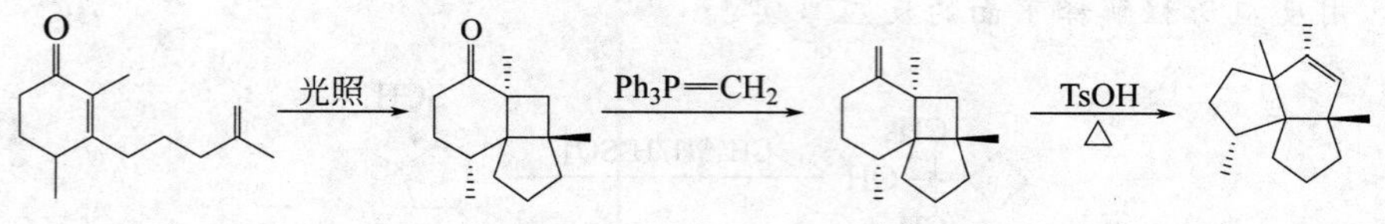

（1）试指出从 D 到 E 合理的反应机理。

（2）试指出从 G 到 H 合理的反应机理。

（3）从四碳以下化合物出发合成 C。

第❽章

有机合成设计

学习目标

▶ **知识目标**

了解有机合成设计的术语及基本知识。

理解逆合成分析的所遵循的原则。

掌握有机合成的基本方法如反合成分析、选择性控制、保护基的使用、导向基的使用等。

掌握有机合成设计的技巧。

▶ **能力目标**

运用有机化学中学到的基本反应设计有机化合物分子的合成路线。

有机化学包括天然产物化学、物理有机化学、有机合成化学、金属有机化学、化学生物学和有机新材料化学等。其中，有机合成是有机化学的灵魂，集中体现了有机化学的实用性和创造性的领域。它不仅可以合成自然界已有的物质，也可以合成自然界不存在的且性能更优越、结构更简单的化合物。

有机合成（organic synthesis）就是利用简单、易得的原料，通过有机反应，生成具有特定结构和功能的有机化合物。自 1828 年德国科学家伍勒（Wöhler）合成尿素以来，一百九十年间有机化学的发展，新的有机化合物不断涌现，有力地推动了药物化学、材料化学、生物化学、食品化学等领域的迅速发展。现在被美国 CA（Chemical Abstract）杂志收录的有机化合物已经达到 8000 多万个，而且增长的速度是爆炸式的，有机化合物也正对人们生活的方方面面产生着影响。

随着人类进入 21 世纪，社会的可持续发展及其所涉及的生态环境、资源、经济等方面的问题越来越成为国际社会关注的焦点。更为严厉的保护环境的法规不断出台，也使得化学工业界把注意力集中到如何从源头上杜绝或减少废弃物的产生。这对化学提出了新的要求，尤其是对合成化学，更是提出了挑战。环境经济性正成为技术创新的主要推动力之一。因此，有机合成重要的不在于合成什么，而在于怎么合成的问题。当今世纪的有机合成正朝着高选择性、原子经济性和环境保护性三大趋势发展。因此，有机合成的任务可以简单归纳如下：

① 以绿色化学理念为指导，继续推进有机合成在人类可持续发展中的应用。

② 合成新的能满足人类未来发展、健康、生活等方面需求的新型功能有机分子。

③ 合成具有特殊结构的有机化合物来验证有机化学理论，促进理论有机化学的发展和完善。

④ 进一步完善合成方法学，丰富有机合成的手段和技术。

⑤ 采用先进的技术，简化、提高合成效率，实现合成分子的多样性，达到有机合成设计智能化、自动化。

8.1 有机合成设计思路

有机化合物是由骨架、官能团和立体结构三部分组成，其中立体结构并不是每个有机化合物都具备的，而骨架和官能团却是每个有机化合物的组成部分，因此有机合成设计的总体思路是：第一，先将目标分子化繁为简，通过逆向分析将目标分子（target molecule，TM）逆推到起始原料；第二，根据逆向合成思路的逆向步骤，搭建目标化合物的分子骨架以及设计可能的反应；第三，对起始原料以及中间体进行官能团的引入、转换和保护，最终生成目标分子。

在有机合成设计中，不但需要运用有机化学的知识和技巧，还需要做创造性的思考，逻辑思维和直觉判断都是必不可少的。"工欲善其事，必先利其器"，掌握好设计工具尤为重要。掌握的反应越多，对反应的理解越透彻，设计时就会越灵活。设计工具主要指合成反应，因为许多反应并不是"放之四海而皆准"，所以对于合成反应不但要了解其反应机理和产物的特点，而且要了解反应的应用范围和适用限度。

随着合成方法和技术的发展，原有反应的适用范围会不断扩大，新的反应会不断被创造出来。做合成工作要善于整理归纳原有的知识，同时注意不断汲取新知识，使设计工具不断更新，才能设计出更简单高效的路线。

8.1.1 目标分子的基本构建

有机化合物的设计犹如建筑物一样，有了设计蓝图，首先需要埋下基石，打好地基，设置框架，再逐步往上搭建主体结构。有机化合物的合成设计需要建立化合物的基本骨架，然后搭建不同位置上的官能团，如果有立体化学问题，还要考虑立体选择性或立体专一性的反应，就像建筑物的主体朝向是正南还是东南，大楼的电梯具体在哪个位置一样。这里就包括基本骨架的建立、官能团的转换、反应的区域选择性和立体化学的控制问题，而熟悉了这些内容，才能有利于采用逆向合成法正确推导出目标分子的前体和所用试剂，设计出合理的合成路线。

（1）基本骨架的建立

有机分子的基本骨架是指分子的碳骨架（carbon skeleton）。因为有机化合物的分子骨架主要可分为脂肪族开链、脂肪族碳环、杂环以及芳香族等主要结构，而芳香族分子的基本骨架是芳香环，所以可以用苯及其衍生物为原料来设计合成方法，而脂肪族分子的骨架则是需要通过形成或断裂 C—C 键来实现，主要包括以下反应。

① 碳链增长的反应

a. 通过 Grignard 试剂反应　与醛、酮的反应；与卤代烃的反应；与羧酸衍生物的反应；与其他试剂的反应，如 CO_2、环氧乙烷等。

b. 活泼亚甲基上的烃基化反应　卤代烃与 β-二酮、β-羰基酸酯、β-羰基腈等的反应，酮

经烯胺在羰基的 α-位上烃基化反应。

　　c. 分子间的缩合反应　羟醛缩合反应，Claisen 酯缩合反应，Claisen-Schmit 反应，Darzens 反应，Reformatsky 反应，Knoevenagel 反应，Michael 反应，Mannich 反应，Perkin 反应，Wittig 反应，Wurtz 反应，Fries 反应，安息香缩合反应，傅-克烃基化、酰基化反应，酮的双分子还原，烯烃的羰基化反应。

　　② 碳链缩短的反应

　　a. 烯烃的臭氧化及高锰酸钾氧化。

　　b. α-二醇、α-羟基醛酮的高碘酸氧化。

　　c. 芳环侧链的氧化。

　　d. α-羰基酸或 β-羰基酸的脱酸反应。

　　e. 卤仿反应。

　　f. 烷基或芳基从碳原子重排到杂原子上的反应，如 Beckmann 重排、Baeyer-Villiger 重排、Curtius 重排、Hofmann 重排等。

　　③ 碳环的形成

　　a. 烯烃与卡宾的加成（三元环）。

　　b. 共轭烯烃的电环化反应、环加成反应（四元环、五元环、六元环）。

　　c. 二元羧酸酯的 Dieckmann 缩合和醇酮缩合。

　　d. Robinson 增环反应。

　　e. 芳环与丁二酸酐的反应。

　　f. 丙二酸二乙酯与二卤代烃反应。

（2）官能团的转化

　　有机化合物是由碳骨架和结合在碳骨架上的官能团组成，官能团的相互转化是有机化学反应的具体应用，所以在学习有机化学各章节时，要善于总结有机化学反应中各官能团转变的不同反应条件和反应所用的试剂类型等，为有机合成打下良好的基础。

　　对于有机化学反应，官能团转化主要有取代反应、加成反应、消去反应、氧化还原反应等。

8.1.2　逆合成分析

　　有机合成是利用化学反应，将简单的有机化合物制成比较复杂的有机化合物的过程。对于同一目标化合物（target molecule，TM）可以有多条合成路线，不同路线在合成效率上（反应步数、总产率、反应条件、原料来源、反应时间、中间体和产物纯度等）存在明显的差别，这些路线都是合理的，但不一定是适用的，适用的路线须根据实际情况确定。然而，适用的路线必然来自合理的路线。

　　1964 年，科里（Corey E J）在 J. Am. Chem. Soc（1964，84，478）首次用合成子（synthon）、切断（disconnection）和逆合成法（retro-synthesis）研究有机合成设计，对有机合成化学是一次革命。他在前人通过逻辑推理构建复杂结构的基础上，吸取了计算机程序设计的思想，对许多合成反应进行系统的归纳整理，首次提出了由有机合成的目标分子逆推到合成起始原料的逻辑方法——逆合成分析法（retro-synthetic analysis），并且身体力行，运用逆合成分析的思想完成了多个复杂天然产物的全合成，包括 Prostaglandins、Longifolene、Ginkgolids A 和 B 等，为此他在 1990 年获得诺贝尔化学奖。

逆合成分析（retro-synthetic analysis），也可称为反合成分析或合成子法，与正向合成刚好相反，它从靶分子（TM）出发，设想目标分子是由前体通过某种反应转化而成，将其用逆向切断、连接、重排和官能团互换、添加、除去等方法，分割成若干结构更简单的前体，将推出的前体再次作为目标分子，然后重复上述分析，直到推出简单易得的起始原料为止。逆合成分析使得路线设计有章可循、有法可依，虽经历多步仍可有条理地进行。

正向合成：原料 $\longrightarrow$ 中间体1 $\longrightarrow$ 中间体2 $\longrightarrow$ $\longrightarrow$ 目标分子

逆合成分析：目标分子 $\Longrightarrow$ 前体1 $\Longrightarrow$ 前体2 $\Longrightarrow$ $\Longrightarrow$ 原料

以下介绍反合成分析法中设计的一些基本概念：

（1）合成子

合成子（synthon）指在逆向合成法中，通过切断（disconnection）C—C或C—X化学键而拆开TM分子后，得到的假想的带电碎片（也可以是自由基或中性分子）。合成子分为离子型合成子［包括a（acceptor）亲电性合成子，d（donor）亲核性合成子］、自由基合成子r（radical）和周环反应所需的中性分子合成子e（electon）。合成子是一个抽象化的概念，不同于实际的分子、离子和自由基，它可能是反应中的实际中间体，也可能并不存在。由合成子再推导出相应的试剂或中间体，这种逆推方法可以用"$\Longrightarrow$"来表示：

$$\underset{\underset{C_6H_5}{|}}{\overset{\overset{C_2H_5}{|}}{C}}\!\!-\!\!\overset{OH}{\underset{CH_3}{|}} \Longrightarrow C_2H_5^- + C_6H_5\!-\!\overset{+}{\underset{|}{C}}\!-\!OH$$

d-合成子　　　　a-合成子

（还有r-合成子，e-合成子）

合成等价物（synthetic equivalent，SE）指能起合成子作用的试剂。例如 $C_2H_5^-$ 的SE是 C_2H_5MgX、C_2H_5Li 等。

$$HO\!-\!\overset{CH_3}{\underset{+}{C}}\!-\!C_6H_5 \cdots\cdots C_6H_5\!-\!\overset{O}{\overset{\|}{C}}\!-\!CH_3$$

（2）反合成子

合成子表示通过逆合成分析转化后得到的结构单元，而反合成子（retron）则是进行某一转化的必要结构单元。例如：

上面的Diels-Alder反应中，环己烯和环戊二烯就是反合成子。

（3）切断

切断（disconnect，简写为dis）是成键的逆过程，是通过切断化学键，把TM分子骨架切割成不同性质的合成子，称逆向切断。合成分析法中，切断通过在双箭头上标注"dis"来表示，用垂直波纹线标示在被切断的键上，用双箭头"$\Longrightarrow$"标示通过切断得到的分子碎片。例如：

（4）重接

重接（reconnection，简写为recon）就是把TM分子中两个适当的碳原子用化学键连接起来，它往往对应于合成中的开环反应。它与切断是两个截然不同的分析过程，但目的相同，都是导向易于合成的前体。重接一般是在双箭头上标注"recon"来表示。例如：

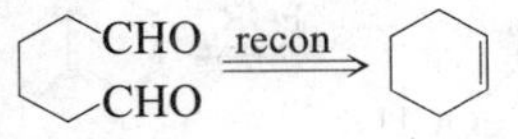

（5）逆向重排

逆向重排（rearrangement，简写为 rearr）是把目标分子骨架拆开和重新组装，称逆向重排。它是实际合成中重排反应的逆反应。重排通过在双箭头上标注"rearr"来表示。例如：

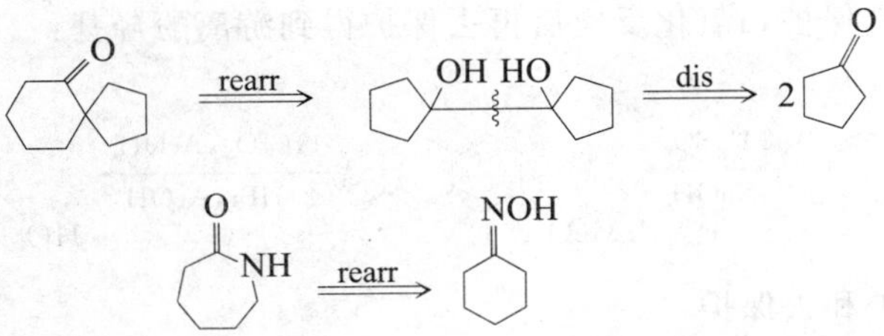

（6）官能团变换

在不改变目标分子基本骨架的前提下，变换官能团的性质和位置，称为官能团变换，官能团变换在合成设计中的主要目的是：将目标分子变换成在合成上比母体化合物更易制备的前体化合物，该前体化合物构成了新的目标分子，称为变换靶分子；为了逆向切断、连接或重排变换，必须将目标分子上原来不适用的官能团变换成所需要的形式，或暂时添加某些必要的官能团；添加某些活化基、保护基、阻断基或诱导基，以提高化学、区域或立体选择性。官能团变换一般包括三种变换：

① 官能团转换（functional group interconversion，FGI）　将目标分子中的一种官能团逆向变化为另一种官能团，而具有此官能团的化合物本身就是原料或较容易制备，目的是能够转变成相对简单易得的前体物质，官能团变化用在双箭头上标注"FGI"来表示：

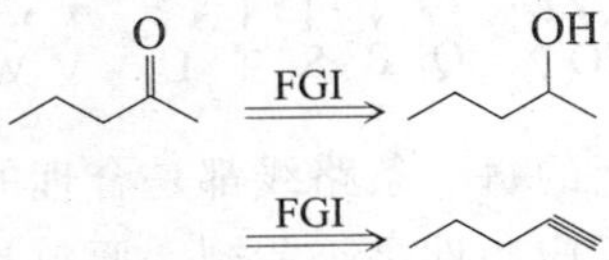

② 官能团添加（function group addition，FGA）　就是在目标分子的一个适当位置增加一个官能团以利于反应的顺利进行，目的是帮助逆合成分析中的切断、连接步骤，同样也有助于选择合成原料和前体物质。有两种情况需要添加官能团：a.分子中特定的位置不含官能团时，直接切断十分困难，添加官能团后，可使目标分子对应于某一确切的反应，切断顺理成章；b.当反应需要进行选择性控制时，可以通过在特定位置添加致活基及保护基实现。官能团添加用双箭头上标注"FGA"来表示：

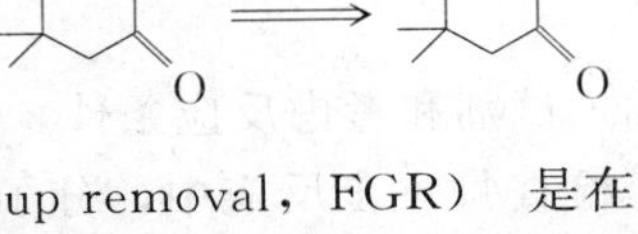

③ 官能团消除（function group removal，FGR）　是在目标分子中除去一个或几个官能团，使分子简化，这是逆向分析常用的方法，便于合成分析，同时也可避免这些官能团在合

成过程中相互影响。官能团消除在双箭头上标注"FGR"来表示:

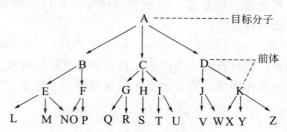

(7) 官能团保护

一个试剂如果与多官能团化合物反应,可能会和其中的两个或两个以上的官能团均发生反作用,而反应目的是只希望与其中一个官能团发生反应,这时就将不需要反应的官能团先保护起来,待反应完成再去除保护,这称为官能团保护(function group protection)。例如,酚羟基易氧化,先将其保护,氧化反应后再去保护得到游离酚羟基:

又如,氨基的保护和去保护:

$$R\text{—}NH_2 \xrightarrow{CH_3COCl} R\text{—}NHCOCH_3 \xrightarrow[H_2O]{H^+} R\text{—}NH_2$$

(8) 合成树

在反合成分析中,简单的目标分子只需经几步转化就能得到起始原料。复杂分子则需要多步转化才能得到起始原料,而可能导出的反应合成路线不止一条,分子越复杂,可能的路线就越多,推导出的图像就如同一颗倒置的树,该图像称为合成树(synthetic tree)。

要注意的是,并不是合成树上的每一条路线都是合理的合成路径,还必须经过考查、比较,通过比较合成路线的长短,反应条件是否苛刻,原料是否易得等综合考虑选择。

逆合成分析也就是以反合成分析法中的合成子概念及切断法为基础,从目标化合物出发,通过适当的切断或官能团变换,添加和消除,一步一步去寻找一个又一个前提分子,直至找到最适宜的原料为止。

逆合成分析的步骤如下:

① 识别目标分子的类型和结构特点,为后面的切断、官能团变换等建立正确的设计思路。

② 根据目标分子的特点,对其骨架进行改造或官能团变换,找到目标分子的反合成线路。

③ 逆向分析的步骤逆转,加入试剂和考虑反应条件,形成初步的合成路线。

④ 检验合成路线的合理性,检查每一步反应中,分子中的官能团之间是否有干扰、影响,基团的保护和去保护,反应的化学选择性、区域选择性和立体选择性等。

⑤ 写出完整的合成路线。

8.1.3 目标分子的切断策略与技巧

利用逆合成分析法原理，要对结构复杂的目标分子，通过切断和官能团的转化等手段，逐步推出合成目标分子的起始原料，这里介绍一些切断的策略和技巧。

（1）优先考虑骨架的形成

有机物由骨架与官能团两部分组成，在合成过程中，总存在骨架与官能团的变化。有机合成问题，着眼于官能团与骨架的变化，有下列四种类型。

① 骨架与官能团均不变，仅官能团位置变化。

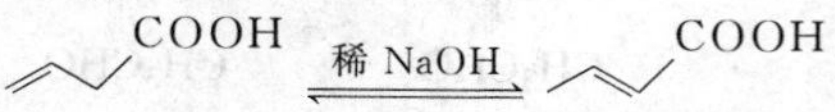

② 骨架不变，官能团变化。

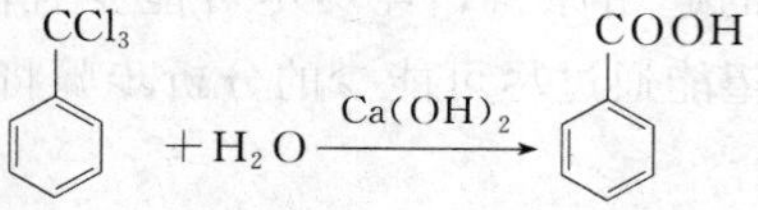

③ 官能团不变，骨架变化。

$$CH_3(CH_2)_5CH_3 \xrightarrow[\text{紫外线}]{CH_2N_2}$$

$$CH_3(CH_2)_6CH_3 + CH_3CH(CH_2)_4CH_3 + CH_3CH_2CH(CH_2)_3CH_3 + (CH_3CH_2CH_2)_2CHCH_3$$
$$\qquad\qquad\qquad\qquad\overset{|}{CH_3}\qquad\qquad\qquad\qquad\overset{|}{CH_3}$$

④ 骨架、官能团都变化。

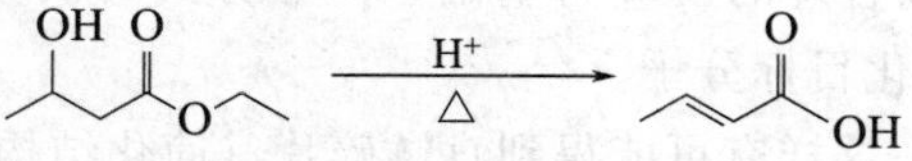

其中最重要的是骨架由小到大的变化。

（2）碳杂键优先切断

碳原子与杂原子（主要是 O、S、N 等）形成的键往往是极性共价键，一般可由亲电体、亲核体之间的反应形成，所以目标分子中有杂原子时可以考虑在杂原子处先切断的策略。同时由于连接杂原子的化学键往往不稳定，在合成过程中也容易再连接。所以在杂原子处的切断，对于分子骨架的建立和官能团的引入也有一定的指导意义。例如：

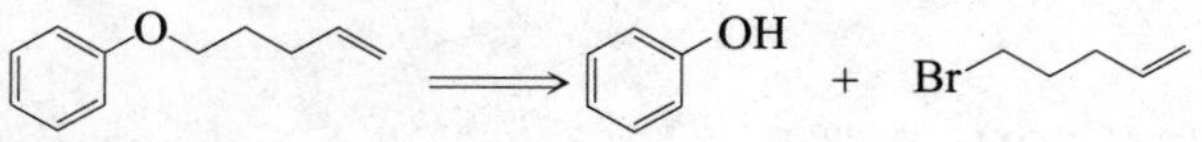

（3）添加辅助基团后切断

某些化合物结构上没有明显的官能团，或没有明显可切断的键，此时，可在分子中适当位置添加某个官能团，以利于找到相应的合成子，但同时应考虑到该官能团的除去。例如：

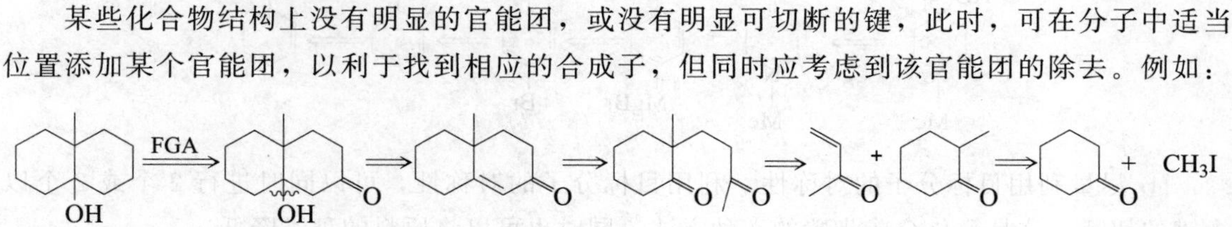

（4）逆推到合适阶段再切断

有些分子不能直接切断，或切断后得到的合成子在正向合成时无合适方法将其连接起来。此时，应将 TM 逆推到某一替代的 TM 后再切断。

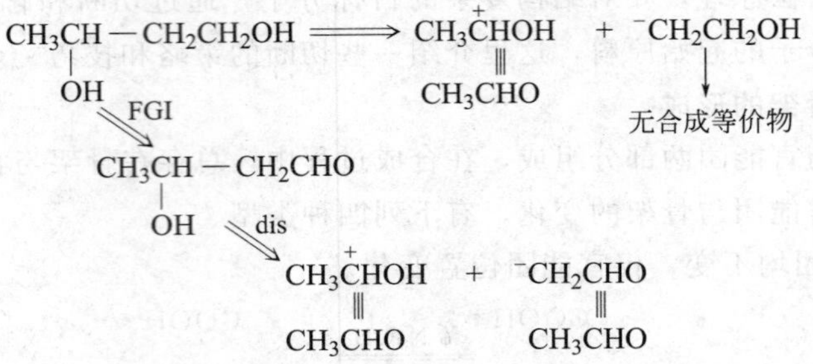

$$CH_3CH-CH_2CH_2OH \Longrightarrow CH_3\overset{+}{\underset{\parallel}{C}HOH} + {}^-CH_2CH_2OH$$
$$\underset{OH}{\qquad} \qquad\qquad CH_3CHO \qquad\qquad\downarrow$$
$$\Big\Downarrow FGI \qquad\qquad\qquad\qquad\qquad 无合成等价物$$

$$CH_3CH-CH_2CHO$$
$$\underset{OH}{\qquad}$$
$$\Big\Downarrow dis$$

$$CH_3\overset{+}{\underset{\parallel}{C}HOH} + {}^-CH_2CHO$$
$$CH_3CHO \qquad\qquad CH_3CHO$$

（5）最大程度地简化

合成时，希望由简单易得的起始原料，经历尽可能少且高效的步骤，快速合成目标分子。同样，逆合成分析时也希望能通过尽可能少的分析步骤将目标分子化繁为简，实现最大程度的简化，可遵循以下原则。

① 在接近分子的中央处进行切断。将目标分子切成合理的、差不多大小的两半。

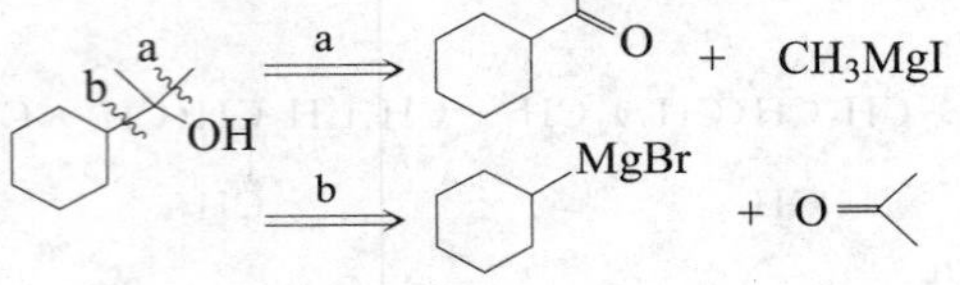

a、b 两种切断方式均以合理的反应为基础，但 a 方式每次只切下一个碳片段的效率太低，b 方式可以更快速地简化目标分子。

② 在支点上进行切断，这样有可能得到直链碎片（简化结构），而这些直链碎片有可能是易得的化合物，如下所示：

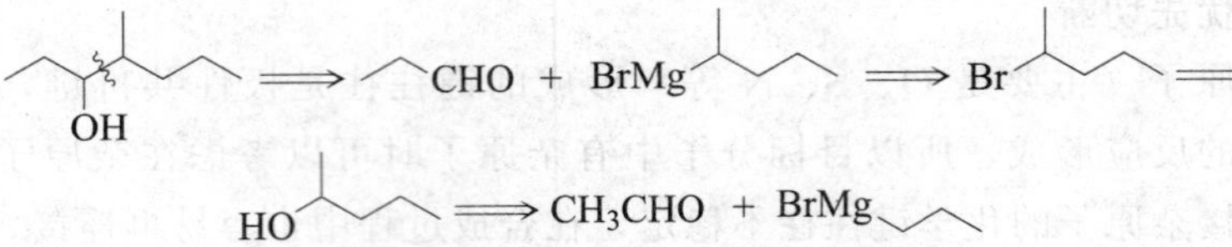

③ 有环和有链时，一般选择在环链相接处切断。这样保持了环的完整性，可直接以环状化合物为原料。

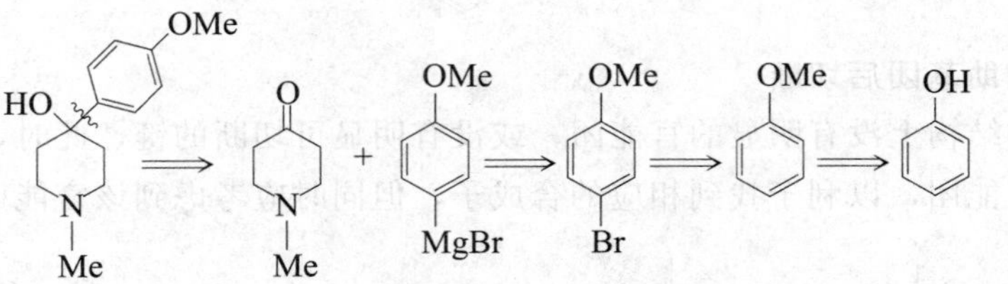

④ 尽量利用目标分子的对称性　利用目标分子的对称性，可以同时进行 2 个或 2 个以上键的切断，这是简化合成步骤的一种方法，同时也可以将原料的种类降低。

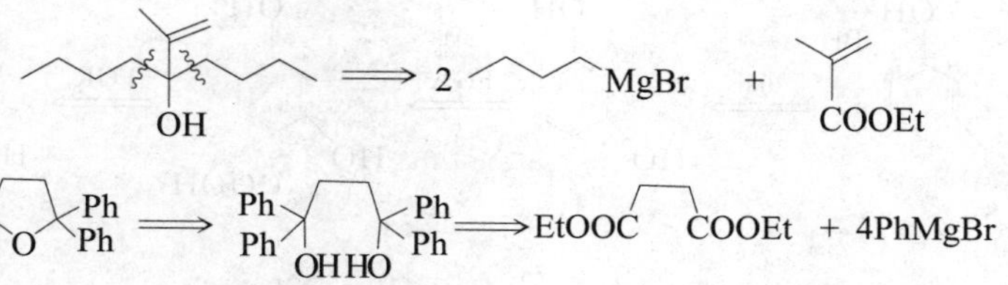

以上两个目标化合物均可利用格氏试剂与酯类化合物的反应，一次形成 2 个键。

上述的这些策略并非所有情况下都要用到，有些情况下这些策略是相互抵触的，重要的是学会判断，利用已有的有机反应知识，摒弃不合理或者反应条件苛刻的路线，在实验中尝试好的路线。

8.1.4 逆合成分析举例

【例 8-1】

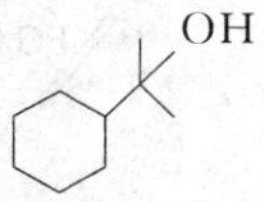

分析：对目标分子可以有两种切断方式，前一方式每次只切下一个碳片段、效率低，后一方式则更快地简化了目标分子，显然是后一方式所用的试剂更简单。

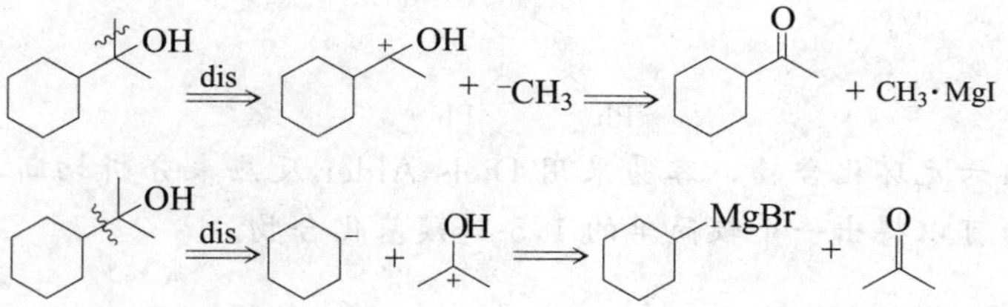

【例 8-2】

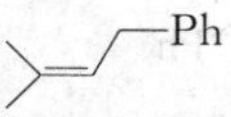

分析：通过目标分子可知水分子可以加成到双键上，故脱水可得逆合成路线。

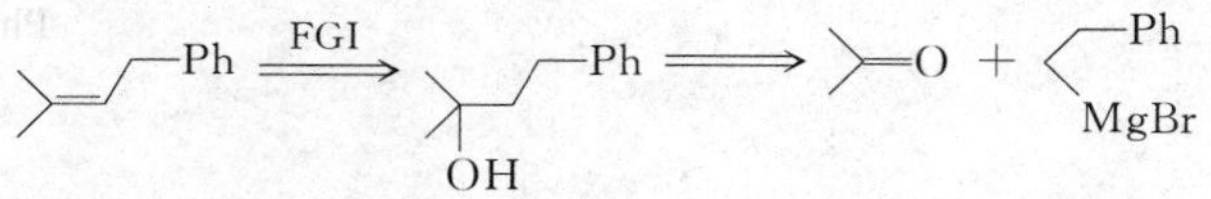

【例 8-3】

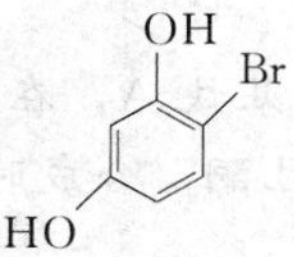

分析：如果采用间苯二酚作原料，因为—OH 是第一类定位基，直接溴化不可避免会有二溴代产物生成，但可以采用的方法是先引入羧基，封闭一个溴原子要进入的部位，溴化完毕再将羧基除去（详见 8.2.2 中的封闭导向）。

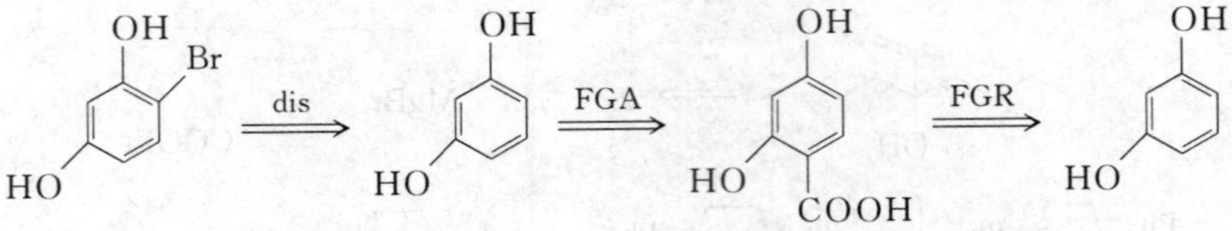

【例 8-4】

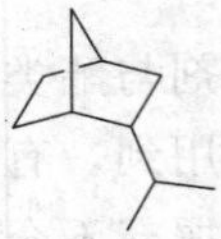

分析：根据目标分子，可利用 Diels-Alder 反应的特点进行逆合成分析，至于双键可在合成步骤中加氢还原得到。

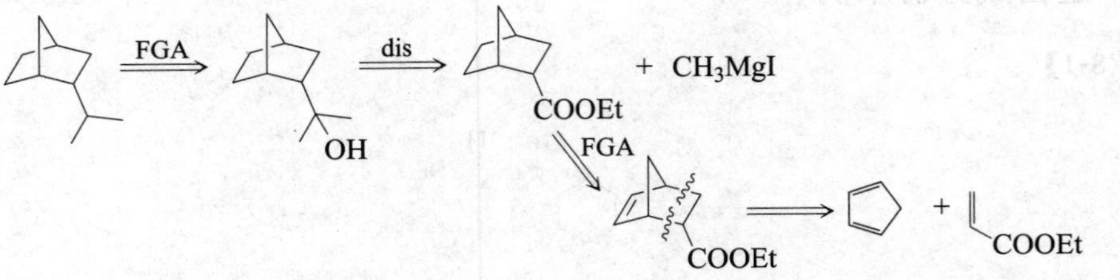

【例 8-5】

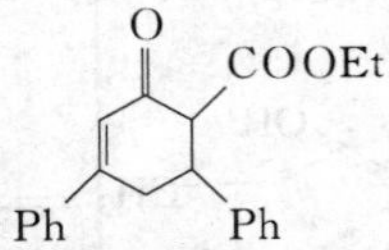

分析：初看该六元环化合物，容易采用 Diels-Alder 反应来分析切断，但结果反而更复杂。通过以下切断可以得出一个较简单的 1,5-二羰基化合物。

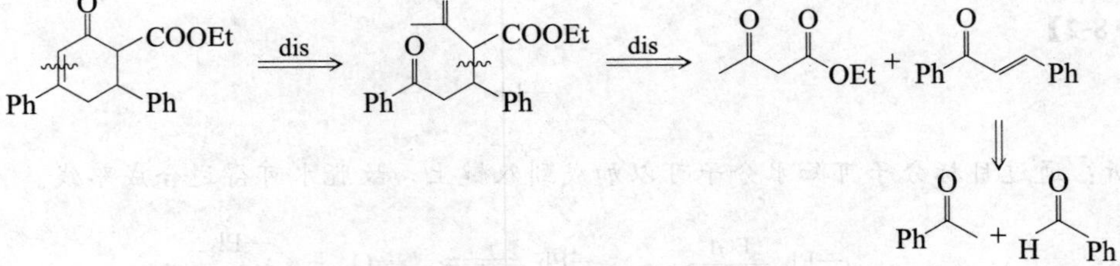

【例 8-6】

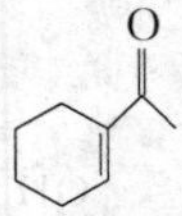

分析：甲基酮经 FGI 逆推前体为端基炔 A，在 A 的双键上加水且—OH 加在支点上推出前体为炔醇 B，切掉炔基，原料为环己酮。合成时炔基水合和环上脱水同步。

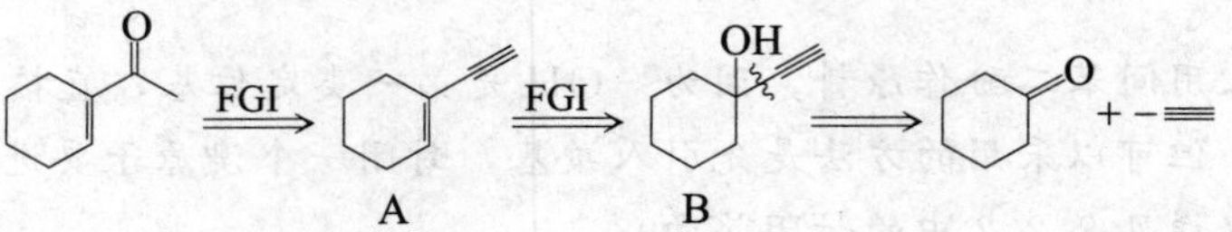

【例 8-7】

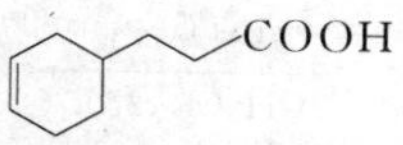

分析：在 α-C 和 β-C 之间切断，推出丙二酸酯和溴代物 A，A 经两次 FGI 推出前体 C，C 很明显可由丁二烯和丙烯酸酯经 Diels-Alder 反应制备。

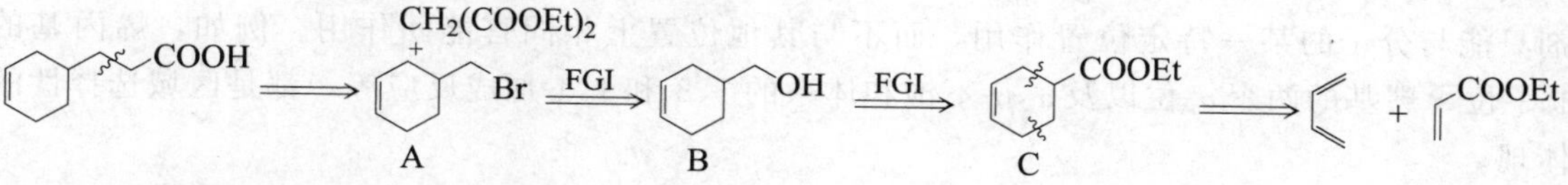

【例 8-8】

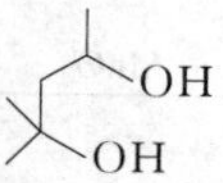

分析：目标分子是一个 1,3-二醇，可通过 FGI 将其中一个羟基转换为羰基（只有一个羟基可以进行 FGI，另一个羟基所连的碳原子已经四价），得到 β-羟基酮，在 α-C 和 β-C 之间切断，原料为两个丙酮分子。

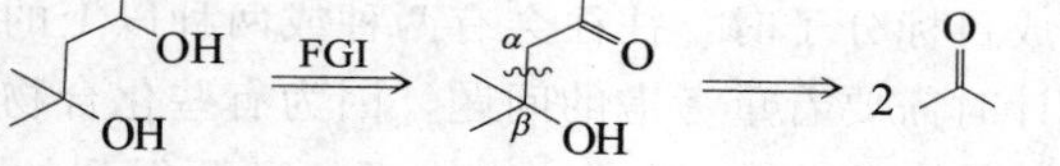

8.2 有机合成方法选择与应用

在有机合成进行过程中，必然会遇到有关控制问题。例如，需要在反应物分子的特定位置发生特定的反应。在复杂分子的合成过程中，如果分子中含有两个或两个以上反应活性中心时，则可能会发生反应试剂不能按照预期的要求进攻某一部位或者某一官能团不能发生与之对应的反应，这时，就必须考虑反应选择性的问题，同时可以采取应用某些导向基、定位基和保护基等使反应能够进行，以达到预期的合成要求。

8.2.1 有机反应选择性的应用

有机反应选择性（organic reaction selectivity）表示在特定条件下，同一底物分子的不同位置、不同方向上可能发生反应时生成几种不同产物的倾向性。当某一反应是优势反应时，其反应产物就为主要产物，这种反应的选择性极高；有机反应选择性主要有化学选择性、区域选择性和立体选择性。

化学选择性（chemical selectivity）指不使用保护或活化等策略，反应试剂对不同的官能团或处于不同化学环境的相同官能团进行选择性反应，或一个官能团在同一反应体系中可能生成不同官能团产物的控制情况，这种特定的选择性就是化学选择性。例如：

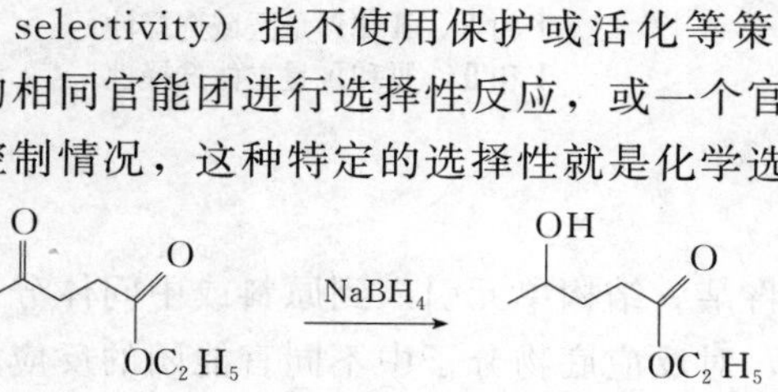

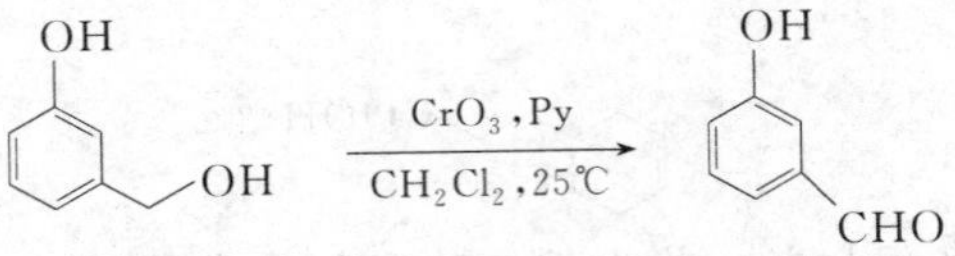

$$CrO_3, Py \quad CH_2Cl_2, 25℃$$

区域选择性（regional selectivity）是指试剂对反应底物分子中的不同部位的进攻，从而生成不同产物的选择性过程，也就是说相同官能团在同一分子的不同位置上起反应时，若试剂只能与分子的某一特定位置作用，而不与其他位置上相同官能团作用。例如，烯丙基的1,3-位，羰基的两个 α-位以及 α,β-不饱和体系的1,2-和1,4-加成反应等，都是区域选择性的体现。

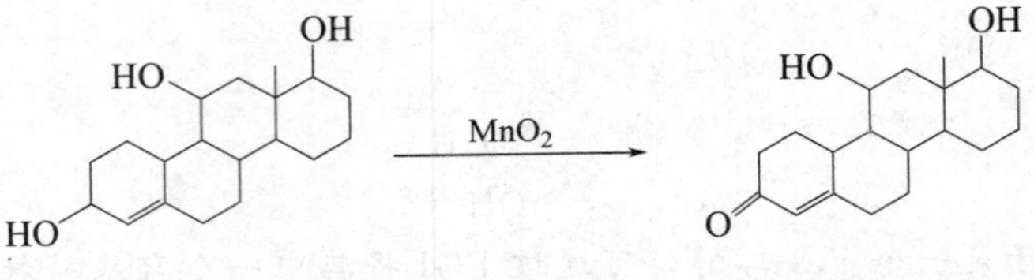

$$MnO_2$$

立体选择性（stereo selectivity）是指反应产生的立体选择性问题。包括顺/反异构选择性，对映异构、非对映异构选择性。如果某个反应只生成某一种异构体，而没有另一种，就叫立体选择性。

在应用各种反应生成目标分子时，往往会有两种或两种以上的异构体生成，控制产物的立体结构是合成路线设计时需要着重考虑的问题，因为有些化合物只有一种立体构型满足合成产物的需要。例如，炔烃在 Lindlar 催化剂存在下，还原得到的加成产物为顺式烯烃，而在液氮中用金属钠还原得到反式烯烃：

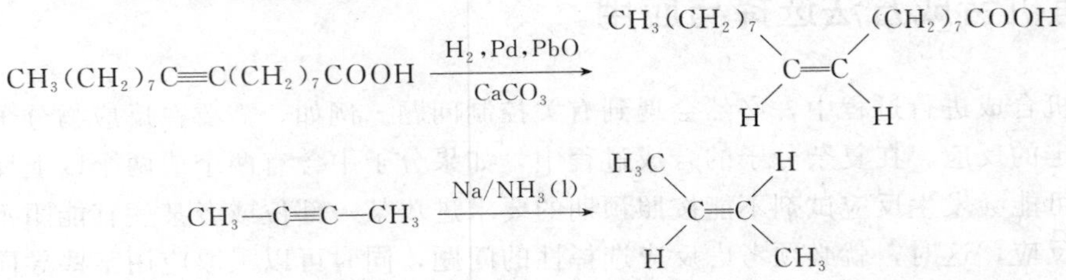

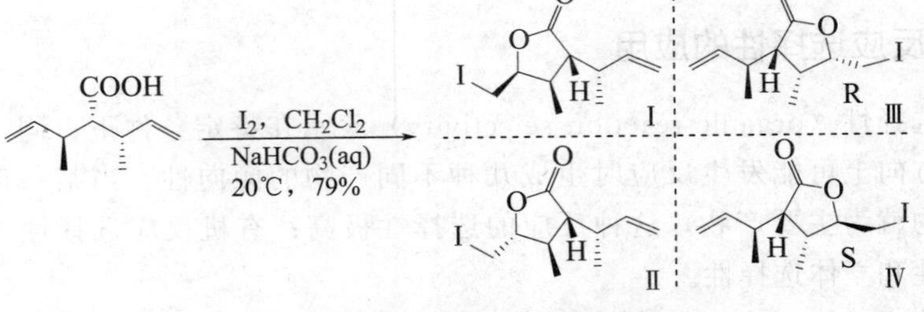

$$CH_3(CH_2)_7C\equiv C(CH_2)_7COOH \xrightarrow[CaCO_3]{H_2, Pd, PbO}$$

$$CH_3-C\equiv C-CH_3 \xrightarrow{Na/NH_3(l)}$$

$$\xrightarrow[20℃, 79\%]{I_2, CH_2Cl_2 \\ NaHCO_3(aq)}$$

I 和Ⅲ、Ⅱ和Ⅳ是区域选择性
I 和Ⅱ、Ⅲ和Ⅳ是立体选择性

8.2.2 导向基的应用

在有机合成中，为了将某一结构单元引入到原料或中间体分子的特定位置上，除了前面所述根据反应选择性情况，对反应底物分子中不同官能团的反应活性大小，所在位置等来进行选择反应外，对于一些无法直接进行选择或无法进行反应性选择的官能团，可以在反应前引入某种控制基团来促使选择性反应的进行，在反应结束后再将其除去，这种在反应前预先引入，达到某种目的的控制基团就称为导向基（oriented group），按照其不同的作用也可称为活化导向、钝化导向或者封闭导向等。

(1) 活化导向

为了使后续基团能够进入确定的位置，可以引入活化基，使得待反应部位的活性增加，比分子其他部位的活性都要强，反应就顺理成章地发生在这个部位。活化是最重要的导向手段。例如苄基丙酮的合成。

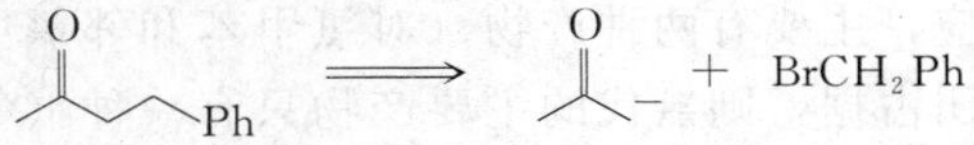

$$\overset{O}{\underset{}{\|}}\text{—CH}_2\text{—Ph} \implies \overset{O}{\underset{}{\|}}\text{—}^- + \text{BrCH}_2\text{Ph}$$

若是直接采用丙酮和苄溴反应制备的苄基丙酮收率很低。原因是丙酮的 α-H 酸性较弱，使用醇钠作碱，只有极少部分烯醇负离子形成，溶液中还存在大量未反应的丙酮，因此会发生丙酮自身的羟醛缩合反应。而丙酮两侧的 α-H 酸性几乎相同，若使用强碱，除了一烃基化产物外，还有二烃基化副产物。

副反应：丙酮自缩合、多取代生成二苄基丙酮。

解决办法：为了避免上述副反应，可在羰基一侧添加致活基，一方面使两侧 α-H 活性有差异，可以停留在一烃基化阶段，另一方面增加了 α-H 的酸性，在 EtONa 的作用下，可以全部形成烯醇负离子，从而避免了丙酮自身的羟醛缩合反应。

活性无差异　　　　　　活性有差异

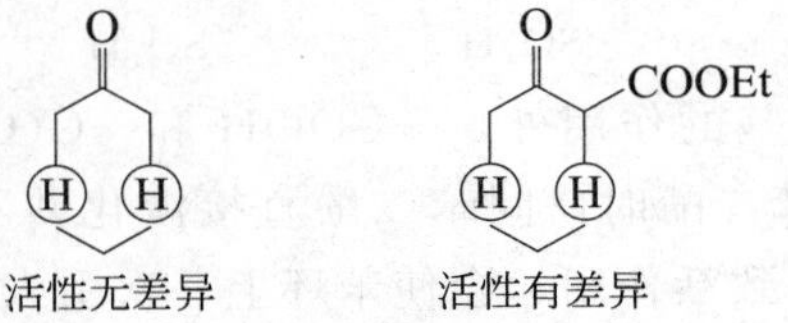

合成：

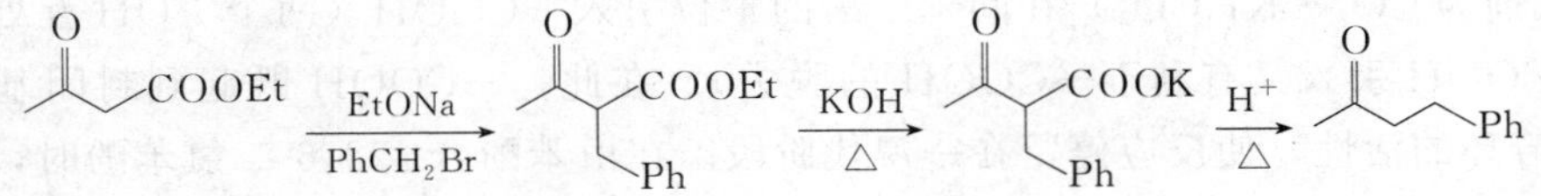

(2) 钝化导向

导向基的主要目的是使需要发生反应的部位较其他部位更活泼，这是一个相对的概念。在合成时既可以引入致活基增强待反应部位的活泼性，也可以钝化其他位置，降低其他位置的活泼性，达到突出待反应部位的目的。例如对溴苯胺的合成。

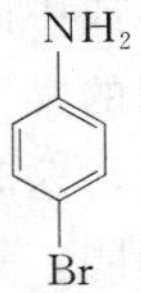

若直接采用苯胺溴化，因为氨基是强致活基团，会在苯环上一次引入 3 个 Br—，因此必须使氨基钝化，减弱氨基对芳环的致活作用。采用乙酰基钝化氨基，一则使反应停留在一溴代阶段，二则由于乙酰氨基位阻大，确保 Br 原子进入乙酰氨基的对位。

合成：

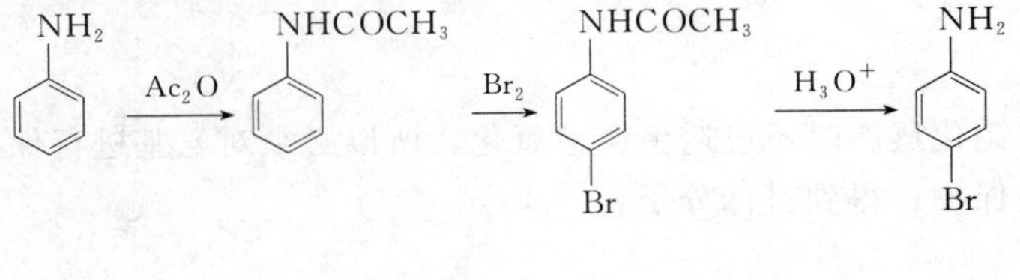

(3) 封闭导向

将反应中不该反应却特别活泼有可能反应的位置占据，从而使基团进入不活泼但是该进入的位置，这种导向称为封闭导向。例如，邻氯甲苯的合成：

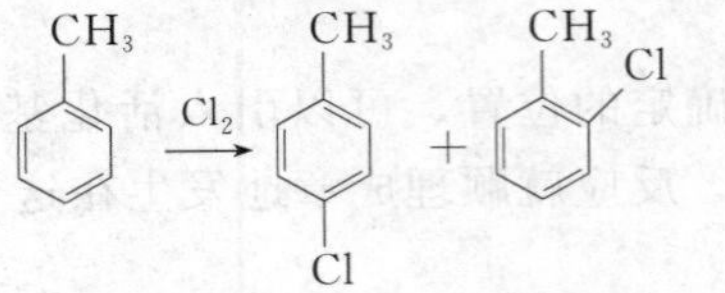

用甲苯直接氯代的反应，主要有两种产物（对氯甲苯和邻氯甲苯），如果在氯代反应过程中，甲基的对位已有基团占据，则氯代的主要产物只有一种（邻氯甲苯）。通过反合成分析，可以采用磺酸基来作为封闭基，预先占据甲基的对位，等氯代反应完成后，再将磺酸基水解除去：

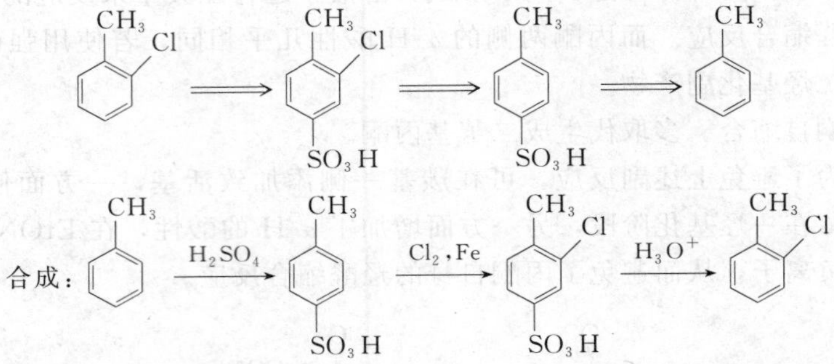

除了—SO_3H 能起到封闭基的作用外，—COOH 和—$C(CH_3)_3$ 也经常用作封闭基。在由间苯二酚合成 6-溴-1,3-间苯二酚时，间苯二酚直接溴化并不能如常所愿得到产物，由于处在间位的两个酚羟基加强了致活作用，会使苯环上一次引入三个—Br。可以用 Kolbe 反应（反应试剂为 CO_2+KHCO_3）在间苯二酚的 4-位引入—COOH（两个—OH 互处间位，既有利于—COOH 引入又有利于—COOH 的脱去）。在此，—COOH 既起到封闭基的作用，又降低了芳环的活性，使反应停留在一溴代阶段。在由苯酚合成 2,6-二氯苯酚时，叔丁基作为封闭基具有的特点是：叔丁基位阻大，不仅可以封闭酚羟基的对位，也可以旁及叔丁基的两侧；叔丁基易通过热解除去，还可在苯中与 $AlCl_3$ 共热发生烷基转移作用。

8.2.3 保护基的应用

在有机合成反应中，经常遇到反应原料或中间体分子含有多种官能团的结构，如果能用高选择性的试剂，只与某个官能团或官能团的某个特殊部位作用，这当然是最佳方案。但是往往找不到合适的试剂满足高选择性的要求，这时需要将暂时不参与反应而又比较活泼的基团保护起来，只保留需要发生反应的特定基团，等特定官能团反应结束后再通过除去保护基而"释放"某些官能团。例如，对硝基苯胺的合成：

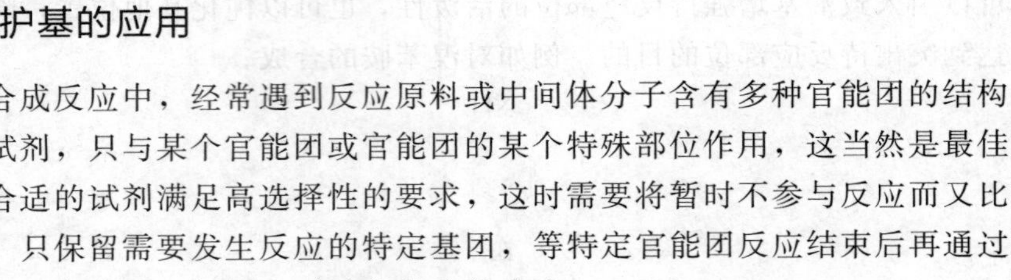

由于氨基在硝化反应时不可避免会被氧化，所以必须对氨基进行保护，等硝化反应结束后，再将氨基去保护，得到目标分子。

保护-去保护使反应按照设计的方向进行，但无疑会增加反应步骤，使反应效率降低。合成一个目标分子的最高境界是不用任何保护基，但事实上保护基往往不可或缺，因此合成的目标是尽可能"最低限度保护"。

保护基应满足三点要求：

① 容易被引入所要保护的分子；

② 与被保护的基团形成的结构能够经受住反应条件的变化，不发生反应；

③ 在温和条件下易除去，不发生重排、异构化等副反应，立体结构也不发生变化。

实际上也可以使用带有保护基的原料，而避免引入保护基的步骤，若设计得当，还可将保护基直接转变为目标分子中已有的官能团。

有机合成中主要涉及羟基（生成醚和酯）、二醇［生成环状缩醛（酮）或碳酸酯］、羰基［生成缩醛（酮）或使用隐藏性羰基］、羧酸（生成酯）以及氨基［生成酰胺或苄基胺等］的保护。下面就一些常见的基团的保护，进行举例说明。

1,2-二醇或1,3-二醇与醛（酮）在无水氯化氢或对甲苯磺酸作用下形成环状缩醛（酮），或通过形成碳酸环酯一次性保护两个羟基。

【例 8-9】

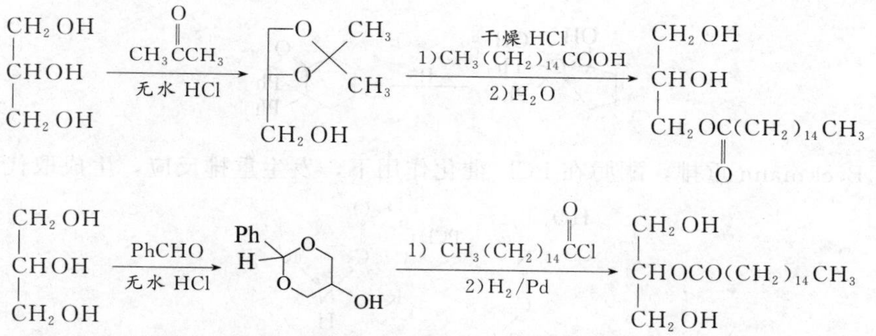

生成的缩醛（酮）在中性或碱性条件下稳定，稀酸可使其水解成原来的二醇和醛（酮），亚苄基也可用氢解的方法除去。

在吡啶存在时，光气或羰基二咪唑与顺式-1,2-二醇反应生成碳酸环酯。与环状缩醛（酮）相反，碳酸环酯在中性或温和酸性条件下稳定，在碱性条件下二醇再生。

【例 8-10】

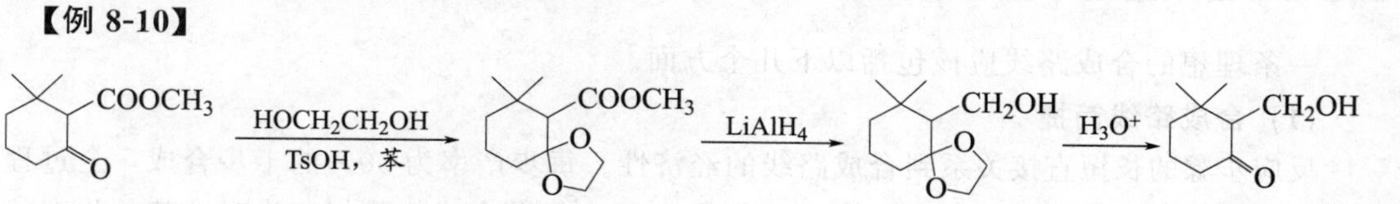

酮与乙二醇在酸催化下脱水形成乙二醇缩酮，此缩酮比二甲缩酮稳定，但也可以在酸性溶液中水解。

【例 8-11】

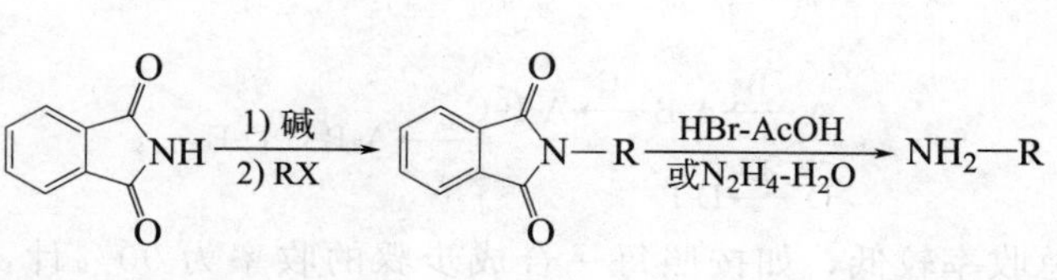

氨基的常用保护基是苄基和—SiMe₃，苄基保护基可用催化氢解的方法除去，而

—SiMe₃ 则可以水解或用 F⁻ 除去。乙酰基也可保护氨基，除去的方法是用酸或碱水解。用邻苯二甲酰亚胺保护氨基，也很常见，通常是在 HBr-AcOH 或 N₂H₄-H₂O 中脱去保护基。

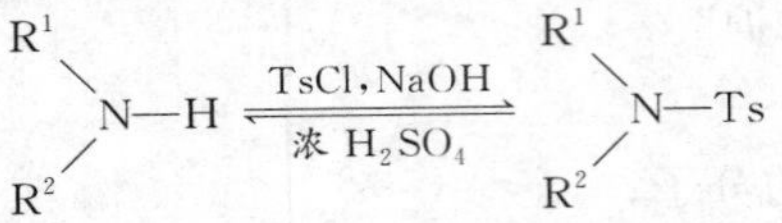

$$R^1R^2N-H \xrightarrow[\text{浓 } H_2SO_4]{\text{TsCl, NaOH}} R^1R^2N-Ts$$

伯胺和仲胺还可以用对甲苯磺酰基保护，在 NaOH 作用下，对甲苯磺酰氯与伯胺或仲胺作用引入 N-Ts。对甲苯磺酰氨基很稳定，较难除去，需要用浓硫酸、氢溴酸或 Al/Hg 还原才能除去，这限制了它的使用。

8.2.4 重排反应的应用

重排反应是一类重要的有机反应，许多重排反应具有很好的立体和区域选择性，是有机合成中经常要用到的一类反应。例如，邻叔二醇在酸的作用下发生重排反应，生成酮。两个 α-碳上所连的烃基如果不相同时，重排得到的就是混合物，以哪一种产物为主，取决于两个相应的碳正离子的稳定性。通常对称的频哪醇重排在合成上应用较多，但是含有脂环的不对称频哪醇重排也有一定的应用。例如：

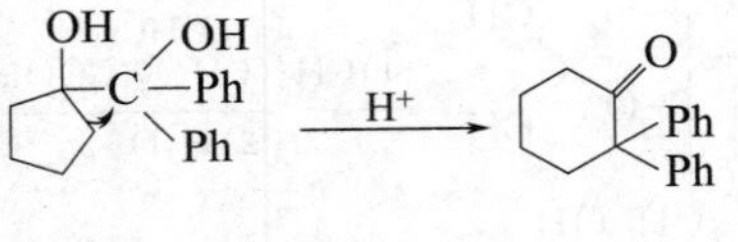

又如，Beckmann 重排，酮肟在 PCl₃ 催化作用下，发生重排反应，生成取代酰胺：

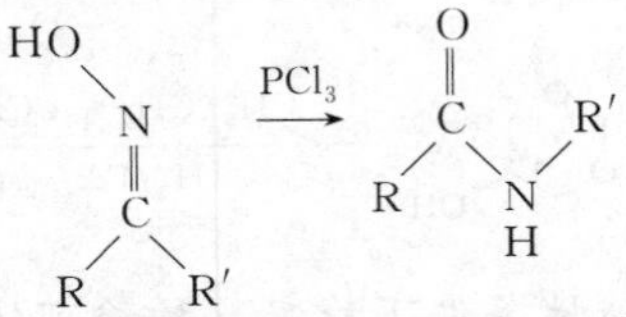

在该反应中，烃基的迁移是立体专一性的，只有处于肟羟基反位上的烃基才能迁移，而且如果迁移基团具有手性，其构型在产物中得以保留。

8.2.5 合成路线考查与选择

一条理想的合成路线应该包括以下几个方面。

(1) 合成路线简捷

反应步骤的长短直接关系到合成路线的经济性。每步产率为 90% 的十步合成，全过程总产率仅为 35%；而五步合成，则总产率可提高为 59%，若合成步骤仅三步时，其总收率就升高为 73%。因而尽可能采用短的合成路线。例如，有机合成路线有直线式和汇聚式两种。

直线式：$A \xrightarrow{B} A\text{-}B \xrightarrow{C} A\text{-}B\text{-}C \xrightarrow{D} A\text{-}B\text{-}C\text{-}D \xrightarrow{E} A\text{-}B\text{-}C\text{-}D\text{-}E$

汇聚式：

$$A \xrightarrow{B} A\text{-}B \xrightarrow{C} A\text{-}B\text{-}C$$
$$D \xrightarrow{E} D\text{-}E$$
$$\longrightarrow A\text{-}B\text{-}C\text{-}D\text{-}E$$

直线式路线的总收率较低，如按照每一合成步骤的收率为 90% 计，则通过以上四步总收率只有 $(0.9)^4 \times 100\% = 65.6\%$。而在汇聚式路线中，是将目标分子的主要部分先分别合成，最后再装配在一起，这样总的收率为 $(0.9)^3 \times 100\% = 72.9\%$，比直线式要高。

如果目标分子合成路线中的步骤较多，则应该优先考虑汇聚式合成路线。

（2）合理的反应机理

即从单元反应来分析应该是可行的，其组成能够达到合成所需化合物的目的。例如，甲醛和酮可以反应生成烯酮：

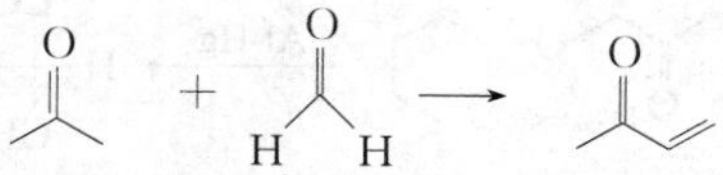

但是由于甲醛非常活泼，在碱催化条件下，会发生聚合和其他副反应，使烯酮的收率很低，因此可采用甲醛与胺、丙酮先生成 Mannich 碱，再利用 Mannich 碱受热分解成烯酮的反应提高烯酮的收率：

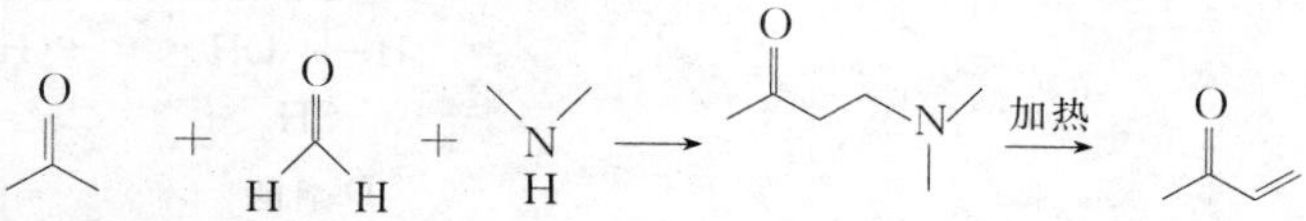

（3）符合绿色化学的要求

绿色化学就是任何化学活动，包括使用的化学原料、采用的反应过程以及最终的产品，对人类健康和环境都是友好的，反应过程是高效的、原子经济性的（即尽可能少的副产品或充分利用反应过程中的副产品作为下游产品的原料），最终达到"废物零排放"，维护人类生存环境的安全，实现人类与社会的和谐共处，共同发展。

8.2.6 不对称合成

许多具有手性碳原子的有机化合物需要通过不对称的合成方法来得到。

不对称合成（asymmetric synthesis）是通过一个手性诱导试剂，使无手性或是潜手性的作用物反应后转变成光学活性的产物，而且生成不等量的对映异构体中得到过量的目标对映异构体产物，甚至可能是光学纯的产物。

不对称合成的关键就是不对称反应，根据化合物中不对称因素来源，不对称反应可以有手性底物控制反应、手性辅助基团控制反应、手性试剂控制反应和手性催化剂控制反应等四种。

不对称反应中，如果反应底物经转化后形成不等量的一对对映异构体，则该反应称为"对映选择反应"，用"对映过量"来表示主要异构体超出次要异构体的百分率；而如果底物分子中已有手性中心存在，反应的产物为不等量的非对映异构体，则该反应称为"非对映选择反应"，可用"非对映过量"来表示。

手性底物控制的不对称反应，反应的立体选择性是由底物分子中已有的手性中心控制或诱导。例如，β-羟基酮在三乙酰氧基硼氢化钠的作用下，生成反式-1,3-二醇产物；而在硼氢化锌作用下，主要得到顺式-1,3-产物。

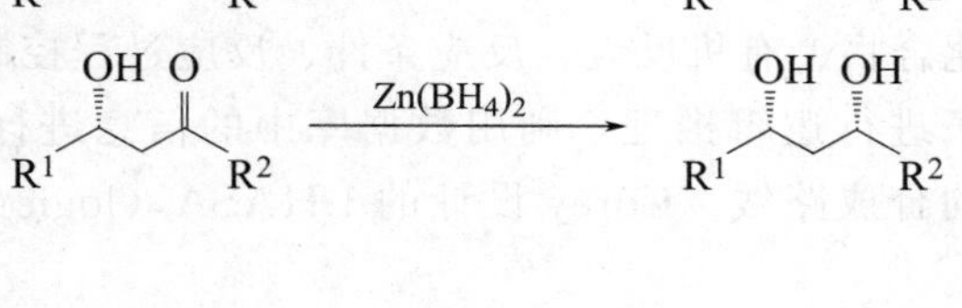

如果在反应物分子中引入一个不对称的基团，形成一个不对称反应，这就是手性辅助基团控制反应：

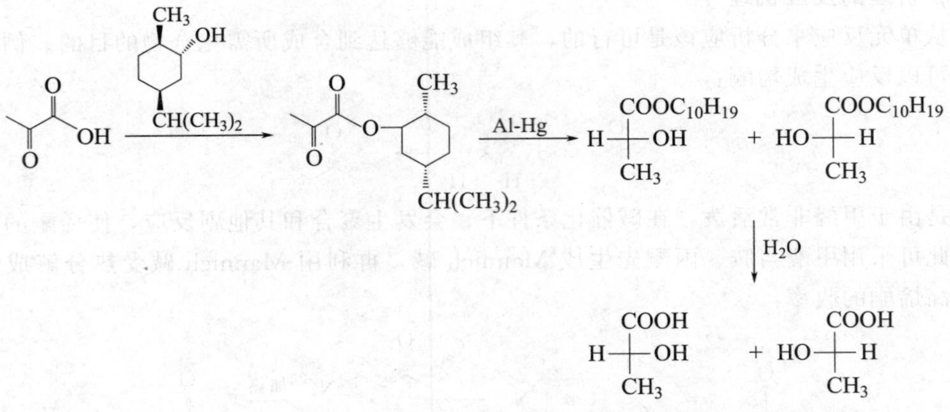

D-乳酸　　L-乳酸

在丙酮酸中引入薄荷醇，使之形成丙酮酸薄荷酯，还原后水解除去薄荷醇得到的主要产物是 D-乳酸，而不是等量的 D-乳酸和 L-乳酸。

另外，如果采用手性试剂，反应的产物也具有一定的立体选择性。例如，不对称 Diels-Alder 反应：

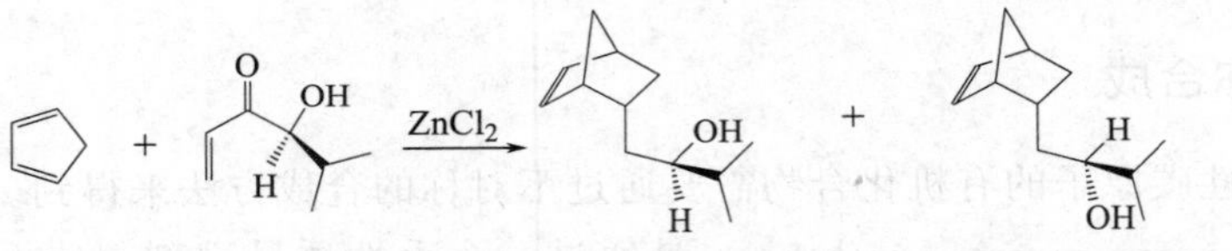

内型，主要产物　　外型，次要产物

利用手性催化剂进行的不对称合成更是引人注目，特别是手性催化剂用量少，不对称诱导效率高的那些反应。例如：

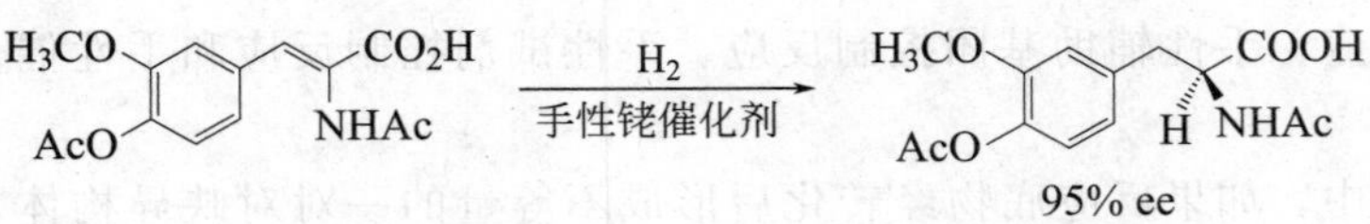

95% ee

8.2.7 计算机辅助有机合成设计

计算机辅助有机合成设计（computer assisted organic synthesis design）是利用计算机软件，对已知的有机化合物的合成方法进行归纳、分析、总结，建立起一定的化学结构、化学反应、反应原料、产物等之间的关联，尝试对新的目标化合物进行合成路线设计时给出可能的、合理的或具有建设性合成路线的一种专家系统，它是人工智能的一种形式。

目前计算机辅助有机合成设计思路可以分为经验型和理论型两类。

经验型的设计理念是首先必须建立一个已知的尽可能全的有机合成反应数据库，在该数据库中储存大量的有机化合物、有机反应、反应条件、反应过程控制手段、热力学和动力学数据等，然后对目标分子进行逻辑推理，利用数据库中的信息进行选择和评估合成反应类型，给出目标分子可能的合成路线。Corey 设计的 LHASA（logic and heuristics applied to synthetic analysis）系统就属于这种类型。经验型的专家系统对于数据库中包含的已知合成反应具有较好的辅助参考意义，但对于未知反应或者数据库中不包含的数据项就无法进行有效推导，这就要求该系统不断地对数据库进行更新。理论性的设计理念是利用原子理论、分子理论和电子的价键理论进行数学建模，把有机化学反应应用相应的数学模型来表示，即把有机化学反应公式化、程序化、数字化，再通过计算机进行处理，这样就能对目标化合物的合成推导变成公式化和程序化的方式，该方法有利于推出一些新的有机反应，但有时普遍被认为是不可能的反应也会被推出，故该方法还需要化学家进行评估和筛选。尤其 J. Ugi 提出的 EROS（elaboration of reaction of organic systhesis）系统就属于此类。

8.2.8　组合化学

组合化学（combinational chemistry）是在固相合成多肽化合物的基础上发展起来的一种新的快速有机合成方法。它运用化学合成、组合理论、计算机辅助设计、自动机械的方法和手段，在短时间内将各种有机合成构建单位通过巧妙设计构思，实现系统反复、多重连接，产生大批具有分子多样性的群体，形成有机化合物库，再按照靶对库内有机物分子进行筛选，优化得到满足目标功能的有机化合物。

长期以来，由于天然化合物和生成化合物中筛选有生理活性的化合物，是寻找新药的主要途径，虽然可以通过分子结构和药效之间的关系来设计和合成新药，但是合成出的化合物不一定就具有所需要的药效，还有些药效也并不是原设想的分子结构所能达到的。需要有一种能快速合成多个分子和筛选新药的方法。1991 年，Furka、Lam 和 Houghten 等同时提出组合化学的概念，为有机合成的发展展现出新的诱人的前景。

组合化学在原理上与传统化学合成有本质的区别，传统的合成方法从原料开始，通过一系列的反应一次只得到一种所需产物，而组合化学合成方法是用一组 M 个反应单元和另一组 N 个反应单元进行组合同步反应，理论上可以产生 MN 个化合物，如下所示：

$$M_1 + N_1 \cdots N_n \longrightarrow M_1 N_1 + M_1 N_2 + \cdots + M_1 N_n$$
$$M_2 + N_1 \cdots N_n \longrightarrow M_2 N_1 + M_2 N_2 + \cdots + M_2 N_n$$
$$\cdots\cdots$$
$$M_n + N_1 \cdots N_n \longrightarrow M_n N_1 + M_n N_2 + \cdots + M_n N_n$$

而如果反应体系中共有 M 个反应单元，而反应步骤有 x 步，则 M 个反应单元，再通过不同的反应步骤的组合，可能产生的产物数为 $N = M^x$，通过这样的平行合成方式，不同的反应单元经不同的排列组合就可以迅速形成数量远远超过于原定预计的产物数量，为快速合成化合物提供了可能。例如，氨基酸成肽缩合反应，三个不同氨基酸通过三步成肽反应，就有可能产生 $3^3 = 27$ 个肽化合物；而如果有四个不同的氨基酸，通过四步成肽反应，则有 $4^4 = 256$ 个肽化合物；如果有 20 个不同氨基酸，经 20 步反应的话，就会得到 $20^{20} \approx 1 \times 10^{26}$ 个肽化合物，产物的数量是以指数级增加，这样就会有不同氨基酸单元组合而成的新的化合物被合成出来，相比传统合成方式，组合化学方法在快速合成具有不同分子结构的化合物方面具有极大的优势，且提高了研究分子结构和性能之间关系的效率。

8.2.9　绿色合成化学

绿色合成化学（green synthetic chemistry）是在人类面临生存环境受到破坏和污染，影响人类生存和发展的环境问题越来越严重的情况下，在可持续发展战略思想指导下所提出的一种新的概念。与传统的由于化学品生产产生的化学污染而"先污染，后处理"的方式不同，绿色化学要求在化学品的生产源头上减少甚至消除污染的产生，做到"先控制，后生产"的理念。

绿色合成化学的中心任务就是要提高原子利用的经济性，使原料分子中的每一个原子都结合到目标产物分子中，达到废物的零排放（zero emission），最终实现原子利用率达百分之百的理念合成反应，从而在源头上就消除化学污染。为了达到绿色合成化学的目标，就必须在以下几个方面做出努力。

（1）开发原子经济性反应

丘斯特（Trost）1991 年首先提出原子经济性（atom economy）的概念及原料分子中究竟有多少原子通过反应转化成产物，也就是原子利用率为多少，例如，1-苯乙醇用下面两种方法氧化得到苯甲醇的原子利用率的比较：

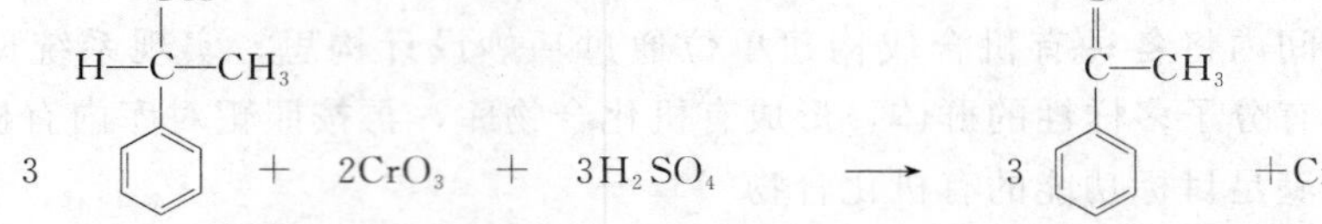

分子量　$3 \times 122 = 366$　$2 \times 100 = 200$　$3 \times 98 = 294$　　$3 \times 120 = 360$

原子利用率 $= \dfrac{360}{366+200+294} \times 100\% = 41.9\%$

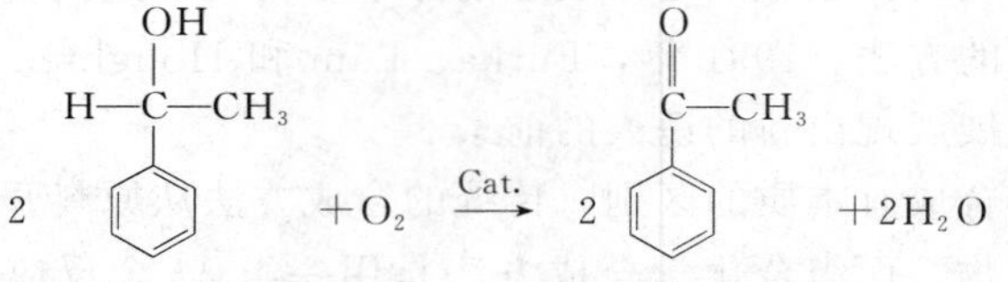

分子量 $122 \times 2 = 244$　　32　　　$2 \times 120 = 240$

原子利用率 $= \dfrac{240}{244+32} = 87.0\%$

所以采用空气氧化的方法在原子经济性上要优于氧化铬的方法。

理想的原子经济性反应是原料分子中的原子完全转变成产物中的原子，不产生任何副产物或废物，实现废物的"零排放"。

（2）使用安全的化学原料

使用无毒、无害的原料，避免反应过程中有毒、有害产物生成的可能，开发利用充分提高原子利用率的有机反应和工艺流程，例如，合成有机玻璃用的高分子单体甲基丙烯酸甲酯MMA，传统工艺方法是丙酮-腈-醇法，反应原料要用到有毒的氢氰酸、甲醇和大量的硫酸，反应产物有硫酸氢铵废弃物，生产流程无疑对环境有害：

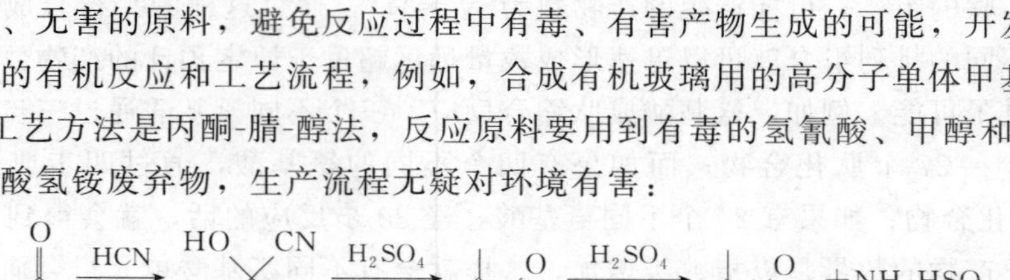

而 Shell 公司开发的丙炔-钯催化甲氧羰基化一步合成法反应收率大于 99%，催化反应活性高，没有副产物，从原料上看要远远优于传统合成方法：

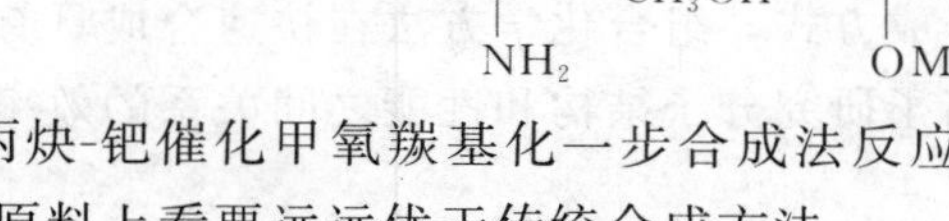

所以要求研究、开发和合成新产品之前，在产品的合成设计中要充分考虑原料、目标产物的毒害性，不同合成方法中采用具有较高的原子经济性的路线。

（3）不同有机溶剂等辅助物质

有机合成反应要尽量不用有机溶剂作辅助物质，以降低有机溶剂的毒性和解决回收困难等问题。

超临界流体（supercritical fluid）是指处于临界温度和压力下，介于气体和液体之间的一种流体，密度接近于液体，黏度接近于气体。例如，超临界二氧化碳（温度高于 $311℃$，压力大于 $7.5MPa$）就具有液体溶剂的特点和气体的高传质优点，而且不燃、无毒，可替代有机溶剂进行有机反应，消除有机溶剂对环境的污染，下面反应就是利用超临界二氧化碳作为溶剂的甲苯氧化生成苯甲醛，这无疑是一种绿色反应：

8.3　新型有机合成技术简介

在有机合成化学发展的同时，与之相对应的一些新的合成技术的开发和应用对有机合成反应的实现和改进起到了越来越重要的作用。例如，利用不同波长的光对有机化合物进行照射，产生了有机光化学合成；利用电解，电渗析等工艺方法，实现了有机电化学合成；利用微波、电子束的电离辐射手段实现了有机辐射合成；为了减少有机溶剂的使用，降低环境污染，而发展出了有机固相合成技术；同时新的催化剂和催化技术层出不穷，如相转移催化合成技术的运用大大提高了有机合成反应的效率。

8.3.1　有机光化学合成

有机光化学合成（organic photochemical synthesis）是利用有机光化学反应的原理进行有关目标分子的合成。有机光化学反应与传统热化学反应不同，反应物分子是以处于激发态的电子状态进行，而不是单纯的分子热运动，所以在反应的机理上和基态化学反应不同。

有机光化学反应所涉及的光的波长范围在紫外线的 $200nm$ 到可见光的 $700nm$（光子能量在 $171\sim598kJ \cdot mol^{-1}$），可使用的光源有很多，常用的是主要发射 $254nm$、$313nm$ 和 $366nm$ 波长的汞灯，使用滤光器就能得到所需波长的光。

有机化合物的键能一般在 $150\sim500kJ \cdot mol^{-1}$，也就是说处于光的能量范围之中，一旦有机化合物吸收该波长范围中的光，就有可能造成分子中键的断裂而引起一系列的化学反应。

分子吸收光能就是为了使分子发生激发作用（excited effect），分子由基态被激发到高能级的激发态（excited state）。有机光化学过程实际就是电子激发过程所引起的化学分子发生改变的过程。

有机合成中有实际应用意义的光化学反应有烯烃的异构化反应、加成反应和重排反应，芳环化合物的取代反应和重排反应，酮类化合物的自由基反应以及周环反应（pericyclic reaction）等。光化学反应受温度影响小，反应速率与浓度无关，只需要控制光的波长和强度即可，另外光反应具有高度的立体专一性，是合成特定结构的一种重要途径，缺点就是能耗大、副产物多。

化合物处于激发态时往往比在基态时具有更大的亲电或亲核活性，可发生加成反应：

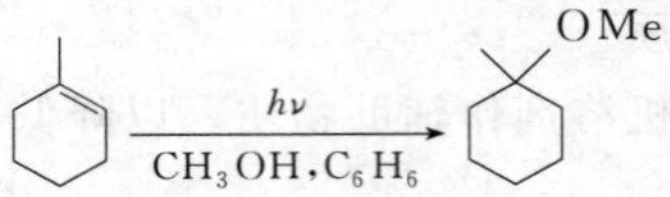

乙烯在光照情况下就容易发生聚合反应：

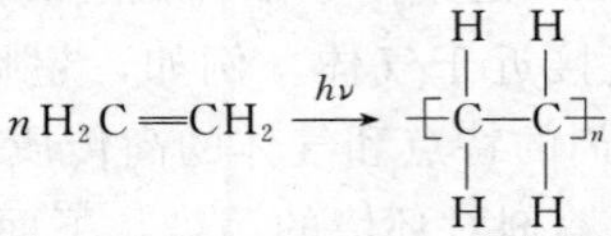

羰基化合物和烯烃的加成反应，生成氧杂环丁烷：

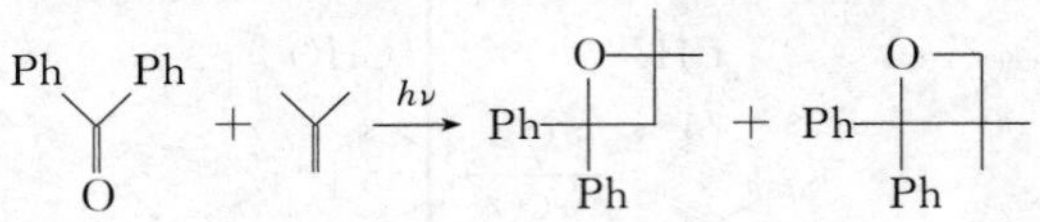

8.3.2　有机电化学合成

有机电化学合成（organic electrochemical synthesis）是利用电解反应来合成有机化合物。因为有机反应涉及电子的转移，将这些反应放在电解池中，利用电极反应来达到反应目的，这就形成了有机电化学反应。

有机电化学反应都是在电解装置中进行的，组成电解装置的部分主要有直流电解电源、电解槽、电极（阳极和阴极）和测定仪器。

下面举一些电化学反应的例子，它们在有机合成上具有一定的应用价值。

① 电氧化反应：

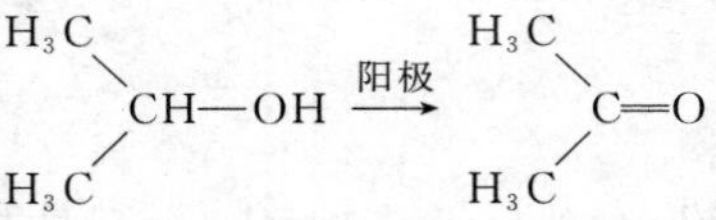

② 电还原反应：

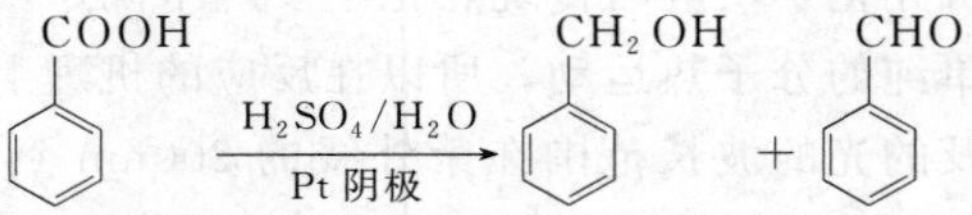

③ 电取代反应：

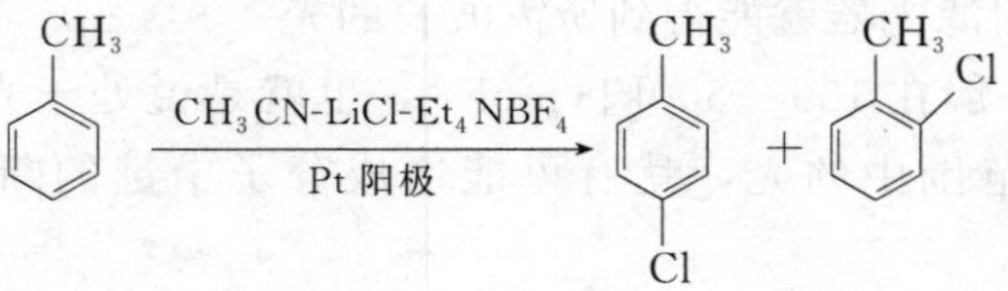

④ 电加成反应：

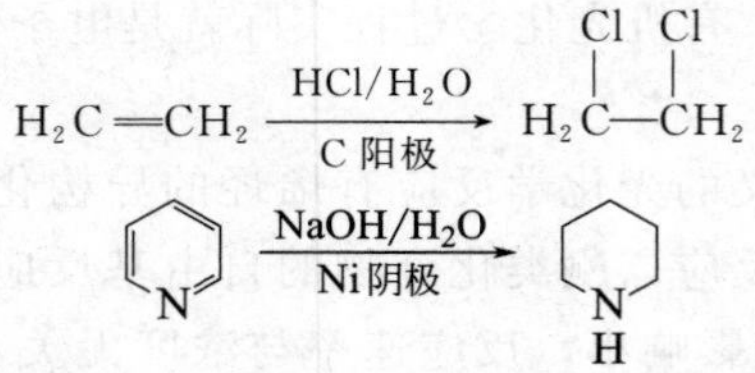

有机电化学合成可以在温和的条件下进行，可以代替会造成环境污染的氧化剂和还原

剂，是一种环境友好的清洁合成技术，符合绿色化学的理念，也代表了现代化学工业技术发展的方向。

8.3.3　有机辐射化学合成

有机辐射化学合成就是利用高能射线，如微波、电子束作为催化剂和引发剂，使有机反应在一定条件下进行，得到产物的新型有机合成方法。

微波是一种波长为 1mm～1m，频率为 300MHz～300GHz 的电磁波，由于能量较低，小于分子之间的范德华力，因此只能激发分子的转动能级，而无法直接使化学键断裂引起化学反应。

对于微波促进有机反应的机理目前认为主要是物质分子振动与微波振动有相似的振动频率，在高速振动的微波磁场中，物质分子吸收电磁能以每秒几十亿次频率进行高速振动，因此而产生热能。所以用微波辐射加速化学反应实质上是物质和微波相互作用导致的"内加热效应"（inner heating effect）。

对氰基酚钠与氯化苄发生烷基化反应生成 4-氰基苯基苄基醚，用微波辐射 4min，收率达 93%，高于传统的方法（12h，72%）。

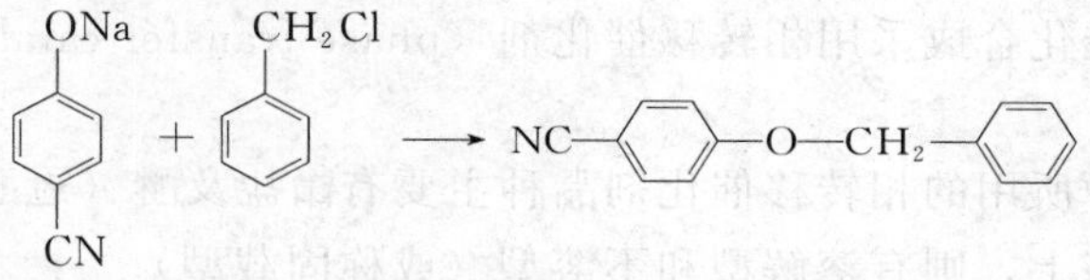

Claisen 重排反应以 DMF 作溶剂，用传统方法在 200℃反应 6h，收率为 85%，而用微波辐射 6min，收率达到 92%。

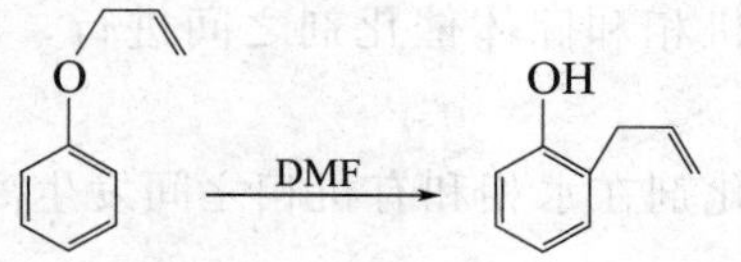

除了用微波作为辐射手段来进行有机合成反应，目前在聚合物的合成上还采用放射性同位素源（radioactive isotope source）作为引发剂来引发有机单体产生自由基而进行自由基反应。放射性同位素源的照射剂量大，穿透力强，通过平板源的方式可以实现大面积的照射，满足辐射聚合、辐射固化、辐射交联等工艺，而且还可以实现低温过冷态固相聚合。例如，辐射聚四氟乙烯聚合、丙烯酸涂料辐射常温固化、低温过冷态聚合物固定生物活性物质等。

8.3.4　有机固相合成

有机固相合成（solid phase organic synthesis）就是把反应底物或催化剂通过固定在某种固相载体（solid phase carrier）上，然后再与其他反应试剂进行反应生成产物的合成方法。

由于大多数有机反应都是在液相中进行，如果采用固体催化剂进行反应，则反应后，催化剂就很容易和反应物以及产物分离，催化剂可以重复使用，活化也很方便；如果反应底物被固定在载体上，则反应后产物就很容易和催化剂或其他反应试剂分离，产物纯度相对也较高。

有机固相合成中的固相载体一般是高分子树脂（polymer resin），形态可以是圆珠状、颗粒状、膜状、板状等。

适合有机固相合成的高分子树脂必须具有以下特点：

① 具有一定的物理机械性能　能承受一定的反应搅拌、振荡和冲击的作用力，能长时间使用。例如在固相有机合成中经常用到聚苯乙烯树脂或者是苯乙烯-二乙烯苯的共聚物树脂以及它们的衍生物。其他有报道应用于固相合成的载体有氯氨基树脂、聚丙烯酰胺树脂、氨基树脂等。

② 一定的化学惰性　能在有机溶剂和反应试剂中不发生变化和不参与有机合成反应。因为是聚合物作为固相合成的载体，本身主要的性质比较稳定，在有机溶剂中只会发生膨胀，但不会溶解，保证了固相合成始终有比较稳定的载体承载。

③ 本身具有活性官能团，或者通过化学反应引入活性官能团，以便能与反应底物通过价键相连。

8.3.5 相转移催化合成

相转移催化（phase transfer catalysis，PTC）合成是 20 世纪 70 年代以后发展起来的一项催化技术。相转移催化合成采用相转移催化剂（phase transfer catalysis）达到催化反应的目的。

相转移催化技术中所用的相转移催化剂品种主要有鎓盐及醚（冠醚、穴醚和聚醚）两大类，而在催化剂的形态上，则有溶解型和不溶型（或称固载型）。

溶解型的相转移催化剂主要是指上述催化剂本身，而不溶型即固载型往往是将上述相转移催化剂用某种方式结合在无机物和聚合物的固体载体上，使其成为不溶性的固体催化剂，有机催化反应能够在水相、有机相和固体催化剂之间进行，所以也称为三相催化剂（triple phase catalyst）。

相转移催化原理主要是催化剂在水相和有机相之间发生离子交换，而反应在有机相中进行，如下所示：

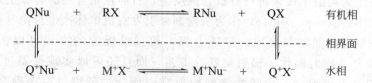

此相转移催化反应是液-液体系，溶于水相的亲核试剂 M^+Nu^- 和只溶于有机相的反应物 RX 由于分别在不同的相中而无法接触发生反应，加入季铵盐 Q^+X^- 后，季铵盐溶于水中和 M^+Nu^- 相接触，发生 Nu^- 和 X^- 的交换反应生成 Q^+Nu^-，该离子对可溶于有机相，故转移到有机相的 QNu 和有机相中的反应物 RX 反应，生成产物 RNu 和 QX，QX 溶于水相再转移至水相，完成相转移催化循环。

相转移催化最初用于有机合成是含活泼氢的化合物的烃基化反应，随着研究的深入，许多反应都逐步得到开发和应用，下面举几个例子说明相转移催化在有机合成中的应用。

二氯卡宾是一种活性中间体，它可以通过氯仿在叔丁基钾的作用下产生，如果在季铵盐的存在下，氯仿也可以在浓氢氧化钠水溶液中很容易得到二氯卡宾。

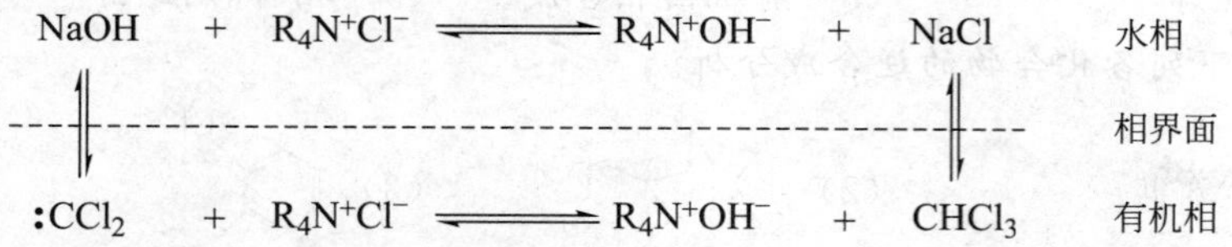

$$NaOH + R_4N^+Cl^- \rightleftharpoons R_4N^+OH^- + NaCl \quad 水相$$

---------- 相界面

$$:CCl_2 + R_4N^+Cl^- \rightleftharpoons R_4N^+OH^- + CHCl_3 \quad 有机相$$

二氯卡宾和烯烃或芳烃反应，得到环丙烷的衍生物，这些反应都可以通过相转移催化反应产生二氯卡宾活性中间体，再与反应物进行反应。扁桃酸的相转移催化法合成方法，就可以避免使用剧毒的氰化物：

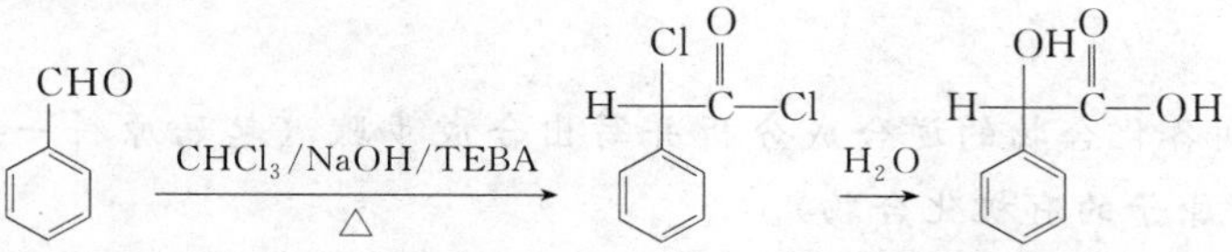

在氧化还原反应中，由于很多氧化剂，还原剂是无机化合物，如 $KMnO_4$、$K_2Cr_2O_7$、$NaClO$、H_2O_2 等，在有机溶剂中的溶解度低、反应耗时长、得率低。另外反应产物也有可能被这些无机固体化合物所吸附，造成产品分离提纯的困难。采用相转移催化剂就能使这些氧化剂转移到有机相，同时反应温和、得率高。例如，邻苯二酚衍生物可在冠醚存在下被高锰酸钾氧化成相应的邻醌：

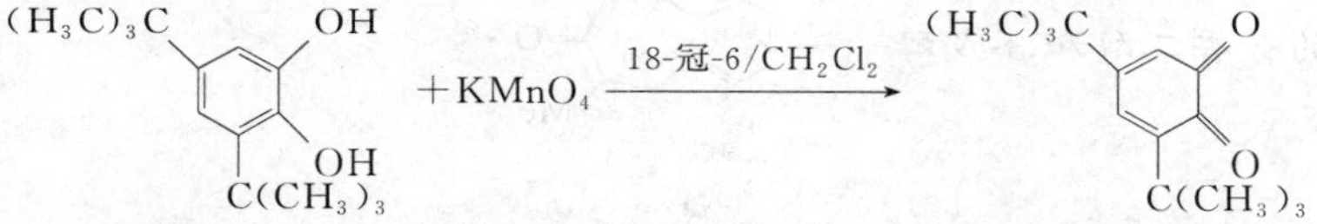

在含活泼氢的碳原子上进行烷基化反应时，常规方法是用强碱除去质子，形成碳负离子再进行反应的。而在相转移催化剂作用下，该反应可以在氢氧化钠溶液中，与卤代烃在温和条件下进行。例如：

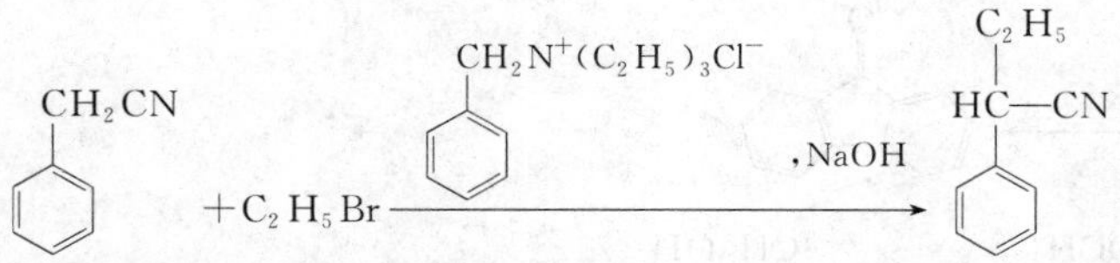

不含 α-氢的醛，在乙醇-水溶液中发生缩合反应的速率很慢，加入相转移催化剂，则反应速率大大加快。

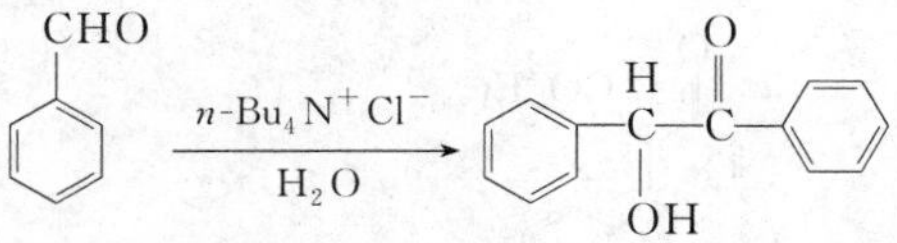

除了以上简单介绍的一些有机合成新方法外，还有许多新的合成方法和技术正处于研究开发和转化之中，在未来会成为有机合成新的手段和方法，推动有机合成的进一步发展。

习　　题

▶ **基本训练**

8-1　解释下列名词

(1) 反合成分析　　　(2) 合成子　　　　(3) 反合成子

(4) 切断　　　　　　(5) 官能团转换　　(6) 组合化学

（7）绿色化学　　　　（8）有机固相合成　　（9）相转移催化

8-2　完成下列各化合物的逆合成分析。

（1） 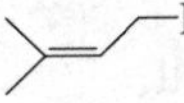　　（2） 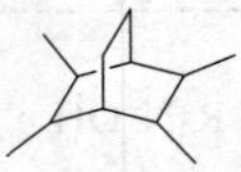　　（3）

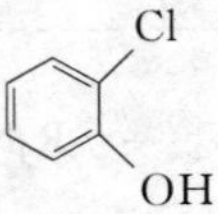

（4） 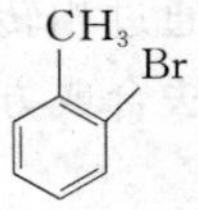　　（5） 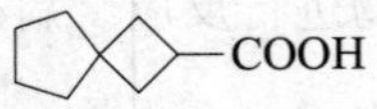　　（6）

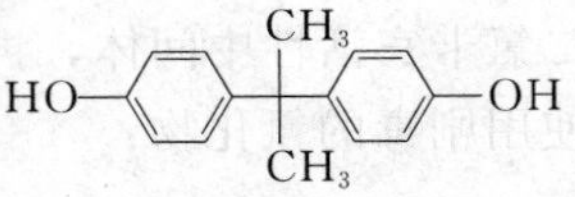

▶**拓展训练**

8-3　完成下列各化合物的逆合成分析并写出合成步骤（起始原料一般为常见有机化合物和不超过五个碳原子的有机化合物）。

（1）

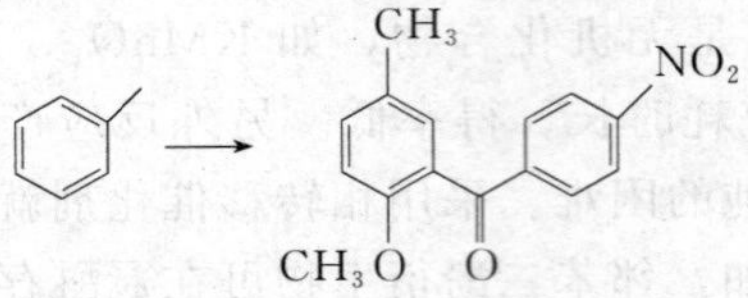

（2）合适的芳香二醇和 3-戊醇 ⟶

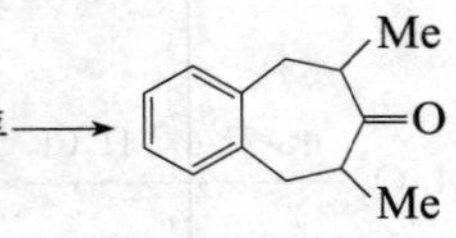

（3）

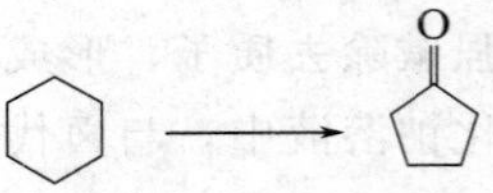

（4）

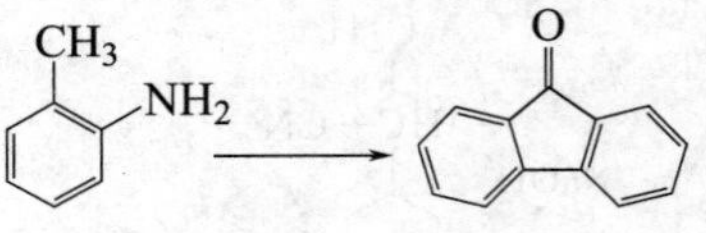

（5）

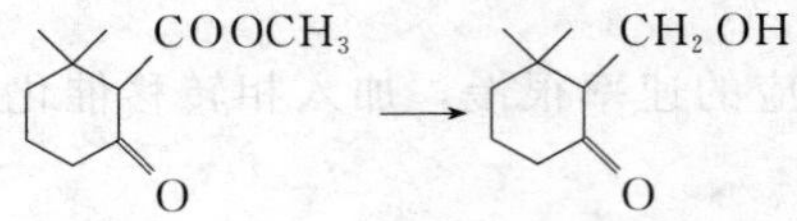

（6）苯，乙酰乙酸乙酯 ⟶

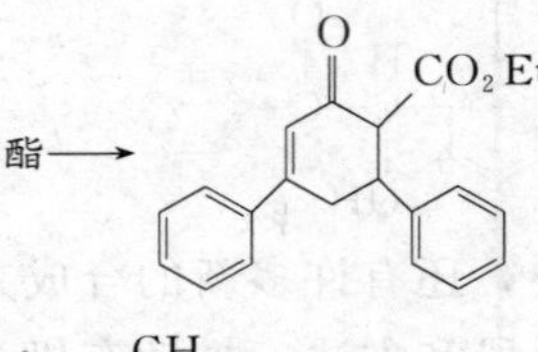

（7）

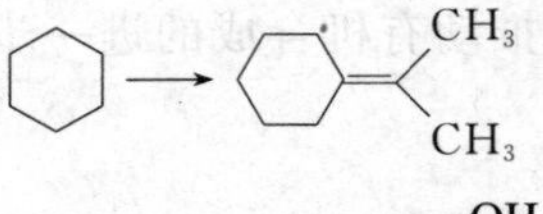

（8）

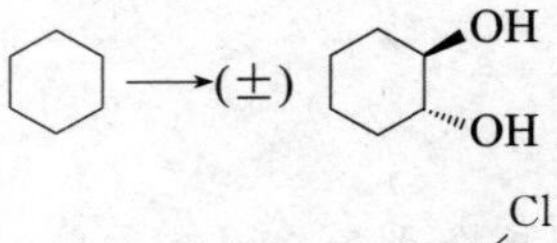

（9）

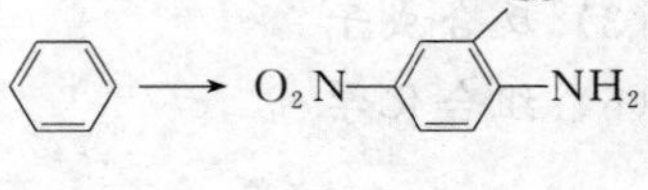

（10）MeCOCH$_2$COOEt $\longrightarrow$ [2-苯基-5-甲基呋喃结构式：Ph-呋喃-Me]

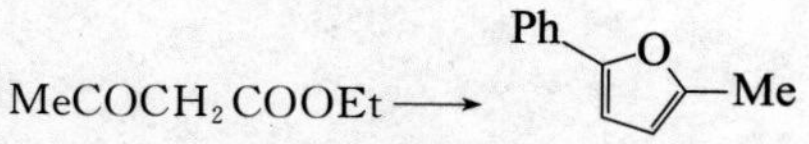

（其他试剂任选）

（11）[苯环] $\longrightarrow$ [对溴苯基-C(OH)(CH$_3$)(CH$_2$CH$_3$)结构式]

（12）[环戊酮] $\longrightarrow$ [1-羧基环戊基-CH$_2$CH$_2$CH$_2$COOH结构式，环上有COOH和CH$_2$CH$_2$CH$_2$COOH]

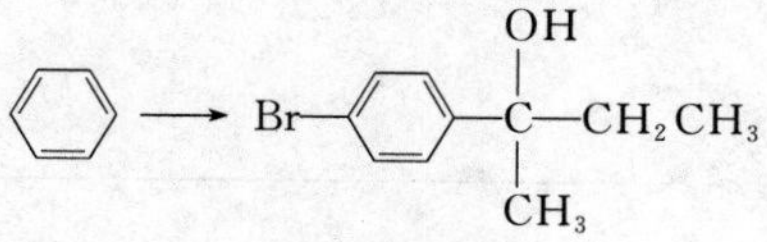

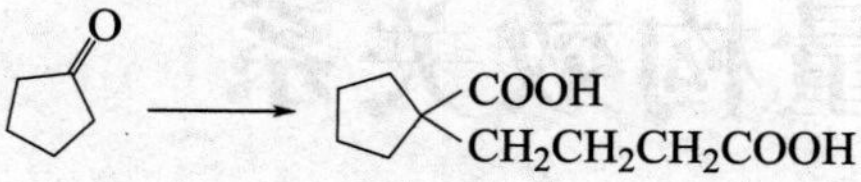

第 9 章 ▶▶▶

有机物的定量构效关系

学习目标

▶**知识目标**

了解有机物定量构效关系的研究动态。

掌握常用的几种拓扑指数的计算方法。

掌握常见的一些建模方法。

▶**能力目标**

运用常用的建模方法及适当的分子描述建立具有一定预测能力的 QSAR/QSPR/QSRR 模型。

9.1 有机物的定量构效关系研究简介

9.1.1 有机物定量构效关系研究的意义

定量结构-活性相关性（quantitative structure-activity relationship，QSAR）是目前国际上众多实验室和众多科学家所从事的一项研究课题，也是国际上计算化学的研究热点之一。

化合物的性质取决于化合物的结构，即化合物的结构/活性具有相关性。QSAR 就是要分析结构与性质的因果关系，研究它们之间的定量化规律，其研究方法就是通过一些数理统计方法建立一系列化合物的生物活性与其结构之间的定量函数关系，即 $A = f(s)$，A 是化合物活性的某种度量，s 是化合物结构特征的度量。通过这些定量函数关系（数学模型）去预测其他或未知化合物的生物活性。至今，QSAR 已经发展为基于一些生物活性与结构属性之间关系的预测技术，即从分子结构来校正和预测其生物活性在化学、生命科学以及环境科学中都有着十分重要的理论水平和应用价值，越来越多地应用到药物分子设计、有机化合物环境行为的评价以及化工过程设计等等，大大缩短了药物开发过程，提高了化工生产的效率，降低了生产成本。

9.1.2 有机物定量构效关系研究的特点

QSAR 方法被广泛应用于各个领域，并日趋成熟，该研究具有以下几个特点。

(1) 综合性

QSAR 主要研究化合物的结构与生物活性之间的定量函数关系，因而它是一个覆盖了化学与生命科学的交叉学科点，而 QSAR 研究发展至今，越来越多地借助于数理统计方法和计算机技术的最新进展，所以要求一名 QSAR 研究者必须熟悉化学、生物学、数理统计及计算机的相关知识。

(2) 智能化

化合物的生物活性作用是一个复杂的过程，受到诸多因素的影响，比如化合物的富集、运转、代谢及解毒等，化合物的结构因素也是多种多样的，包括电子结构、立体结构和理化性质等，其中有些因素对特定的生物活性影响较大，而另一些因素则影响较小，当化合物的结构范围较宽时，要在化合物的结构因素和生物活性之间建立满意的数学模型必须借助于更为先进的多变量分析方法和计算机的自适用功能，因此，聚类分析、判别分析、模式识别及人工神经网络等善于处理复杂问题的多变量分析方法被越来越多地应用于 QSAR 研究辅以计算机的自适应功能，促使 QSAR 研究向智能化方向发展。

(3) 理论性

早期的 QSAR 研究往往比较注重定量结构-活性相关模型的预测功能，一般采用一些经验参数来定量描述化合物的结构，只要得到的数学模型能有较强的预测能力就令人满意了。而随着 QSAR 研究的进一步深入，注意力开始转移到模型的理论性，即一个成功的数学模型，能够从本质上揭示生物活性的作用机制，从而达到提高有利的生物活性，抑制有害的生物活性的目的，有效地指导药物的分子设计。

(4) 程序化

一个好的 QSAR 模型的建立往往是基于对大量化合物的分析，包括化合物的生物活性参数，结构参数等，还需要从诸多参数中筛选对生物活性具有显著影响的变量，参数的计算、分析工作十分繁杂，而且容易出错，所以需要借助于计算机，使重要数据的筛选、模式分析、模型建立等完全程序化，这样，不仅大大方便了 QSAR 模型的建立过程，也为那些不熟悉化学或生物知识却需要使用 QSAR 模型的环境管理工作者和环境立法工作者提供了方便。

(5) 实用化

随着工业的发展，越来越多的人工合成化合物进入生态环境，这样化合物经过复杂的迁移、转化、归趋过程，最终达到一定的暴露浓度，对生物圈包括人类产生各种各样的毒性效应。通过实验方法对化合物进行全面的危险性评价是一个费钱耗时的过程，而 QSAR 既可以对化学品的暴露水平做出预测，又可以对生物品的生物效应做出评价，为化学品危险性评价提供了一种简便、实用的途径。其次，由于通过 QSAR 可以发现并确定对化合物活性起关键作用的化合物结构因素，因而 QSAR 对于定向合成高效低毒的新化合物具有指导意义。另外，QSAR 是建立化学品性质、毒性数据库的一个必要组成部分，化合物的化学性质和生物活性测试过程既费钱又耗时，建立 QSAR 模型有助于从已经测定的数据中最大限度地获取有用信息。

9.2　QSAR 模型的构建步骤

一般来说，定量结构-活性相关研究包含四个步骤：①对分子结构进行描述。首先应用拓扑学方法构建正确的化合物的分子结构图，如果是三维结构，应进行构象分析获取最优化构象，然后通过特征的计算找到描述子来表示与目标性质相关联的结构特征，这在 QSAR 研究中是最重要的步骤。②对分子描述子进行分析，即对变量进行选择。变量选择的好坏对数学模型的稳定性及准确性有至关重要的影响，常使用的方法有前进法、后退法、逐步回归法和遗传算法等。③模型的选择和建立。选择一定的建模方法，用筛选得到的分子结构描述符为自变量，待研究的化合物的性质作为因变量建立模型。④模型的验证。在建立模型后，采用 Jackknife 法、"交叉检验"法、变量的自相关检验法等多种方法检验模型，判断模型的稳健性和预测能力，只有稳健的模型才可以真实而准确地预测化合物的生物活性。

QSAR 研究的主要步骤见图 9-1。

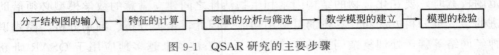

图 9-1　QSAR 研究的主要步骤

9.2.1　分子结构的描述

分子结构信息参数的选择与确定是 QSAR 研究中非常重要的环节，结构描述子是一个分子结构的数学表征，是把分子式转化为结构信息的过程，分子结构的描述方法很多，目前主要有四种结构参数，即理化参数、拓扑指数、立体类参数和量子化学参数。

(1) 理化参数

理化参数主要来源于实验测量，可以从前人的研究和物理化学手册中得到或者通过实验的方法测定。如 Hammett 取代常数 σ、分子折射率 MR、疏水性参数（辛醇/水分配系数）、摩尔质量等，经典的 QSAR 研究主要采用理化性质来表征分子的结构信息，这种方法在实际应用中取得了较大发展，但经验参数的测定受很多因素的影响，例如实验环境及分子本身结构的复杂性等，使得有些理化性质的数据产生很大的误差，而且有的化合物的同一种理化性质在不同文献中数值不同，因此利用经典的理化参数作用分子描述子来预测分子性质是不可靠的。

(2) 拓扑指数

拓扑指数的最大特点是它建立在化学图的拓扑不变量基础之上，从原子和键的角度来表征分子结构，因此可以说拓扑指数抓住了分子的主要结构信息，又正因为一定的分子结构决定了性质，所以拓扑指数在进行研究时能提供大量的信息。目前比较有影响的拓扑指数包括 Wiener 指数、分子连接性指数、Kappa 形状指数、电性状态拓扑指数和分子电性距离矢量等。拓扑指数由于其在描述分子的分支、形状、大小、环性等优势而被广泛应用于生物化学的毒性预测和评价。

① 分子连接性指数　分子连接性指数最初是 Randic 在 1975 年研究小分子烷烃的数目与沸点的关系时提出的分支指数（^mX，亦称支化度指数），该指数的核心概念是碳原子支化度（δ_i）。

$$\delta_i = 4 - h_i \tag{9-1}$$

式中，h_i 是与碳原子 i 直接键合的氢原子数。Kier L. B. 等人针对 Randic 支化度指数只适用于烃类化合物的局限，将其碳原子支化度修正为原子点价（δ_i^v）

$$\delta_i^v = \frac{Z_i^v - h_i}{Z_i - Z_i^v - 1} \tag{9-2}$$

式中，Z_i、Z_i^v 分别为非氢原子 i 的总电子数、价电子数；h_i 为与原子 i 直接键合的氢原子数。在分子隐氢图的邻接矩阵基础上定义分子的价连接性指数（$^mX_t^v$）

$$^mX_t^v = \sum \prod (\delta_i^v)^{-0.5} \tag{9-3}$$

式中，m 为阶数，$m = 0, 1, \cdots$。t 代表子图的种类，即对不同分子根据需要可剖析成若干种碎片子图，常用图 9-2 所示的四种子图来表示。

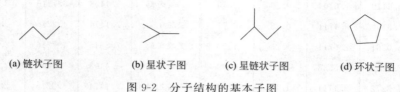

| (a) 链状子图 | (b) 星状子图 | (c) 星链状子图 | (d) 环状子图 |

图 9-2　分子结构的基本子图

这四种子图依次对应 t 为 p、c 及 pc，ch，相应的连接性指数分别为路径指数 $^mX_p^v$（$m \geqslant 0$），$^mX_c^v$（$m \geqslant 3$），$^mX_{pc}^v$（$m \geqslant 4$），$^mX_{ch}^v$。

根据化合物的结构特点，可以定义原子 i 的新型原子点价，代入式（9-3）可以得到新型的分子连接性指数。

【例 9-1】　新的价连接性指数与脂肪酯辛醇/水分配系数（$\lg K_{OW}$）的预测。

根据分子中各非氢原子的结构特点，同时考虑其和周围非氢原子的连接情况，提出原子点价：

$$\delta_i = (n_i - 1)[(Z_i - 2)/(m_i - 2)] \times N_s$$

式中，n_i 为原子 i 的主量子数；Z_i 为原子 i 的价电子数，m_i 为原子 i 的氧化数，N_s 为原子 i 和相邻非氢原子所连接的化学键（区分 δ 键、π 键，δ 键取值为 1，π 键取值为 0.5）的数目。以分子图的邻接矩阵为基础，由 δ_i 建构新的价连接性指数 ^mJ：

$$^mJ = \sum (\delta_i \delta_j \delta_k \cdots)^{-0.5} \tag{9-4}$$

式中，i、j、k 是指分子中所有的非氢原子（包括碳原子和杂原子）。

其中：

$$^0J = \sum (\delta_i)^{-0.5} \tag{9-5}$$

$$^1J = \sum (\delta_i \delta_j)^{-0.5} \tag{9-6}$$

例如，乙酸异丙酯的隐氢图及 δ_i 矩阵为：

$$^0J = 1^{-0.5} \times 3 + 3^{-0.5} \times 2 + 3.5^{-0.5} + 4^{-0.5} = 5.1892$$

$$^1J = (1 \times 3.5)^{-0.5} + (3.5 \times 3)^{-0.5} + (3.5 \times 4)^{-0.5} + (4 \times 3)^{-0.5} + (3 \times 1)^{-0.5} \times 2 = 2.5538$$

将 22 种脂肪酯的正辛醇/水分配系数与 ^mJ 用最小二乘法进行回归分析，得相关方程：

$$\lg K_{OW} = -1.4292 + 0.9858 {}^1J \tag{9-7}$$

$$n = 22, s = 0.1147, r = 0.9958$$

式中，n，s，r 分别为样本数、估计标准误差、相关系数。用式（9-7）来估算脂肪酯的 $-\lg K_{OW}$，结果和实验值基本吻合。^mJ 对 22 种脂肪酯 $-\lg K_{OW}$ 的估算见表 9-1。

表 9-1 ${}^m J$ 对 22 种脂肪酯—$\lg K_{OW}$ 的估算

脂肪酯	${}^0 J$	${}^1 J$	$\lg K_{OW}$		脂肪酯	${}^0 J$	${}^1 J$	$\lg K_{OW}$	
			exp.	cal.				exp.	cal.
甲酸乙酯	3.4169	1.7420	0.23	0.29	丁酸甲酯	5.0261	2.6609	1.23	1.19
甲酸丙酯	4.1241	2.2420	0.73	0.78	丁酸乙酯	5.7332	3.2216	1.37	1.75
乙酸甲酯	3.6119	1.6104	0.23	0.16	丁酸丙酯	6.4403	3.7216	2.23	2.24
乙酸乙酯	4.3190	2.1711	0.73	0.71	丁酸丁酯	7.1474	4.2216	2.77	2.73
乙酸丙酯	5.0261	2.6711	1.23	1.20	丁酸戊酯	7.8545	4.7216	3.31	3.23
乙酸异丙酯	5.1892	2.5538	1.03	1.09	戊酸乙酯	6.4403	3.7216	2.23	2.24
乙酸丁酯	6.3272	3.1711	1.73	1.70	己酸乙酯	7.1474	4.2216	2.73	2.73
乙酸异丁酯	5.8963	3.0269	1.53	1.55	庚酸乙酯	7.8545	4.7216	2.73	2.73
丙酸甲酯	4.3190	2.1609	0.73	0.70	辛酸乙酯	8.5616	5.2216	3.73	3.72
丙酸乙酯	5.0261	2.4130	1.27	0.95	壬酸乙酯	9.2687	5.7216	4.21	4.21
丙酸丁酯	6.4403	3.4130	1.81	1.94	癸酸乙酯	9.9758	6.2216	4.73	4.70

② Kappa 形状指数　Kier 的分子形状指数又称 Kappa 指数,作为描述分子形状的参数,以其简便性及在定量构效关系中常可获得的良好相关性而受到化学和环境工作者的重视。

饱和烃的 Kappa 形状指数:对于烷烃及其环烷烃分子,由于碳原子均为 sp^3 杂化,其分子隐氢图中的每条边均是 C—C 单键。据此结构特征,在分子邻接矩阵基础上,Kier 定义 Kappa 形状指数 (${}^m K$):

$$ {}^m K = [n_j - (M-1)][n_j - m]/({}^m P_j)^2 \tag{9-8} $$

式中,m 是 Kappa 形状指数的阶数,$m = 1, 2, 3, 4$;n_j 是分子 j 中的非氢原子数;${}^m P_j$ 为分子 j 中具有路径数为 m 的个数。

为了扩展饱和烃的 Kappa 形状指数的应用范围,Kier 于上述公式中引入修正项 α_j,分子 j 中原子 i 的修正值 α_i 定义为:

$$ \alpha_i = r_i r^{-1} - 1 \tag{9-9} $$

式中,r 为 sp^3 杂化碳原子的原子半径 ($r = 77\text{nm}$);r_i 为非 sp^3 杂化碳原子或其他杂原子的原子半径。例如 sp^3 杂化的氯原子半径为 99nm,则 $\alpha_{Cl(sp^3)} = \dfrac{99\text{nm}}{77\text{nm}} - 1 = 0.29$。常见原子的 α_i 值见表 9-2。

表 9-2 常见原子的杂化状态及其修正值 α_i

序号	原子状态	原子半径	α_i	序号	原子状态	原子半径	α_i
1	C, sp^3	77	0	5	N, sp^3	74	-0.04
2	C, sp^2	97	-0.13	6	N, sp^2	62	-0.20
3	O, sp^3	74	-0.04	7	Cl, sp^3	99	0.29
4	O, sp^2	62	-0.20	8	Br, sp^3	114	0.48

【例 9-2】 分子形状指数用于二噁英类卤代芳烃 PCDDs 辛醇/水分配系数的预测。

多氯二苯并对二噁英 (polychlorinated dibenzo-p-dioxin,PCDDs) 已成为公认的典型持

久性有机污染物（persistent organic pollutants，POPs），按式（9-8），根据自编程序计算了 43 个 PCDDs 的分子形状指数，运用 SPSS 统计软件分别拟合 43 个 PCDDs 化合物的辛醇/水分配系数与 ^mK 之间的多元线性方程，根据相关系数（R）从大到小，估计标准偏差（s）从小到大的原则分别优选出最佳的预测模型，其中 n、R、s、F 依次为样本容量、相关系数、估计标准误差、Fischer 检验值。

$$\lg K_{OW} = 1.7896 + 0.0845\,^1K + 0.8569\,^2K \tag{9-10}$$

$n = 43$，$R = 0.9182$，$F = 107.4628$，$s = 0.2950$

用式（9-10）对 43 个 PCDDs 化合物的辛醇/水分配系数进行预测，预测结果见表 9-3。

表 9-3　PCDDs 化合物辛醇/水分配系数实验值与预测值

PCDDs	^1K	^2K	^3K	$\lg K_{OW}$	
				Exp.	Pre. 1
二苯并对二噁英	3.8479	2.9413	1.2491	4.30	4.64
1-	4.6601	3.3466	1.4323	5.05	5.05
2-	4.6601	3.3466	1.5273	5.00	5.05
2,3-	5.5168	3.7527	1.7356	5.60	5.47
2,7-	5.5168	3.7527	1.8426	5.75	5.47
2,8-	5.5168	3.7527	1.8426	5.60	5.47
1,2,4-	6.6470	4.3428	1.9242	6.35	5.90
1,2,3,4-	7.5843	4.7508	2.0318	6.48	6.32
1,2,3,6-	7.5843	4.7508	2.2356	6.86	6.32
1,2,3,7-	7.5843	4.7508	2.2356	6.48	6.32
1,2,3,8-	7.3416	4.5663	2.1302	6.10	6.32
1,2,3,9-	7.3416	4.5663	2.0288	6.39	6.32
1,2,4,6-	7.5843	4.7508	2.1301	6.10	6.32
1,2,4,7-	7.5843	4.7508	2.2356	6.25	6.32
1,2,4,8-	7.5843	4.7508	2.2356	6.25	6.32
1,2,4,9-	7.5843	4.7508	2.1301	6.10	6.32
1,2,6,8-	7.5843	4.7508	2.2356	6.43	6.32
1,2,7,8-	7.3416	4.5663	2.1302	6.38	6.32
1,2,7,9-	7.3416	4.5663	2.1302	6.86	6.32
1,3,6,8-	7.5843	4.7508	2.3492	6.29	6.32
1,3,6,9-	7.3416	4.5663	2.1302	6.25	6.32
1,3,7,8-	7.5843	4.7508	2.3492	6.30	6.32
1,3,7,9-	7.5843	4.7508	2.3492	6.39	6.32
1,4,6,9-	7.3416	4.5663	2.0288	6.38	6.32
1,4,7,8-	7.5843	4.7508	2.2356	6.39	6.32
2,3,7,8-	7.3416	4.5663	2.2393	6.42	6.32
1,2,3,4,6-	8.5506	5.1590	2.2197	6.30	6.75
1,2,3,4,7-	8.5506	5.1590	2.3191	6.60	6.75

PCDDs	^1K	^2K	^3K	$\lg K_{OW}$	
				Exp.	Pre. 1
1,2,3,6,7-	8.5506	5.1590	2.3191	6.74	6.75
1,2,3,6,8-	8.3009	4.9736	2.3194	6.53	6.75
1,2,3,6,9-	8.3009	4.9736	2.2171	6.24	6.75
1,2,3,7,8-	8.5506	5.1590	2.4254	6.64	6.75
1,2,3,7,9-	8.5506	5.1590	2.4254	6.40	6.75
1,2,4,6,9-	8.5506	5.1590	2.3191	6.60	6.75
1,2,4,7,8-	8.3009	4.9736	2.3194	6.20	6.75
1,2,3,4,6,8-	9.5425	5.5674	2.5242	6.85	7.19
1,2,3,4,7,8-	9.2865	5.3812	2.4214	7.80	7.19
1,2,3,6,7,9-	9.2865	5.3812	2.4214	7.59	7.19
1,2,3,6,8,9-	9.5425	5.5674	2.5242	7.59	7.19
1,2,4,6,7,9-	9.2865	5.3812	2.4214	6.85	7.19
1,2,4,6,8,9-	9.2865	5.3812	2.4214	6.85	7.19
1,2,3,4,6,7,8-	10.2950	5.7891	2.5124	8.00	7.62
1,2,3,4,6,7,8,9-	11.3250	6.1971	2.6198	8.20	8.06

③ 电性状态拓扑指数　Kier 和 Hall 建立的电性拓扑状态指数（简称 E-状态指数，E_n），是表征分子中每种非氢原子类型的原子（n）的结构参数，即属于原子水平上的拓扑指数。E_n 由两部分组成，一是非氢原子的固有状态值 I_n，反映该原子 n 的价态和局部拓扑环境，与其所处的具体分子环境无关；二是增量 ΔI_n，表征该原子受分子中其他非氢原子的扰动程度。

分子中每个非氢原子的固有状态值被定义为：

$$I_n = \frac{4\delta_n^v + N_n^2}{N_n^2 \delta_n} \tag{9-11}$$

式中，N_n 为原子 n 的电子层数；$\delta_n = \sigma_n - h_n$，其中 δ_n、σ_n 为原子 n 的支化度及形成 σ 键的键数，h_n 为原子 n 之间键合的氢原子数，δ_n^v 原为原子 n 的 Kier 点价，现被定义为：

$$\delta_n^v = \sigma_n + \pi_n + k_n - h_n \tag{9-12}$$

式中，π_n，k_n 分别为 π 键数及孤对电子数。Kier 和 Hall 在文献中对常见化合物中各种不同原子指定了不同类型，总共有 79 种，对大多数有机化合物来说，46 种就足够了。

分子中每个成键原子都不是孤立的，要受到周围其他原子的干扰，而使其电性发生改变，此改变量即增量，用 ΔI_n 表示。假设所有其他非氢原子（j）对非氢原子（n）的固有状态的影响或增量是两原子固有状态之差值即（$I_n - I_j$）的函数，且与两个原子之间最短距离的平方成反比，那么，某原子（n）固有状态 I_n 值在分子中受其他原子的影响产生的增量为：

$$\Delta I_n = \sum_{j \neq n} \frac{I_n - I_j}{(r_{nj})^2} \tag{9-13}$$

式中，r_{nj} 为原子 n 与原子 j 之间相隔的最短路径数加 1，$\sum$ 是对分子中氢原子 n 以外的其他原子求和。

原子 n 的电性拓扑状态指数的计算公式：

$$E_n = \sum_t (I_n + \Delta I_n)_t \tag{9-14}$$

式中，t 为具有相同类型原子的个数。

【例 9-3】　电性状态拓扑指数用于联苯醚环境分配性质的预测。

多氯联苯醚（polychlorinated biphenyl ethers，PCDEs）与二噁英类化合物结构类似，也是自然界广泛存在的持久性有机污染物，根据式（9-11）～式（9-14）计算 107 种 PCDEs（包含联苯醚）的四种电拓扑指数值 E_5、E_{10}、E_{26}、E_{39}，运用 SPSS13.0 统计软件与通过实验获得的 PCDEs 的蒸气压（P_L^0）、辛醇/水分配系数（K_{OW}）、水溶解度（S_W）（数据见表 9-4），建立一系列线性回归方程，根据相关系数（R）从大到小，标准偏差（s）从小到大的原则，优选出 P_L^0、K_{OW}、S_W 的最佳 QSPR 模型：

a. PCDEs 的 P_L^0 值回归结果：

$$-\lg P_L^0 = 310.4736 - 0.1167 E_5 - 55.3182 E_{26} + 0.0416 E_{39} \tag{9-15}$$
$$n' = 107, \quad R = 0.9918, \quad F = 2078.67, \quad S = 0.1500$$

b. PCDEs 的 K_{OW} 值回归结果：

$$\lg K_{OW} = 532.9380 - 0.0722 E_5 - 94.5467 E_{26} + 0.0053 E_{39} \tag{9-16}$$
$$n' = 107, \quad R = 0.9915, \quad F = 1982.96, \quad S = 0.1072$$

c. PCDEs 的 S_W 值回归结果：

$$-\lg S_W = 493.5482 + 0.2042 E_5 - 88.5532 E_{26} + 0.1740 E_{39} \tag{9-17}$$
$$n' = 107, \quad R = 0.9789, \quad F = 786.6913, \quad S = 0.3380$$

表 9-4　107 种 PCDEs 分子的 P_L^0，K_{OW}，S_W 数据

编号	PCDEs	$-\lg P_L^0$	$\lg K_{OW}$	$-\lg S_W$	编号	PCDEs	$-\lg P_L^0$	$\lg K_{OW}$	$-\lg S_W$
1	DPE	-0.38	3.97	3.56	17	2,3,5-	1.53	5.62	5.19
2	2-	0.27	4.45	4.78	18	2,3,6-	1.42	5.35	5.95
3	3-	0.30	4.75	4.21	19	2,3',4-	1.62	5.65	5.44
4	4-	0.36	4.70	4.32	20	2,4,4'-	1.69	5.53	6.22
5	2,3-	1.05	5.00	4.67	21	2,4,5-	1.53	5.58	6.58
6	2,4-	0.91	4.93	4.63	22	2,4,6-	1.26	5.32	6.11
7	2,4'-	1.03	5.03	5.52	23	2,4',5-	1.64	5.66	5.44
8	2,5-	0.87	5.13	4.97	24	2,4',6-	1.53	5.30	5.91
9	2,6-	0.76	4.64	5.06	25	2',3,4-	1.73	5.50	5.20
10	3,4-	1.06	4.99	4.72	26	3,3',4-	1.78	5.74	5.43
11	3,4'-	1.06	5.13	4.77	27	3,4,4'-	1.86	5.88	5.66
12	3,5-	0.87	5.21	5.06	28	3,4,5-	1.73	5.70	6.77
13	4,4'-	1.13	5.25	4.80	29	3,4',5-	1.64	5.77	5.52
14	2,2',4-	1.60	4.96	4.95	30	2,2',3,4-	2.48	5.72	6.74
15	2,3,4-	1.76	5.55	5.32	31	2,2',3,4'-	2.41	5.88	6.65
16	2,3,4'-	1.82	5.63	5.31	32	2,2',4,4'-	2.28	5.95	6.82

续表

编号	PCDEs	$-\lg P_L^0$	$\lg K_{OW}$	$-\lg S_W$	编号	PCDEs	$-\lg P_L^0$	$\lg K_{OW}$	$-\lg S_W$
33	2,2′,4,5--	2.20	5.97	7.00	71	2,3,4′,5,6-	2.80	6.41	7.76
34	2,2′,4,5′-	2.18	5.78	6.77	72	2,3′,4,4′,5-	3.02	6.60	7.83
35	2,3,3′,4-	2.46	6.07	7.09	73	2,3′,4,4′,6-	2.74	6.44	7.62
36	2,3,3′,4′-	2.54	5.99	6.90	74	2,3′,4,5,5′-	2.74	6.66	8.06
37	2,3,4,4′-	2.57	6.14	7.01	75	2′,3,4,4′,5-	3.02	6.63	7.89
38	2,3,4,5-	2.34	6.01	7.52	76	3,3′,4,4′,5-	3.25	6.83	8.25
39	2,3,4,6-	2.02	5.88	7.06	77	2,2′,3,3′,4,4′-	4.06	6.82	8.14
40	2,3,4′,5-	2.31	6.21	7.14	78	2,2′,3,3′,4,5′-	3.73	7.01	8.55
41	2,3,4′,6-	2.22	5.64	6.64	79	2,2′,3,3′,4,6′-	3.75	6.47	7.96
42	2,3,5,6-	1.99	5.82	7.02	80	2,2′,3,4,4′,5-	3.70	6.72	8.44
43	2,3′,4,4′-	2.39	6.13	7.00	81	2,2′,3,4,4′,5′-	3.77	7.01	8.31
44	2,3′,4,5-	2.22	6.14	7.27	82	2,2′,3,4,4′,6-	3.46	6.84	8.47
45	2,3′,4,5′-	2.14	6.13	7.14	83	2,2′,3,3′,4,6′-	3.57	6.65	8.10
46	2,3′,4′,5-	2.32	6.11	7.07	84	2,2′,3,4′,5,5′-	3.42	6.76	8.41
47	2,3′,4′,6-	2.22	5.70	6.56	85	2,2′,3,4′,5,6-	3.42	6.76	8.42
48	2,4,4′,5-	2.32	5.99	7.04	86	2,2′,3,4′,5′,6-	3.37	6.47	7.88
49	3,4,4′,6-	2.05	5.92	6.83	87	2,2′,4,4′,5,5′-	3.46	6.72	8.36
50	3,3′,4,4′-	2.59	6.36	6.98	88	2,2′,4,4′,5,6′-	3.19	6.49	8.04
51	3,3′,4,5′-	2.34	6.22	7.32	89	2,3,3′,4,4′,5-	3.87	7.07	8.78
52	3,4,4′,5-	2.52	6.30	7.35	90	2,3,3′,4,4′,5′-	3.93	6.99	8.49
53	2,2′,3,3′,4-	3.30	6.30	7.38	91	2,3,3′,4′,5,6-	3.50	6.78	8.30
54	2,2′,3,4,4′-	3.16	6.28	7.44	92	2,3,4,4′,5,6-	3.64	6.95	8.94
55	2,2′,3,4,5′-	3.04	6.51	7.70	93	2,3′,4,4′,5,5′-	3.64	7.11	8.72
56	2,2′,3,4,6′-	3.04	6.11	7.23	94	2,2′,3,3′,4,4′,5-	4.42	7.28	9.12
57	2,2′,3,4′,5-	2.83	6.54	7.64	95	2,2′,3,3′,4,5,6′-	4.14	6.98	8.89
58	2,2′,3,4′,6-	2.83	6.06	7.24	96	2,2′,3,3′,4′,5,6-	4.23	7.14	9.09
59	2,2′,3′,4,5-	3.00	6.22	7.48	97	2,2′,3,4,4′,5,5′-	4.20	7.46	9.50
60	2,2′,4,4′,5-	2.87	6.38	7.61	98	2,2′,3,4,4′,5,6-	4.17	7.31	9.64
61	2,2′,4,4′,6-	2.66	6.11	7.33	99	2,2′,3,4,4′,5,5′,6-	3.92	7.13	9.05
62	2,2′,4,5,5′-	2.76	6.22	7.56	100	2,3,3′,4,4′,5,5′-	4.33	7.55	9.54
63	2,2′,4,5,6′-	2.69	5.98	7.12	101	2,3,3′,4,4′,5,6-	4.22	7.31	9.46
64	2,3,3′,4,4′-	3.29	6.51	7.67	102	2,2′,3,3′,4,4′,5′-	4.76	7.78	10.13
65	2,3,3′,4′,5-	3.00	6.52	7.83	103	2,2′,3,3′,4,4′,5,6-	4.80	7.84	10.55
66	2,3,3′,4′,5′-	3.00	6.58	7.86	104	2,2′,3,3′,4,5,5′,6′-	4.52	7.63	10.10
67	2,3,3′,4′,6-	2.91	6.31	7.35	105	2,2′,3,4,4′,5,5′,6-	4.50	7.81	10.14
68	2,3,4,4′,5-	3.15	6.61	8.06	106	2,2′,3,3′,4,4′,5,5′6-	5.16	8.07	11.45
69	2,3,4,4′,6-	2.83	6.47	7.77	107	2,2′,3,3′,4,4′,5,5′,6,6-	5.80	8.16	12
70	2,3,4,5,6-	2.76	6.37	7.94					

　　用相关方程式(9-15)、式(9-16)、式(9-17)估算 107 种 PCDEs 的三种环境分配系数 P_L^0，K_{ow}，S_w，计算值和实验值接近，预测建模样本外的 103 种 PCDEs 的三种环境分配系数 P_L^0，K_{ow}，S_w，预测结果列于表 9-5。

表 9-5　103 种 PCDEs 分子的 P_L^0，K_{ow}，S_w 值预测

编号	PCDEs	$-\lg P_L^0$	$\lg K_{ow}$	$-\lg S_w$	编号	PCDEs	$-\lg P_L^0$	$\lg K_{ow}$	$-\lg S_w$
1	2,2'-	0.82	4.75	4.82	35	2,3,5,2',3'-	2.91	6.34	7.55
2	2,3'-	0.96	4.99	5.01	36	2,3,5,2',5'-	2.92	6.36	7.51
3	3,3'-	1.09	5.23	5.19	37	2,3,5,2',6'-	2.78	6.12	7.35
4	2,3,2'-	1.52	5.29	5.72	38	2,3,5,3',5'-	3.06	6.60	7.71
5	2,3,3'-	1.66	5.53	5.91	39	2,3,5,6,2'-	2.75	6.09	7.42
6	3,5,2'-	1.67	5.54	5.88	40	2,3,5,6,3'-	2.89	6.33	7.59
7	3,5,3'	1.80	5.77	6.06	41	2,3,6,2',3'-	2.77	6.11	7.38
8	2,5,2'-	1.54	5.30	5.68	42	2,3,6,2',5'-	2.79	6.12	7.33
9	2,5,3'-	1.68	5.54	5.86	43	2,3,6,2',6'-	2.64	5.87	7.17
10	2,6,2'-	1.39	5.06	5.51	44	2,3,6,3',5'-	2.92	6.35	7.52
11	2,6,3'-	1.53	5.30	5.69	45	2,4,6,2',3'-	2.78	6.12	7.34
12	2,3,2',3'-	2.21	5.81	6.64	46	2,4,6,2',5'-	2.79	6.13	7.30
13	2,3,2',5'-	2.23	5.83	6.59	47	2,4,6,2',6'-	2.65	5.89	7.14
14	2,3,2',6'-	2.09	5.59	6.43	48	2,4,6,3',5'-	2.93	6.37	7.49
15	2,3,3',5'-	2.37	6.07	6.79	49	3,4,5,2',3'-	3.03	6.57	7.76
16	2,3,5,2'-	2.22	5.82	6.63	50	3,4,5,2',5'-	3.05	6.59	7.72
17	2,3,5,3'-	2.36	6.06	6.81	51	3,4,5,3',5'-	2.91	6.35	7.56
18	2,3,6,2'-	2.08	5.58	6.45	52	3,4,5,3',5'-	3.18	6.83	7.92
19	2,3,6,3'-	2.22	5.82	6.62	53	2,3,4,5,2',3'-	3.55	6.84	8.58
20	2,4,2',6'-	2.10	5.60	6.38	54	2,3,4,5,2',5'-	3.57	6.86	8.53
21	2,4,6,2'-	2.09	5.59	6.41	55	2,3,4,5,3',4'-	3.70	7.09	8.73
22	2,4,6,3'-	2.23	5.84	6.59	56	2,3,4,5,3',5'-	3.71	7.09	8.72
23	2,5,2',5'-	2.25	5.84	6.55	57	2,3,4,5,6,2'-	3.38	6.57	8.47
24	2,5,2',6'-	2.11	5.61	6.39	58	2,3,4,5,6,3'-	3.52	6.81	8.65
25	2,5,3',5'-	2.38	6.08	6.75	59	2,3,4,6,2',3'-	3.43	6.61	8.36
26	2,6,2',6'-	1.96	5.36	6.22	60	2,3,4,6,2',5'-	3.44	6.62	8.32
27	2,6,3',5'-	2.24	5.83	6.58	61	2,3,4,6,2',6'-	3.30	6.38	8.16
28	3,4,5,2'-	2.34	6.05	6.84	62	2,3,4,6,3',4'-	3.57	6.86	8.51
29	3,4,5,3'-	2.48	6.29	7.02	63	2,3,4,6,3',5'-	3.58	6.86	8.51
30	3,5,3',5'-	2.51	6.31	6.94	64	2,3,5,2',3',5'-	3.60	6.87	8.49
31	2,3,4,5,2'-	2.87	6.32	7.64	65	2,3,5,2',3',6'-	3.46	6.63	8.31
32	2,3,4,5,3'-	3.01	6.56	7.81	66	2,3,5,2',4',6'-	3.46	6.64	8.27
33	2,3,4,6,2'-	2.74	6.09	7.42	67	2,3,5,3',4',5'-	3.72	7.10	8.68
34	2,3,4,6,3'-	2.89	6.33	7.60	68	2,3,5,6,2',3'-	3.43	6.61	8.37

续表

编号	PCDEs	$-\lg P_L^0$	$\lg K_{OW}$	$-\lg S_W$	编号	PCDEs	$-\lg P_L^0$	$\lg K_{OW}$	$-\lg S_W$
69	2,3,5,6,2',5'-	3.45	6.62	8.32	87	2,3,4,6,2',4',5'-	4.12	7.14	9.29
70	2,3,5,6,2',6'-	3.30	6.38	8.17	88	2,3,4,6,2',4',6'-	3.98	6.90	9.10
71	2,3,5,6,3',5'-	3.59	6.87	8.52	89	2,3,4,6,3',4',5'-	4.24	7.36	9.50
72	2,3,6,2',3',6'-	3.32	6.39	8.14	90	2,3,5,6,2',3',5'-	4.11	7.13	9.31
73	2,3,6,2',4',6'-	3.33	6.40	8.10	91	2,3,5,6,2',3',6'-	3.97	6.89	9.15
74	2,3,6,3',4',5'-	3.58	6.86	8.51	92	2,3,5,6,2',4',6'-	3.98	6.90	9.10
75	2,4,6,2',4',6'-	3.33	6.41	8.06	93	2,3,5,6,3',4',5'-	4.24	7.36	9.50
76	2,4,6,3',4',5'-	3.59	6.87	8.47	94	2,3,4,5,2',3',4',6'-	4.75	7.62	10.35
77	3,4,5,3',4',5'-	3.84	7.33	8.89	95	2,3,4,5,6,2',3',5'-	4.74	7.60	10.39
78	2,3,4,5,2',4',6'-	4.24	7.36	9.51	96	2,3,4,5,6,2',3',6'-	4.59	7.36	10.22
79	2,3,4,5,2',4',6'-	4.11	7.13	9.30	97	2,3,4,5,6,2',4',6'-	4.60	7.37	10.17
80	2,3,4,5,6,2',3'-	4.05	7.08	9.43	98	2,3,4,5,6,3',4',5'-	4.86	7.83	10.57
81	2,3,4,5,6,2',5'-	4.07	7.10	9.38	99	2,3,4,6,2',3',4',6'-	4.61	7.38	10.14
82	2,3,4,5,6,2',6'-	3.92	6.85	9.23	100	2,3,4,6,2',3',5',6'-	4.62	7.38	10.15
83	2,3,4,5,6,3',5'-	4.21	7.34	9.57	101	2,3,4,6,2',3',5',6'-	4.62	7.38	10.17
84	2,3,4,6,2',3',4'-	4.10	7.12	9.33	102	2,3,4,5,6,2',3',4',6'-	5.23	7.84	11.23
85	2,3,4,6,2',3',5'-	4.11	7.12	9.30	103	2,3,4,5,6,2',3',5',6'-	5.23	7.84	11.25
86	2,3,4,6,2',3',6'-	3.97	6.89	9.14					

④ 电性距离矢量（MEDV-13） 刘树深等考查了多种著名拓扑指数的局限，提出能够较为全面反映分子的拓扑、几何及电性特征的分子描述符，即分子电性距离矢量（m_k）。其计算主要包括以下 3 个步骤。

a. 定义分子中非氢原子 i 的固有属性 I_i 为：

$$I_i = \sqrt{\frac{\nu_i}{4}} \times \frac{(2/n_i)^2 \delta_i^v + 1}{\delta_i} \tag{9-18}$$

式中，n_i、δ_i、δ_i^v、ν_i 依次为非氢原子 i 的电子层数、支化度、原子点价及价电子数。δ_i、δ_i^v 的定义为：

$$\delta_i = \sigma_i - h_i, \delta_i^v = \sigma_i + \pi_i - h_i \tag{9-19}$$

式中，σ_i、π_i 为非氢原子 i 成 σ 键、π 键所用的电子数；h_i 为与其直接键合的氢原子数。

b. 定义非氢原子的相对电性（q_i）：

$$q_i = I_i + \sum_{j \neq i}^{all j} \frac{(I_i - I_j)}{d_{ij}^2} \tag{9-20}$$

式中，d_{ij} 为非氢原子 i、j 之间的最短拓扑距离，即其间直接相连的边的数目。

c. 进一步考虑不同原子类型的非氢原子之间的电性及拓扑相互作用，定义了电性距离矢量（m_k）：

$$m_k = m_{pl} = \sum_{i \in k, j \in l} \frac{q_i q_j}{d_{ij}^2} \tag{9-21}$$

式中，p_i 为非氢原子 i（或 j）所属的原子类型号，共 13 种。其定义为：

$$P_i = 4(Z_i - 4) + J_i \tag{9-22}$$

式中，Z_i 为价电子层数，J_i 为非氢原子 i 在分子中所连接的其他非氢原子的数目。表 9-6 是有机化合物中常见的 13 种原子类型。

表 9-6　电性距离矢量理论中有机化合物的 13 种原子类型

原子类型	分子中的原子	原子类型	分子中的原子	原子类型	分子中的原子
1	C—	6	—N—，—P—	10	—O—，—S—
2	—C—	7	>N—， >P—	11	>S—
3	>C—	8	>P<	12	>S<
4	>C<	9	O—，S—	13	F—，Cl—，
5	N—，P—				Br—，I—

注："—""\""/"是指和非氢原子相连的单键、双键或三键。

13 种原子类型两两相互作用，便构成了 91 个 m_k，见表 9-7。

表 9-7　MEDV-13 中 k 与 p，l 之间的关系

k	p	l	k	p	l	k	p	l	k	p	l	k	p	l	k	p	l
1	1	1	17	2	5	33	3	10	49	5	7	65	7	8	81	9	13
2	1	2	18	2	6	34	3	11	50	5	8	66	7	9	82	10	10
3	1	3	19	2	7	35	3	12	51	5	9	67	7	10	83	10	11
4	1	4	20	2	8	36	3	13	52	5	10	68	7	11	84	10	12
5	1	5	21	2	9	37	4	4	53	5	11	69	7	12	85	10	13
6	1	6	22	2	10	38	4	5	54	5	12	70	7	13	86	11	11
7	1	7	23	2	11	39	4	6	55	5	13	71	8	8	87	11	12
8	1	8	24	2	12	40	4	7	56	6	6	72	8	9	88	11	13
9	1	9	25	2	13	41	4	8	57	6	7	73	8	10	89	12	12
10	1	10	26	3	3	42	4	9	58	6	8	74	8	11	90	12	13
11	1	11	27	3	4	43	4	10	59	6	9	75	8	12	91	13	13
12	1	12	28	3	5	44	4	11	60	6	10	76	8	13			
13	1	13	29	3	6	45	4	12	61	6	11	77	9	9			
14	2	2	30	3	7	46	4	13	62	6	12	78	9	10			
15	2	3	31	3	8	47	5	5	63	6	13	79	9	11			
16	2	4	32	3	9	48	5	6	64	7	7	80	9	12			

【例 9-4】 分子电性距离矢量用于多溴噻蒽系列化合物的热力学性质的预测。

把 PCDDs 环上的氧原子换成硫原子，氯原子换成溴原子，得到多溴代噻蒽（PBTAs），它们的结构和性质相似，根据溴原子取代数目和位置，也有 75 种异构体。在造纸厂的废水和烟气中已检测出一些多溴噻蒽的存在，对环境造成了潜在的威胁，所以对多溴噻蒽的研究有重要的意义。

根据 MEDV 的定义，PBTAs 分子中只有第 2 （ CH— ），第 3 （ C ），第 10 （—S—），第 13 （Br—） 四种类型，这四种类型两两作用对构成的描述子的序号为 14，15，22，25，26，33，36，82，85，91 共 10 个。例如，2,8-二溴噻蒽的 MEDV 描述子见图 9-3。

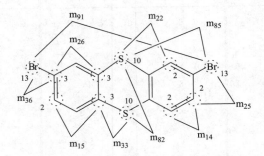

图 9-3 2,8-二溴噻蒽分子结构、原子类型及 MEDV 描述子

根据式 （9-21） 及自编程序计算了噻蒽和 75 个多溴噻蒽的 10 个 MEDV 描述子，见表 9-8。

表 9-8 PBTAs 的 MEDV 描述子

化合物	m_{14}	m_{15}	m_{22}	m_{25}	m_{26}	m_{33}	m_{36}	m_{82}	m_{85}	m_{91}
TA	48.103	33.658	−5.725	0.000	7.639	−8.545	0.000	0.116	0.000	0.000
MBTA										
1	40.764	34.759	−4.770	2.192	12.489	−9.491	3.416	0.112	−0.266	0.000
2	37.055	41.198	−5.592	2.925	8.791	−8.889	2.022	0.115	−0.151	0.000
DBTA										
1,2	33.446	35.750	−4.421	3.231	17.378	−10.002	8.091	0.111	−0.436	0.275
1,3	27.817	42.200	−4.575	4.733	14.515	−9.872	6.335	0.111	−0.424	0.146
1,4	32.781	34.756	−3.795	4.140	18.376	−10.435	7.503	0.108	−0.532	0.097
1,6	33.366	35.400	−3.820	4.241	17.713	−10.418	7.120	0.108	−0.528	0.049
1,7	29.467	42.264	−4.632	5.075	13.800	−9.832	5.606	0.111	−0.416	0.035
1,8	29.454	42.187	−4.632	5.029	13.850	−9.830	5.663	0.111	−0.416	0.046
1,9	33.417	35.105	−3.829	4.150	17.868	−10.406	7.239	0.108	−0.526	0.066
2,3	26.914	46.169	−5.312	4.344	12.281	−9.349	6.348	0.114	−0.318	0.260
2,7	25.727	48.853	−5.455	5.856	10.004	−9.233	4.144	0.114	−0.302	0.026
2,8	25.704	48.844	−5.455	5.830	10.019	−9.233	4.172	0.114	−0.302	0.033
Tri-BTA										
1,2,3	24.663	36.007	−4.082	3.492	23.365	−10.497	13.989	0.110	−0.610	0.740
1,2,4	24.264	34.464	−3.387	4.511	24.647	−10.980	13.328	0.107	−0.709	0.546
1,2,6	25.942	36.122	−3.468	5.172	22.862	−10.923	12.022	0.107	−0.697	0.367

化合物	m_{14}	m_{15}	m_{22}	m_{25}	m_{26}	m_{33}	m_{36}	m_{82}	m_{85}	m_{91}
1,2,7	21.943	43.245	−4.279	6.077	18.807	−10.343	10.420	0.110	−0.586	0.342
1,2,8	21.955	43.095	−4.279	5.987	18.893	−10.341	10.520	0.110	−0.585	0.362
1,2,9	26.072	35.619	−3.479	5.003	23.114	−10.908	12.224	0.107	−0.694	0.398
1,3,6	20.181	42.666	−3.621	6.666	19.980	−10.793	10.288	0.107	−0.685	0.245
1,3,7	16.223	49.781	−4.433	7.579	15.919	−10.213	8.668	0.110	−0.574	0.217
1,3,8	16.234	49.710	−4.434	7.558	15.955	−10.211	8.698	0.110	−0.574	0.221
1,3,9	20.248	42.441	−3.629	6.619	20.088	−10.783	10.353	0.107	−0.683	0.252
1,4,6	25.396	34.584	−2.859	5.934	24.157	−11.330	11.634	0.104	−0.788	0.216
1,4,7	21.229	42.121	−3.651	6.923	19.910	−10.771	9.930	0.107	−0.680	0.180
2,3,6	19.184	46.926	−4.349	6.342	17.585	10.285	10.213	0.110	−0.581	0.349
2,3,7	15.345	53.825	−5.171	7.213	13.618	−9.694	8.636	0.113	−0.469	0.325
TBTA										
1,2,3,4	23.561	21.768	−2.839	1.775	36.738	−11.636	22.849	0.107	−0.901	1.375
1,2,3,6	17.070	35.967	−3.127	5.248	29.189	−11.411	18.231	0.107	−0.869	0.890
1,2,3,7	12.946	43.445	−3.936	6.255	24.944	−10.837	16.503	0.109	−0.760	0.849
1,2,3,8	12.985	43.299	−3.937	6.190	25.018	−10.835	16.576	0.109	−0.760	0.862
1,2,3,9	17.221	35.526	−3.138	5.122	29.397	−11.397	18.379	0.106	−0.867	0.912
1,2,4,6	16.811	33.939	−2.450	6.164	30.727	−11.869	17.715	0.104	−0.963	0.713
1,2,4,7	12.520	41.777	−3.241	7.237	26.320	−11.316	15.912	0.107	−0.857	0.664
1,2,4,8	12.544	41.707	−3.241	7.194	26.355	−11.315	15.953	0.107	−0.857	0.673
1,2,4,9	16.888	33.738	−2.453	6.089	30.821	−11.866	17.795	0.104	−0.962	0.726
1,2,6,7	18.407	36.675	−3.113	6.015	28.198	−11.428	17.108	0.107	−0.865	0.722
1,2,6,8	12.590	43.264	−3.266	7.496	25.303	−11.298	15.390	0.107	−0.853	0.607
1,2,6,9	17.957	34.794	−2.507	6.665	29.680	−11.827	16.860	0.104	−0.954	0.593
1,2,7,8	11.562	47.685	−3.993	7.214	22.807	−10.795	15.253	0.109	−0.751	0.703
1,2,7,9	12.713	42.899	−3.277	7.414	25.475	−11.285	15.496	0.106	−0.851	0.620
1,2,8,9	18.700	35.811	−3.127	5.706	28.613	−11.409	17.452	0.106	−0.862	0.779
1,3,6,8	6.733	49.978	−3.419	9.060	22.344	−11.169	13.590	0.107	−0.841	0.474
1,3,6,9	11.997	41.714	−2.656	8.275	26.632	−11.702	15.010	0.104	−0.943	0.454
1,3,7,8	5.736	54.410	−4.146	8.789	19.835	−10.666	13.432	0.109	−0.740	0.567
1,3,7,9	6.791	49.818	−3.426	9.033	22.419	−11.160	13.627	0.106	−0.840	0.478
1,4,6,9	17.411	33.190	−1.905	7.442	31.031	−12.223	16.477	0.101	−1.043	0.439
1,4,7,8	10.827	46.516	−3.365	8.070	23.957	−11.219	14.776	0.107	−0.844	0.540
2,3,7,8	4.823	58.676	−4.884	8.487	17.400	−10.154	13.308	0.113	−0.637	0.662
Penta-BTA										
1,2,3,4,6	16.300	20.403	−1.906	3.134	43.326	−12.514	27.639	0.103	−1.152	1.613
1,2,3,4,7	11.755	28.794	−2.690	4.349	38.653	−11.971	25.677	0.106	−1.049	1.545

续表

化合物	m_{14}	m_{15}	m_{22}	m_{25}	m_{26}	m_{33}	m_{36}	m_{82}	m_{85}	m_{91}
1,2,3,6,7	9.473	36.229	−2.770	5.937	34.771	−11.915	23.563	0.106	−1.037	1.297
1,2,3,6,8	3.548	43.009	−2.923	7.491	31.790	−11.785	21.776	0.106	−1.025	1.170
1,2,3,6,9	9.030	34.253	−2.165	6.583	36.320	−12.308	23.339	0.103	−1.125	1.168
1,2,3,7,8	2.463	47.690	−3.648	7.283	29.144	−11.289	21.538	0.109	−0.926	1.252
1,2,3,7,9	3.664	42.706	−2.933	7.428	31.929	−11.774	21.854	0.106	−1.024	1.179
1,2,3,8,9	9.766	35.493	−2.784	5.712	35.108	−11.897	23.812	0.106	−1.034	1.334
1,2,4,6,7	9.285	33.925	−2.096	6.784	36.463	−12.365	23.144	0.103	−1.129	1.132
1,2,4,6,8	3.262	40.902	−2.245	8.383	33.398	−12.240	21.308	0.103	−1.118	0.999
1,2,4,6,9	8.849	31.954	−1.498	7.439	38.011	−12.752	22.907	0.100	−1.215	1.000
1,2,4,7,8	2.041	45.903	−2.952	8.232	30.606	−11.763	21.001	0.106	−1.021	1.075
1,2,4,7,9	3.316	40.767	−2.247	8.349	33.458	−12.237	21.348	0.103	−1.117	1.005
1,2,4,8,9	9.443	33.575	−2.099	6.646	36.620	−12.361	23.283	0.103	−1.128	1.156
Hexa-BTA										
1,2,3,4,6,7	8.896	19.817	−1.550	3.524	49.420	−13.007	33.380	0.102	−1.318	2.092
1,2,3,4,6,8	2.691	27.091	−1.698	5.219	46.231	−12.883	31.455	0.102	−1.307	1.945
1,2,3,4,6,9	8.471	17.736	−0.955	4.175	51.045	−13.387	33.168	0.099	−1.403	1.960
1,2,3,4,7,8	1.298	32.527	−2.400	5.179	43.221	−12.417	31.018	0.105	−1.213	2.003
1,2,3,6,7,8	0.477	35.511	−2.425	5.723	41.576	−12.400	30.242	0.105	−1.209	1.917
1,2,3,6,7,9	0.319	33.041	−1.752	6.525	43.373	−12.845	29.889	0.102	−1.299	1.761
1,2,3,6,8,9	0.457	32.753	−1.755	6.429	43.497	−12.841	29.987	0.102	−1.299	1.777
1,2,3,7,8,9	0.740	34.905	−2.438	5.560	41.846	−12.385	30.422	0.105	−1.207	1.942
1,2,4,6,7,9	0.225	30.435	−1.089	7.302	45.232	−13.279	29.563	0.099	−1.388	1.608
1,2,4,6,8,9	0.305	30.289	−1.089	7.241	45.293	−13.279	29.620	0.099	−1.388	1.619
Hepta-BTA										
1,2,3,4,6,7,8	0.000	18.450	−1.204	3.070	56.650	−13.486	40.400	0.101	−1.489	2.774
1,2,3,4,6,7,9	0.000	15.581	−0.545	3.781	58.651	−13.913	40.157	0.099	−1.575	2.631
OBTA										
1,2,3,4,6,7,8,9	0.000	0.000	0.000	0.000	72.492	−14.545	51.082	0.098	−1.762	3.715

75 个 PBTAs 分子的标准焓（$H^\ominus$）、自由能（$G^\ominus$）、恒容热容（$C_V^\ominus$）和标准熵（$S^\ominus$）等热力学参数及其 m_{14}、m_{15}、m_{22}、m_{25}、m_{26}、m_{33}、m_{36}、m_{82}、m_{85}、m_{91} 输入 SPSS14.0 统计软件系统，用最小二乘法进行回归分析，分别得到回归方程为：

$$C_V^\ominus = 73.131 - 131.487 m_{85} - 18.591 m_{22} + 0.219 m_{26} \tag{9-23}$$

$$n=76,\ R^2=1.000,\ R=1.000,\ S=0.3910,\ F=115518.108$$

式中，n、R^2、R、S、F 分别为回归样本数、判定系数、相关系数、估计标准误差、Fischer 检验值（下同）。

$$S^\ominus = 185.229 - 308.547 m_{85} - 41.714 m_{22} + 0.142 m_{29} \tag{9-24}$$

$$n=76，R^2=1.000，R=1.000，S=1.2831，F=54829.262$$
$$H^\ominus=13651.548+18663.417m_{85}+2591.207m_{22}-50.576m_{36} \tag{9-25}$$
$$n=76，R^2=1.000，R=1.000，S=58.555，F=113086.181$$
$$G^\ominus=13651.527+18663.452m_{85}+2591.211m_{22}-50.576m_{36} \tag{9-26}$$
$$n=76，R^2=1.000，R=1.000，S=58.555，F=113086.117$$

可以看出 MEDV 描述子与 PBTAs 热力学性质的相关性非常理想，相关系数和判定系数均达到 1.000 的高度相关。根据式（9-23）～式（9-26）计算得到热力学性质的实验值和预测值一致，相对平均误差分别为 0.12%、0.18%、0.53%、0.53%。以式（9-24）为例，对实验值和预测值作图，从图 9-4 中可以看出，实验值和预测值吻合得很好。

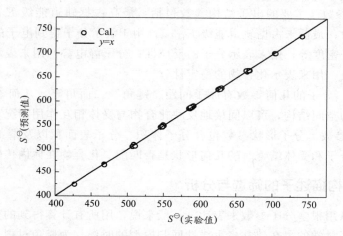

图 9-4　噻蒽和 75 个多溴噻蒽标准熵实验值和预测值的相关性

（3）立体类参数

立体类参数就是在三维结构上所产生出来的能表征分子结构的参数。一个分子的生物活性及理化性质均与其三维结构有关。所以，在定量构效关系研究中，相继出来一些考虑生物活性分子与受体结合时三维结构的研究方法，统称为三维定量构效关系（3D-QSAR）研究。目前，应用最普遍的 3D-QSAR 方法是 CoMFA。CoMFA 方法的基本思想是：假设在分子水平上，影响药物分子与生物大分子相互作用的主要因素不是经典的共价键，而是空间的静电能和立体能。由此，该方法将分子置于三维的直角坐标系，按照 x、y 和 z 坐标轴取值的大小将三维空间划分为立方格，并在立方格的节点上用探针（如 H^+）来测试静电能和立体能。以药物的某种活性为因变量 y，而以所得到的静电能和立体能为自变量 x 来构建预测的数学模型，由于所测得的静电能和立体能（即 x）的个数大大多于试样的个数，所以在 CoMFA 方法中，对于数据的处理是偏最小二乘法（PLS）。借助三维显示技术，CoMFA 方法还可以给出空间的经典能和立体能的轮廓图，并可以此作为分子设计的理论依据。

CoMFA 方法由四部分组成：①确定研究体系各化合物的活性构象，根据合理的重叠规则，把它们重叠在一个空间网格上。②计算分子周围各种作用力场的空间分布。选择合适的探针原子或基团，计算探针位于每个空间网格点上与各个化合物分子的相互作用能。它们和化合物的活性构成 CoMFA 的 QSAR 表。③应用 PLS 确定 QSAR 关系式。④作 QSAR 系数图，使化合物分子的力场分布强弱对活性的影响清晰化。CoMFA 应用能够反映分子整体性质和它们与受体作用本质的各种作用力场的空间分布与活性相关联，具有明确的理化意义。

（4）量子化学参数

随着量子化学以及计算机科学的迅速发展，量子化学计算的体系越来越大，计算的精度也越来越高，量子化学计算方法为测定化合物的分子结构和电子结构性质提供了一个确实可靠的理论计算工具，为探求分子结构和性质之间的合理关系提供进一步的理论依据。目前，量子化学方法计算得到的参数在定量构效关系研究中的应用日趋广泛。

根据体系、精度和时间的不同要求，量子化学的计算提供了不同的方法。一般来说，密度泛函、从头计算和半经验方法是目前应用较多的三种方法，通过设置不同的基组与方法，可完成许多量子化学的计算任务，如分子结构优化、单点能的计算、电子密度的分布等。

常用的几类量子化学参数如下。

① 电子结构参数　主要的电子结构参数包括：最高占据轨道能级 E_{HOMO}，用于表示分子给予电子的能力；最低未占据轨道能级 E_{LUMO}，用于表示分子得到电子的能力；原子静电荷、前线轨道电子密度等，用来表示分子的反应性；分子静电势，用来表示化合物分子与受体的亲和性；键级，用来表示化合物的稳定性。

② 几何参数　分子的几何参数有原子间距、键角、二面角等，几何参数可以反映化合物分子功效基团的空间结构，可以间接地反映化合物与受体相互作用情况。

③ 分子形状参数　分子形状参数包含分子体积、分子表面积以及溶剂可接触分子表面积等，可以反映分子和受体结合时的几何形状是否匹配、化合物在体内传输等情况。

9.2.2　分子结构描述子的筛选与分析

一个分子可以用很多分子参数来表达，一般来说，用所有计算得到的分子描述子来直接建立相关模型是不科学的，在建立多重线性回归模型的时候，为避免过拟合，只能从得到的描述子中选择一部分来建立回归模型。主要因为描述子中可能存在相互自相关的成分，即描述子的共线性太大，或者也有不少描述子可能与预测的性质没有太大关联，因此，对描述子进行预处理和变量的选择变得十分有必要。

在统计学上，主要根据相关系数和方差对描述子进行选择。描述子对分子性质的相关系数越高说明描述子涵盖的信息量越高，但不一定相关系数越高的描述子越能更好地预测分子性质，原因是描述子的选择还受到相互之间共线性的影响，因此选择描述子还应考虑到描述子之间的方差要尽可能大。另外，不同变量的组合所得的结果可能差别很大，这就需要采用一定的算法对变量进行选择。典型的变量选择算法有逐步回归法、前进法、后退法和遗传算法。

逐步回归法的算法较简单，程序易于实现，所以迄今为止，仍是广为采用的变量选择方法。逐步回归法选择变量的基本思想是将变量一个一个引入，引入变量的条件是其偏回归平方和经检验是显著的，同时每引入一个新变量后，对已选入的变量要进行逐个检验，将不显著变量剔出，这样保证最后所得的变量子集中的所有变量都是显著的，经若干步后便得"最优"变量子集。该方法又称为"最佳变量子集回归"。其缺点是有时算法会陷入局部最优。

前进法在选择变量的过程中将与因变量最相关的变量首先选入回归方程，然后考查因变量与不在方程中的每一个变量的偏相关系数，选择偏相关系数最大的变量进入方程。不断重复以上过程直到没有变量可以进入方程为止。根据变量进入方程的次序，对变量进行排序，并以此次序进行变量的选择。

后退法与前进法的过程相反，它是从所有变量都在方程中开始，首先考查具有最小偏相关系数的变量，然后将之剔出，重复这一选择过程直到没有变量被剔除为止。对于变量的选择则依据变量被剔除的顺序而定。

遗传算法是以适应性和随机信息交换为核心，是一种简洁、灵活、通用、高效的全局优化算法，目前其研究和应用已称为国际上一个富有活力的方向，成功地用于过程控制、故障诊断、非线性拟合等许多工程和研究领域。遗传算法来源于对自然界进化过程的模拟，可以说是对达尔文进化论公式化的表达，其主要思想是利用简单的编码技术和繁殖机制来表达复杂的现象，从而解决复杂的问题。

9.2.3　预测模型的建立

物质构效学方法建立化合物活性与其分子结构参数之间的定量关系是 QSAR 研究的主要步骤。分子结构与性质之间可能存在线性关系，也可能存在非线性关系。常用的建立模型的方法有多元线性回归的方法、主成分分析法、偏最小二乘法、人工神经网络法以及支持向量机方法等。

（1）多元线性回归方法（multivarite linear regression，MLR）

多元线性回归 MLR 方法是较早应用于 QSAR 的建模计算方法，可优化先导化合物活性。其基本假设是分子结构改进所致的生物活性变化与其结构参数相关。MLR 法最大的优点是可获得因果模型且物理意义明了，但必须满足下列条件：①描述变量/参数需相互正交；②从统计学出发，样本容量（设为 N）与变量个数（设为 M）之比是有一定要求的，一般推荐 $N/M \geqslant 5$。多元线性回归的缺点在于如果变量选择不恰当容易造成过拟合现象。

（2）主成分分析法（principle component regression，PCR）

主成分回归方法首先采用主成分分析方法选取抽象因子，然后采用常规的回归方法建立数学模型，从而实现对原来数据的降维处理。所谓主成分，是一个新的变量，而该新变量是原来变量的线性组合。主成分回归方法的主要步骤包括：①数据的标准化处理；②由数据的斜方差矩阵求得本征矢量；③选取主成分进行多元回归分析。

（3）偏最小二乘法（partial least squares，PLS）

偏最小二乘法是一种多元统计分析方法，由于其有较强的提供信息的能力而广泛应用于 QSAR 中，它与主成分回归相似，但又克服了主成分回归没有利用因变量数据的缺点，同时从自变量矩阵和因变量矩阵中提取偏二乘成分，可以有效地降维，并消除自变量间可能存在的复共线关系，明显改善数据结果的可靠性。

（4）人工神经网络方法

人工神经网络（artificial neural network，ANN）是 QSAR 研究中处理非线性问题的常用方法，其基本原理是受生物大脑的启发，试图模仿人脑神经系统的组成方式与思维过程而构成的信息处理系统，具有非线性、自学习、容错性、联想记忆和可训练等特点。人工神经网络已称为解决化学问题的一种重要的化学计量学手段。人工神经网络是建立在现在神经科学研究成果基础上的一种抽象的数学模型，它反映了大脑功能的若干基本特征，但并非逼真的描写，只是某种简化、抽象和模拟。人工神经网络有多种算法，但可以大致分为两大类：有管理的人工神经网络和无管理的人工神经网络。有管理的人工神经网络的方法主要是对已经样本进行训练，然后对未知样本进行预测，此类方法的典型代表是误差反向传播（error back propagation，BP）人工神经网络；无管理的神经网络方法亦称自组织人工神经网络，无须对已知样本进行训练，则可用于化合物的分类，如 Kohonen 人工神经网络。

BP 网络目前是构效学研究中应用最为广泛的一种神经网络模型。BP 网络是多层前向网络，分为输入层、隐含层和输入层，层与层之间采用全连接方式，同一层神经元不存在相互连接。BP 网络的基本处理单元为线性输入-输出关系，一般采用的是 Sigmoid 传递函数：

$$F(x) = \frac{1}{1 + \exp(-x)} \tag{9-27}$$

BP 算法的学习过程由正向传播和反向传播组成。在正向传播过程中信息由输入层进入网络，然后经隐含层处理，传向输入层，每一层神经元的状态只影响下一层的状态。如果在输出层不能得到期望的输出，则转入反向传播，将误差信号沿原来的连接通路返回，通过修改各层神经元之间连接的权值，使得误差信号最小。

【例 9-5】 人工神经网络用于 N-甲基氨基甲酸酯类农药急性毒性的预测。

氨基甲酸酯类农药具有高效、高选择性、分解快和残留低等特点，被广泛用于蔬菜、水果和粮食等农作物的杀虫、杀螨和除草等活动，其中大多数品种为 N-甲基氨基甲酸酯类农药。自 20 世纪 70 年代有机氯农药受到禁用或限用，以及抗有机磷杀虫剂的昆虫品种日益增多以后，氨基甲酸酯类农药的用量逐年增多，对该类农药的研究也越来越受到关注。

人工神经网络利用计算机来模拟生物神经网络的某些结构和功能，具有强大的非线性处理能力、自组织协调及容错能力，已广泛应用于定量构效关系（QSAR）研究中。本研究采用人工神经网络的方法对 22 种 N-甲基氨基甲酸酯类农药对大鼠的经口急性毒性 [lg（1/LD_{50}）] 进行研究，建立具有高度相关性、稳定性和预测能力的模型，为开发高效低毒的新型氨基甲酸酯类农药提供理论依据。

所要研究的 22 个 N-甲基氨基甲酸酯类农药的结构通式为 $CH_3-NH-\overset{\overset{O}{\|}}{C}-O-R$，其分子结构及对大鼠的经口急性毒性 [lg（1/$LD_{50}$）] 列于表 9-9。

表 9-9　N-甲基氨基甲酸酯类农药的结构参数及急性毒性 [lg（1/LD_{50}）]

序号	化合物	R	E_{31}	M_1	M_{60}	S_{AA}	lg(1/LD_{50})		
							Exp.	Pred.	Err.
1	速灭威	(CH₃, 苯环结构)	0.000	0.109	0.310	396.45	−2.73	−2.43	0.30
2	异丙威	(CH(CH₃)₂, 苯环结构)	0.000	2.182	0.332	371.24	−2.65	−2.65	0.00
3	炔丙威	(O—CH₂—C≡CH, 苯环结构)	0.000	0.157	0.325	591.48	−2.18	−2.43	−0.25
4	仲丁威	(CH₃/CH₂CH₃ 结构, 苯环)	0.000	1.107	0.340	375.03	−2.72	−2.41	0.31

序号	化合物	R	E_{31}	M_1	M_{60}	S_{AA}	lg(1/LD$_{50}$)		
							Exp.	Pred.	Err.
5	灭除威		0.000	0.581	0.317	439.46	−2.39	−2.38	0.01
6	残杀威		0.000	2.093	0.398	392.95	−2.00	−2.02	−0.02
7	灭杀威		0.000	0.857	0.314	385.41	−2.46	−2.49	−0.03
8	害扑威		0.000	0.000	0.322	444.63	−2.81	−2.77	0.04
9	多杀威		1.752	0.063	0.310	500.09	−2.04	−2.06	−0.02
10	混杀威		0.000	2.085	0.320	378.44	−2.25	−2.33	−0.08
11	灭多威		1.422	1.080	3.935	354.04	−1.31	−1.31	0.00
12	乙硫苯威		1.798	0.080	0.346	364.87	−2.67	−2.66	0.01
13	叶飞散		0.000	0.945	0.325	358.91	−2.55	−2.49	0.06
14	涕灭威		1.625	4.458	4.027	334.12	0.03	0.02	−0.01
15	恶虫威		0.000	2.334	0.470	408.44	−1.99	−2.10	−0.11

续表

序号	化合物	R	E_{31}	M_1	M_{60}	S_{AA}	$\lg(1/LD_{50})$		
							Exp.	Pred.	Err.
16	甲萘威		0.000	0.000	0.297	460.92	−2.70	−2.75	−0.05
17	灭梭威		1.699	1.704	0.316	486.59	−1.78	−1.77	0.01
18	净草威		0.000	4.263	0.323	496.39	−1.59	−1.56	0.03
19	二噁威		0.000	2.472	0.469	409.00	−2.04	−2.06	−0.02
20	百虫威		0.000	0.000	0.314	462.31	−2.37	−2.55	−0.18
21	异混杀威		0.000	1.693	0.332	407.64	−2.32	−2.34	−0.02
22	猛杀威		0.000	2.786	0.324	461.16	−1.96	−1.96	0.00

首先应用 Chemoffice2005 软件中 Chem3DUltra 9.0 软件构建 22 个 N-甲基氨基甲酸酯化合物的分子结构，在 MATLAB 环境下，调用上述结构，根据自编程序计算得到 9 个电性状态拓扑指数和 19 个分子电性距离矢量，共 28 个拓扑指数作为结构参数。

然后采用 Hyper-chem8.0 程序包的定量构效关系（QSAR）模块计算各分子的理化参数：V（volume，体积）、S_{AA}（surface area approx，近似表面积）、S_{AG}（surface area grid，网格表面积）、$\lg P$（辛醇-水分配系数）和 α（分子极化率），得到 5 个理化性质作为结构参数。

将 22 个化合物的 33 个结构参数（包括 28 个拓扑指数和 5 个理化参数）作为自变量集，N-甲基氨基甲酸酯对大鼠的口服急性毒性 $[\lg(1/LD_{50})]$ 作为因变量，应用 MINITAB 14 中最佳子集回归的方法选择最佳变量组合，结果见表 9-10。其中，R、R^2、R^2_{adj}、S、F、Q^2 分别为相关系数、判断系数、校正判定系数（以消除自变量个数及样本容量对判定系数的影响）、估计标准误差、Fischer 检验值、逐一剔除法的交叉验证系数。

表 9-10　N-甲基氨基甲酸酯类化合急性毒性 $[\lg(1/LD_{50})]$ 与结构参数的最佳变量回归结果

序号	R	R^2	R^2_{adj}	S	F	Q^2	变量
1	0.791	0.625	0.606	0.395	33.347	0.577	M_{60}
2	0.909	0.827	0.808	0.276	45.314	0.780	M_{60},M_1
3	0.953	0.907	0.892	0.207	58.749	0.791	M_{60},M_1,S_{AA}
4	0.967	0.936	0.920	0.178	61.650	0.797	M_{60},M_1,S_{AA},E_{31}
5	0.977	0.955	0.941	0.153	67.588	0.800	M_{60},M_1,S_{AA},E_{31},M_{56}
6	0.983	0.967	0.953	0.136	72.640	0.926	M_{60},M_1,S_{AA},E_{31},M_{56},E_9

由表 9-10 可见，随着自变量个数的递增，R^2、R^2_{adj}、Q^2 逐渐增大，而且 6 个模型的 Q^2 均大于 0.5，说明这些模型都是较稳定的，且具有良好的预测能力，但在多元回归分析中，为使所得预测模型具有较高的可信度，一般遵循如下经验规则：

$$N/m \geqslant 5 \tag{9-28}$$

式中，N 是样本容量，m 是模型中自变量的个数。本研究中，样本容量为 22，因此选定四元数学模型，即所选择的最佳变量组合为 E_{31}、M_1、M_{60}、S_{AA}。

人工神经网络结构的确定如下。

a. 层数的确定　误差反向传播（back-propagation，BP）算法的三层神经网络，即输入层、隐蔽层和输出层。本研究采用 matlab 提供的神经网络 NNT（neural network toolbox）工具箱中的 3 层 BP 网络来建立模型。

b. 输入层单元的确定　输入层单元选择用最佳子集回归的方法所确定的 4 个结构参数，即 E_{31}、M_1、M_{60}、S_{AA}。

c. 输出层单元的确定　输出层单元即所要研究的 N-甲基氨基甲酸酯类农药对大鼠的经口急性毒性 $[\lg(1/LD_{50})]$。

d. 隐蔽层单元节点的确定　为了避免过拟合和过训练，根据许碌和 Andrea 的建议规则寻找最佳隐蔽层的单元数（H），即：

$$2.2 > \rho(=N/M) \geqslant 1.4 \tag{9-29}$$

式中，N，M 分别是样本数和网络总权重。M 被定义为：

$$M=(I+1)H+(H+1)Q \tag{9-30}$$

式中，I，H，Q 分别是输入层、隐蔽层和输出层的单元数。

$I=4$，$Q=1$ 及 $N=22$，可得 $1.5 < H \leqslant 2.45$。取 $H=2$。采用 4∶2∶1 的网络结构（图 9-5）建立模型。

网络结构确定后，开始进行训练。为了进一步避免过拟合和过训练，将数据集分为 3 组：训练集、验证集和测试集，各集化合物个数依次为 12 个、5 个、5 个。所设验证集的目的是监控训练过程，即当验证集误差开始上升便自动停止训练，以防网络的过训练、过拟合，并可以减少训练时间。由此建立的模型为：训练集的 $R=0.982$、验证集的 $R=0.970$、测试集的 $R=0.999$，均接近与总体的相关系数（$R=0.981$），说明模型具有很高的稳健性，不存在过训练和过拟合现象。该模型给出的预测值列于表 9-9，它们的相关性见图 9-6，可

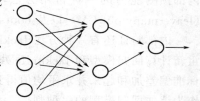

输入层　隐蔽层　输出层

图 9-5　BP 神经网络结构图

以看出预测值与实验值非常接近，平均误差为 0.071。

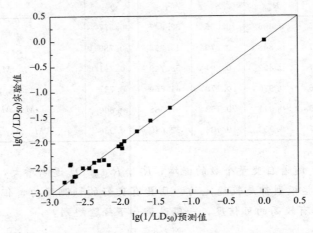

图 9-6　22 个 N-氨基甲酸酯农药急性毒性 $[\lg\,(1/LD_{50})\,]$ 的预测值和实验值的相关性

9.2.4　模型的评价与检验

模型的检验是 QSAR 研究最关键的步骤之一，可提供最终选定模型的质的度量。

首先是共线性（自相关性）验证。尽管在模型构建之前变量已经经过评估，但是进入数学模型的变量可能仅是这些变量中的某几个，因而模型中多包含的变量的共线性还需要进一步测试。评价变量之间是否存在自相关性，可用变异膨胀因子（variance inflation factors，VIF）予以判定。如 VIF＝1，表明各自变量间完全不相关；当 VIF＜5 时，说明变量间没有明显的自相关性，所建模型是稳定的；当 VIF＞5 时，说明变量间存在明显的共线性，所建模型不能用于估算与预测。

$$\mathrm{VIF}=\frac{1}{1-R^{2}} \tag{9-31}$$

式中，R^{2} 为自变量集中某一变量与余下变量的判定系数。

模型的检验分为内部检验（internal performance）和外部检验（external validation）。内部检验主要检验模型的拟合能力（goodness-of-fit）和稳健能力（robustness）；外部检验主要针对模型的预测能力（predictivity）。在模型的回归分析中，模型的拟合能力一般用回归系数的平方 R^{2} 来表示，R^{2} 数值越大，该模型能够预测的样本占的比例越多，回归模型的相关性越好。

交互检验（cross-validation，CV）的 Q^{2} 是从内部检验的角度出发检验模型的稳定性和内部预测能力的一种常用方法，一般有三种方式：LOO-CV（leave-one-out CV），LMO（leave-many-out CV）以及 bootstrapping CV。三种方法里 LOO-CV 是最经济的方法。

内部验证还有一种方法 Jackknife，又叫刀切法，即每次去除一个（或一组）样本，并重新计算回归模型和 Jackknife 残差，直到每个（或每组）样本均除去一次为止，将所有的标准偏差加和起来并求平均值得到 Jackknife 残差。比较原标准偏差与 Jackknife 残差，可以作为评估回归模型的一种判据。

参 考 文 献

[1] 何树华，张淑琼，何德勇.中级有机化学.北京：化学工业出版社，2010.

[2] 裴坚.中级有机化学.北京：北京大学出版社，2012.

[3] 吕萍，王彦广.中级有机化学——反应与机理.北京：高等教育出版社，2015.

[4] 荣国斌.高等有机化学基础.4 版.北京：化学工业出版社，2015.

[5] 梁静.有机合成路线设计.北京：化学工业出版社，2014.

[6] 石春玲.有机化学.北京：化学工业出版社，2018.

[7] 胡宏纹.有机化学.4 版.北京：高等教育出版社，2013.

[8] 汪秋安.高等有机化学.3 版.北京：化学工业出版社，2017.

[9] 华东理工大学有机化学教研组.有机化学.2 版.北京：高等教育出版社，2013.

[10] 徐寿昌.有机化学.2 版.北京：高等教育出版社，2014.

[11] 迈克尔.B.史密斯，李艳梅，黄志平.March 高等有机化学——反应、机理与结构.7 版.北京：化学工业出版社，2018.

[12] Lutz F. Tietze, Theophil Eicher, Ulf Diederichsen.当代有机反应和合成操作.2 版.上海：华东理工大学出版社，2017.

[13] 张欣，孙莉群.有机化学考研试题 解题技巧与真题实战训练.哈尔滨：哈尔滨工业大学出版社，2013.

[14] 张昭，张鑫，赵昀.有机化学总结、复习与提高.2 版.北京：化学工业出版社，2014.

[15] 吴范宏.有机化学学习与考研指津.2 版.上海：华东理工大学出版社，2010.

[16] 尹冬冬.有机化学题解精粹.北京：科学出版社，2007.

[17] 李小瑞.有机化学学习与考研辅导.2 版.北京：化学工业出版社，2015.

[18] 孙昌俊，王秀菊，刘艳.有机化学考研辅导.北京：化学工业出版社，2014.

[19] 汪秋安.有机化学考研复习指南.北京：化学工业出版社，2014.

[20] 邢其毅，裴伟伟，徐瑞秋.基础有机化学.3 版.北京：高等教育出版社，2005.

[21] 俞凌翀.基础理论有机化学.北京：人民教育出版社，1981.

[22] 魏荣宝.高等有机化学.2 版.北京：高等教育出版社，2011.

[23] 有机化学精品课题组.有机化学习题及考研指导，北京：化学工业出版社，2012.